21 世 纪 高 等 学 校
机 械 科 学 系 列 教 材

国 家 工 科 机 械 基 础
教 学 基 地 系 列 教 材

陕 西 省 机 械 基 础
系 列 课 程 教 改 教 材

21 世纪高等学校机械科学系列教材

机 械 制 图

（第 5 版）

机械类及近机类各专业适用

西北工业大学　西安建筑科技大学　编

刘援越　王永平　主编

西北工业大学出版社

西 安

【内容简介】 本书是国家工科机械基础教学基地系列教材之一,是参照"普通高等学校工程图学基本要求(2015 版)"规定的内容修订的。

全书共分为 9 章,主要内容包括绪论,标准件、常用件,零件图的绘制与阅读,装配图的绘制和阅读,机器测绘以及计算机绘图等内容。在本次修订中,按照最新的国家标准更新了相关章节的内容和图例,并对部分章节的内容进行了修订。本书的习题集也同时修订。

本书(含习题集)可作为高等学校本科机械类及近机械类各专业的教材,亦可供从事有关工程技术人员参考。

图书在版编目(CIP)数据

机械制图:含习题集:机类及近机类/刘援越,
王永平主编;西北工业大学,西安建筑科技大学编.—
5 版.—西安:西北工业大学出版社,2020.2
ISBN 978 - 7 - 5612 - 6787 - 5

Ⅰ.①机… Ⅱ.①刘… ②王… ③西… ④西… Ⅲ.
①机械制图-高等学校-教材 Ⅳ.①TH126

中国版本图书馆 CIP 数据核字(2020)第 024467 号

JIXIE ZHITU
机械制图

责任编辑:雷 鹏   策划编辑:雷 鹏
责任校对:胡莉巾   装帧设计:李 飞
出版发行:西北工业大学出版社
通信地址:西安市友谊西路 127 号   邮编:710072
电　话:(029)88491757,88493844
网　址:www.nwpup.com
印 刷 者:陕西向阳印务有限公司
开　本:787 mm×1 092 mm   1/16
印　张:22.75   插页:6
字　数:540 千字
版　次:2020 年 2 月第 5 版   2020 年 2 月第 1 次印刷
定　价:78.00 元(全两册)

第 5 版前言

本书是在《机械制图》(机械类及近机类)(臧宏琦等主编,西北工业大学出版社,2013年)第 4 版的基础上修订而成的。在修订过程中参照"普通高等学校工程图学基本要求(2015)版",按照最新的国家标准更新了相关章节的内容和图例。在每章(除第 1 章外)的前面增加了本章导学,每章(除第 1 章外)的后面增加了本章小结和思考题。经过多年的教学实践,在第 3 章增加了局部放大图和简化画法;第 4 章增加了各种孔的旁注法;对第 9 章计算机绘图部分整章进行了重新编写,增加了三维建模,使用了最新的绘图软件版本,主要介绍了计算机二维绘图和三维实体造型软件的基本概念、主要功能和命令使用,通过绘图和建模实例讲解它们的基本操作方法;删除了第 10 章房屋建筑图。同时,根据最新国家标准修订了本书习题集的相关内容。

参与本次修订工作的编者分工:第 1 章——雷哲书,第 2 章——叶军、雷蕾和张筱梅,第 3 章和第 4 章——赵杰和高幼林,第 5 章——刘援越,第 6 章和第 7 章——刘援越和臧宏琦,第 8 章——蔡旭鹏,第 9 章——叶军。全书由刘援越和王永平主编。

本书的出版得益于前人奠定的坚实基础,凝聚了主编和编写者的心血,在此向参与本书各版本编写工作的编者们,以及向所参考著作的作者表示诚挚的感谢。

由于水平有限,书中不当之处在所难免,敬请各位读者批评指正。

编　者

2019 年 7 月

第 1 版前言

本书是根据教育部关于"画法几何及机械制图"课程教学基本要求和总结基础教育应淡化专业、加强基础、注重能力、拓宽面向的教改经验而编写的,是《工程制图基础》(孙根正,王永平主编,西北工业大学出版社,2001)的配套教材。

本书采用了最新国家标准,书中介绍了设计、制造过程及相关的成本、加工方法和设备,介绍了并行工程的概念,以及用计算机绘制工程图样的方法,从而使学生了解现代设计、制造与制图的紧密联系,认识到工程图样是产品设计、制造过程的信息集合。

全书力求体现机械基础系列课程之间的联系,贯穿面向设计、面向制造的制图概念,培养学生具有较强的工程意识,有正确绘制和阅读机械图样的能力,同时具有较高的计算机绘图技能。

本书各章内容的编者依次为:第 1 章——雷哲书和臧宏琦,第 2 章——张晓梅和韩新普,第 3 章和第 4 章——高幼林,第 5 章——刘援越,第 6 章——臧宏琦和雷蕾,第 7 章——李西琴、叶军和邓飞,第 8 章——孙根正和蔡旭鹏,第 9 章——王永平,第 10 章——韩新普。全书由臧宏琦和王永平主编。

在本书编写过程中参考了国内外同类著作,特向有关作者表示感谢。

限于经验和水平,书中不当之处在所难免,敬请各位读者批评指正。

编　者

2001 年 11 月

目　　录

第1章　绪论 ··· 1

1.1　产品设计 ··· 1

1.2　制造过程 ··· 3

1.3　并行工程 ··· 6

1.4　工程图样 ··· 7

第2章　标准件　常用件 ·· 8

本章导学 ··· 8

2.1　螺纹 ··· 8

2.2　键和销 ·· 38

2.3　滚动轴承 ·· 48

2.4　齿轮 ·· 56

2.5　弹簧 ·· 68

本章小结 ·· 72

思考题 ·· 73

第3章　零件图 ··· 74

本章导学 ·· 74

3.1　零件图的内容 ·· 74

3.2　零件的视图选择 ·· 76

3.3　绘制零件图的步骤 ·· 80

3.4　局部放大图和简化画法 ·· 83

本章小结 ·· 88

思考题 ·· 89

第4章　零件图的尺寸标注 ·· 90

本章导学 ·· 90

4.1　尺寸标注的完整与清晰 ·· 90

4.2 尺寸基准的选择 ··· 93

4.3 尺寸的合理标注 ··· 95

本章小结 ·· 99

思考题 ·· 101

第5章 零件图上的技术要求 ··· 102

本章导学 ·· 102

5.1 极限与配合 ··· 102

5.2 表面结构的表示法 ··· 128

5.3 其他技术要求简介 ··· 140

本章小结 ·· 145

思考题 ·· 145

第6章 典型零件 ··· 146

本章导学 ·· 146

6.1 典型零件的结构要素及工艺性 ····································· 146

6.2 轴、套类零件 ··· 154

6.3 盘、盖类零件 ··· 157

6.4 叉、架类零件 ··· 159

6.5 箱体类零件 ··· 161

6.6 零件图的阅读 ··· 164

本章小结 ·· 167

思考题 ·· 167

第7章 装配图的绘制和阅读 ··· 168

本章导学 ·· 168

7.1 装配图的作用和内容 ··· 170

7.2 装配图的视图选择 ··· 170

7.3 装配图的表达方法 ··· 172

7.4 装配结构简介 ··· 174

7.5 装配图的尺寸注法 ··· 176

7.6 装配图中的序号、代号和明细栏 ··································· 177

7.7 装配图中的技术要求 ··· 179

7.8 画装配图 ··· 180

7.9 阅读装配图、拆画零件图 ··· 182

本章小结 ·· 203

思考题 ·· 204

第 8 章　机器测绘 ··· 205

本章导学 ··· 205

8.1　概述 ·· 205

8.2　机器测绘的准备工作 ·· 207

8.3　机器实样的分解 ·· 208

8.4　零件草图的绘制 ·· 211

8.5　零件尺寸的测量方法 ··· 216

8.6　尺寸圆整与协调 ·· 221

8.7　技术条件的确定 ·· 223

本章小结 ··· 231

思考题 ·· 232

第 9 章　计算机绘图 ··· 233

本章导学 ··· 233

9.1　计算机二维绘图 ·· 233

9.2　计算机实体造型 ·· 246

本章小结 ··· 253

思考题 ·· 254

参考文献 ··· 255

第 1 章 绪 论

制造业是我国国民经济和综合国力发展的支柱产业,它涉及机械、电子、建筑、航空、航天等众多行业。如何面向市场,以最短的制造周期、最低的制造成本向用户提供满足需求的高质量产品,并获得最好的经济效益,是制造业的主要任务。科学技术的发展,市场竞争的激化,促使制造领域中形成了多学科交叉渗透的高科技发展局面。可以说,制造业的水平直接影响着国家经济的健康发展。

从广泛的意义上讲,制造是将可用资源转换成产品的过程。这一过程涉及市场分析、产品设计、工艺规划、制造实施、产品销售等多个环节,是一个复杂的系统工程。现以机械产品为例,简要介绍设计、制造过程。

1.1 产 品 设 计

传统的设计制造过程从市场分析开始,设计和制造相继进行,这种设计称为串行设计(图 1-1)。

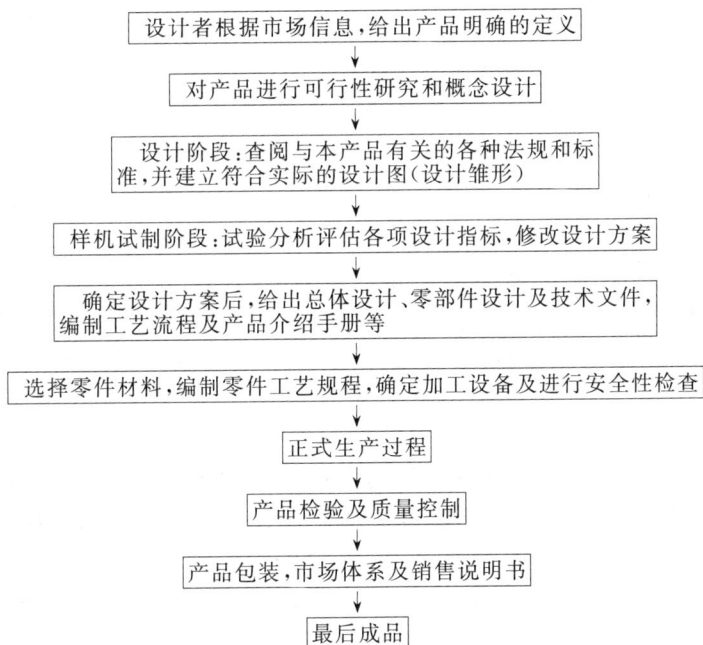

图 1-1 产品设计制造过程框图

1.1.1　设计

设计是根据产品的预定目标和功能要求,经过一系列的规划、分析和决策后产生相应的文字、数据、图形等信息的过程。设计可以是开发性的(原理和功能结构是创新的),也可以是适应性或变形的(原理和功能结构不变,变更局部结构、配置尺寸,改进材料和工艺等)。机械产品的设计大致可分为以下 4 个阶段。

1. 产品概念设计

在经过充分的市场分析以及在技术、社会调研的基础上,提出明确的设计目标。对这些设计目标进行可行性分析,提出可行性报告和合理的设计要求,制定出详细的设计任务说明书。

2. 原理方案设计

根据产品总的功能要求,将总功能按层次分解为功能元。通过原理实验和评价决策,找出实现功能元的最佳原理方案,做出新产品的功能原理方案图。

3. 技术设计

技术设计是将最佳功能原理方案具体化的过程,强调如何将产品功能性的描述,转换成能实现这些功能的具有形状、尺寸大小及相互关系的零、部件的描述。首先是进行总体设计,然后同时进行实用化设计和商品化设计。

总体设计考虑完成某一功能需要哪些零件,并确定这些零件之间的装配关系;实用化设计包括确定各类零件的结构形状、尺寸大小,选择合适的材料等;商品化设计主要考虑产品的外观造型,使产品在保证使用功能的前提下,具有富于表现力的审美特性和协调的人机关系;最后得出结构设计技术文件、总体布置草图、结构装配草图、造型设计技术文件、总体效果草图和外观构思模型。

4. 施工设计

施工设计将技术设计的结果转换成施工用的技术文件,一般来说,要完成零件工作图、部件装配图、造型效果图、设计使用说明书和工艺文件。

1.1.2　样机试制

在完成设计之后,要根据设计图试制和测试样机。

传统的方法要通过机械加工等各种加工方法制造出产品模型,并尽可能模拟产品使用时的工作环境,如温度、湿度、振动条件等,对产品进行性能测试。根据试制和测试的结果修改设计方案,为产品定型。这一过程可获得在批量生产中需要的有价值的资料,但要花费大量资金和时间。

采用 CAD/CAM 技术和快速成形等制造技术,可以快速生产出零件实体的物理模型,完成样机试制。这种方法可以大大减少试制成本和试制周期。这些技术已经进入实用阶段,并在进一步发展中。

1.1.3　成本

成本是产品开发的重要因素。设计完成后要进行成本核算,了解产品的费用组成和制造费用,研究产品产量与成本、销售量与利润之间的关系,进行盈亏分析。改进设计方案,去除与产品功能要求无关的材料、结构和零、部件,以更新的构思,设计出功能相同而成本更低的、价值更高的新产品。

1.1.4　材料的选用

在设计过程中,原材料的选用直接影响产品的制造成本和使用寿命。所以,考虑材料的经济性和考虑材料在性能等技术方面的问题同等重要。

选用的材料大致可分为金属材料(如碳素钢,合金钢,不锈钢,铝、钛合金等)和非金属材料(如塑料、陶制品、玻璃等),还有一些特殊材料如形状记忆合金、超导材料等。随着新材料的开发研制,材料的选择范围将更广泛、更具挑战性。

选择材料时,应综合考虑材料的机械性能(如强度、刚度、弹性、抗疲劳强度等)、物理性能(如密度、耐热性、热膨胀性、导电性等)和化学性能(如抗腐蚀性、耐氧化性等)。在满足材料使用性能的前提下考虑材料的经济性,尽量选用成本比较低的材料。

零件材料的性能决定了零件的加工方法和热处理、表面处理的方法。如金属材料更适合于锻造、铸造和机械加工等加工成形方法。

在产品寿命结束后,合理地处理和再利用材料已变得越来越重要。这涉及资源保护和环境保护的问题,也是设计者在选用材料时要充分考虑的。

更进一步的材料知识有待于在专业课中介绍,但在工程图样中必须标识出零件所选用的材料。

1.2　制　造　过　程

在生产制造阶段,合理的生产管理是保证产品质量、降低生产成本的关键因素。生产管理主要是指合理利用和配置企业的物料、人力、设备等生产资源,提高生产率,降低生产成本,增加盈利,保证制造系统按产品品种、质量、数量和交货期要求完成生产任务。

制造过程通常分为制定工艺规程、加工、装配等几个阶段。

1.2.1　制定工艺规程

在制造过程中,要根据设计图给定的零件形状和材料确定零件的工艺路线,制定出详细的工艺规程。工艺规程规定了零件毛坯的制造方法,确定每道工序的加工表面、切削量和所选用的加工设备、刀具、夹具、检测方法和测量工具(图 1-2),并按工艺规程组织、调度生产加工过程。

1.2.2　装配

单个零件的制造完成后,要根据装配图将各种零件装配成产品部件。部件中常包括标准件及各类零件(图 1-3)。装配是制造过程中的重要阶段,直接影响产品质量和制造成本。在零件设计阶段就应考虑零件上的结构要利于装配和拆卸,使产品易于使用和维护。

工艺 WM05-99

公司	车间	型别	工序图表	零件号		零件名称	后壳体总成	工序号	120
设计图版次	工序版次	工序名称	车平面	切削液	设备名称 设备型号	数控车床 CH5112B	材料牌号 材料硬度	共 1 页	第 1 页

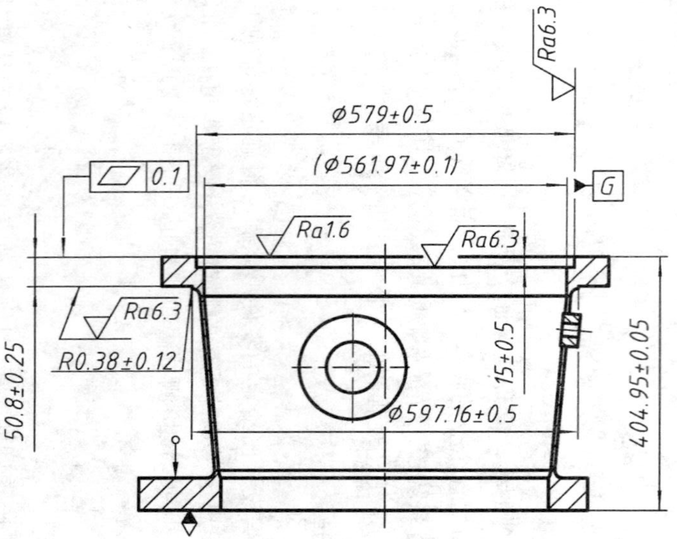

按图所示定位、压紧	工艺规程版次
	程序
	夹具
	夹具号

工步	加工内容	工具	工具号	主轴转速	进给量	切削深度
1	车端面 404.95±0.05					
2	车端面 50.8±0.25					
3	镗孔					
	会签:					

零件必须在清洁的周转箱内存放和运送

日期	编制	日期	校对	日期	工艺室主任	日期	车间主任	日期	主管工艺员		

图 1-2 工序图表

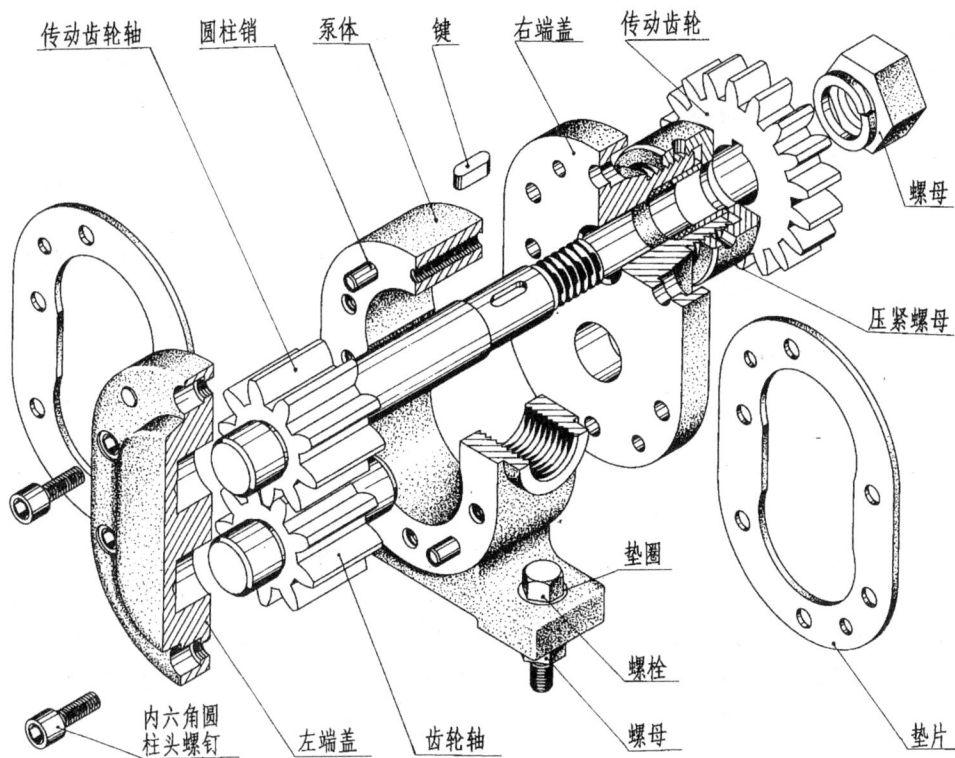

图 1 - 3　齿轮油泵分解轴测图

现在的 CAD 技术已可以用三维实体模型构造零件,模拟装配过程,及时修正不适当的装配关系,使设计满足装配要求,缩短产品开发周期。

1.2.3　加工方法和加工设备

零件制造常用的加工方法和加工设备见表 1 - 1。

表 1 - 1　常用加工方法和加工设备

加工方法	加工设备	适用材料	零件举例
铸造(常用的零件毛坯制造方法)	砂模铸造(后续金工实习课程内容)	铸铁,铸铝等	轴承座(铸铁),箱体零件,发动机叶片(铸铝)等
	永久性模具铸造(如精密铸造)	铝合金,工程塑料等	汽缸盖(AlSi9),塑料制品等
铸造(钢制零件毛坯)	自由锻	钢锭	常用工具
	模锻	锻钢等	轮毂,连杆(热处理钢)等

续 表

加工方法	加工设备	适用材料	零件举例
机械加工（获得产品尺寸和形状的主要手段）	传统工艺（车，铣，刨，磨，钻）	大多数金属材料，木质材料	大多数机械零件
	数控加工机床	大多数金属材料	大多数机械零件
现代加工工艺	高性能激光束加工，电化学加工，计算机辅助制造（CAM），计算机集成制造系统（CIMS），等等		

1.2.4　产品质量控制

产品质量应从零件制造的每一道工序控制。

零件尺寸的大小、形状、材料及在产品中的功用决定了零件的加工方法、尺寸精度和表面质量要求。如薄板件就不适合铸造成形，而形状复杂的壳体零件常采用铸造的方法制造毛坯。零件尺寸的大小差异也很大，如可载 400 位乘客的波音 777 喷气式客机的起落架有 4.3 m 高，主要零件有 3 根轴和 6 个轮子，这个机构用锻造和机械加工方法就可完成。而用在医学方面的微型机器中的显微齿轮、微型手术刀、精密摄像机快门等就要采用超精度加工技术。一般的机械零件需要根据零件配合情况确定其极限尺寸、表面结构要求。尺寸精度的测量常采用卡尺、千分尺等测量工具，更精密的有三坐标测量仪等先进的测量设备。

通过控制每道工序的加工精度，才能得到符合设计要求的零件，最后得到高质量的产品。

1.3　并 行 工 程

从理论上讲，产品制造有组织地从一个环节流向另一个环节，直到销售市场，这是可行的，也是传统的串行产品设计。

实际上这种串行产品设计会遇到各种困难，如要做一个局部的修改，更换一种材料，都必须返回设计阶段重新确认产品的功能。这样的反复不仅是资源的浪费，更是时间的浪费。因此，在实践中总结出了一种更新的产品设计开发方法，即产品并行设计方法。产品并行设计开发方法如图 1-4 所示。

制造过程中时刻面临各种决策的问题，为此要将制造企业的经营、管理、计划、产品设计、加工制造、销售及服务等全部生产活动集成，以计算机网络和数据库为基础，综合发展与企业各生产环节有关的计算机辅助技术，如计算机辅助管理与决策技术、计算机辅助设计与工程分析技术、计算机辅助制造与控制技术、自动化物流储运、计算机仿真与实验技术以及计算机辅助质量管理与控制等。

这样的设计思想使得产品的设计和制造融为一体，并且对产品从开发设计、生产使用到最终的处理和再利用的整个生命周期所涉及的各种因素同时考虑，从而缩短产品开发的时间和降低产品的开发生产成本，提高产品质量和生产率，为一个产品最终赢得社会效益和经济效益打下基础。

　　这就是产品并行设计的精髓,也是产品设计应该遵循的现代设计思想。

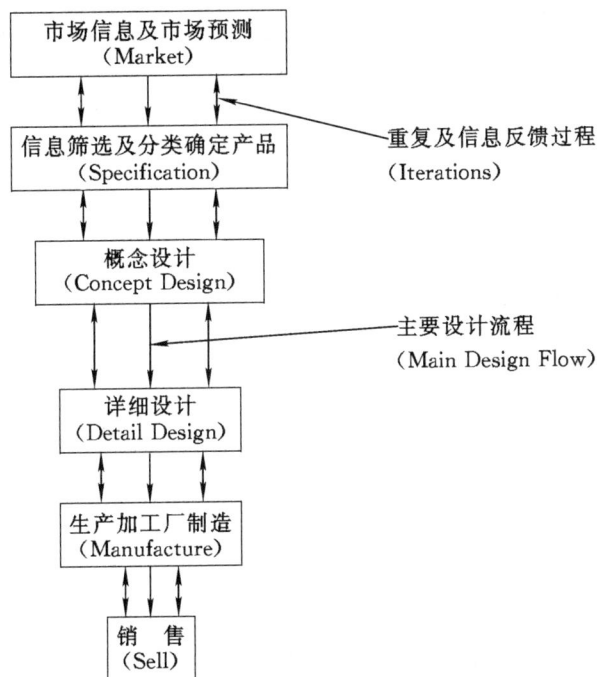

图 1-4　产品并行设计过程方框图

1.4　工程图样

　　纵观整个制造过程,各类工程图样(原理图、总体布置草图、结构装配草图、零件工作图、装配图、造型效果图和工艺卡片等)始终是产品设计、制造、装配等生产环节的重要技术资料。无论草图、仪器图还是用 CAD 绘制的图样,都必须提供产品零件形状、尺寸、材料、表面要求、制造工艺和装配关系等全部制造信息。

　　本书通过详细讨论零件草图、零件工作图、装配图样的画法、零件尺寸注法,以及极限与配合和表面结构等技术要求,介绍工程图样和 CAD 软件的使用,为深入学习机械原理、机械设计和制造工艺等后续课程打下坚实的基础。

第 2 章 标准件 常用件

本章导学

在机器或部件的装配中,大量用到连接件来紧固、连接或联结。常用的有螺纹紧固件如螺栓、双头螺柱和螺钉等,以及其他连接件如键和销等。在机械的传动、支撑等方面还广泛使用齿轮、轴承和弹簧等机件。由于这些机件应用广泛,需求量大,因而有的在结构、尺寸和形式等方面均已标准化,称为标准件;有的已将部分参数标准化、系列化,称为常用件。例如,在图 1-3 中显示了所有零件分解情况的齿轮油泵轴测图,其中螺栓、螺母、垫圈、螺钉、键和销等属于标准件,齿轮属于常用件,而泵体、端盖和传动齿轮轴则是一般零件。

机器零件间的连接形式,根据在拆开时是否会损坏连接部分,分为可拆连接和不可拆连接。可拆连接有螺纹连接、键连接和销连接等,而焊接、铆接则属于不可拆连接。本章介绍螺纹、螺纹紧固件、键、销、轴承、齿轮及弹簧的标准、规定画法及标记方法,并讲解查阅有关标准的方法以及一些工艺结构的作用和画法等。

2.1 螺 纹

2.1.1 螺纹的形成、要素和结构

1. 螺纹的形成

一平面(三角形、梯形或矩形)沿圆柱或圆锥表面上的螺旋线运动而形成的齿槽结构称为螺纹。

在圆柱(或圆锥)外表面上形成的螺纹称为外螺纹[图 2-1(a)];在圆柱(或圆锥)内表面上形成的螺纹称为内螺纹[图 2-1(b)]。内、外螺纹一般需旋合配套才能使用。

在车床上车削螺纹,是常见的加工螺纹的一种方法。如图 2-2 所示,将工件装卡在与车床主轴相连的卡盘上,使它随主轴作等速旋转,同时使车刀沿轴线方向作等速移动,当刀尖切入工件达一定深度时,就在工件的表面上车制出螺纹。此外,螺纹还可以用钣牙、丝锥或滚压的方法加工。图 2-3 说明了丝锥加工内螺纹的过程,即先用钻头钻出不通孔,再用丝锥攻制出内螺纹。

2. 螺纹的要素

螺纹的基本要素是牙型、公称直径、线数、螺距、导程和旋向。为了便于设计计算和加

工制造,国家标准对有些螺纹的牙型、公称直径和螺距都做了规定。凡是这三项都符合标准的称为标准螺纹;牙型符合标准,而大径、螺距不符合标准的称为特殊螺纹;牙型不符合标准的称为非标准螺纹。

（a）　　　　　　　　　　　　（b）

图 2-1　内、外螺纹

(a) 外螺纹；　(b) 内螺纹

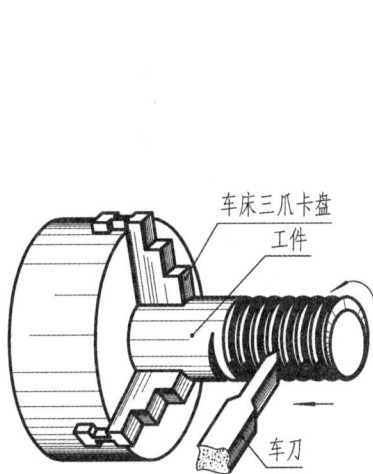

图 2-2　在车床上切制螺纹

图 2-3　丝锥加工内螺纹

（1）牙型:指在通过螺纹轴线的剖面上,螺纹的轮廓形状。常见的牙型有三角形和梯形等,不同的牙型有不同的用途,表 2-1 给出了几种螺纹的牙型图及相应的特征代号。按牙型可区分不同的螺纹种类。

（2）公称直径:螺纹的直径有大径、小径和中径之分,而公称直径是指代表螺纹尺寸的直径。如最常用的圆柱形普通螺纹,公称直径是指螺纹大径的基本尺寸。

大径是指与外螺纹牙顶或内螺纹牙底相切的假想圆柱或圆锥的直径。外螺纹用"d"表示;内螺纹用"D"表示。

小径是指与外螺纹牙底或内螺纹牙顶相切的假想圆柱或圆锥的直径。外螺纹用"d_1"

表示；内螺纹用"D_1"表示。

中径是指一个假想圆柱的直径，其母线通过牙型上与沟槽和凸起宽度相等的地方。外螺纹用"d_2"表示；内螺纹用"D_2"表示。

表 2-1　螺纹的分类、牙型及代号

按标准化程度分	按用途分	按牙型分	外 形 图	牙 型 图	螺纹特征代号
标准螺纹	连接螺纹	粗牙普通螺纹			M
		细牙普通螺纹			
		圆柱管螺纹			G
	传动螺纹	梯形螺纹			Tr
非标准螺纹		方形螺纹			无代号

（3）线数：如图 2-4 所示，螺纹有单线和多线之分。沿一条螺旋线形成的螺纹为单线螺纹[图 2-4(a)]，普通螺纹、管螺纹多为单线螺纹。沿两条或两条以上、在轴向等距分布的螺旋线所形成的螺纹为多线螺纹[图 2-4(b)]，由于其旋进速度较快，因此多用于传动。

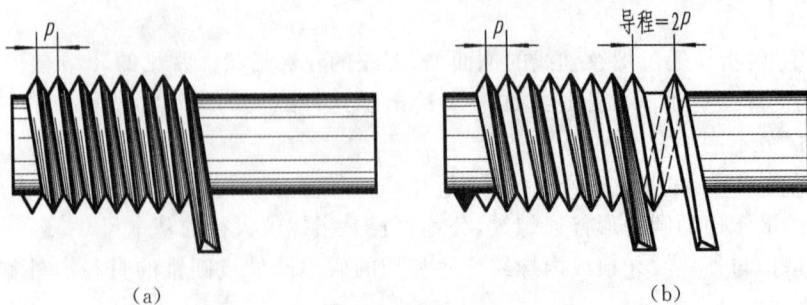

（a）　　　　　　　　　　　　　（b）

图 2-4　螺纹线数、导程和螺距

（a）单线螺纹；　（b）双线螺纹

　　（4）螺距 P 和导程 P_h：螺纹相邻两牙在中径圆柱上对应两点之间的轴向距离称为螺距，用符号"P"来表示。同一条螺旋线上的相邻两牙在中径线上对应两点间的轴向距离称为导程，用符号"P_h"来表示。对于单线螺纹其导程等于螺距，即 $P_h = P$，如图 2 - 4(a) 所示；多线螺纹的导程等于线数乘以螺距，即 $P_h = nP$，在图 2 - 4(b) 中，其螺纹是双线螺纹，所以导程等于螺距的 2 倍，即 $P_h = 2P$。

　　（5）旋向：螺纹有左旋和右旋之分。如图 2 - 5 所示，若螺纹是顺时针方向旋入的，则称为右旋螺纹；若螺纹是逆时针方向旋入的，则称为左旋螺纹。工程上常使用右旋螺纹。

　　只有以上螺纹的五大要素都对应相同时，内、外螺纹才能够旋合在一起。

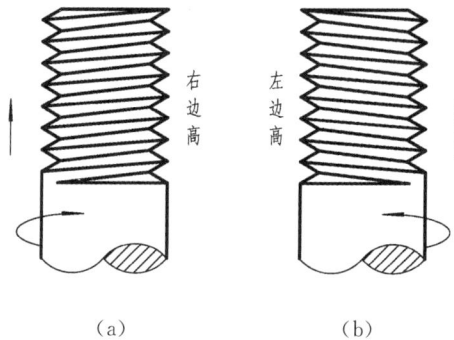

(a)　　　　　　　　(b)

图 2 - 5　螺纹的旋向

(a) 右旋螺纹；(b) 左旋螺纹

3. 螺纹的结构

　　图 2 - 6 和图 2 - 7 画出了螺纹的末端、收尾和退刀槽。这些结构的参数值可查阅表 2 - 2。

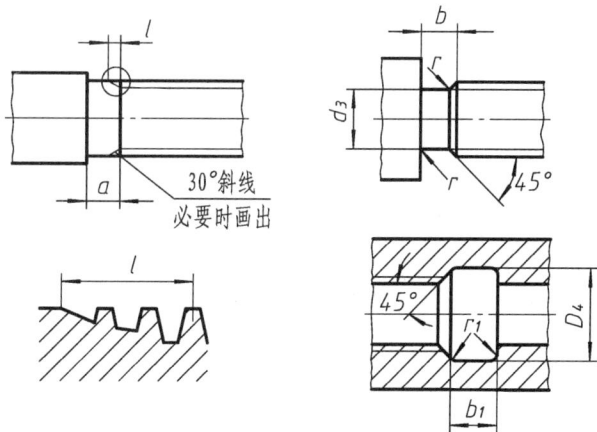

图 2 - 6　螺纹的末端　　　　　　　　　　图 2 - 7　螺纹的收尾和退刀槽

(a) 螺纹收尾；(b) 退刀槽

表 2-2　普通螺纹的螺纹收尾、肩距、退刀槽(摘自 GB/T 3—1997)　　　　(单位:mm)

螺距 P	粗牙螺纹大径 $d(D)$	外螺纹								内螺纹							
		螺纹收尾 l max		肩距 a max			退刀槽			螺纹收尾 l_1 max		肩距 a_1 max		退刀槽			
		一般	短的	一般	长的	短的	b max	$r\approx$	d_3	一般	短的	一般	长的	一般	窄的	$r_1\approx$	D_4
0.5	3	1.25	0.7	1.5	2	1	1.5	0.2	$d-0.8$	2	1	3	4	2	1	0.2	
0.6	3.5	1.5	0.75	1.8	2.4	1.2	1.8	0.4	$d-1$	2.4	1.2	3.2	4.8	2.4	1.2	0.3	$D+0.3$
0.7	4	1.75	0.9	2.1	2.8	1.4	2.1		$d-1.1$	2.8	1.4	3.5	5.6	2.8	1.4	0.4	
0.75	4.5	1.9	1	2.25	3	1.5	2.25		$d-1.2$	3	1.5	3.8	6	3	1.5		
0.8	5	2		2.4	3.2	1.6	2.4		$d-1.3$	3.2	1.6	4	6.4	3.2	1.6		
1	6.7	2.5	1.25	3	4	2	3	0.6	$d-1.6$	4	2	5	8	4	2	0.5	
1.25	8	3.2	1.6	4	5	2.5	3.75		$d-2$	5	2.5	6	10	5	2.5	0.6	
1.5	10	3.8	1.9	4.5	6	3	4.5	0.8	$d-2.3$	6	3	7	12	6	3	0.8	
1.75	12	4.3	2.2	5.3	7	3.5	5.25		$d-2.6$	7	3.5	9	14	7	3.5	0.9	$D+0.5$
2	14,16	5	2.5	6	8	4	6	1	$d-3$	8	4	10	16	8	4	1	
2.5	18,20,22	6.3	3.2	7.5	9	5	7.5		$d-3.6$	10	5	12	18	10	5	1.2	
3	24,27	7.5	3.8	9	12	6	9	1.6	$d-4.4$	12	6	14	22	12	6	1.5	
3.5	30,33	9	4.5	10.5	14	7	10.5		$d-5$	14	7	16	24	14	7	1.8	
4	36,39	10	5	12	16	8	12		$d-5.7$	16	8	18	26	16	8	2	

注:1. 本表未摘录 $P<0.5$ 的各有关尺寸。

　　2. 国家标准局发布了国家标准《紧固件外螺纹零件的末端》(GB/T 2—2016),可查阅其中的有关规定。

　　(1)螺纹的末端:为了便于装配和防止螺纹起始圈损坏,常将螺纹的起始处加工出一定的结构,如倒角、倒圆等,如图 2-6 所示。

　　(2)螺纹的收尾和退刀槽:在车削螺纹时刀具在接近螺纹末尾处要逐渐离开工件,因此螺纹收尾部分的牙型是不完整的,称为螺尾,如图 2-7(a)所示。为了避免产生螺尾,可以预先在螺纹末尾处加工出退刀槽,然后再车削螺纹,如图 2-7(b)所示。

　　(3)螺纹的倒角:外螺纹起始端面的倒角一般为 45°,也可采用 60°或 30°倒角,倒角深度应大于或等于螺纹牙型高度;内螺纹入口端面的倒角一般为 120°,也可采用 90°倒角;端面倒角直径为 $(1.05\sim1)D$。

2.1.2　螺纹的种类

　　螺纹按用途分为连接螺纹和传动螺纹,前者主要起连接作用,后者主要用于传递动力和运动。常用螺纹分类如下:

$$
\text{螺纹} \begin{cases} \text{连接螺纹} \begin{cases} \text{普通螺纹} \begin{cases} \text{粗牙普通螺纹} \\ \text{细牙普通螺纹} \end{cases} \\ \text{管螺纹} \begin{cases} \text{非螺纹密封的管螺纹} \\ \text{用螺纹密封的管螺纹} \end{cases} \end{cases} \\ \text{传动螺纹} \begin{cases} \text{梯形螺纹} \\ \text{锯齿形螺纹} \end{cases} \end{cases}
$$

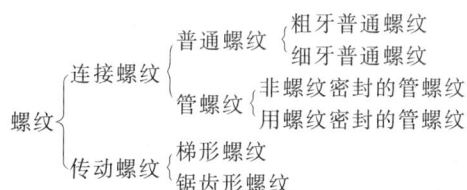

无论是连接螺纹还是传动螺纹,在使用时大多选用标准螺纹。下面将介绍几种常用的标准螺纹。

1. 普通螺纹

普通螺纹是常用的连接螺纹,牙型为三角形,牙型角为 60°,其特征代号为 M。同一公称直径的普通螺纹,其螺距有粗牙(一种)和细牙(一种或几种)之分。因此,在标注细牙螺纹时,必须注出螺距。粗牙螺纹多用于紧固连接,连接强度较好;细牙螺纹的螺距比粗牙螺纹的螺距小,所以多用于细小的精密零件和薄壁零件上,有较好的密封性和微调性。设计时应根据使用要求确定螺距为粗牙或细牙。普通螺纹的基本尺寸见表 2 - 3。

表 2 - 3　普通螺纹的基本尺寸(摘自 GB/T 196—2003)　　(单位:mm)

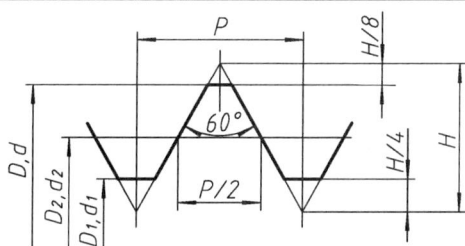

公称直径 D, d	螺距 P	中径 D_2, d_2	小径 D_1, d_1	公称直径 D, d	螺距 P	中径 D_2, d_2	小径 D_1, d_1
4	0.7	3.545	3.242	16	2	14.701	13.835
	0.5	3.675	3.459		1.5	15.026	14.376
5	0.8	4.480	4.134		1	15.350	14.917
	0.5	4.675	4.459	20	2.5	18.376	17.294
6	1	5.350	4.917		2	18.701	17.835
	0.75	5.513	5.188		1.5	19.026	18.376
8	1.25	7.188	6.647		1	19.350	18.917
	1	7.350	6.917	24	3	22.051	20.752
	0.75	7.513	7.188		2	22.701	21.835
10	1.5	9.026	8.376		1.5	23.026	22.376
	1.25	9.188	8.647		1	23.350	22.917
	1	9.350	8.917	30	3.5	27.727	26.211
	0.75	9.513	9.188		3	28.051	26.752
12	1.75	10.863	10.106		2	28.701	27.835
	1.5	11.026	10.376		1.5	29.026	28.376
	1.25	11.188	10.647		1	29.350	28.917
	1	11.350	10.917				

注:1. 公称直径 D, d 所对应的所有螺距中,数值最大的为粗牙螺纹。

2. 粗牙螺纹在螺纹规定标记中螺距省略标注。

2. 管螺纹

管螺纹常用于水管、油管、气管的管道连接中,其尺寸代号数值是指刻有外螺纹的管子孔径(单位是英寸制)。管螺纹有以下两种类型。

(1)非螺纹密封的管螺纹,螺纹特征代号是 G,其内、外螺纹均为圆柱螺纹,且内、外螺纹旋合后本身无密封能力,常用于电线管等不需要密封的管路系统中。若加上密封结构后,则密封性能好,可用于具有高压力的管路系统。

(2)用螺纹密封的管螺纹,螺纹特征代号有三种:圆锥内螺纹 Rc;圆锥外螺纹 R;圆柱内螺纹 Rp。这种螺纹的连接形式有圆锥外螺纹与圆锥内螺纹旋合连接,圆柱内螺纹与圆锥外螺纹旋合连接。这种连接在内、外螺纹旋合后具有密封能力,常用于日常生活中的水管、煤气管和润滑油管等。锥管螺纹绘制时取锥度 1∶16。

圆柱管螺纹和圆锥管螺纹的基本尺寸见表 2-4。

表 2-4　　非螺纹密封的管螺纹(摘自 GB/T 7307—2001)　　(单位:mm)

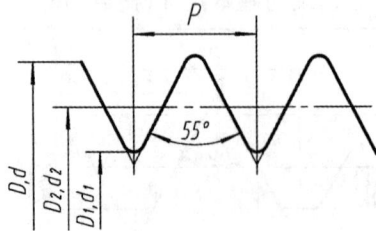

尺寸代号	每 25.4 mm 内的牙数 n	螺距 P	基本直径	
			大径 D, d	小径 D_1, d_1
1/8	28	0.907	9.728	8.566
1/4	19	1.337	13.157	11.445
3/8	19	1.337	16.662	14.950
1/2	14	1.814	20.955	18.631
5/8	14	1.814	22.911	20.587
3/4	14	1.814	26.441	24.117
7/8	14	1.814	30.201	27.877
1	11	2.309	33.249	30.291
$1\frac{1}{8}$	11	2.309	37.897	34.939
$1\frac{1}{4}$	11	2.309	41.910	38.952
$1\frac{1}{2}$	11	2.309	47.803	44.845
$1\frac{3}{4}$	11	2.309	53.746	50.788
2	11	2.309	59.614	56.656
$2\frac{1}{4}$	11	2.309	65.710	62.752
$2\frac{1}{2}$	11	2.309	75.184	72.226
$2\frac{3}{4}$	11	2.309	81.534	78.576
3	11	2.309	87.884	84.926

3. 梯形螺纹

梯形螺纹用来传递双向动力,它的公称直径指外螺纹的大径 d。螺纹特征代号为 Tr。为了保证传动的灵活性,必须使内、外螺纹配合后留有一定的径向保证间隙,因此内、外螺纹的中径相同($d_2 = D_2$),但大径和小径不同。梯形螺纹的基本尺寸见表 2-5。

表 2-5　梯形螺纹基本尺寸(摘自 GB/T 5796.3—2005)　　　（单位:mm）

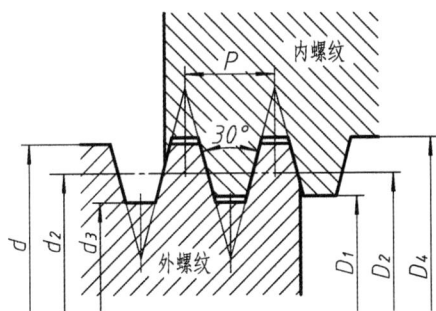

公称直径 d		螺距	中径	大径	小径		公称直径 d		螺距	中径	大径	小径	
第一系列	第二系列	P	$d_2 = D_2$	D_4	d_3	D_1	第一系列	第二系列	P	$d_2 = D_2$	D_4	d_3	D_1
8		1.5	7.25	8.30	6.20	6.50		26	3	24.50	26.50	22.50	23.00
	9	1.5	8.25	9.30	7.20	7.50			5	23.50	26.50	20.50	21.00
		2	8.00	9.50	6.50	7.00			8	22.00	27.00	17.00	18.00
10		1.5	9.25	10.30	8.20	8.50	28		3	26.50	28.50	24.50	25.00
		2	9.00	10.50	7.50	8.00			5	25.50	28.50	22.50	23.00
	11	2	10.00	11.50	8.50	9.00			8	24.00	29.00	19.00	20.00
		3	9.50	11.50	7.50	8.00		30	3	28.50	30.50	26.50	27.00
12		2	11.00	12.50	9.50	10.00			6	27.00	31.00	23.00	24.00
		3	10.50	12.50	8.50	9.00			10	25.00	31.00	19.00	20.00
	14	2	13.00	14.50	11.50	12.00	32		3	30.50	32.50	28.50	29.00
		3	12.50	14.50	10.50	11.00			6	29.00	33.00	25.00	26.00
16		2	15.00	16.50	13.50	14.00			10	27.00	33.00	21.00	22.00
		4	14.00	16.50	11.50	12.00		34	3	32.50	34.50	30.50	31.00
	18	2	17.00	18.50	15.50	16.00			6	31.00	35.00	27.00	28.00
		4	16.00	18.50	13.50	14.00			10	29.00	35.00	23.00	24.00
20		2	19.00	20.50	17.50	18.00	36		3	34.50	36.50	32.50	33.00
		4	18.00	20.50	15.50	16.00			6	33.00	37.00	29.00	30.00
	22	3	20.50	22.50	18.50	19.00			10	31.00	37.00	25.00	26.00
		5	19.50	22.50	16.50	17.00		38	3	36.50	38.50	34.50	35.00
		8	18.00	23.00	13.00	14.00			7	34.50	39.00	30.00	31.00
24		3	22.50	24.50	20.50	21.00			10	33.00	39.00	27.00	28.00
		5	21.50	24.50	18.50	19.00	40		3	38.50	40.50	36.50	37.00
		8	20.00	25.00	15.00	16.00			7	36.50	41.00	32.00	33.00
									10	35.00	41.00	29.00	30.00

2.1.3　螺纹的规定画法

国家标准《机械制图》GB/T 4459.1—1995规定了在机械图样中螺纹和螺纹紧固件的画法。

1. 内、外螺纹的规定画法

(1) 外螺纹:螺纹牙顶所在的轮廓线(大径)画成粗实线,螺纹牙底所在的轮廓线(小径)画成细实线,小径通常画成大径的0.85倍,螺纹端部的倒角或倒圆部分也应画出,螺纹终止线用粗实线画出,如图2-8(a)所示。在垂直于螺纹轴线的投影面的视图上,表示小径的细实线画成3/4圈圆,此时倒角可省略不画。

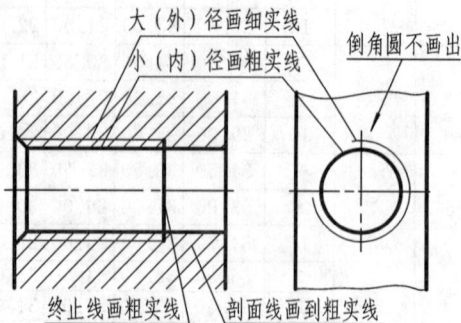

图 2-8　外螺纹的规定画法
(a) 外螺纹画法; (b) 外螺纹剖开画法

外螺纹剖开时,看得见的螺纹终止线画一段粗实线,由小径向外画到大径上,看不见的螺纹终止线省略不画,剖面线应画到大径上[图2-8(b)]。

(2) 内螺纹:在剖视图中,螺纹牙顶所在的轮廓线(小径)画成粗实线,螺纹终止线也画成粗实线;螺纹牙底所在的轮廓线(大径)画成细实线,如图2-9所示。在未使用剖视方法表达的螺纹视图中,所有图线均按虚线绘制,如图2-10所示。在垂直于螺纹轴线的投影面上的视图中,表示牙底的细实线或虚线画3/4圈圆,倒角可省略不画。

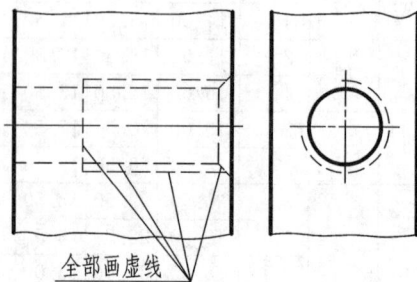

图 2-9　内螺纹剖开画法　　　　　　图 2-10　内螺纹不剖时的画法

(3) 其他有关规定画法:

1）螺纹收尾部分牙型不完整，一般不画。若必须表示，则螺尾部分的牙底用与轴线成 30°的细实线绘制，如图 2-7(a) 所示。

2）在剖视图或断面图中，外螺纹或内螺纹的剖面线都必须画到粗实线为止。

3）螺孔与螺孔以及螺纹与孔相交时，其画法如图 2-11 所示。

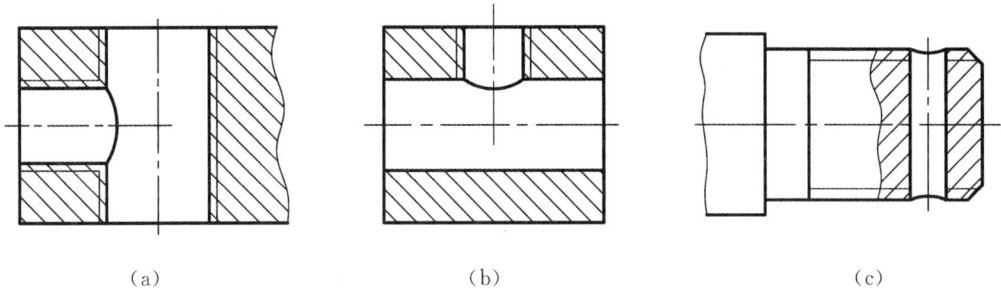

（a）　　　　　　　　（b）　　　　　　　　（c）

图 2-11　螺孔与螺孔以及螺纹与孔相交的画法

2. 螺纹连接的规定画法

如图 2-12 所示，内、外螺纹旋合时，其旋合部分应按外螺纹绘制，各自其余部分仍按前述规定画法表示。在不剖的视图上表示内、外螺纹连接的画法时，其结合部分内、外螺纹的牙顶圆和牙底圆均画成虚线，其余部分仍按前述规定画法表示。

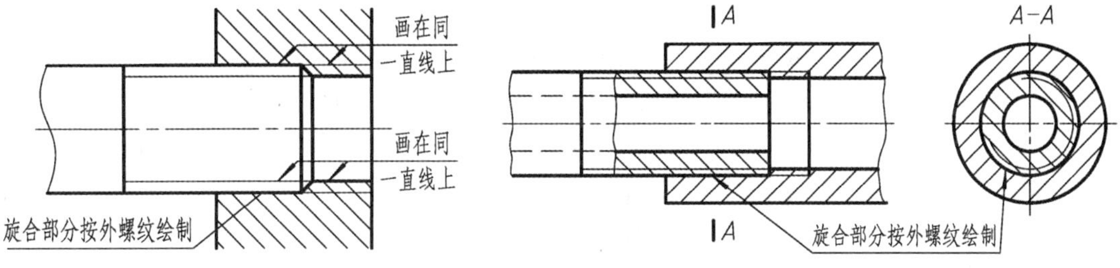

（a）　　　　　　　　（b）

图 2-12　螺纹连接的规定画法

3. 螺纹的标记

螺纹按规定画法画出后，图中还不能表明牙型、公称直径、螺距、导程和旋向等螺纹要素，也未注明螺纹的公差或精度等级，所以必须在图中用规定标记对螺纹进行标注。

（1）普通螺纹的规定标记：普通螺纹的规定标记由螺纹代号、螺纹公差带代号、螺纹旋合长度代号三部分组成。其中，螺纹代号由表示普通螺纹特征代号的字母 M 和普通螺纹的公称直径×螺距以及旋向三方面内容构成。螺纹公差带代号由代表公差等级的数字和代表公差带位置的字母组成，大写字母表示内螺纹，小写字母表示外螺纹。普通螺纹公差带代号是指螺纹的中径公差带和顶径（指外螺纹大径和内螺纹小径）公差带代号。如果中径公差带与顶径公差带代号相同，则标注一个代号。螺纹旋合长度分短(S)、中(N)、长(L)三种。为了使螺纹标记简单醒目，可将常用的粗牙普通螺纹的螺距、右旋和中(N)等旋合长度在规定标记中省略。其标注形式顺序如下：

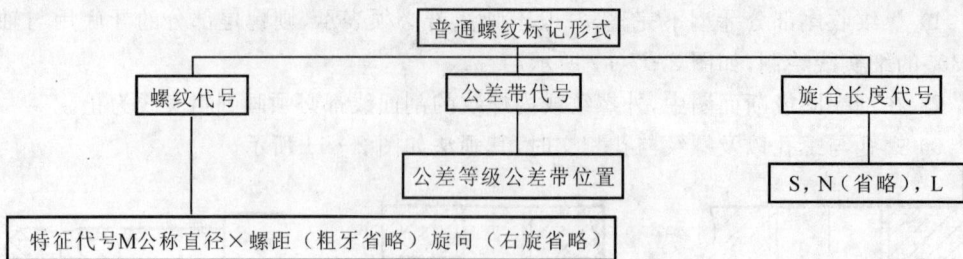

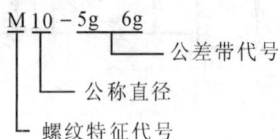

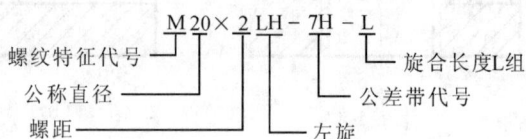

(a) 粗牙普通螺纹　　　　　　　　　　　　(b) 细牙普通螺纹

　　由上述规定标记可知:(a) 表示该螺纹为粗牙普通螺纹,公称直径为 10 mm,右旋,外螺纹,中径公差带为 5 g,大径公差带为 6 g,旋合长度为 N 组;(b) 表示该螺纹为细牙普通螺纹,公称直径为 20 mm,螺距为 2 mm,左旋,内螺纹,中径、小径公差带皆为 7H,旋合长度为 L 组。

　　(2) 圆柱管螺纹的规定标记:圆柱管螺纹的规定标记由螺纹特征代号(前面已介绍过管螺纹的分类)、尺寸代号、公差等级代号、旋向等组成。其中圆柱管螺纹的特征代号用字母 G 表示。公差等级代号:对外螺纹分 A 和 B 两级标记,而内螺纹则不标记。旋向:若圆柱管螺纹为右旋,可省略标记;若为左旋,则须标注出"LH"。

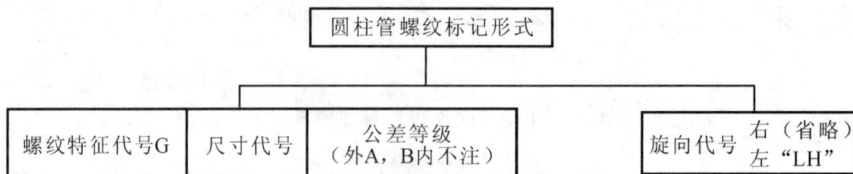

例:

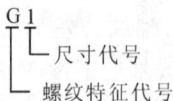

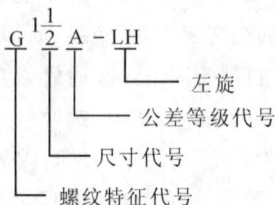

(a) 内螺纹　　　　　　　　　　　　　　(b) 外螺纹

　　由上述规定标记可知:(a) 表示该螺纹为圆柱管螺纹的内螺纹,尺寸代号为 1,右旋;
(b) 表示该螺纹为圆柱管螺纹的外螺纹,尺寸代号为 $1\frac{1}{2}$,公差等级为 A 级,左旋。

（3）梯形螺纹的规定标记：梯形螺纹的规定标记由螺纹代号、公差带代号及旋合长度代号三部分组成。其中螺纹代号由螺纹特征代号 Tr、公称直径（外螺纹大径）×螺距、旋向三部分构成。梯形螺纹的公差带代号是指内、外螺纹的中径公差带。螺纹旋合长度代号仅有中（N）、长（L）两组供选用。为了使螺纹标记简单醒目，当选用梯形螺纹为右旋和中（N）旋合长度时，在规定标记中可省略标注。但如果选用的梯形螺纹为左旋时，必须标注出旋向代号"LH"。其标注形式如下：

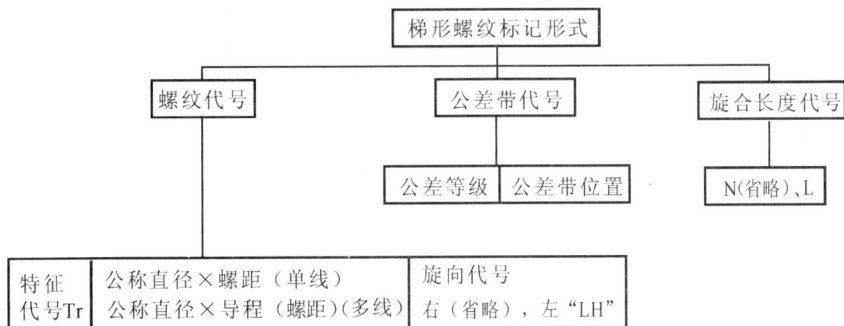

例：

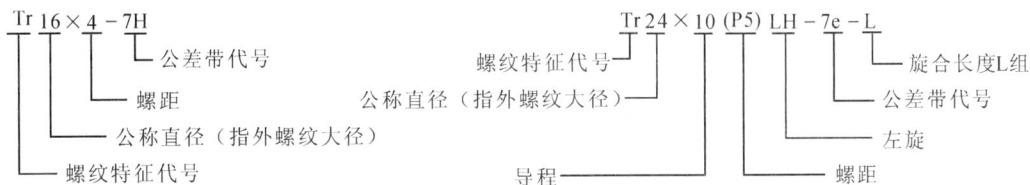

(a) 单线梯形内螺纹　　　　　　　　　　　　　　(b) 双线梯形外螺纹

由上述规定标记可知：(a) 表示该螺纹为单线梯形内螺纹，公称直径为 16 mm，螺距为 4 mm，右旋，中径公差带代号为 7H，旋合长度为 N 组；(b) 表示该螺纹为双线梯形外螺纹，公称直径为 24 mm，导程为 10 mm，螺距为 5 mm，左旋，中径公差带代号为 7e，旋合长度为 L 组。

4. 规定标记在螺纹图样上的注法

（1）公制螺纹的标记必须注在螺纹的大径上，如图 2 - 13 所示。

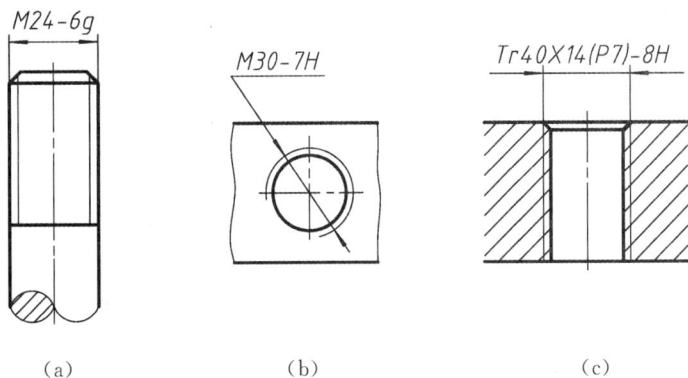

(a)　　　　　　　　(b)　　　　　　　　(c)

图 2 - 13　公制螺纹的标注

（2）英制管螺纹、锥管螺纹及锥螺纹的标记应从螺纹大径上用指引线引出标注。如图 2-14(a) ～ (c) 所示(1 in＝25.4 mm)。

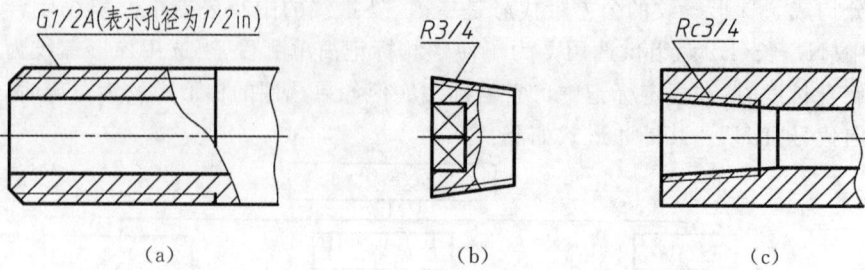

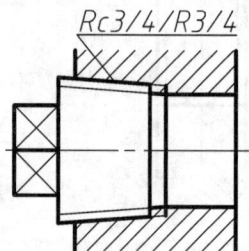

图 2-14　管螺纹的标注

（3）特殊螺纹的标注如图 2-15 所示。非标准螺纹则必须画出牙型，并标注出与结构有关的全部尺寸，如图 2-16 所示。

图 2-15　特殊螺纹的标注　　　　图 2-16　非标准螺纹的标注

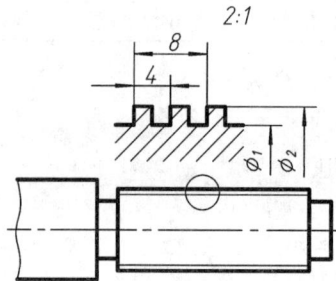

（4）旋合螺纹的标注：

1）普通螺纹、梯形螺纹等在旋合连接的装配图中用一个螺纹代号标出(由于内、外螺纹的公称直径相同)。但内、外螺纹的公差带代号必须分别注出，用斜线分开，前者是内螺纹公差带代号，后者是外螺纹公差带代号，在图样上的标注形式如图 2-17 所示。

2）管螺纹的旋合装配形式有三种，国家标准规定在旋合装配时必须将内、外螺纹的标记都注出，且用斜线分开(内螺纹在前，外螺纹在后)。管螺纹旋合装配时在图样上的标注形式如图 2-18 所示。

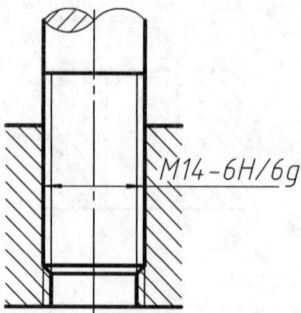

图 2-17　旋合螺纹的标注　　　　图 2-18　旋合管螺纹的标注

2.1.4 螺纹紧固件

螺纹紧固件包括螺栓、螺钉、双头螺柱、螺母、垫圈等。常见的螺纹紧固件如图 2-19 所示。螺纹紧固件运用内、外螺纹旋合的连接作用来连接和紧固一些零、部件。这类零件均是标准件,即结构形式和尺寸均已标准化,由标准件厂大量生产。通常根据螺纹紧固件的规定标记,在相应的标准手册中即可查出该零件的有关尺寸。在设计时,标准件不必画零件图,只在装配图中画出。

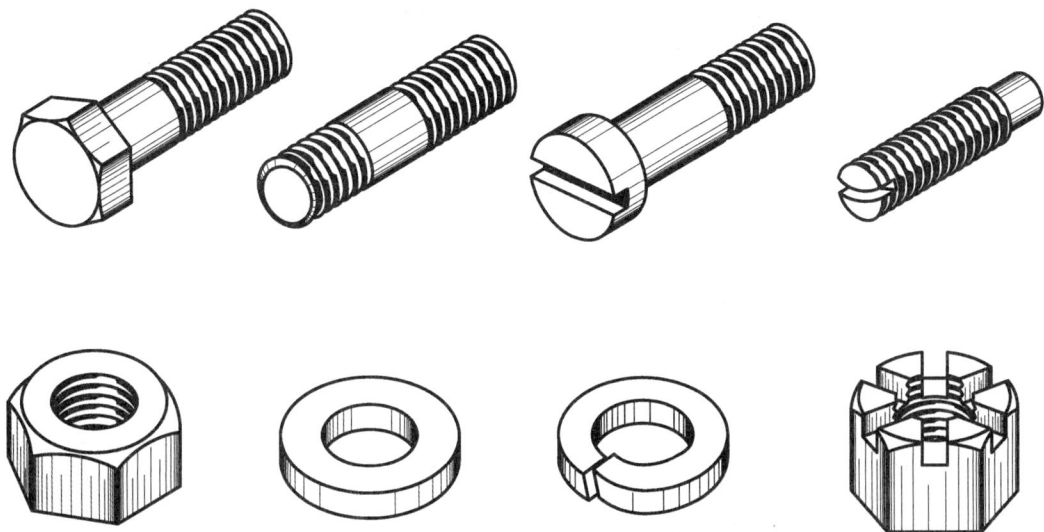

图 2-19 螺纹紧固件

1. 螺栓

螺栓由带有螺纹的圆柱杆和棱柱形头部组成。按其头部形状可分为六角头螺栓和方头螺栓等,其中六角头螺栓应用最广,如图 2-19 所示。根据加工质量,螺栓的产品等级分为 A,B,C 三级,依次为 A 级最精确,C 级最不精确。常用的六角头螺栓 A 级和 B 级 (GB/T 5782—2016) 的有关尺寸、画法和规定标记见表 2-6。其比例画法如图 2-20 所示。比例画法是指为了作图便捷,以螺纹大径为基本尺寸,紧固件的其他结构尺寸按照基本尺寸的一定比例绘制的画法。

2. 双头螺柱

双头螺柱是圆柱杆两端都制有螺纹的紧固件。b_m 端旋入被连接件中较厚零件的螺孔中,称为旋入端;b 端与螺母旋合,称为紧固端。根据国家标准规定,旋入端的螺纹长度 b_m 由被旋入零件的材料强度来确定,相应标准如下:

当零件材料是钢或青铜时,$b_m = 1d$ (GB/T 897—1988);

当零件材料是铸铁时,$b_m = 1.25d$ (GB/T 898—1988);

当零件材料强度在铸铁与铝之间时,$b_m = 1.5d$ (GB/T 899—1988);

当零件材料是纯铝时,$b_m = 2d$ (GB/T 900—1988)。

双头螺柱的有关尺寸、画法和规定标记见表2-7,其比例画法如图2-21所示。

表 2-6　六角头螺栓(摘自 GB/T 5782—2016)　　　　　　(单位:mm)

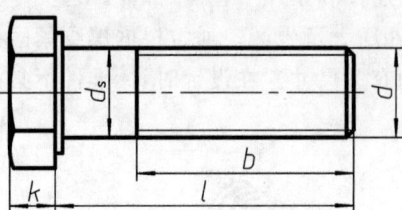

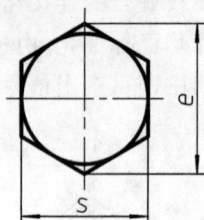

标记示例

螺栓 GB/T 5782 M10 × 40(螺纹规格 $d=$ M10、公称长度 $l=40$ mm、性能等级为8.8级、表面不经处理、A 级的六角头螺栓)

螺纹规格 d	d_s 公称= max	e		k 公称	s 公称= max	b 参考		
		A	B			$l \leqslant 125$	$125 < l \leqslant 200$	$l > 200$
M3	3	6.01	5.88	2	5.5	12	18	31
M4	4	7.66	7.50	2.8	7	14	20	33
M5	5	8.79	8.63	3.5	8	16	22	35
M6	6	11.05	10.89	4	10	18	24	37
M8	8	14.38	14.20	5.3	13	22	28	41
M10	10	17.77	17.59	6.4	16	26	32	45
M12	12	20.03	19.85	7.5	18	30	36	49
M16	16	26.75	26.17	10	24	38	44	57

长度 l 系列: 20,25,30,35,40,45,50,55,60,65,70,80,90,100,110,120,130,140,150,160,180,200,…

注:A 和 B 为产品等级,A 级用于 $d \leqslant 24$ mm 和 $l \leqslant 10d$ 或 $l \leqslant 150$ mm 的螺栓,B 级用于 $d > 24$ mm 或 $l > 10d$ 或 $l > 150$ mm 的螺栓。

图 2-20　六角头螺栓比例画法

表 2 - 7　双头螺柱(摘自 GB/T 897—1988 ～ GB/T 900—1988)　　(单位:mm)

标记示例

螺柱　GB/T 898 AM12×40(螺纹规格 d = M12, b_m = 1.25 d,公称长度 l = 40 mm,按 A 型制造的双头螺柱)

螺柱　GB/T 897 M10×50(螺纹规格 d = M10, b_m = 1 d,公称长度 l = 50 mm,按 B 型制造的双头螺柱)

螺纹规格 d	b_m公称				l/b
	GB/T 897 —1988	GB/T 898 —1988	GB/T 899 —1988	GB/T 900 —1988	
M3			4.5	6	16 ～ 20/6, 22 ～ 40/12
M4			6	8	16 ～ 22/8, 25 ～ 40/14
M5	5	6	8	10	16 ～ 22/10, 25 ～ 50/16
M6	6	8	10	12	20 ～ 22/10, 25 ～ 30/14, 32 ～ 75/18
M8	8	10	12	16	20 ～ 22/12, 25 ～ 30/16, 32 ～ 90/22
M10	10	12	15	20	25 ～ 28/14, 30 ～ 38/16, 40 ～ 120/26
M12	12	15	18	24	25 ～ 30/16, 32 ～ 40/20, 45 ～ 120/30
M16	16	20	24	32	30 ～ 38/20, 40 ～ 55/30, 60 ～ 120/38
M20	20	25	30	40	35 ～ 40/25, 45 ～ 65/35, 70 ～ 120/46
M24	24	30	36	48	45 ～ 50/30, 55 ～ 75/45, 80 ～ 120/54

长度 l 系列:16,(18),20,(22),25,(28),30,(32),35,(38),40,45,50,(55),60,(65),70,(75),80,(85),90,(95),100,110,120,…

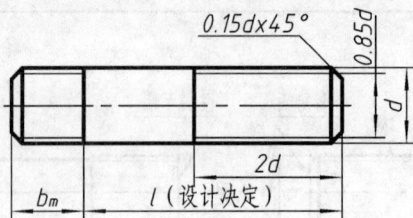

图 2-21　双头螺柱比例画法

3. 螺钉

螺钉按用途分为连接螺钉和紧定螺钉两类。

(1) 连接螺钉:连接螺钉用来连接零件,其一端制有螺纹,另一端为头部。按其头部形状不同分为不同种类,有开槽盘头螺钉、开槽圆柱头螺钉、开槽沉头螺钉、内六角头螺钉等。其中两种连接螺钉的尺寸、画法和规定标记见表2-8和表2-9。图2-22和图2-23分别表示了其比例画法。

表 2-8　　开槽盘头螺钉(摘自 GB/T 67—2016)　　　　　　(单位:mm)

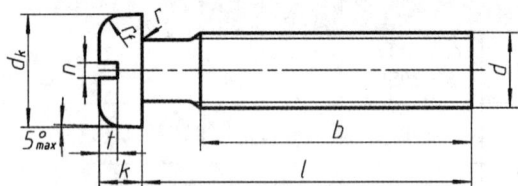

无螺纹部分杆径 ≈ 中径或 = 螺纹大径

标记示例

螺钉 GB/T 67 M10×45(螺纹规格 d = M10、公称长度 l = 45 mm、性能等级为 4.8 级、表面不经处理的开槽盘头螺钉)

螺纹规格 d	d_k 公称 = max	k 公称 = max	t min	n 公称	r min	r_f 参考	l	b min
M3	5.6	1.8	0.7	0.8	0.1	0.9	4～30	
M4	8	2.4	1	1.2	0.2	1.2	5～40	$l≤40$ 时为全螺纹; $l>40$ 时 b = 38
M5	9.5	3	1.2	1.2	0.2	1.5	6～50	
M6	12	3.6	1.4	1.6	0.25	1.8	8～60	
M8	16	4.8	1.9	2	0.4	2.4	10～80	
M10	20	6	2.4	2.5	0.4	3	12～80	

长度 l 系列:4,5,6,8,10,12,(14),16,20,25,30,35,40,45,50,(55),60,(65),70,(75),80

表 2 - 9　开槽沉头螺钉(摘自 GB/T 68—2016)　　　　　　　（单位：mm）

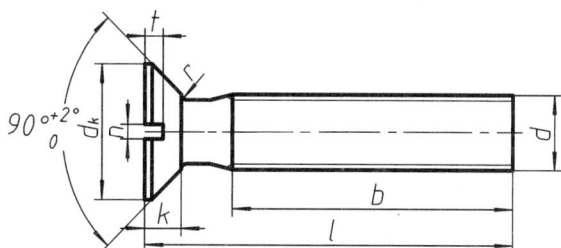

标记示例

螺钉 GB/T 68 M10×50(螺纹规格 d = M10、公称长度 l = 50 mm、性能等级为 4.8 级、表面不经处理的开槽沉头螺钉)

无螺纹部分杆径 ≈ 中径或 = 螺纹大径

螺纹规格 d	d_k 理论值 max	k 公称 = max	n 公称	t max	r max	l	b min
M3	6.3	1.65	0.8	0.85	0.8	5～30	
M4	9.4	2.7	1.2	1.3	1	6～40	$l \leq 45$ 时为全螺纹；$l > 45$ 时 b_m = 38
M5	10.4	2.7	1.2	1.4	1.3	8～50	
M6	12.6	3.3	1.6	1.6	1.5	8～60	
M8	17.3	4.65	2	2.3	2	10～80	
M10	20	5	2.5	2.6	2.5	12～80	

长度 l 系列：4,5,6,8,10,12,(14),16,20,25,30,35,40,45,50,(55),60,(65),70,(75),80

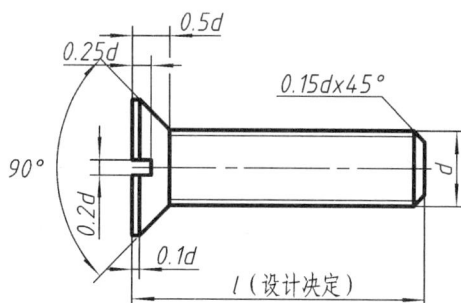

图 2 - 22　开槽盘头螺钉比例画法

图 2 - 23　开槽沉头螺钉比例画法

　　（2）紧定螺钉：紧定螺钉用来固定零件,如图 2-24 所示。紧定螺钉的端部有平端、锥端、凹端和圆柱端等类型。开槽长圆柱端紧定螺钉的有关尺寸、画法和规定标记见表2-10。

(GB/T 73—2017)　　　　　　　　　　(GB/T 75—1985)

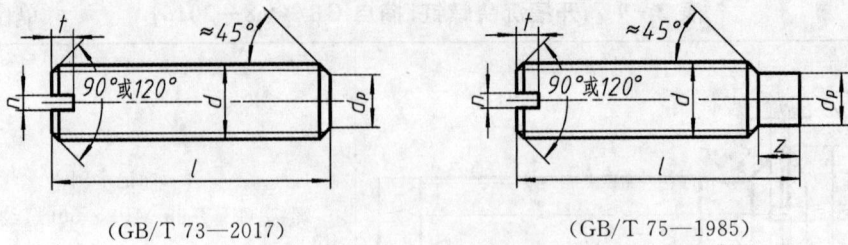

图 2-24　紧定螺钉

表 2-10　开槽长圆柱端紧定螺钉(摘自 GB/T 75—1985)　　　　(单位:mm)

标记示例

螺钉 GB/T 75 M5×12(螺纹规格 d = M5、公
称长度 l = 12 mm、性能等级为14H级、表面氧化
的开槽长圆柱端紧定螺钉)

螺纹规格 d	P	d_p max	z max	n 公称 =	t max	l
M3	0.5	2	1.75	0.4	1.05	5 ~ 16
M4	0.7	2.5	2.25	0.6	1.42	6 ~ 20
M5	0.8	3.5	2.75	0.8	1.63	8 ~ 25
M6	1	4	3.25	1	2	8 ~ 30
M8	1.25	5.5	4.3	1.2	2.5	10 ~ 40
M10	1.5	7	5.3	1.6	3	12 ~ 50
M12	1.75	8.5	6.3	2	3.6	14 ~ 60

长度 l 系列:5,6,8,10,12,(14),16,20,25,30,35,40,45,50,(55),60

4. 螺母

常用的螺母按其形状分为六角螺母、六角开槽螺母、方螺母和圆螺母等类型。螺母上
制有内螺纹,用以与螺栓及螺柱旋合。其中六角螺母应用最广,其产品等级分 A,B 和 C
三级,分别与相对应精度的螺栓、螺柱及垫圈配合使用。根据螺母高度 m 的不同又可将
其分为薄型、1型和2型和厚型。常用的 1 型六角螺母 A 级(GB/T 6170—2015)的有关尺

寸、画法及规定标记见表 2-11,其比例画法如图 2-25 所示。

表 2-11 六角螺母(摘自 GB/T 6170—2015) (单位:mm)

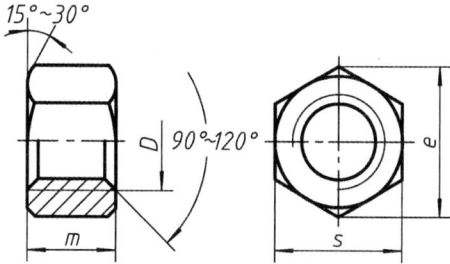

标记示例

螺母 GB/T 6170 M12(螺纹规格 $D =$ M12、性能等级为 8 级、表面不经处理、A 级的 1 型六角螺母)

螺纹规格 D	P 螺距	e min	s 公称 = max	m max
M3	0.5	6.01	5.5	2.4
M4	0.7	7.66	7	3.2
M5	0.8	8.79	8	4.7
M6	1	11.05	10	5.2
M8	1.25	14.38	13	6.8
M10	1.5	17.77	16	8.4
M12	1.75	20.03	18	10.8
M16	2	26.75	24	14.8

注:A 级用于 $D \leqslant 16$ mm 的螺母;B 级用于 $D > 16$ mm 的螺母。

5. 垫圈

垫圈有平垫圈和弹簧垫圈等类型。垫圈可增加支撑面积和防止旋紧螺母时损伤零件表面,弹簧垫圈还具有防松作用。平垫圈的产品有 A 和 C 两级。A 级主要用于 A 级和 B 级六角头螺栓、螺钉和螺母;C 级用于 C 级螺栓、螺钉和螺母。常用的平垫圈 A 级、常用的倒角型平垫圈 A 级的有关尺寸、画法和规定标记见表 2-12。其比例画法如图 2-26 所示。

注意:垫圈的公称尺寸是指与其连接的螺纹规格尺寸(如外螺纹的大径)。如平垫圈的规定标记示例"垫圈 GB/T 97.1 10"中,公称尺寸 10 是指与其连接的螺栓、螺柱或螺母的大径。

常用的弹簧垫圈(GB/T 93—1987)的有关尺寸、画法和规定标记见表 2-13。

表 2-12　　平垫圈(摘自 GB/T 97.1—2002、GB/T 97.2—2002)　　（单位：mm）

GB/T 97.1—2002　　　GB/T 97.2—2002

标记示例

垫圈 GB/T 97.1 10(规格 10 mm、性能等级为 200 HV 级、表面不经处理的平垫圈)

规格(螺纹大径)	3	4	5	6	8	10	12	16	20	24
内径 d_1 min	3.2	4.3	5.3	6.4	8.4	10.5	13	17	21	25
外径 d_2 max	7	9	10	12	16	20	24	30	37	44
厚度 h 公称	0.5	0.8	1	1.6	1.6	2	2.5	3	3	4

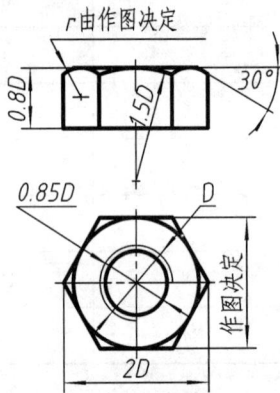

图 2-25　六角螺母比例画法

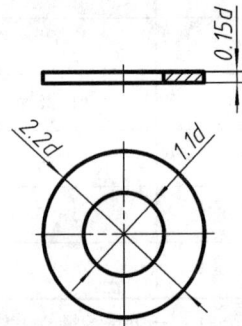

图 2-26　平垫圈比例画法

表 2-13　　弹簧垫圈(摘自 GB/T 93—1987)　　（单位：mm）

标记示例

垫圈 GB/T 93 16(规格 16 mm、材料为 65 Mn、表面氧化的标准型弹簧垫圈)

续　表

规格(螺纹大径)	3	4	5	6	8	10	12	16	20	24
d min	3.1	4.1	5.1	6.1	8.1	10.2	12.2	16.2	20.2	24.5
$S(b)$ 公称	0.8	1.1	1.3	1.6	2.1	2.6	3.1	4.1	5	6
H min	1.6	2.2	2.6	3.2	4.2	5.2	6.2	8.2	10	12

2.1.5　连接件及被连接件的常见结构

1. 螺纹不通孔的画法

螺纹连接中,常在较厚的被连接件上加工出带内螺纹的盲孔,装配时旋入螺钉或双头螺柱。内螺纹的加工过程如图 2-3 所示。

钻孔的深度 H 等于螺纹有效深度 h 加上肩距 a_1(即 $H=h+a_1$),而螺纹有效深度 h 由外螺纹旋入螺孔的深度 b_m 加上适当余量 $3P$(螺距)所确定(即 $h=b_m+3P$),b_m 由被旋入零件的材料来确定,可查阅表 2-7,螺距 P 可由表 2-3 查出,肩距 a_1 可由表 2-2 查出。螺纹不通孔的画法和尺寸注法如图 2-27 所示,画图时也可取 $3P$ 和 a_1 为 $0.5d$。

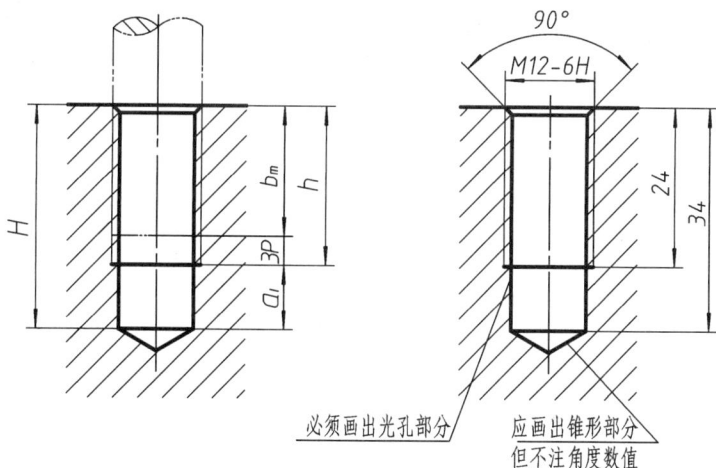

图 2-27　螺纹不通孔的画法和尺寸注法

2. 通孔与沉孔

(1) 通孔:被连接件上加工出的螺杆穿过的光孔。其直径略大于螺纹大径,尺寸 d_h 由表 2-14 查得。

(2) 沉孔:在螺钉连接中,如果要求螺钉的头部不露出被连接零件的表面,在零件表面应加工出圆凹坑,即沉孔,其形状和尺寸由表 2-14 查得。

(3) 锪平:螺纹连接时,为了使螺栓头、螺钉头、螺母或垫圈与被连接件表面接触平稳,常在铸造的被连接件表面加工出与通孔同轴线而大于平垫圈直径的浅凹坑,这种加工称锪平(图 2-28),其深度以将零件表面锪平为止,锪平直径由表 2-14 查得。

表 2-14　紧固件通孔及沉孔尺寸　　　　　　　(单位:mm)

螺纹公称直径 d	通孔直径 d_h GB/T 5277—1985			用于带垫圈的锪平孔	用于沉头螺钉的孔	用于圆柱头螺钉的孔	
	精装配	中等装配	粗装配		GB/T 152—2014		
				D	D	D	H
3	3.2	3.4	3.6	9	6.4	6	1.9
4	4.3	4.5	4.8	10	9.6	8	3.2
5	5.3	5.5	5.8	11	10.6	10	4
6	6.4	6.6	7	13	12.8	11	4.7
8	8.4	9	10	18	17.6	15	6
10	10.5	11	12	22	20.3	18	7
12	13	13.5	14.5	26	24.4	20	8
16	17	17.5	18.5	33	32.4	26	10.5
20	21	22	24	40	40.4	33	12.5

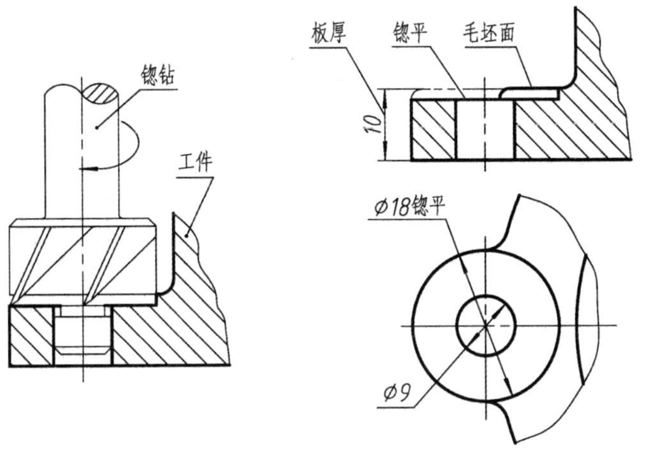

（a）　　　　　　　　　　　　　　　　（b）

图 2-28　锪平加工及尺寸注法

2.1.6　螺纹紧固件的装配画法

螺纹紧固件的装配画法应遵守以下装配画法的三条基本规定。

（1）两零件接触表面画一条线，不接触表面画两条线。

（2）两邻接零件的剖面线方向应相反，或者方向一致但间隔不等。各视图上同一零件的剖面线方向和间隔应保持一致。

（3）对于紧固件和实心零件（如螺钉、螺栓、螺母、垫圈、键、销、球和轴等），若剖切平面通过它们的基本轴线时，这些零件均按不剖绘制，仍画外形；需要时，可采用局部剖视。

常用的螺纹紧固件的连接形式有螺栓连接、双头螺柱连接和螺钉连接三种。

1. 螺栓连接

螺栓穿过两被连接零件上的通孔（其直径略大于要穿入的螺栓大径），然后套上垫圈，再旋紧螺母（图 2-29），这样就把被连接的零件连接起来。这种连接形式适用于两被连接零件不太厚的情况。

螺栓的公称长度 l 按下列公式计算，然后选用相近的标准系列长度。

$$l \geqslant \delta_1 + \delta_2 + h + m + a$$

式中，δ_1 和 δ_2 分别为两个被连接件的厚度；h 为垫圈厚度；m 为螺母的厚度；a 为螺栓伸出螺母的长度，一般取 $a = 3P$。

画螺栓连接的装配图时，把以上各部分尺寸从有关标准表中查出后逐个画出。为了简化图形，提高绘图效率，一般将各零件的倒角和倒圆省略，如图 2-30 所示。

2. 双头螺柱连接

两个被连接的零件中有一个较厚，不宜或不能钻成通孔用螺栓连接时，常采用双头螺柱连接。较厚的零件制出螺孔，较薄的零件钻通孔。将双头螺柱的旋入端 b_m 全部旋入螺孔中，将紧固端穿出较薄零件的通孔，再套上垫圈，拧紧螺母，即为双头螺柱连接，如图 2-31 所示。此种连接在拆卸时只须拧出螺母，取下垫圈，而不必拧出螺柱，因此不会损坏被连接件的螺孔。

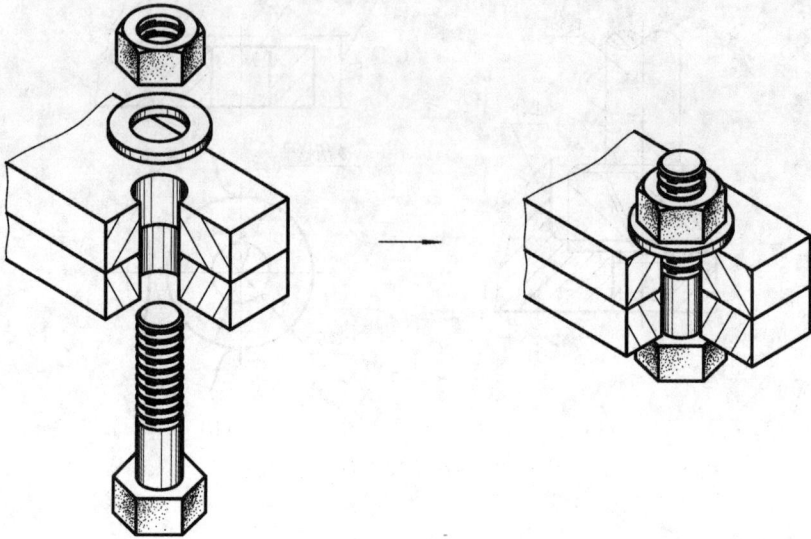

图 2-29　螺栓连接装配示意图

图 2-30　螺栓连接装配图

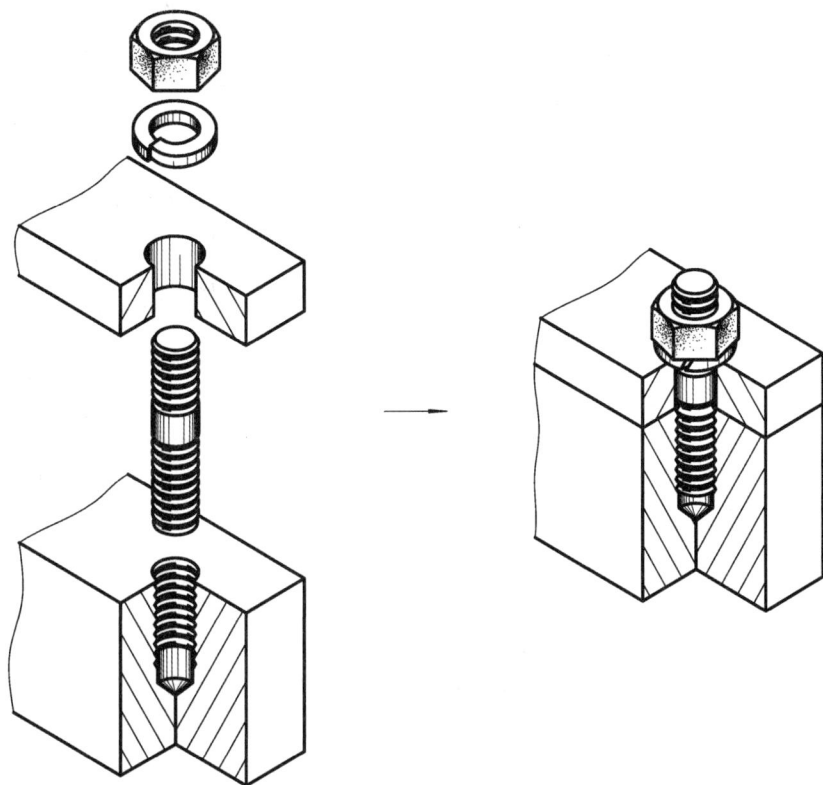

图 2 - 31　双头螺柱连接装配示意图

双头螺柱的公称长度 l 按下列公式计算,然后选用相近的标准系列长度。

$$l \geqslant \delta + h + m + a$$

式中,δ 是薄零件的厚度;h 为垫圈厚度;m 为螺母厚度;a 为螺柱伸出螺母的长度,一般取 $a = 3P$。

画双头螺柱的装配图时,可按图 2-32 的画法绘制。螺纹不通孔也可以仅按有效螺纹部分的深度画出(GB/T 4459.1—1995)。

3. 螺钉连接

螺钉连接常用于不经常拆卸并且受力不大而被连接件之一较厚的场合。如图 2 - 33 所示,在较厚的零件上加工出螺孔,另外一个被连接零件加工成通孔,然后把螺钉穿过通孔再旋进螺孔,将两个零件连接起来。

螺钉的公称长度 l 按下列公式计算,然后从螺钉标准的长度系列中选接近的 l 值。

$$l \geqslant b_m + \delta$$

式中,b_m 同螺柱中 b_m,根据被旋入零件的材料而定;δ 为其中做通孔的被连接零件的厚度。

从图 2-34 中可以看出,除头部画法不同于螺柱连接外,螺钉连接部分的画法与双头螺柱旋入端画法类似,不同的是螺钉的螺纹终止线应高于螺孔的端面或螺杆的全长都有螺纹。

4. 紧定螺钉连接

圆柱端紧定螺钉利用其端部小圆柱插入机件小孔起定位、固定作用,如图 2 - 35(a)

（c）所示。平端紧定螺钉则依靠其端平面与机件的摩擦力起定位作用。有时也将紧定螺钉"骑缝"旋入，即将两机件装好后加工出螺孔，两机件各有一半螺孔，旋入紧定螺钉起固定作用。此时称为"骑缝螺钉"，如图 2-35（b）所示。

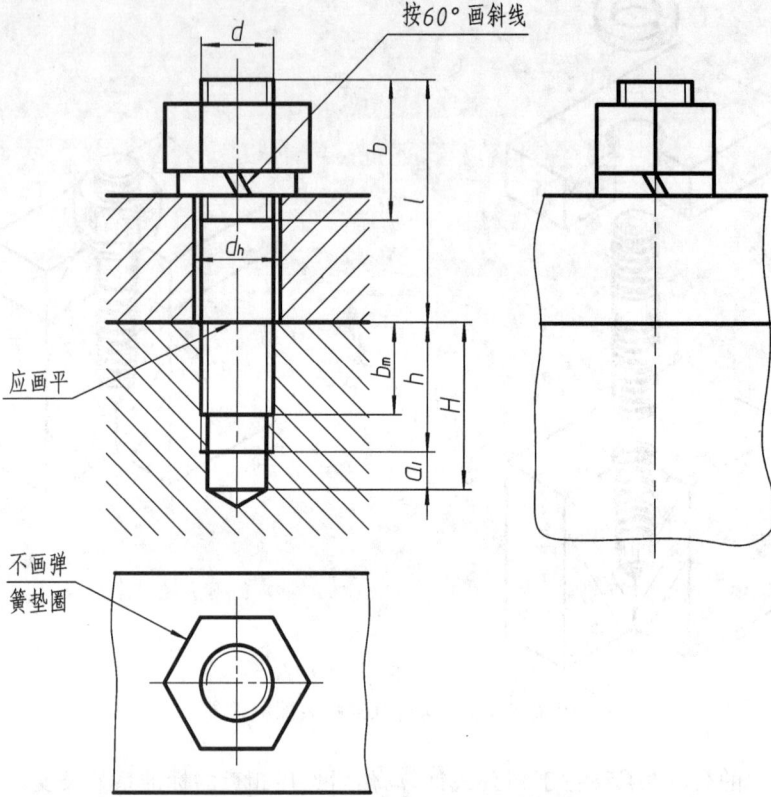

图 2-32　双头螺柱连接装配图

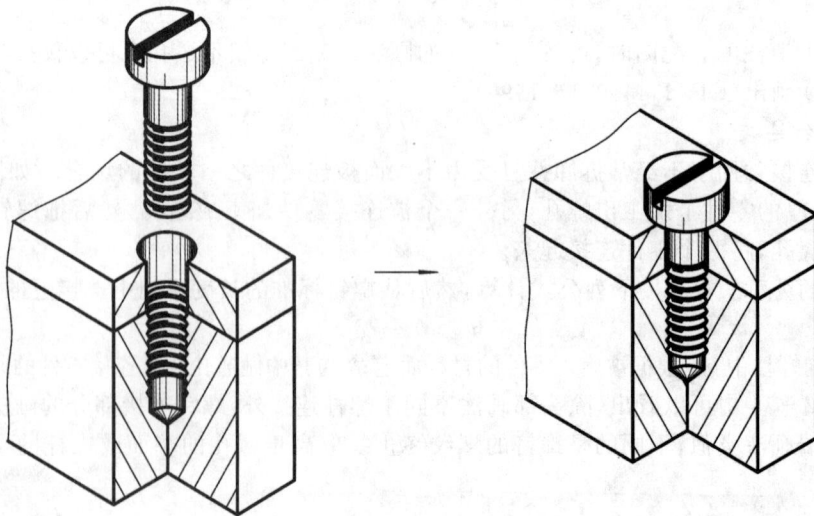

图 2-33　螺钉连接装配示意图

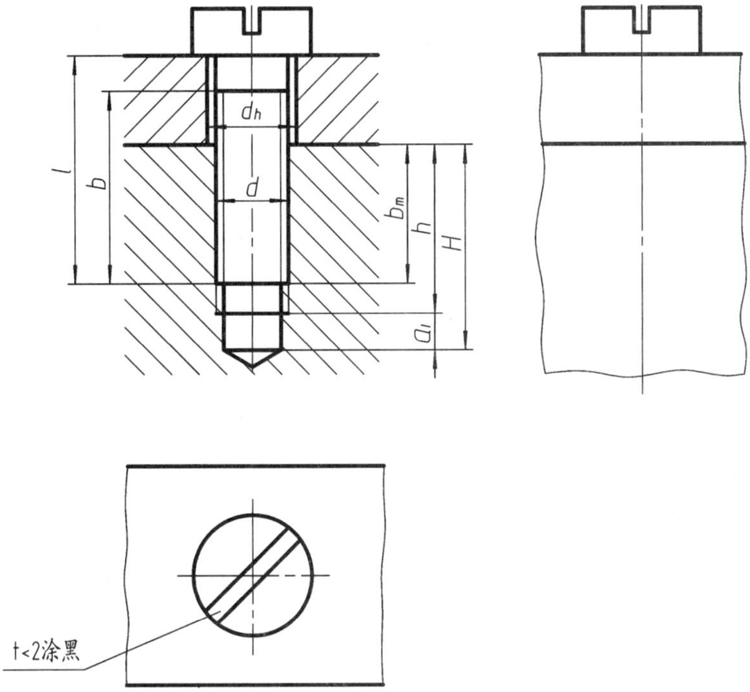

图 2-34 螺钉连接装配图

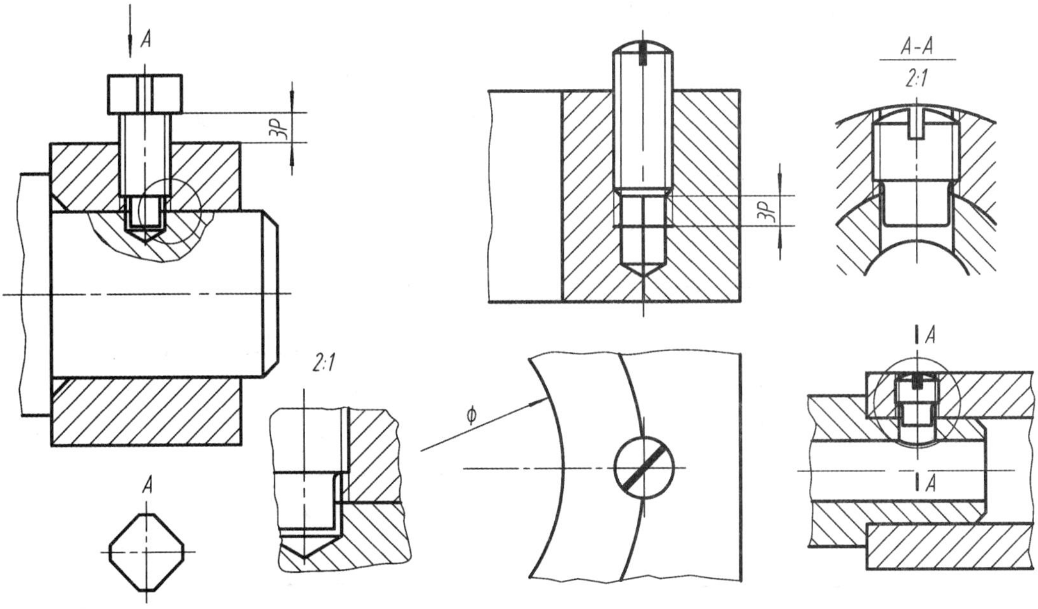

（a）   （b）   （c）

图 2-35 紧定螺钉连接装配图

（a）方头长圆柱端紧定螺钉；（b）开槽平端紧定螺钉；（c）开槽长圆柱端紧定螺钉

5. 螺纹连接的比例画法

　　在螺纹紧固件的装配画法中,一般可采用比例画法给出螺纹紧固件的相关尺寸,并且可省略螺纹紧固件的倒角、退刀槽等工艺结构,如图 2-36 所示。

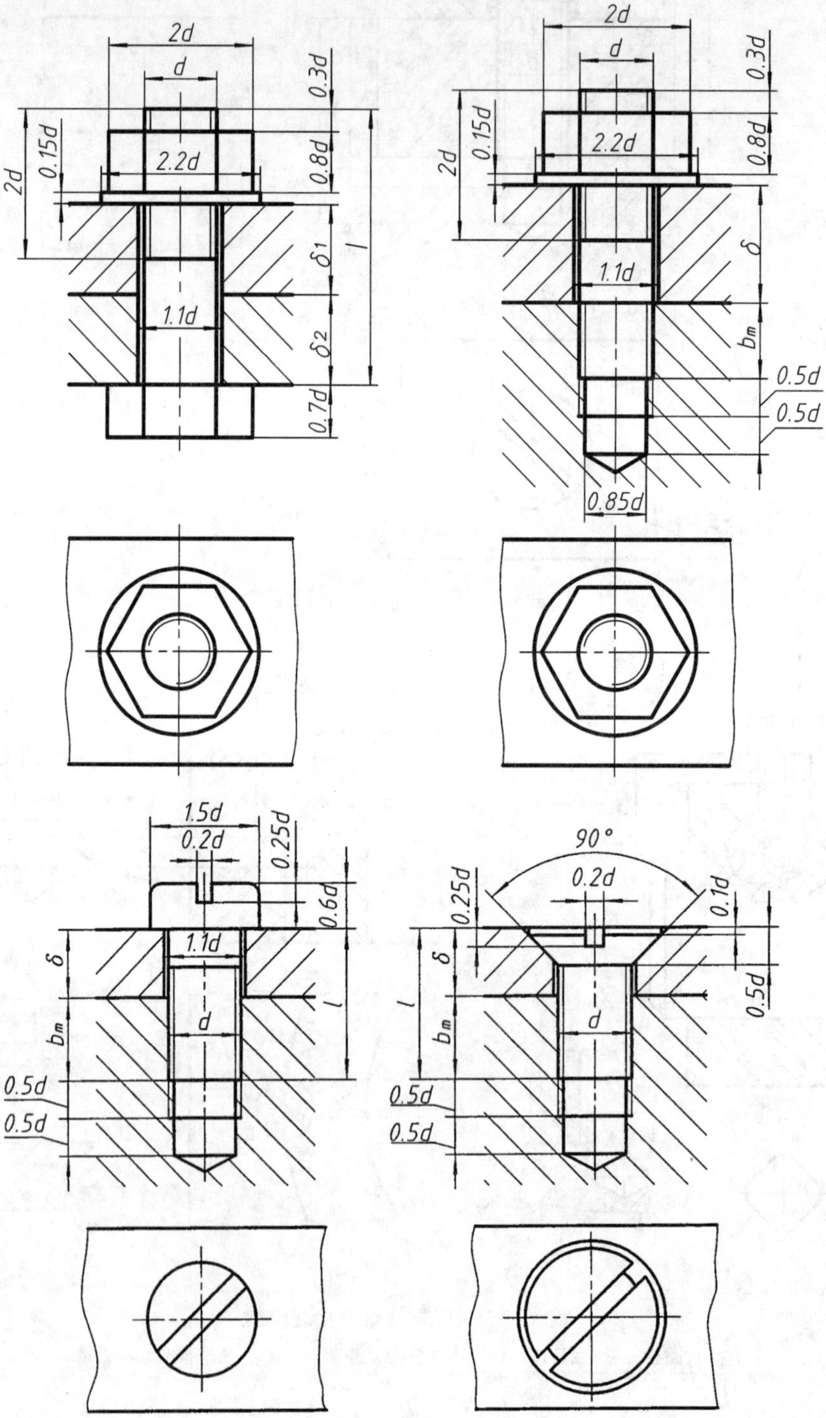

图 2-36　螺纹连接的比例画法

6. 防松结构

连接用的标准三角螺纹的螺旋升角较小，都能满足自锁条件。因此，在静载荷条件下，不会产生连接松动现象。但在连续冲击、振动的变载荷下，螺纹之间的压力会在某一瞬间变小，甚至消失，以至螺纹失去自锁能力，产生自动松脱现象。这样易使机器或部件不能正常使用，甚至发生严重事故。因此在重要场合应采取防松措施，防止螺杆产生相对转动。

防松装置可分为两类。一类是靠增加摩擦力的方式，常用的有使用弹簧垫圈和上双螺母等，如图2-37(a)(b)所示。另一类是靠机械固定的方法，如用开口销和圆螺母用止动垫圈等，如图2-37(c)所示。开口销将在2.2节中介绍。

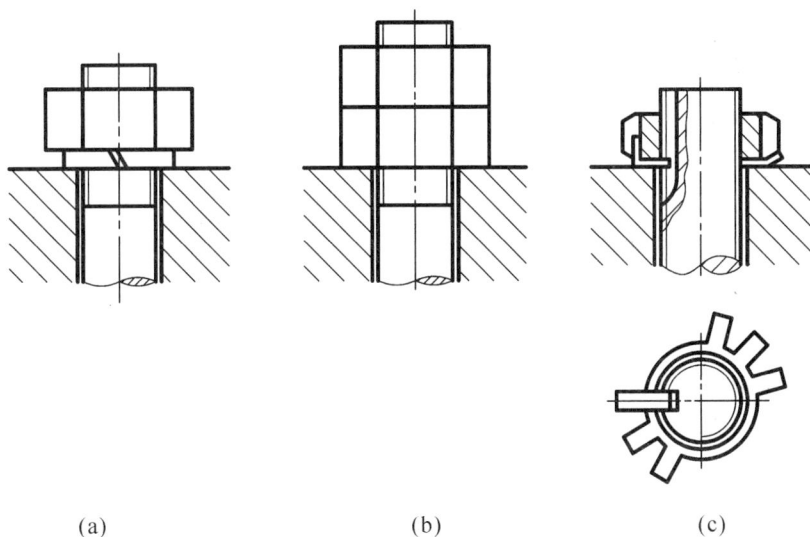

图 2-37　螺纹连接的防松结构

(1) 弹簧垫圈：如图 2-37(a) 所示，弹簧垫圈的防松原理是拧紧螺母时，弹簧垫圈被压平而产生一定弹力，以保持螺纹间有一定的压紧力，使摩擦力增大，可防止螺母自动松脱。同时垫圈切口处的尖角也有防止螺母松脱的作用，所以注意切口方向应与螺纹旋向相反。标准型弹簧垫圈的有关尺寸、画法和规定标记见表2-13。

(2) 双螺母：如图 2-37(b) 所示，双螺母拧紧后，相互间产生轴向作用力，使内、外螺纹之间的摩擦力增大，以防止螺母自动松脱。

(3) 圆螺母用止动垫圈：如图 2-37(c) 所示，圆螺母用止动垫圈与圆螺母配合使用，将垫圈内圆上突起的小片(内翅)插入螺杆(或轴)上的槽内，拧紧螺母，并将垫圈的外翅弯折入螺母的沟槽中，使螺母与螺栓不能相对转动以达到防松目的。圆螺母用止动垫圈的有关尺寸、画法和规定标记见表2-15。

表 2 - 15　圆螺母用止动垫圈(摘自 GB/T 858—1988)　　　（单位：mm）

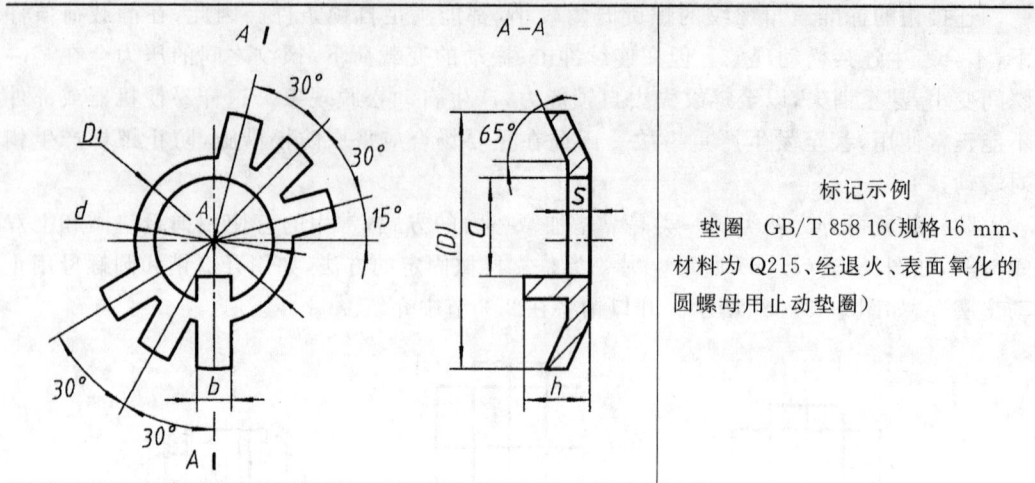

标记示例

垫圈　GB/T 858 16（规格 16 mm、材料为 Q215、经退火、表面氧化的圆螺母用止动垫圈）

规格（螺纹大径）	10	12	14	16	18	20	22	24
d	10.5	12.5	14.5	16.5	18.5	20.5	22.5	24.5
D 参考	25	28	32	34	35	38	42	45
D_1	16	19	20	22	24	27	30	34
S	1							
h	3				4			
b	3.8				4.8			
a	8	9	11	13	15	17	19	21

2.2　键和销

2.2.1　键

键通常用来连接轴和装在轴上的零件(如齿轮、带轮等)，使之与轴一起转动，起传递扭矩的作用。

键的种类很多，常用的有普通平键、半圆键、钩头楔键(图 2-38)和花键(图 2-47)等。如图2-39 所示是用普通平键来连接轴与轮的情况。

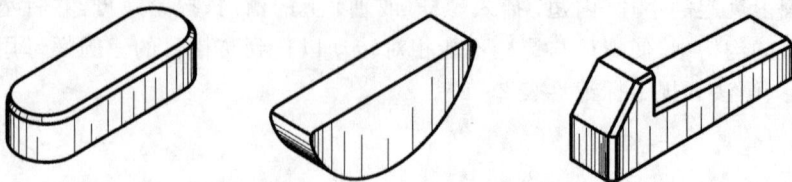

图 2-38　键

1. 平键

普通平键分圆头（A 型）、平头（B 型）和单圆头（C 型）三种,以 A 型应用较多,其形状、尺寸如图 2-40 所示。标记时,A 型平键可省略"A"字,而 B 型和 C 型应写出"B"或"C"字。

标记示例:键宽 $b=10$ mm、键高 $h=8$ mm,键长 $L=40$ mm 的普通平键（A 型）的规定标记为:GB/T 1096 键 $10\times8\times40$。

普通平键的尺寸在 GB/T 1096—2003 中做了规定(表 2-16)。键的长度 L 可参照轮毂宽度在标准长度系列中选用。

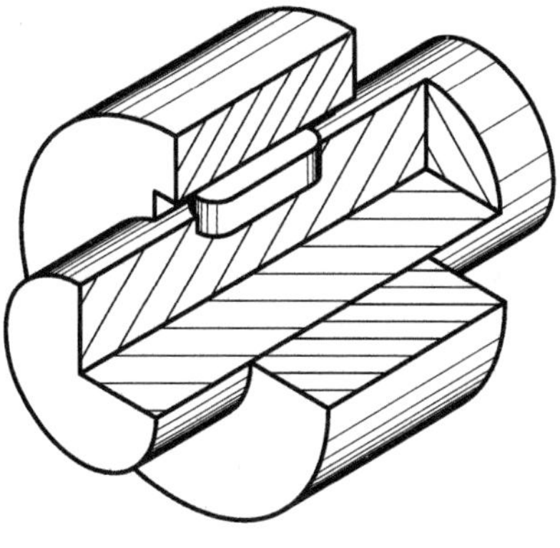

图 2-39　平键连接

表 2-16　普通平键尺寸(摘自 GB/T 1096—2003)和键槽尺寸(摘自 GB/T 1095—2003)　　　　　　(单位:mm)

轴直径 d	键尺寸 $b\times h$	键				键槽				
		宽度 b 基本尺寸	高度 h 基本尺寸	长度 L 范围	倒角或倒圆 S	宽度 b 基本尺寸	深度		半径 r	
							轴 t_1	毂 t_2	最小	最大
自 6～8	2×2	2	2	6～20	0.16～0.25	2	1.2	1.0	0.08	0.16
>8～10	3×3	3	3	6～36		3	1.8	1.4		
>10～12	4×4	4	4	8～45		4	2.5	1.8		
>12～17	5×5	5	5	10～56	0.25～0.40	5	3.0	2.3	0.16	0.25
>17～22	6×6	6	6	14～70		6	3.5	2.8		
>22～30	8×7	8	7	18～90		8	4.0			
>30～38	10×8	10	8	22～110	0.40～0.60	10	5.0	3.3	0.25	0.40
>38～44	12×8	12	8	28～140		12				
>44～50	14×9	14	9	36～160		14	5.5	3.8		
>50～58	16×10	16	10	45～180		16	6.0	4.3		
>58～65	18×11	18	11	50～200		18	7.0	4.4		
>65～75	20×12	20	12	56～220	0.60～0.80	20	7.5	4.9	0.40	0.60
>75～85	22×14	22	14	63～250		22	9.0	5.4		
>85～95	25×14	25	14	70～280		25				
>95～110	28×16	28	16	80～320		28	10.0	6.4		
长度 L 系列	6,8,10,12,14,16,18,20,22,25,28,32,36,40,45,50,56,63,70,80,100,110,125,140,160,180,200,220,250,280,320,…									

注:1. 本标准中长度 L 范围为 6～500 mm,本表仅选一部分。

　　2. GB/T 1096—2003 和 GB/T 1095—2003 中未给出与键基本尺寸对应的轴的直径范围。表中提供的轴直径数据仅供参考。

　　轴上键槽用铣刀铣出,用轴的主视图作局部剖视及键槽的移出断面表示。尺寸要注键槽长度 L、键槽宽度 b 和键槽深度 $d-t_1$,如图 2-41(a) 所示。轮毂上的键槽一般用插刀插出,键槽用全剖视图及局部视图表示,键槽深度应注 $d+t_2$,如图 2-41(b) 所示。

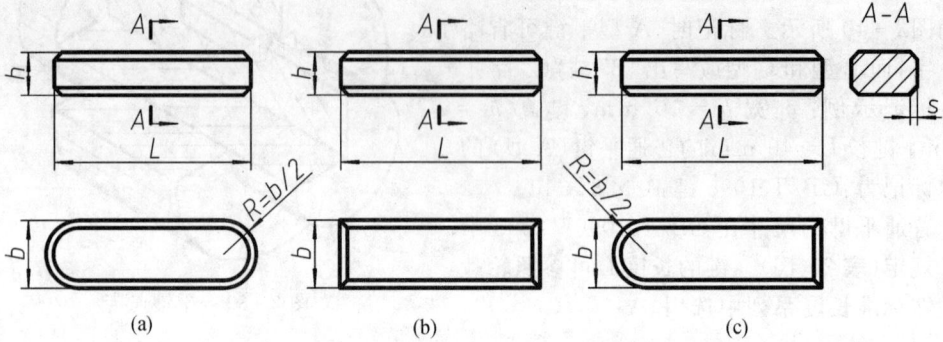

图 2-40　普通平键的形式和尺寸
(a) A 型；　(b) B 型；　(c) C 型

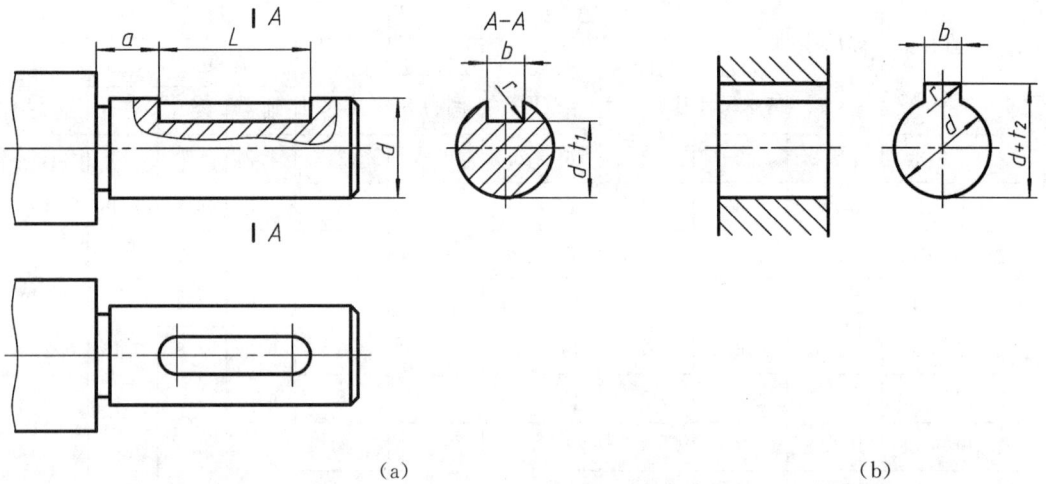

图 2-41　平键槽的尺寸
(a) 轴上的键槽；　(b) 轮毂上的键槽

　　普通平键靠侧面传递扭矩,两侧面为工作面。因此键与键槽沿宽度方向的公称尺寸相同,在装配图中应画成一条线。键的上表面为非工作面,且轮毂上键槽尺寸 $(d+t_2)$ 大于轴上槽深加键高 $(d-t_1+h)$,即键的上表面与轮毂键槽顶面不接触,应留有空隙,其装配画法如图 2-42 所示。

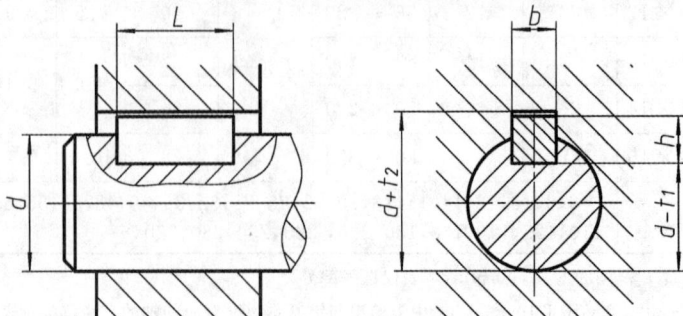

图 2-42　平键连接装配画法

2. 半圆键

半圆键一般用于较轻载荷,优点是键在轴上键槽中能绕底圆弧摆动,自动调整位置,其形状尺寸如图 2-43 所示。半圆键及键槽尺寸分别在 GB/T 1099.1—2003 和 GB/T 1098—2003 中做了规定,见表 2-17。

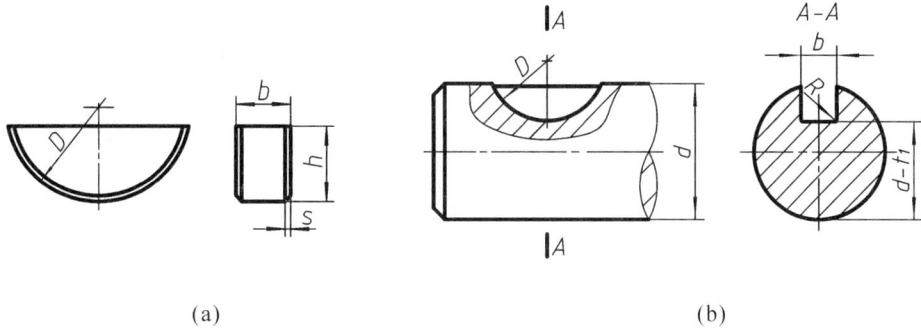

图 2-43　半圆键及键槽
(a) 半圆键;　(b) 键槽

表 2-17　半圆键尺寸(摘自 GB/T 1099.1—2003) 和
键槽尺寸(摘自 GB/T 1098—2003)　　　　　(单位:mm)

键尺寸 $b \times h \times D$	键				键　槽				
	宽度 b 基本尺寸	高度 h 基本尺寸	直径 D 基本尺寸	倒角或倒圆S		宽度 b 基本尺寸	深　度		半径 R
				最小	最大		轴 t_1	毂 t_2	最小	最大
$2 \times 2.6 \times 7$	2	2.6	7	0.16	0.25	2	1.8	1	0.08	0.16
$2 \times 3.7 \times 10$	2	3.7	10				2.9			
$2.5 \times 3.7 \times 10$	2.5	3.7	10			2.5	2.7	1.2		
$3 \times 5 \times 13$	3	5	13			3	3.8	1.4		
$3 \times 6.5 \times 16$	3	6.5	16				5.3			
$4 \times 6.5 \times 16$	4	6.5	16	0.25	0.40	4	5.0	1.8	0.16	0.25
$4 \times 7.5 \times 19$	4	7.5	19				6			
$5 \times 6.5 \times 16$	5	6.5	16			5	4.5	2.3		
$5 \times 7.5 \times 19$	5	7.5	19				5.5			
$5 \times 9 \times 22$	5	9	22				7			
$6 \times 9 \times 22$	6	9	22	0.40	0.60	6	6.5	2.8	0.25	0.40
$6 \times 10 \times 25$	6	10	25				7.5			
$8 \times 11 \times 28$	8	11	28			8	8	3.3		
$10 \times 13 \times 32$	10	13	32			10	10			

注:在工作图中,轴上键槽深用 t_1 或 $d-t_1$ 标注,轮毂槽深用 $d+t_2$ 标注。

标记示例：

键宽 $b=6$ mm，键高 $h=10$ mm，$D=25$ mm 的普通型半圆键的规定标记为：GB/T 1099.1 键 $6\times10\times25$。

半圆键的工作面也是两侧面，其装配画法与平键类似，如图 2-44 所示。

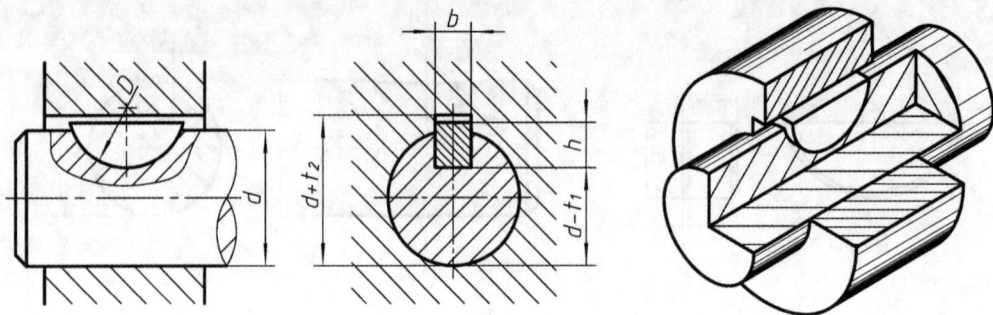

图 2-44   半圆键连接装配画法

3. 楔键

钩头楔键用于精度要求不高、转速较低时传递较大的、双向的或有振动的扭矩，也用于拆卸时不能从另一端将键打出的场合。钩头楔键形状尺寸如图 2-45 所示，钩头楔键尺寸在 GB/T 1565—2003 中做了规定。

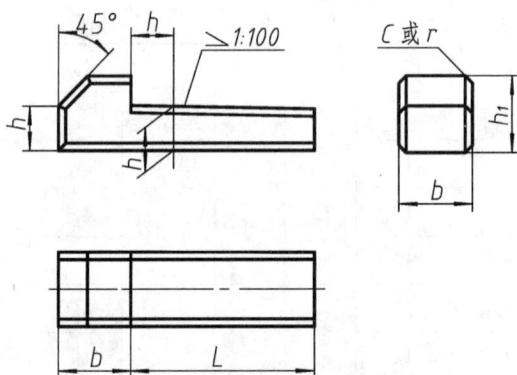

图 2-45   钩头楔键的形式及尺寸

标记示例：

键宽 $b=18$ mm，键高 $h=11$ mm，键长 $L=100$ mm 的钩头楔键的规定标记为：GB/T 1565 键 18×100。

钩头楔键上、下两面是工作面，键的上表面和轮毂键槽的底面各有 $1：100$ 的斜度，装配时须打入，靠楔紧作用传递扭矩。键的上、下底面在装配图中分别与毂上及轴上键槽的底面画成一条线，这是与平键及半圆键画法的不同之处，其装配画法如图 2-46 所示。

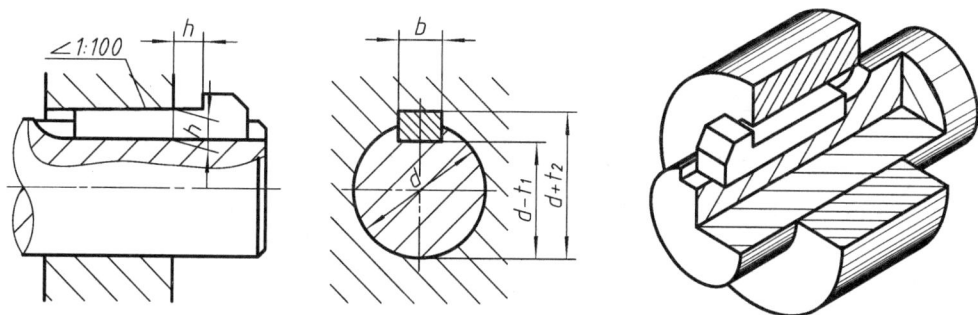

图 2-46　钩头楔键连接的装配画法

4. 花键

花键连接同轴度较好,连接可靠,能传递较大的扭矩。在轴上制出的花键称为外花键,这种轴称为花键轴;在孔内制出的花键称为内花键,这种孔称为花键孔,如图 2-47 所示。内、外花键装配在一起就是花键连接。

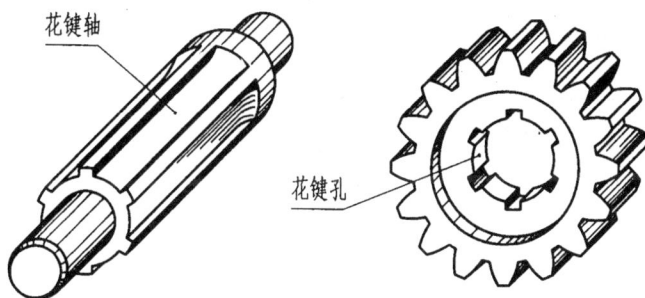

图 2-47　花键轴与花键孔

花键的齿形有矩形、渐开线形和三角形等,其中矩形花键(GB/T 1144—2001)应用最广。

矩形花键轴的画法及尺寸注法如图 2-48 所示。花键轴(外花键)在平行花键轴线的视图上,大径画粗实线,小径画细实线,尾部用细实线画与轴线成 30° 的斜线。断面图中画出一部分齿形[图 2-48(a)]或全部齿形。在垂直于轴线的视图如 C 向视图中,小径画完整的细实线圆。在图上标注花键的尺寸应注出大径 D、小径 d、齿宽 B 及工作长度 L[图 2-48(a)]。若采用指引线从花键大径上标注其标记代号时,除 L 外,不需要标注其他尺寸[图 2-48(b)]。

花键孔(内花键)在平行于花键轴线的剖视图中,大径、小径均用粗实线绘制,并在局部视图上画出一部分齿形或全部齿形[图 2-49]。内花键标记如图 2-49 所示。内、外花键标记基本相同,不同之处是外花键尺寸公差带代号为轴的公差带代号。部分矩形花键基本尺寸系列见表 2-18。

（a）　　　　　　　　　　　　　　　　　　　　　　（b）

图 2-48　花键轴的画法及尺寸标注

（a）直接注尺寸；　（b）注花键代号

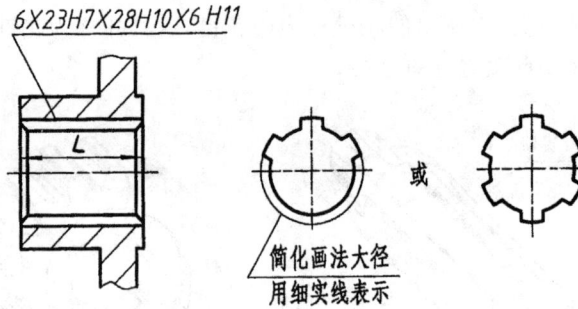

图 2-49　花键孔的画法及尺寸标注

标记示例：

齿数 $N=6$，小径 $d=23$ mm，大径 $D=28$ mm，齿宽 $B=6$ mm 的内花键的规定标记：

$6 \times 23\ \underline{H7} \times 28\ \underline{H10} \times 6\ \underline{H11}$。

　　　　　　　孔的尺寸公差代号

花键连接的装配画法如图 2-50 所示。

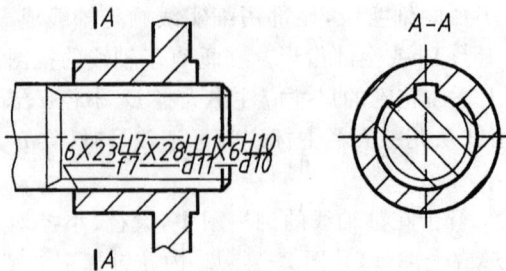

图 2-50　花键连接装配画法

表 2 - 18　　矩形花键基本尺寸(摘自 GB/T 1144—2001)

(单位:mm)

小径 d	轻系列	中系列
	规格 $N \times d \times D \times B$	规格 $N \times d \times D \times B$
11		$6 \times 11 \times 14 \times 3$
13		$6 \times 13 \times 16 \times 3.5$
16		$6 \times 16 \times 20 \times 4$
18		$6 \times 18 \times 22 \times 5$
21		$6 \times 21 \times 25 \times 5$
23	$6 \times 23 \times 26 \times 6$	$6 \times 23 \times 28 \times 6$
26	$6 \times 26 \times 30 \times 6$	$6 \times 26 \times 32 \times 6$
28	$6 \times 28 \times 32 \times 7$	$6 \times 28 \times 34 \times 7$
32	$8 \times 32 \times 36 \times 6$	$8 \times 32 \times 38 \times 6$
36	$8 \times 36 \times 40 \times 7$	$8 \times 36 \times 42 \times 7$
42	$8 \times 42 \times 49 \times 8$	$8 \times 42 \times 48 \times 8$
46	$8 \times 46 \times 50 \times 9$	$8 \times 46 \times 54 \times 9$
52	$8 \times 52 \times 58 \times 10$	$8 \times 52 \times 60 \times 10$
56	$8 \times 56 \times 62 \times 10$	$8 \times 56 \times 65 \times 10$

注:1. 规定以小径 d 定心。
　　2. 表中 N 为花键齿数,d 为小径,D 为大径,B 为齿宽。

2.2.2　销

销通常用于零件间的连接或定位。常用的销有圆柱销、圆锥销和开口销等(图 2 - 51)。

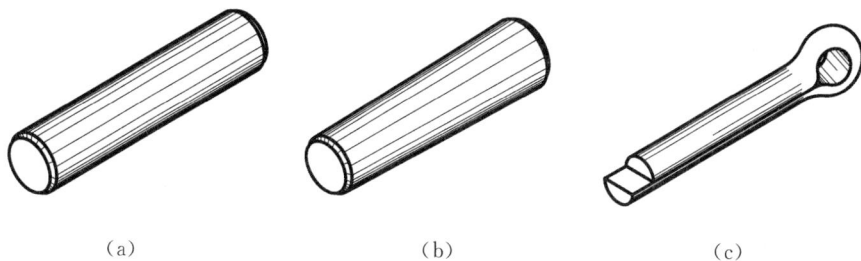

(a)　　　　　　　　　　(b)　　　　　　　　　(c)

图 2 - 51　圆柱销、圆锥销和开口销
(a)圆柱销; (b)圆锥销; (c)开口销

1. 开口销

开口销一般用于锁紧螺栓与螺母。使用的螺栓末端带孔(如 GB/T 31.1—2013 规定的六角头带孔螺栓),螺母是槽形螺母(如 GB/T 6178—1986 规定的 1 型六角开槽螺母 A

级和 B 级）。拧紧槽形螺母后,将开口销穿过螺母的槽口和带孔螺栓的孔,将销的尾部叉
开,可防止螺母与螺栓脱开,如图 2-52 所示。开口销的视图及尺寸标注如图 2-53 所示。
开口销的公称直径 d 是指销穿过的孔的直径,它的实际直径小于 d。开口销的尺寸、画法
和规定标记见表 2-19。

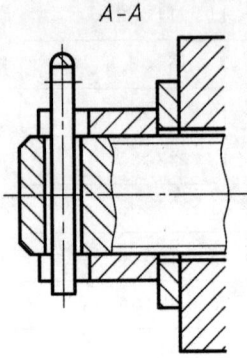

图 2-52　开口销的锁紧方法

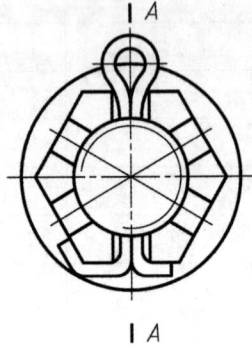

图 2-53　开口销

表 2-19　开口销(摘自 GB/T 91—2000)　　　　　（单位:mm）

标记示例

公称规格为 5 mm、公称长度 $l = 50$ mm、材料为 Q215 或 Q235、不经表面处理的开口销:

销 GB/T 91 5×50

d公称	0.6	0.8	1	1.2	1.6	2	2.5	3.2	4	5	6.3	8	10	13
C_{max}	1	1.4	1.8	2	2.8	3.6	4.6	5.8	7.4	9.2	11.8	15	19	24.8
$b \approx$	2	2.4	3	3	3.2	4	6.4	8	10	12.6	16	20	26
a_{max}	1.6	1.6	1.6	2.5	2.5	2.5	2.5	3.2	4	4	4	4	6.3	6.3
l	4~12	5~16	6~20	8~26	8~32	10~40	12~50	14~65	18~80	22~100	30~120	40~160	45~200	70~200
l系列	4,5,6,8,10,12,14,16,18,20,22,24,26,28,30,32,36,40,45,50,55,60,65,70,75,80,85,90,95,100,120,140,160,180,200,…													

注:销孔直径等于 d 公称。

2. 圆柱销

圆柱销的画法、尺寸和规定标记见表 2-20。

圆柱销有四种形式,表 2-20 中图上的 m6,h8,h11,u8 等都是轴公差带代号。

表 2-20 圆柱销(摘自 GB/T 119.1—2000) （单位:mm）

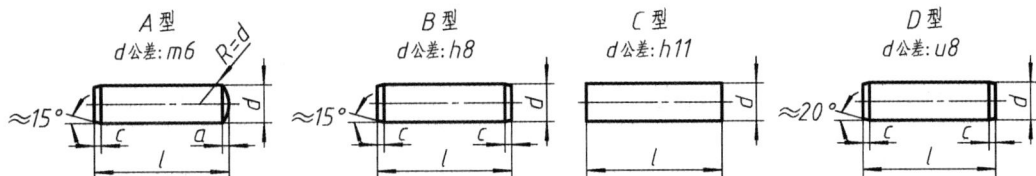

	标记示例

公称直径 $d = 8$ mm、公差为 m6、长度 $l = 30$ mm,材料为钢,不经淬火,不经表面处理的圆柱销:

销 GB/T 119.1 8m6×30

d 公称	2.5	3	4	5	6	8	10	12	16	20	25	30
$c \approx$	0.4	0.5	0.63	0.80	1.2	1.6	2.0	2.5	3.0	3.5	4.0	5.0
l	6~24	8~30	8~40	10~50	12~60	14~80	18~95	22~140	26~180	35~200	50~200	60~200
l 系列	6,8,10,12,14,16,18,20,22,24,26,28,30,32,35,40,45,50,55,60,65,70,75,80,85,90,95,100,120,140,160,180,200											

当圆柱销作为定位零件时,为了保证其定位的精度,两零件的销孔应该用钻头同时钻出,然后同时用绞刀绞孔,如图 2-54(a) 所示。在零件图中销孔的尺寸注法如图 2-54(b) 所示,圆柱销的装配画法如图 2-54(c) 所示。

3. 圆锥销

圆锥销的画法、尺寸和规定标记见表 2-21。圆锥销的锥度为 1∶50,小端直径为公称直径。

表 2-21 圆锥销(摘自 GB/T 117—2000) （单位:mm）

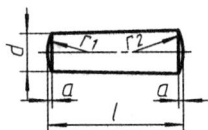

标记示例

公称直径 $d = 10$ mm、长度 $l = 60$ mm、材料为 35 钢、热处理硬度为 HRC28~38、表面氧化处理的 A 型圆锥销:

销 GB/T 117 10×60

d 公差:h10, $r_1 \approx d$, $r_2 \approx \frac{a}{2} + d + \frac{(0.02l)^2}{8a}$

d 公称	2.5	3	4	5	6	8	10	12	16	20	25	30
$a \approx$	0.3	0.4	0.5	0.63	0.8	1.0	1.2	1.6	2	2.5	3.0	4.0
l	10~35	12~45	14~55	18~60	22~90	22~120	26~160	32~180	40~200	45~200	50~200	55~200
l 系列	10,12,14,16,18,20,22,24,26,28,30,32,35,40,45,50,55,60,65,70,75,80,85,90,95,100,120,140,160,180,200											

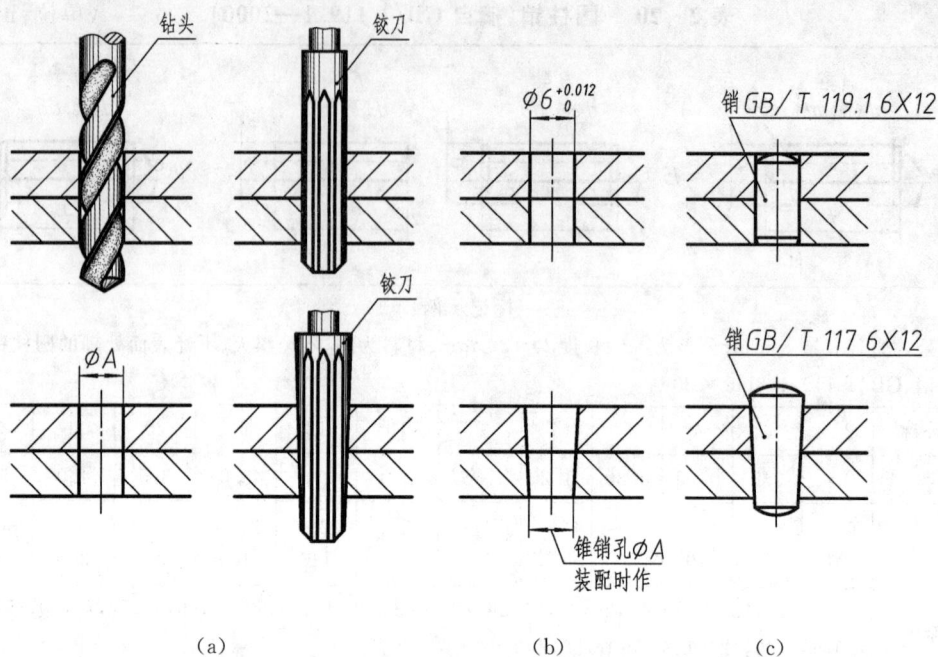

图 2-54　圆柱销与圆锥销

(a) 销孔的加工方法；　(b) 销孔的尺寸注法；　(c) 装配画法及标注

当圆锥销作定位零件时,销孔的加工过程同圆柱销孔一样,如图 2-54(a) 所示。在零件图中圆锥销孔的尺寸注法如图 2-54(b) 所示。圆锥销的装配画法如图2-54(c) 所示。

2.3　滚　动　轴　承

轴承主要用来支撑轴及承受轴上的载荷,它可分为滑动轴承和滚动轴承。滚动轴承的摩擦损失小,所以被广泛应用。滚动轴承多是标准件。

滚动轴承的一般常见结构如图 2-55 所示,基本上由以下元件组成。

(1) 外圈:装在轴承座的孔内,固定不动,其最大直径为轴承的外径。

(2) 内圈:装在轴上,随轴转动,其内孔直径为轴承的内径。

(3) 滚动体:装在内、外圈之间的滚道中,其形状有圆球、圆柱和圆锥等。

(4) 隔离圈:用以将滚动体均匀隔开,但有些滚动轴承无隔离圈。

滚动轴承按其受力方向可分为三类。

(1) 向心轴承:主要承受径向力,如深沟球轴承。

图 2-55　滚动轴承的结构

（2）推力轴承：只承受轴向力，如推力球轴承。

（3）向心推力轴承：同时承受径向和轴向力，如圆锥滚子轴承。

2.3.1　滚动轴承的代号（GB/T 272—2017）

滚动轴承的代号是用字母加数字表示滚动轴承的结构、尺寸、公差等级和技术性能等特征的产品符号。

滚动轴承的代号由前置代号、基本代号和后置代号构成，其排列顺序如下：

前置代号　　　基本代号　　　后置代号

1. 基本代号

基本代号表示轴承的基本类型、结构和尺寸，是轴承代号的基础，它是由轴承类型代号、尺寸系列代号和内径代号构成的。

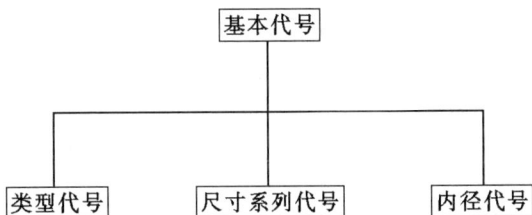

基本代号

类型代号　　　尺寸系列代号　　　内径代号

类型代号用阿拉伯数字（以下简称数字）或大写拉丁字母（以下简称字母）表示，尺寸系列代号和内径代号用数字表示。

轴承的类型代号见表 2-22。

表 2-22　轴承的类型代号（摘自 GB/T 272—2017）

代 号	轴承类型	代 号	轴承类型
0	双列角接触球轴承	N	圆柱滚子轴承 双列或多列用字母 NN 表示
1	调心球轴承		
2	调心滚子轴承和推力调心滚子轴承	U	外球面球轴承
3	圆锥滚子轴承	QJ	四点接触球轴承
4	双列深沟球轴承	C	长弧面滚子轴承（圆环轴承）
5	推力球轴承		
6	深沟球轴承		
7	角接触球轴承		
8	推力圆柱滚子轴承		

注：在表中代号后或前加字母或数字表示该轴承中的不同结构。

尺寸系列代号由滚动轴承的宽（高）度系列代号和直径系列代号组合而成，其具体数值见表 2-23。

表 2-23　尺寸系列代号(摘自 GB/T 272—2017)

直径系列代号	向心轴承								推力轴承			
	宽度系列代号								高度系列代号			
	8	0	1	2	3	4	5	6	7	9	1	2
	尺 寸 系 列 代 号											
7	—	—	17	—	37				—	—	—	—
8	—	08	18	28	38	48	58	68	—	—	—	—
9	—	09	19	29	39	49	59	69	—	—	—	—
0	—	00	10	20	30	40	50	60	70	90	10	—
1	—	01	11	21	31	41	51	61	71	91	11	—
2	82	02	12	22	32	42	52	62	72	92	12	22
3	83	03	13	23	33	—	—	—	73	93	13	23
4	—	04	—	24	—	—	—	—	74	94	14	24
5	—	—	—	—	—	—	—	—	—	95	—	—

　　轴承的内径代号表示滚动轴承内圈孔径。内圈孔径称为"轴承公称内径",因其与轴产生配合,是一个重要参数。滚动轴承的内径代号见表 2-24。

表 2-24　滚动轴承的内径代号(摘自 GB/T 272—2017)

轴承公称内径 d/mm		内 径 代 号	示 　 例
0.6 ～ 10(非整数)		用公称内径毫米数直接表示,在其与尺寸系列代号之间用"/"分开	深沟球轴承 618/2.5 $d = 2.5$ mm
1 ～ 9(整数)		用公称内径毫米数直接表示,对深沟及角接触球轴承 7,8,9 直径系列,内径与尺寸系列代号之间用"/"分开	深沟球轴承 625,618/5 均为 $d = 5$ mm
10 ～ 17	10	00	深沟球轴承 6200 $d = 10$ mm
	12	01	
	15	02	
	17	03	
20 ～ 480(22,28, 32 除外)		公称内径除以 5 的商数,商数为个位数,须在商数左边加"0",如 08	调心滚子轴承 23208 $d = 40$ mm
大于和等于 500 以及 22,28,32		用公称内径毫米数直接表示,但在其与尺寸系列代号之间用"/"分开	调心滚子轴承 230/500 $d = 500$ mm; 深沟球轴承 62/22 $d = 22$ mm

下面通过实例说明轴承基本代号的含义：

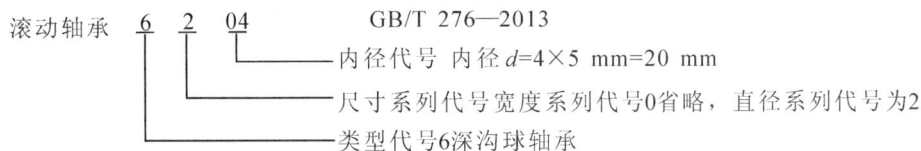

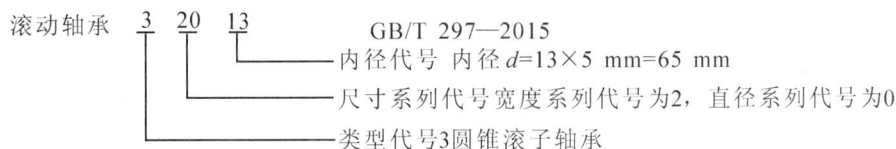

滚动轴承 6 2 04 GB/T 276—2013
内径代号 内径 $d=4\times5$ mm=20 mm
尺寸系列代号宽度系列代号0省略，直径系列代号为2
类型代号6深沟球轴承

滚动轴承 3 20 13 GB/T 297—2015
内径代号 内径 $d=13\times5$ mm=65 mm
尺寸系列代号宽度系列代号为2，直径系列代号为0
类型代号3圆锥滚子轴承

2. 前置和后置代号

前置和后置代号是轴承在结构形状、尺寸、公差、技术要求等有改变时，在其基本代号左、右添加的补充符号。

前置代号用字母表示，后置代号用字母（或加数字）表示，其具体编制规则及含义可查阅相关标准。

2.3.2 滚动轴承的画法

滚动轴承是标准件，一般可不画零件工作图。在装配图中，滚动轴承可用规定画法、特征画法和通用画法绘制，见表 2-25。后两种属简化画法，在同一图样中应采用同一种画法。

对于这三种画法，国家标准《机械制图滚动轴承表示法》(GB/T 4459.7—2017) 做了如下规定。

1. 基本规定

(1) 通用画法、特征画法及规定画法中的各种符号、矩形线框和轮廓线均用 GB/T 4457.4 中规定的粗实线绘制。

(2) 绘制滚动轴承时，其矩形线框或外框轮廓的大小应与滚动轴承的外形尺寸（由标准手册中查出）一致，并与所属图样采用同一比例。

(3) 在剖视图中，用简化画法（通用画法和特征画法）绘制滚动轴承时，一律不画剖面符号（剖面线）。采用规定画法绘制时，轴承的滚动体不画剖面线，其各套圈可画成方向和间隔相同的剖面线，见表 2-25，在不会引起误解时也允许省略不画。

2. 通用画法

在剖视图中，当不需要确切地表示滚动轴承的外形轮廓、载荷特性及结构特征时，可用矩形线框及位于线框中央正立的十字形符号表示，十字形符号不应与矩形线框接触。通用画法在轴的两侧以同样方式画出，见表 2-25，其中尺寸 d，B 和 D 由标准手册中查出。

3. 特征画法

在剖视图中，当需要较形象地表示滚动轴承的结构特征时，可采用在矩形线框内画出其结构要素符号的方法表示。常用轴承的特征画法在表 2-25 中给出。特征画法亦应绘制在轴的两侧。

表 2－25　滚动轴承在装配图中的画法

轴承类型及标准号	基本尺寸	规 定 画 法	简 化 画 法	
			特 征 画 法	通 用 画 法
深沟球轴承 GB/T 276—2013 （6000 型）	D d B	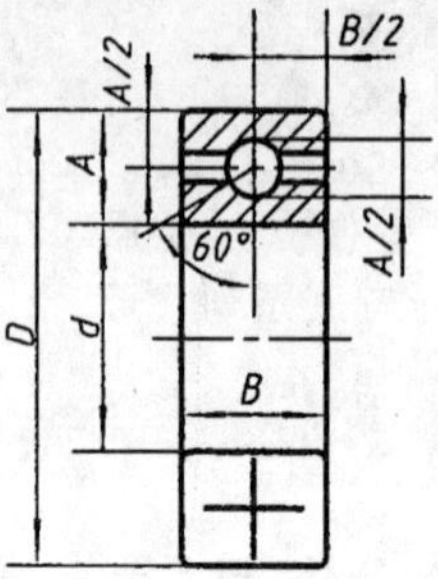	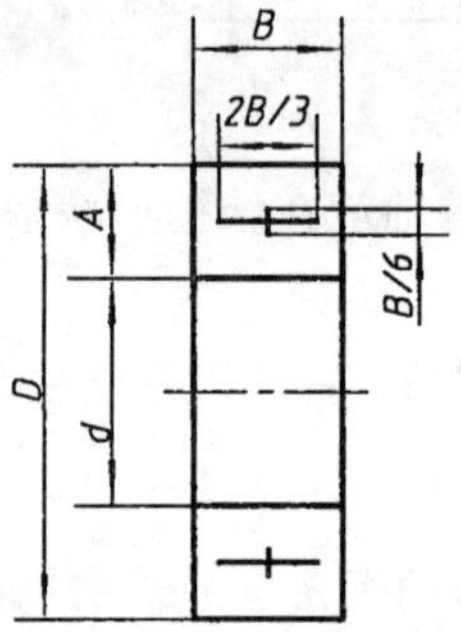	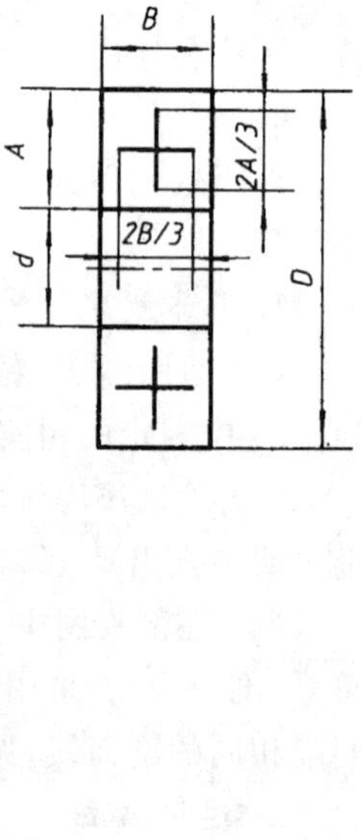
圆柱滚子轴承 GB/T 283—2007 （N0000 型）	D d B	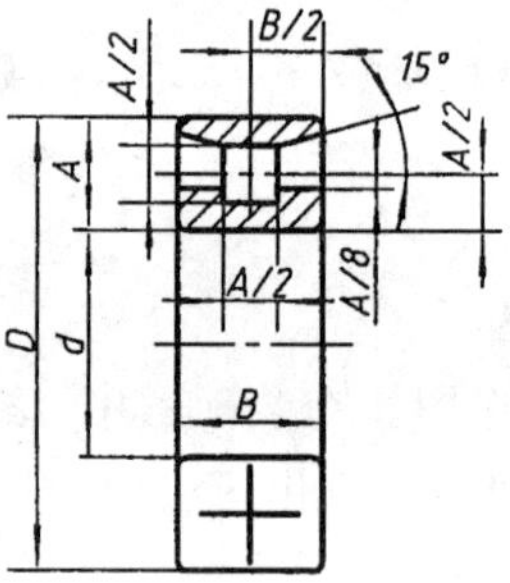		
圆锥滚子轴承 GB/T 297—2015 （30000 型）	D d B T C	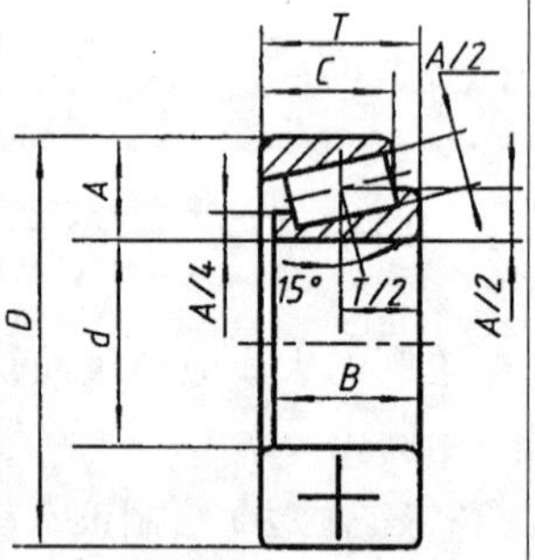	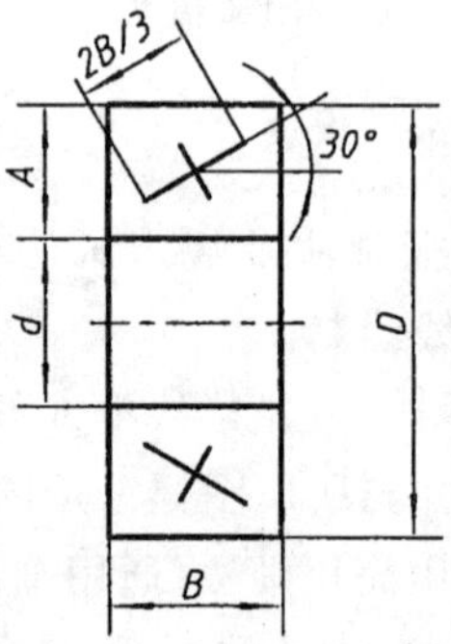	
单向推力球轴承 GB/T 301—2015 （51000 型）	D d T	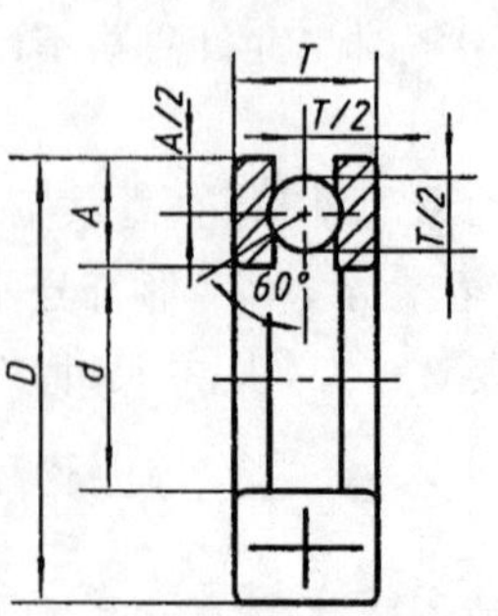	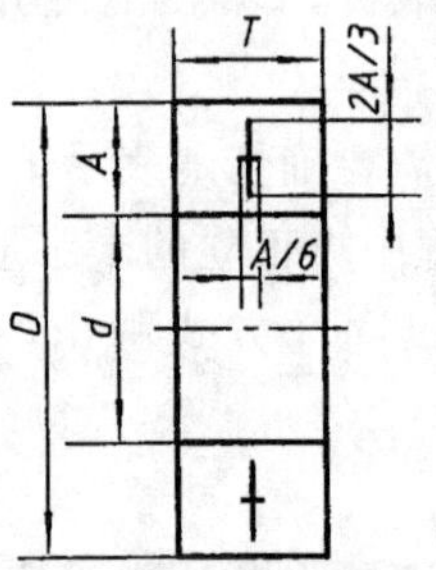	

4. 规定画法

(1)规定画法既能较真实、形象地表达滚动轴承的结构、形状,又简化了对滚动轴承中各零件尺寸数值的查找,必要时可以采用。表 2-25 给出了常见滚动轴承的规定画法。

(2)规定画法一般绘制在轴的一侧,另一侧按通用画法绘制。

表 2-25 中的尺寸除 A 可计算得出外,其余基本尺寸可参见表 2-26 ~ 表 2-29。

表 2-26　深沟球轴承(6000 型)(摘自 GB/T 276—2013)　　(单位:mm)

标记示例

滚动轴承 6206 GB/T 276—2013

轴承代号 6000 型	外 形 尺 寸			轴承代号 6000 型	外 形 尺 寸		
	d	D	B		d	D	B
6004	20	42	12	6304	20	52	15
6005	25	47	12	6305	25	62	17
6006	30	55	13	6306	30	72	19
6007	35	62	14	6307	35	80	21
6008	40	68	15	6308	40	90	23
6009	45	75	16	6309	45	100	25
6010	50	80	16	6310	50	110	27
6011	55	90	18	6311	55	120	29
6012	60	95	18	6312	60	130	31
6013	65	100	18	6313	65	140	33
6014	70	110	20	6314	70	150	35
6015	75	115	20	6315	75	160	37
6016	80	125	22	6316	80	170	39
6017	85	130	22	6317	85	180	41
6018	90	140	24	6318	90	190	43
6019	95	145	24	6319	95	200	45
6020	100	150	24	6320	100	215	47

(1)0 系列

(0)3 系列

续 表

	6204	20	47	14		6404	20	72	19
	6205	25	52	15		6405	25	80	21
	6206	30	62	16		6406	30	90	23
	6207	35	72	17		6407	35	100	25
	6208	40	80	18		6408	40	110	27
	6209	45	85	19		6409	45	120	29
	6210	50	90	20		6410	50	130	31
(0)2	6211	55	100	21	(0)4	6411	55	140	33
系列	6212	60	110	22	系列	6412	60	150	35
	6213	65	120	23		6413	65	160	37
	6214	70	125	24		6414	70	180	42
	6215	75	130	25		6415	75	190	45
	6216	80	140	26		6416	80	200	48
	6217	85	150	28		6417	85	210	52
	6218	90	160	30		6418	90	225	54
	6219	95	170	32		6419	95	240	55
	6220	100	180	34		6420	100	250	58

表 2 - 27　　圆锥滚子轴承(30000 型)(摘自 GB/T 297—2015)　(单位:mm)

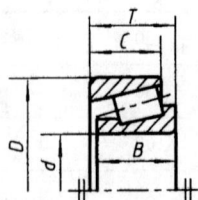

标记示例

滚动轴承 30205 GB/T 297—2015

轴承代号	外 形 尺 寸					轴承代号	外 形 尺 寸				
30000	d	D	T	B	C	30000	d	D	T	B	C
30202	15	35	11.75	11	10	30216	80	140	28.25	26	22
30203	17	40	13.25	12	11	30217	85	150	30.5	28	24
30204	20	47	15.25	14	12	30218	90	160	32.5	30	26
30205	25	52	16.25	15	13	30219	95	170	34.5	32	27
30206	30	62	17.25	16	14	30220	100	180	37	34	29
302/32	32	65	18.25	17	15	30221	105	190	39	36	30
30207	35	72	18.25	17	15	30222	110	200	41	38	32

续　表

30208	40	80	19.75	18	16	30224	120	215	43.5	40	34
30209	45	85	20.75	19	16	30226	130	230	43.75	40	34
30210	50	90	21.75	20	17	30228	140	250	45.75	42	36
30211	55	100	22.75	21	18	30230	150	270	49	45	38
30212	60	110	23.75	22	19	30232	160	290	52	48	40
30213	65	120	24.75	23	20	30234	170	310	57	52	43
30214	70	125	26.25	24	21	30236	180	320	57	52	43
30215	75	130	27.25	25	22	30238	190	340	60	55	46

表 2 - 28　　圆柱滚子轴承(N0000 型)(摘自 GB/T 283—2007)　(单位:mm)

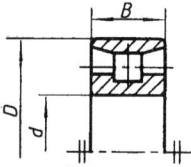

标记示例

滚动轴承 N212E GB/T 283—2007

轴承代号	外 形 尺 寸			轴承代号	外 形 尺 寸		
N 型	d	D	B	N 型	d	D	B
N202E	15	35	11	N217E	85	150	28
N203E	17	40	12	N218E	90	160	30
N204E	20	47	14	N219E	95	170	32
N205E	25	52	15	N220E	100	180	34
N206E	30	62	16	N221E	105	190	36
N207E	35	72	17	N222E	110	200	38
N208E	40	80	18	N224E	120	215	40
N209E	45	85	19	N226E	130	230	40
N210E	50	90	20	N228E	140	250	42
N211E	55	100	21	N230E	150	270	45
N212E	60	110	22	N232E	160	290	48
N213E	65	120	23	N234E	170	310	52
N214E	70	125	24	N236E	180	320	52
N215E	75	130	25	N238E	190	340	55
N216E	80	140	26	N240E	200	360	58

注:后置代号 E 为加强型,即内部结构设计改进,增大轴承承载能力。

表 2-29　推力球轴承(51000 型)(摘自 GB/T 301—2015)　（单位：mm）

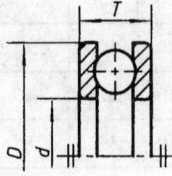

标记示例
滚动轴承 51110 GB/T 301—2015

轴承代号	外形尺寸			轴承代号	外形尺寸		
51000	d	D	T	51000	d	D	T
51100	10	24	9	51115	75	100	19
51101	12	26	9	51116	80	105	19
51102	15	28	9	51117	85	110	19
51103	17	30	9	51118	90	120	22
51104	20	35	10	51120	100	135	25
51105	25	42	11	51122	110	145	25
51106	30	47	11	51124	120	155	25
51107	35	52	12	51126	130	170	30
51108	40	60	13	51128	140	180	31
51109	45	65	14	51130	150	190	31
51110	50	70	14	51132	160	200	31
51111	55	78	16	51134	170	215	34
51112	60	85	17	51136	180	225	34
51113	65	90	18	51138	190	240	37
51114	70	95	18	51140	200	250	37

2.4　齿　　轮

　　齿轮是常用的传动零件，它不仅能传递动力，而且还可改变方向以及转速。齿轮的结构形状比较复杂，在齿轮的参数中只有模数、压力角已经标准化，因此，它属于常用件。齿轮一般成对使用，在表达其结构特征时可采用简化画法。

图 2-56 表示三种常见的齿轮传动形式。圆柱齿轮常用于平行轴间的传动;圆锥齿轮常用于相交轴间的传动;蜗轮、蜗杆一般用于交错两轴之间的传动。

(a)　　　　　　　　　　(b)　　　　　　　　　　(c)

图 2-56　常见的齿轮传动

(a) 圆柱齿轮；　(b) 圆锥齿轮；　(c) 蜗杆与蜗轮

2.4.1　圆柱齿轮

圆柱齿轮的轮齿有直齿和斜齿等,根据轮齿的不同可分为直齿圆柱齿轮和斜齿圆柱齿轮,本节主要介绍直齿圆柱齿轮的结构、名称及其规定画法。

1. 直齿圆柱齿轮的结构、名称及尺寸关系

直齿圆柱齿轮的齿廓形状及尺寸在两端面上完全相同,轮齿各部分名称及尺寸关系以图 2-57 来说明。

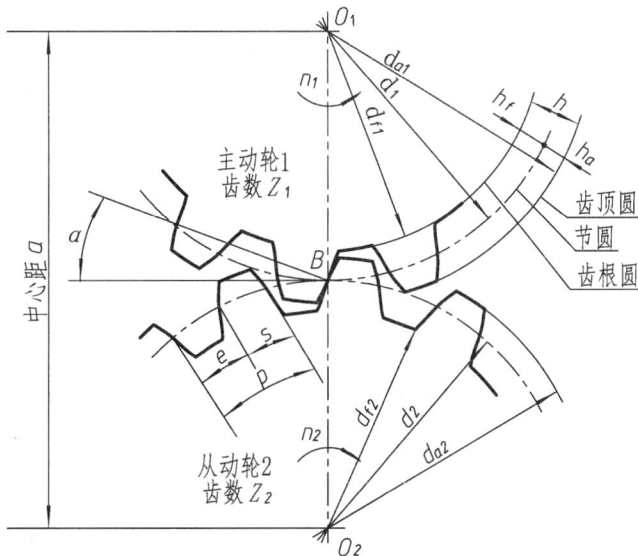

图 2-57　啮合的圆柱齿轮示意图

(1) 分度圆 d：圆柱齿轮上一个约定的假想圆柱面与端平面的交线圆称为分度圆，其直径以 d 表示。在分度圆上齿厚的弧长与齿槽的弧长相等。

(2) 齿顶圆 d_a：包含各轮齿顶部的圆柱面与端平面的交线圆称为齿顶圆，其直径以 d_a 表示。

(3) 齿根圆 d_f：包含各轮齿根部的圆柱面与端平面的交线圆称为齿根圆，其直径以 d_f 表示。

(4) 齿高 h：齿顶圆与齿根圆之间的径向距离称为齿高，以 h 表示。分度圆将齿高分为两个不等的部分。齿顶圆与分度圆之间的径向距离称为齿顶高，以 h_a 表示。齿根圆与分度圆之间的径向距离称为齿根高，以 h_f 表示。齿高是齿顶高与齿根高之和，即 $h = h_a + h_f$。

(5) 齿距 p：分度圆上相邻两齿廓对应点之间的弧长称齿距 p。相啮合的两齿轮齿距相等。对于标准齿轮，齿厚 s 和槽宽 e 均为齿距 p 的一半，即 $s = e = p/2$。

(6) 模数 m：模数是齿距 p 与 π 的比值，即 $m = p/\pi$，其单位是毫米(mm)。由于两啮合的齿轮的齿距 p 必须相等，所以它们的模数也相等。模数是齿轮几何参数计算的基础，不同模数的齿轮，要用不同模数的刀具来加工。为了便于设计和加工，国家标准《渐开线圆柱齿轮模数》规定了渐开线圆柱齿轮模数的标准系列值，供设计和制造时选用，见表 2-30。一般情况下，模数越大，齿轮的承载能力也越大。

表 2-30   齿轮模数系列(摘自 GB /T 1357—2008)   (单位：mm)

第一系列	1	1.25	1.5	2	2.5	3	4	5	6	8	10	12
	16	20	25	32	40	50						
第二系列	1.125	1.375	1.75	2.25	2.75	3.5	4.5	5.5	(6.5)			
	7	9	11	14	18	22	28	36	45			

注：1. 本表适用于渐开线圆柱齿轮。对斜齿轮是指法面模数。

　　2. 选用模数时，应优先选用第一系列；其次选用第二系列；括号内的模数尽可能不用。

(7) 节圆 d'：如图 2-57 所示，O_1，O_2 分别为两啮合齿轮的中心，两齿轮的一对齿廓的啮合接触点是在连心线 O_1O_2 上的 B 点(称为节点)。分别以 O_1，O_2 为圆心，以 O_1B 和 O_2B 为半径作圆，齿轮的传动可以假想为这两个圆作无滑动的纯滚动。这两个圆称为两齿轮的节圆，其直径以 d'_1，d'_2 表示。一对正确安装的标准齿轮，其节圆与分度圆重合。

(8) 压力角 α：在节点 B 处，两齿廓曲线的公法线(即齿廓的受力方向)与两节圆的内公切线(即节点处的瞬时运动方向)所夹的锐角，称为压力角。我国标准规定的压力角为 20°，相啮合的两齿轮压力角相等。

(9) 齿数：沿齿轮一周轮齿的总数，以 Z 表示。

(10) 传动比 i：主动齿轮的转速 n_1 与从动齿轮的转速 n_2 之比称为传动比，齿轮的转速与齿数成反比，即 $i = \dfrac{n_1}{n_2} = \dfrac{Z_2}{Z_1}$，当 $i > 1$ 时，此时啮合齿轮用于减速。

(11) 中心距 a：两圆柱齿轮轴线之间的最短距离，即 $a = \dfrac{d_1 + d_2}{2} = \dfrac{m(Z_1 + Z_2)}{2}$。

在设计齿轮时要先确定模数和齿数,其他各部分尺寸都可由模数和齿数计算出来。标准直齿圆柱齿轮的计算公式见表 2-31。

表 2-31　标准直齿圆柱齿轮各几何要素的尺寸计算公式

名　　　称	代　　　号	公　　　式
齿顶高	h_a	$h_a = m$
齿根高	h_f	$h_f = 1.25\,m$
齿高	h	$h = 2.25\,m$
分度圆直径	d	$d = mZ$
齿顶圆直径	d_a	$d_a = m(Z+2)$
齿根圆直径	d_f	$d_f = m(Z-2.5)$
齿距	p	$p = \pi m$
齿厚	s	$s = \dfrac{1}{2}\pi m$
中心距	a	$a = \dfrac{1}{2}(d_1 + d_2) = \dfrac{1}{2}m(Z_1 + Z_2)$

2. 单个圆柱齿轮的画法

(1) 在外形视图中,齿轮的轮齿部分按下列规定绘制:齿顶圆和齿顶线用粗实线表示,分度圆和分度线用点画线表示,齿根圆和齿根线用细实线表示(一般可省略不画),如图 2-58(a) 所示。

(2) 在剖视图中,当剖切平面通过齿轮的轴线时,轮齿一律按不剖处理,齿顶线和分度线的画法不变,齿根线用粗实线绘制,如图 2-58(b) 所示。

(3) 当需要表示斜齿与人字齿的形状时,可在非圆的外形视图部分用三条与轮齿倾斜方向相同的细实线表示轮齿的方向,如图 2-58(c)(d) 所示。

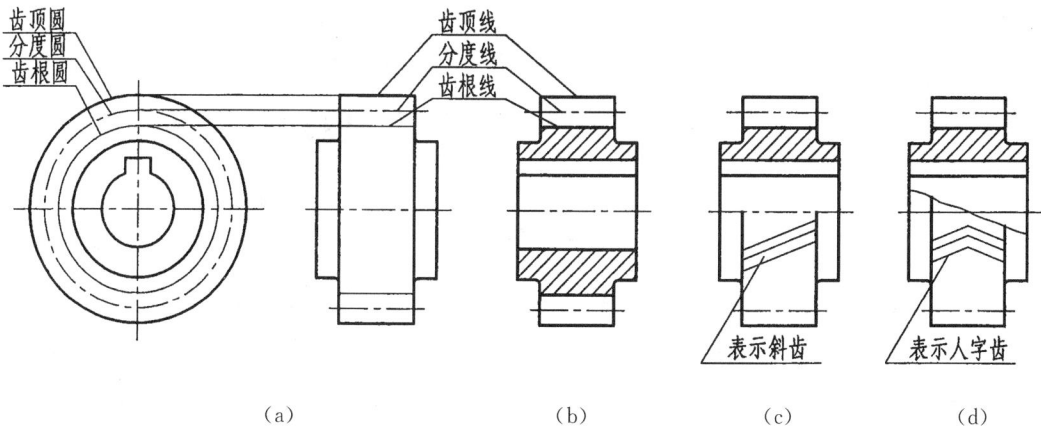

齿顶圆　分度圆　齿根圆　　　　齿顶线　分度线　齿根线

表示斜齿　　　表示人字齿

　　　(a)　　　　　　　　(b)　　　　　　　(c)　　　　　　　(d)

图 2-58　单个圆柱齿轮的规定画法

(a) 直齿(外形视图);　(b) 直齿(全剖视图);　(c) 斜齿(半剖视图);　(d) 人字齿(局部剖视图)

3. 圆柱齿轮的啮合画法

（1）在垂直于圆柱齿轮轴线的投影面的视图中，啮合区内的齿顶圆可用粗实线绘制，如图 2-59(a) 的左视图所示，也可省略不画，如图 2-59(b) 所示，而啮合区内的齿根圆省略不画。

（2）在平行于圆柱齿轮轴线的投影面的外形视图中，啮合区内的齿顶线和齿根线不需要画出，节线用粗实线绘制，如图 2-59(c)(d) 所示。

（3）在剖视图中，当剖切平面通过两啮合齿轮的轴线时，轮齿部分仍按不剖切绘制。在啮合区内可设想其中一个齿轮的轮齿被另一个齿轮的轮齿所遮挡，所以将一个齿轮的齿顶线用粗实线绘制，另一个齿轮的齿顶线用虚线绘制，也可省略不画，如图 2-59(a) 的主视图所示。

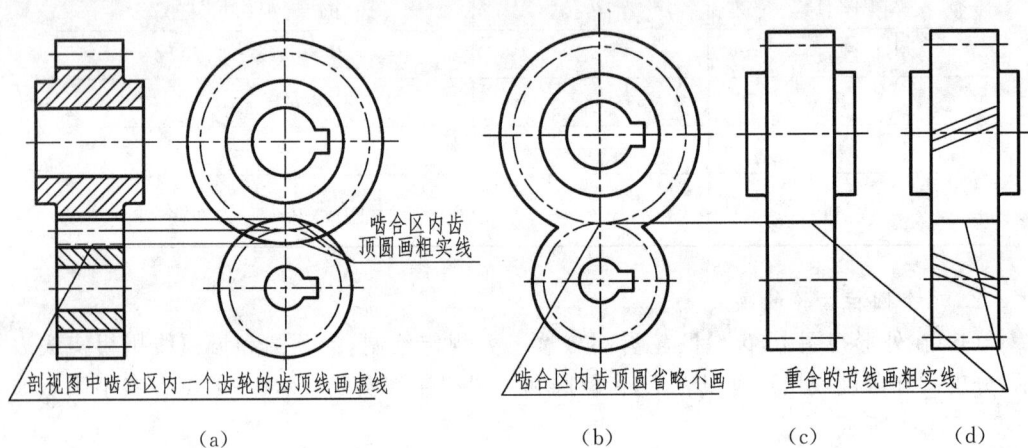

剖视图中啮合区内一个齿轮的齿顶线画虚线　　啮合区内齿顶圆省略不画　　重合的节线画粗实线

（a）　　　　　　　　　　（b）　　　　　　　（c）　　　　　（d）

图 2-59　圆柱齿轮的啮合画法

两圆柱齿轮啮合区的放大图及其规定画法的投影关系，可参看图 2-60。

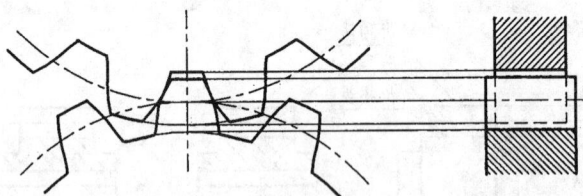

图 2-60　圆柱齿轮啮合区放大图

在齿轮零件图上不仅要表示出齿轮的形状、尺寸和技术要求，而且要列出制造齿轮所需要的参数和公差值，如图 2-61 所示。

2.4.2　圆锥齿轮

圆锥齿轮常用于垂直相交的两轴之间的传动，其轮齿可根据需要制成直齿、斜齿等。本节着重介绍直齿圆锥齿轮的画法。

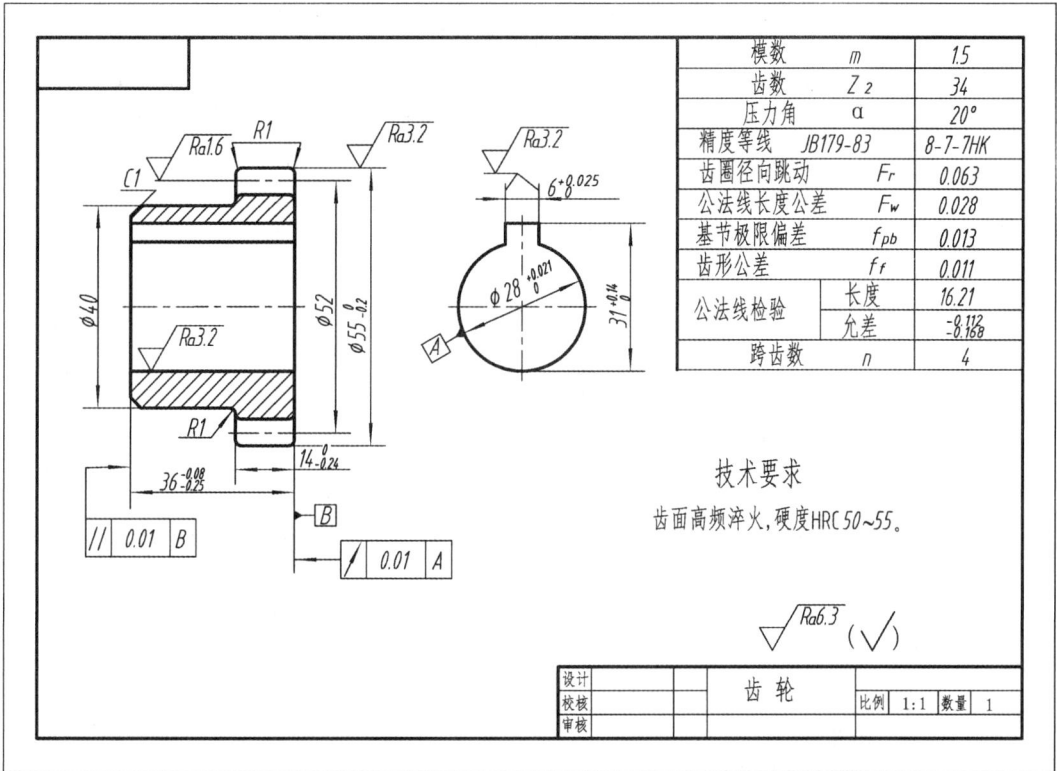

模数	m	1.5
齿数	Z_2	34
压力角	α	20°
精度等线	JB179-83	8-7-7HK
齿圈径向跳动	F_r	0.063
公法线长度公差	F_w	0.028
基节极限偏差	f_{pb}	0.013
齿形公差	f_f	0.011
公法线检验	长度	16.21
	允差	-0.112 / -0.168
跨齿数	n	4

技术要求

齿面高频淬火,硬度HRC 50~55。

设计		齿 轮	比例	1:1	数量	1
校核						
审核						

图 2-61   圆柱齿轮的工作图

1. 直齿圆锥齿轮的尺寸计算

由于圆锥齿轮的轮齿分布在圆锥面上,所以圆锥齿轮的轮齿一端大、一端小,齿厚是逐渐变化的,而大、小端的分度圆直径和模数也不相同,通常规定以大端的模数和分度圆直径来决定其他各部分的尺寸。直齿圆锥齿轮各部分名称及尺寸计算公式参见图 2-62 和表 2-32,其中表 2-32 中的参数是对大端而言的。

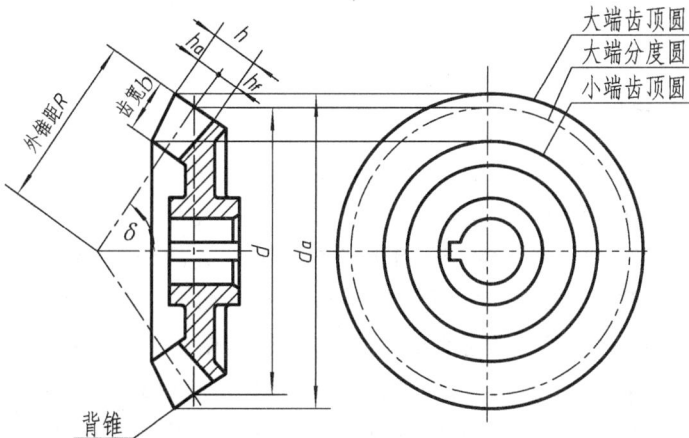

图 2-62   圆锥齿轮各部分几何要素的名称及代号

表 2 - 32　　直齿圆锥齿轮的参数及计算公式

序 号	名 称	代 号	公 式
1	模数	m	以大端模数为标准,由设计给定
2	齿数	Z	由设计给定
3	分度圆直径	d	$d = mZ$
4	分锥角	δ	$\tan\delta_1 = Z_1/Z_2$, $\tan\delta_2 = Z_2/Z_1$
5	齿顶高	h_a	$h_a = m$
6	齿根高	h_f	$h_f = 1.2m$
7	全齿高	h	$h = 2.2m$
8	齿顶圆直径	d_a	$d_a = m(Z + 2\cos\delta)$
9	齿根圆直径	d_f	$d_f = m(Z - 2.4\cos\delta)$
10	外锥距	R	$R = mZ/2\sin\delta$(外锥距指分度圆锥母线的长度)
11	齿形角	α	$\alpha = 20°$
12	齿宽	b	$b = (0.2 \sim 0.35)R$
13	传动比	i	$i = n_1/n_2 = Z_2/Z_1$

注:1. 本表按两齿轮轴线的夹角 $\delta = 90°$ 计算。

2. 角标 1,2 分别代表大、小圆锥齿轮。

2. 单个直齿圆锥齿轮的画法

主视图常采用全剖视图,在投影为圆的视图上规定用粗实线画出大端和小端的齿顶圆;用点画线画出大端分度圆。齿根圆及小端分度圆均不画出。

单个直齿圆锥齿轮的作图步骤如图 2 - 63 所示。

图 2 - 64 是圆锥齿轮的零件图。

3. 圆锥齿轮的啮合画法

直齿圆锥齿轮的轮齿部分和啮合区的画法与直齿圆柱齿轮的画法相同,如图 2 - 65 所示。

2.4.3　蜗轮和蜗杆

蜗轮和蜗杆用于垂直交叉轴间的传动,其特点是传动平稳,结构紧凑,传动比大,但传动效率低。在传动中通常蜗杆是主动件,蜗轮是从动件,即主要用于降速。最常见的蜗杆是圆柱形蜗杆,蜗杆的齿数(即头数)Z_1 相当于螺杆上螺纹的线数,蜗杆常用单头或双头。在传动时,蜗杆转一圈蜗轮转过一个齿或两个齿,因此可得到大的传动比 $i = Z_2/Z_1$(Z_1 为蜗杆齿数)。蜗杆和蜗轮的轮齿是螺旋形的,蜗轮的齿顶面和齿根面常制成圆环面以改变接触情况,蜗轮是一个轮齿在齿宽方向具有弧形轮缘的斜齿轮。啮合的蜗杆、蜗轮的模数相同,且蜗轮的螺旋角和蜗杆的螺旋线升角大小相等,方向相同。

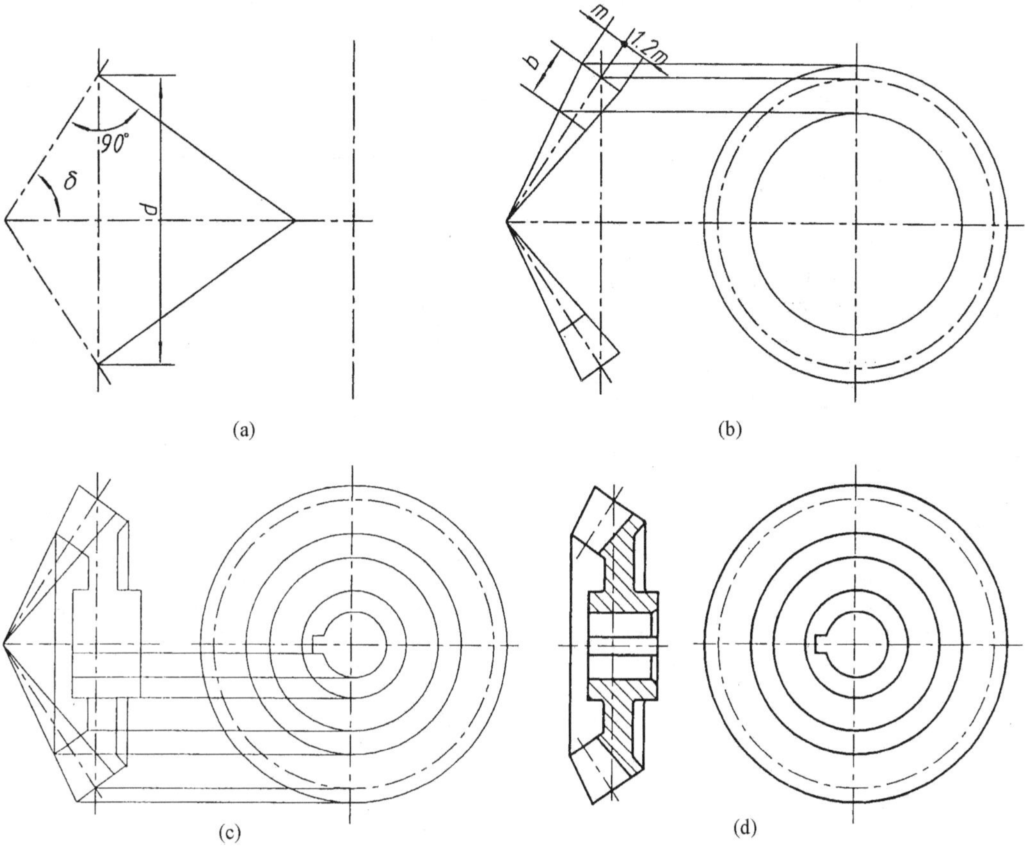

图 2-63　直齿圆锥齿轮的作图步骤

(a) 画分度圆锥和背锥；　(b) 画齿形部分；　(c) 画其他部分；　(d) 完成全图

1. 蜗轮、蜗杆的基本参数和尺寸计算(图 2-66)

(1) 模数 m：规定蜗轮以端面模数作为标准模数，蜗杆的轴向模数(蜗杆轴向截面中轮齿的模数)等于蜗轮的端面模数。

(2) 蜗杆直径系数 q：模数相同的蜗杆，可以有很多不同的蜗杆直径存在，因而蜗杆的螺旋线升角也不同，而蜗轮的齿形主要决定于蜗杆的齿形。蜗轮是用尺寸、形状与蜗杆相当的蜗轮滚刀来加工的。因此为了减少蜗轮滚刀数目，对每一模数都相应规定了几个蜗杆分度圆直径，从而得出了蜗杆直径系数 $q=$ 蜗杆分度圆直径 d_1 / 模数 m。蜗杆传动时的标准模数和相应的蜗杆直径系数见表 2-33。

表 2-33　标准模数和蜗杆的直径系数(摘自 GB/T 10088—2018)

模数 m	1	1.25	1.6	2	2.5	3.15	4	5	6.3	8	10	12.5	16
蜗杆的直径系数 q	18	16	12.5	9	8.96	8.889	7.875	8	7.936	7.875	7.1	7.2	7
				11.2	11.2	11.27	10	10	10	10	9	8.96	8.750
		17.92	17.5	14	14.2	14.286	12.5	12.6	12.689	12.5	11.2	11.2	11.25
				17.75	18	17.778	17.75	18	17.778	17.5	16	16	15.625

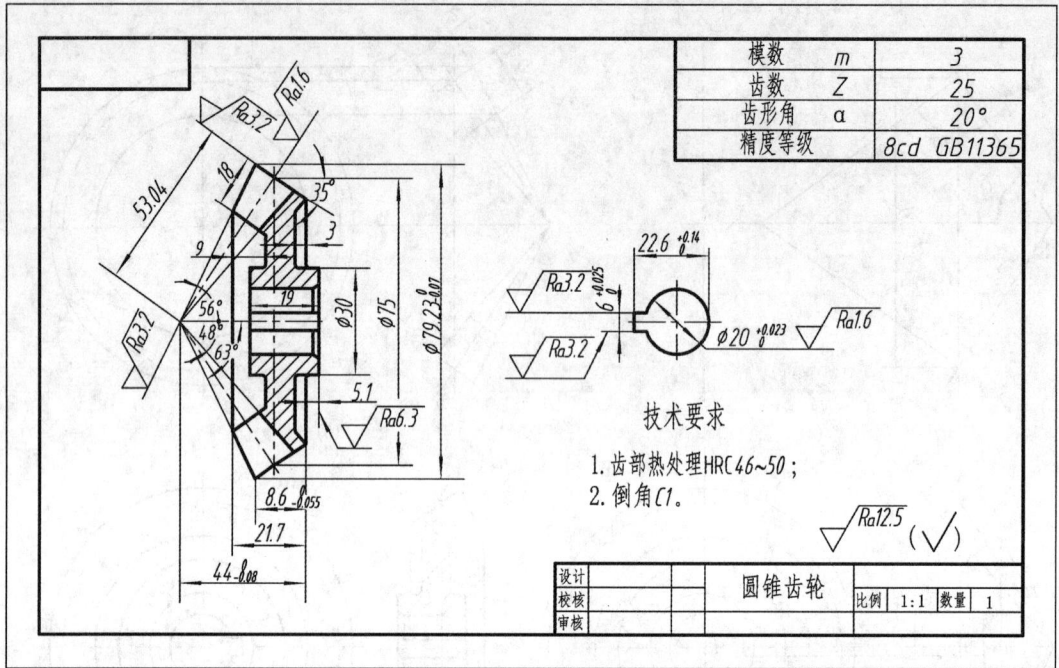

模数	m	3
齿数	Z	25
齿形角	α	20°
精度等级		8cd GB11365

技术要求

1. 齿部热处理HRC46~50；
2. 倒角C1。

设计		圆锥齿轮	比例	1:1	数量	1
校核						
审核						

图 2-64　圆锥齿轮的零件图

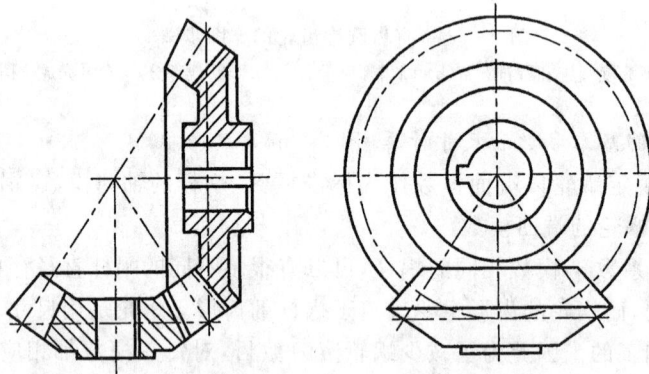

图 2-65　直齿圆锥齿轮的啮合画法

（3）中心距 a：蜗轮和蜗杆两轴的中心距 $a = \dfrac{d_1 + d_2}{2} = \dfrac{m}{2}(q + Z_2)$。

根据蜗杆头数 Z_1、模数 m、蜗杆直径系数 q、蜗轮齿数 Z_2 即可计算出蜗杆、蜗轮的各部分尺寸，见表 2-34 和表 2-35。

表 2-34　蜗杆的尺寸计算公式

序　号	名　　称	代　号	公　　式	说　明
1	分度圆直径	d_1	$d_1 = mq$	基本参数： m— 轴向模数 Z_1— 蜗杆头数 q— 蜗杆直径系数
2	齿顶高	h_a	$h_a = m$	
3	齿根高	h_f	$h_f = 1.2m$	
4	全齿高	h	$h = 2.2m$	
5	齿顶圆直径	d_{a1}	$d_{a1} = d_1 + 2m$	
6	齿根圆直径	d_{f1}	$d_{f1} = d_1 - 2.4m$	
7	导程角	γ	$\tan\gamma = mZ_1/d_1 = Z_1/q$	
8	轴向齿距	p_x	$p_x = \pi m$	
9	导程	p_z	$p_z = Z_1 p_x$	
10	蜗杆齿宽	b_1	$Z_1 \leqslant 2 : b_1 \approx (13-16)m$ $Z_1 > 2 : b_1 \approx (15\sim20)m$	

表 2-35　蜗轮的尺寸计算公式

序　号	名　　称	代　号	公　　式	说　明
1	分度圆直径	d_2	$d_2 = mZ_2$	基本参数： Z_2— 蜗轮齿数 m— 端面模数
2	齿顶圆直径	d_{a2}	$d_{a2} = d_2 + 2m = m(Z_2 + 2)$	
3	齿根圆直径	d_{f2}	$d_{f2} = d_2 - 2.4m = m(Z_2 - 2.4)$	
4	齿顶圆弧半径	r_a	$r_a = d_1/2 - m$	
5	齿根圆弧半径	r_f	$r_f = d_1/2 + 1.2m$	
6	齿顶外圆直径	D_2	$Z_1 = 1 : D_2 \leqslant d_{a2} + 2m$ $Z_1 = 2\sim3 : D_2 \leqslant d_{a2} + 1.5m$ $Z_1 = 4 : D_2 \leqslant d_{a2} + m$	
7	蜗轮齿宽	b_2	$Z_1 \leqslant 3 : b_2 \leqslant 0.75d_{a1}$ $Z_1 = 4 : b_2 \leqslant 0.67d_{a1}$	

2. 蜗轮、蜗杆的画法

蜗轮、蜗杆轮齿部分的画法与圆柱齿轮基本相同,如图 2-66(a)(b)所示,但在蜗轮投影为圆的视图中,只画出分度圆和直径最大的外圆,不画出齿顶圆与齿根圆。

(a)

(b)

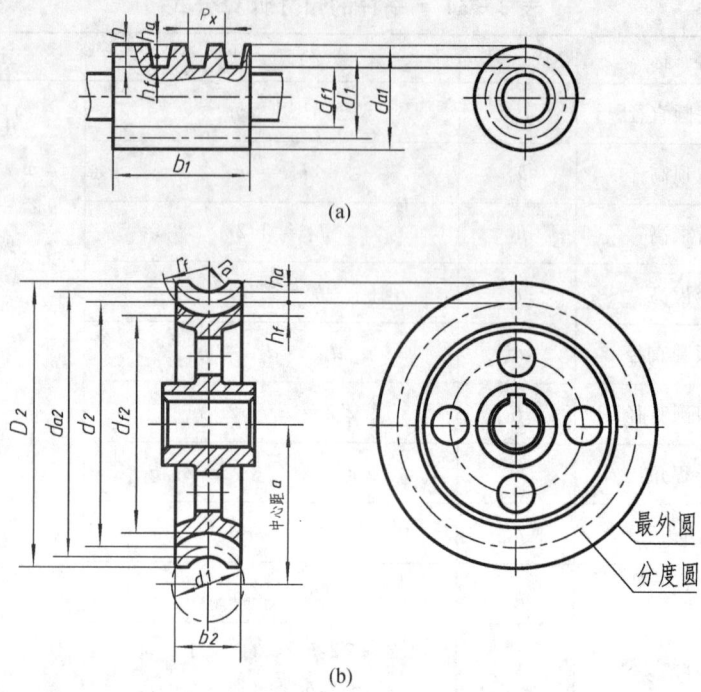

图 2-66　蜗轮、蜗杆的主要尺寸和画法
(a) 蜗杆；　(b) 蜗轮

　　蜗轮、蜗杆的啮合画法如图2-67(a)(b)所示,在主视图中,蜗轮被蜗杆挡住的部分不画;在左视图中,蜗轮的分度线和蜗杆的分度线相切,其余部分画法如图2-67所示。

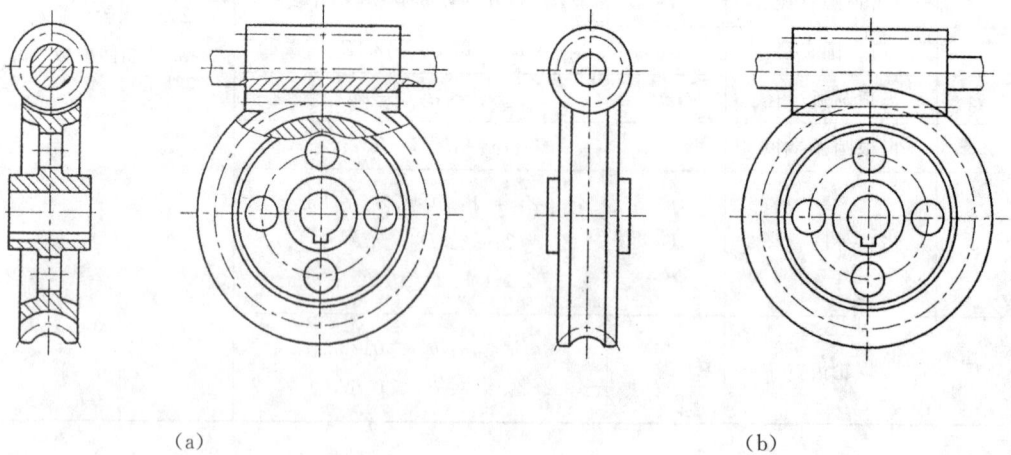

(a)　　　　　　　　　　　　　　　　　　(b)

图 2-67　蜗轮与蜗杆啮合画法
(a)剖视图；　(b)外形视图

　　蜗杆和蜗轮的零件图如图2-68和图2-69所示。

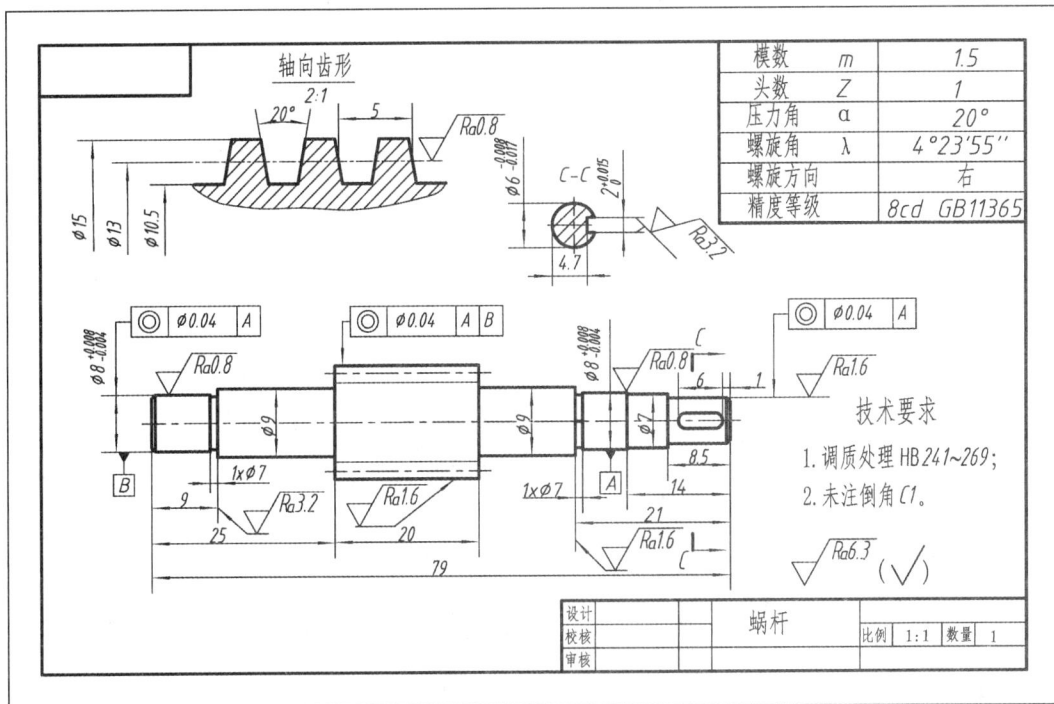

图 2-68　蜗杆零件工件图

模数	m	1.5
头数	Z	1
压力角	α	20°
螺旋角	λ	4°23′55″
螺旋方向		右
精度等级		8cd GB11365

技术要求

1. 调质处理 HB 241~269;
2. 未注倒角 C1。

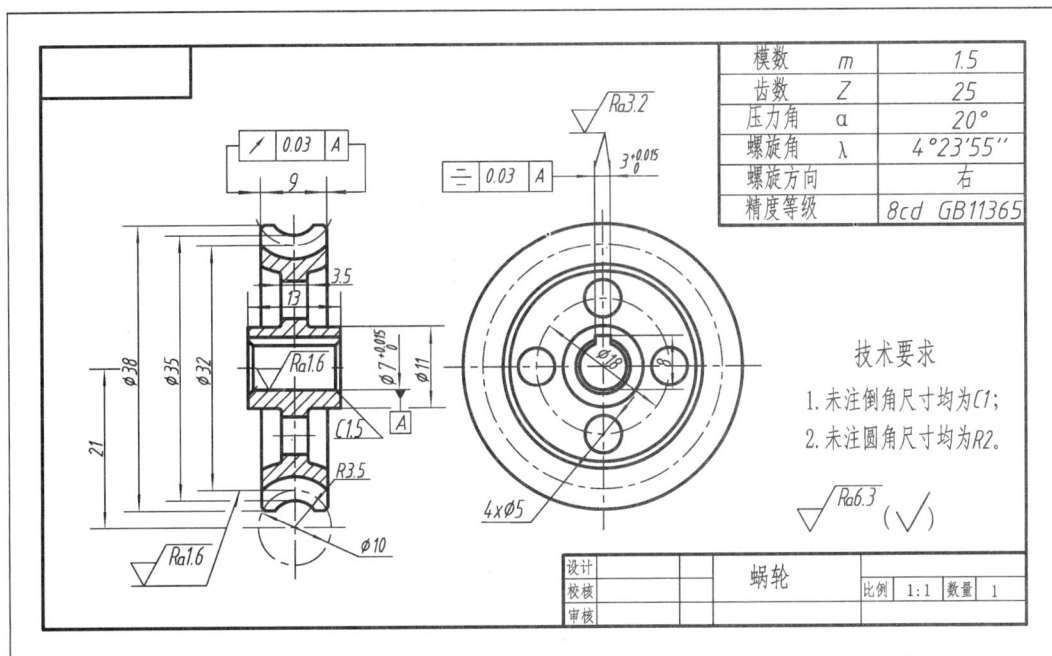

图 2-69　蜗轮零件工件图

模数	m	1.5
齿数	Z	25
压力角	α	20°
螺旋角	λ	4°23′55″
螺旋方向		右
精度等级		8cd GB11365

技术要求

1. 未注倒角尺寸均为C1;
2. 未注圆角尺寸均为R2。

2.5　弹　　簧

弹簧常用来减震、夹紧、存储能量和测力等。弹簧的特点是在去除外力后能立即恢复原状。螺旋弹簧根据其工作时的受力情况可分为压缩弹簧[图 2 - 70(a)]、拉伸弹簧[图 2 - 70(b)]、扭转弹簧[图 2 - 70(c)]和平面蜗卷弹簧[图 2 - 70(d)]等。本节主要介绍圆柱螺旋压缩弹簧的有关尺寸计算和画法。

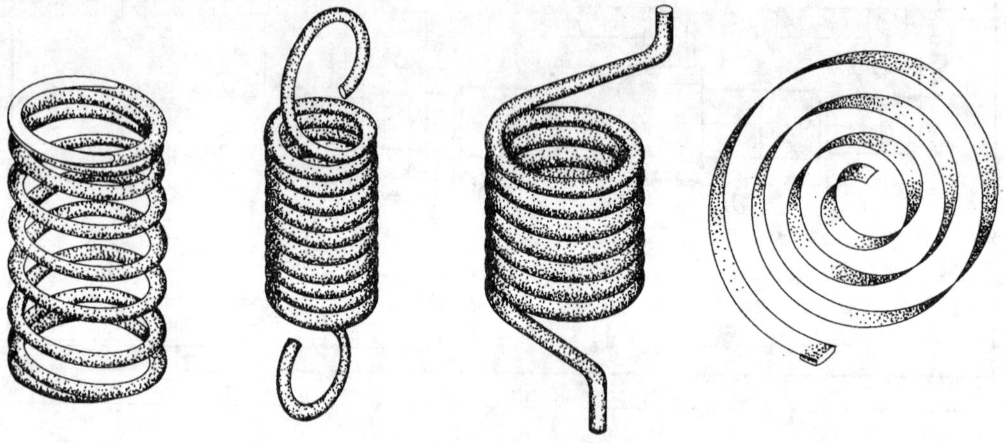

（a）　　　　　　　　（b）　　　　　　　　（c）　　　　　　　　（d）

图 2 - 70　常用弹簧

(a)压缩弹簧；　(b)拉伸弹簧；　(c)扭转弹簧；　(d)平面蜗卷弹簧

2.5.1　圆柱螺旋压缩弹簧的结构和名称

有关圆柱螺旋压缩弹簧参数、代号及相关尺寸计算如下(图 2 - 71)。

（1）簧丝直径 d：制造弹簧的钢丝直径（$0.5 \sim 50$ mm），按标准选取。

（2）弹簧中径 D：弹簧的平均直径，按标准选取。

弹簧内径 D_1：弹簧的最小直径，$D_1 = D - d$。

弹簧外径 D_2：弹簧的最大直径，$D_2 = D + d$。

（3）节距 t：除支撑圈外，两相邻有效圈截面中心线的轴向距离。

（4）有效圈数 n、支撑圈数 n_z 和总圈数 n_1：为了使螺旋压缩弹簧工作时受力均匀，要求支撑端面和轴线垂直，常使弹簧两

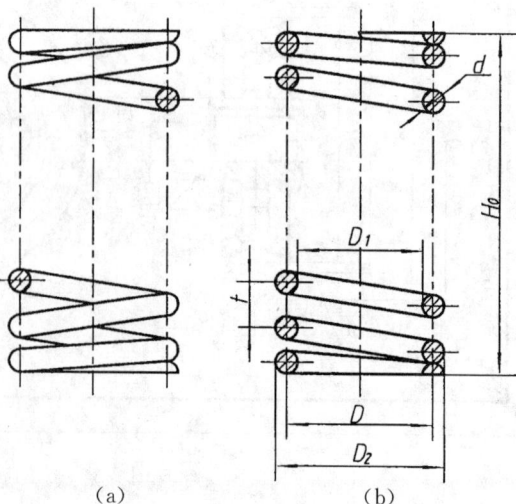

（a）　　　　　　（b）

图 2 - 71　圆柱螺旋弹簧的画法及尺寸代号

端并紧、磨平或制扁。这并紧、磨平或制扁的两部分在工作时仅起支撑作用,称为支撑圈。中间节距保持相等的圈数称为有效圈,按标准选取。支撑圈和有效圈的总和称为总圈数,即 $n_1 = n + n_z$。支撑圈数一般为 1.5,2,2.5。

(5) 自由高度 H_0:弹簧在不受外力时的高度(长度),按标准选取。$H_0 = nt + (n_z - 0.5)d$,其中 t 为弹簧不受外力时的节距。

(6) 工作高度 H:弹簧在工作状态下承受外力时的高度(长度)。$H = nt + (n_z - 0.5)d$,其中 t 为弹簧工作时的节距。

(7) 展开长度 L:制造弹簧时坯料的长度。$L \doteq n_1 \sqrt{(\pi D)^2 + t^2}$。

2.5.2 圆柱螺旋压缩弹簧的规定画法

GB/T 4459.4—2003 规定了弹簧的画法,下面介绍圆柱螺旋压缩弹簧的画法。

(1) 弹簧在平行于轴线的投影面的视图上,其各圈的投影转向轮廓线应画成直线。如图 2-71 所示。

(2) 有效圈数 4 圈以上的弹簧,两端可画 1～2 圈有效圈,中间可省略。中间省略后,可适当缩短图形的长度,如图 2-71 所示。

(3) 弹簧无论左旋或右旋均可画成右旋,但左旋弹簧不论画成左旋或右旋,一律注出旋向"左"字。

(4) 在装配图中,被弹簧挡住部分的结构一般不画,可见部分应从弹簧的外轮廓线或从弹簧钢丝剖面的中心线画起,如图 2-72(a) 所示。

(5) 在装配图中,当剖切弹簧钢丝直径在图形上等于或小于 2 mm 时,可用涂黑来表示,如图 2-72(b) 所示;也可用示意性画法来绘制,如图 2-72(c) 所示。

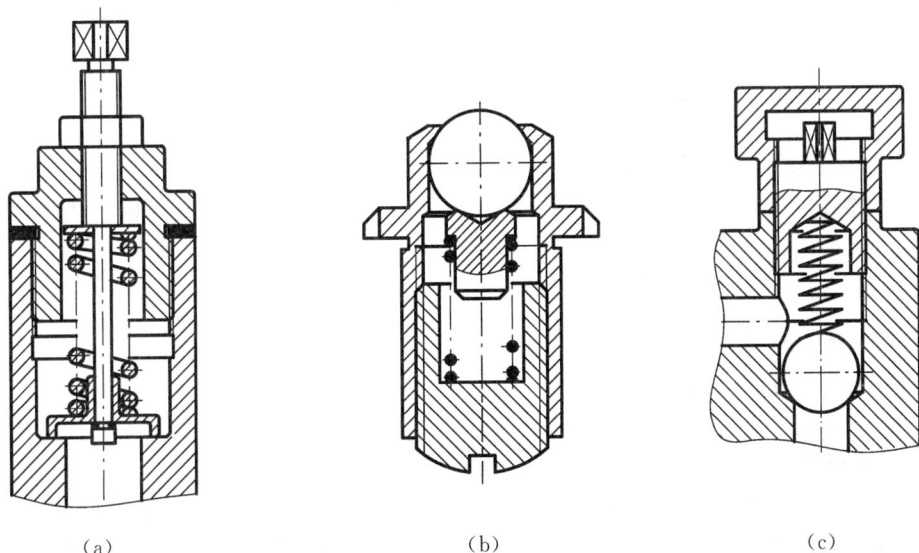

(a)   (b)   (c)

图 2-72 装配图中弹簧的规定画法

(a) 不画挡住部分的零件轮廓; (b) 簧丝剖面涂黑; (c) 簧丝示意画法

2.5.3　弹簧的画图步骤

对于两端并紧、磨平或制扁的压缩弹簧,不论其支撑圈数多少或并紧情况如何,均按支撑圈为 2.5 的形式来画,如图 2-73 所示;必要时也可按支撑圈的实际结构绘制。

(1) 根据弹簧中径 D 和自由高度 H_0 画出矩形线框,如图 2-73(a) 所示。

(2) 画出支撑圈部分的剖面轮廓(与簧丝直径相等的圆和半圆),如图 2-73(b) 所示。

(3) 根据节距,画出有效圈数的剖面轮廓(图中数字表示画圆顺序),如图 2-73(c) 所示。

(4) 按右旋方向作相应圆的公切线,再加上剖面线,加深,如图 2-73(d) 所示。

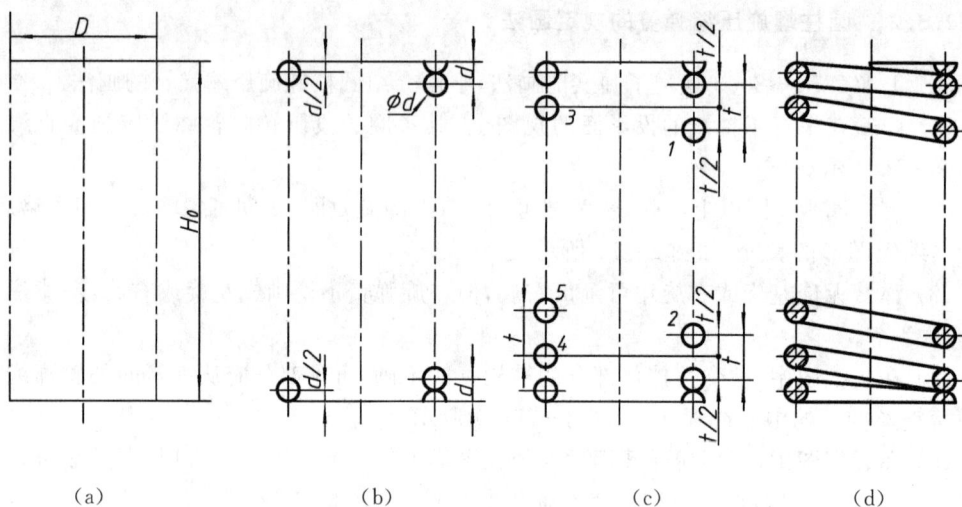

(a)　　　　(b)　　　　(c)　　　　(d)

图 2-73　弹簧的画法步骤

2.5.4　圆柱螺旋压缩弹簧的标记

1. 圆柱螺旋压缩弹簧的标记方法

圆柱螺旋压缩弹簧的标记由名称、型式、尺寸、标准编号、材料牌号以及表面处理组成,规定如下:

$$Y\ \boxed{①}\ d \times D \times H_0 - \boxed{②}\ \boxed{③}\ GB/T\ 2089$$

各符号的意义分别如下:

"Y"是圆柱螺旋压缩弹簧的代号。

"$d \times D \times H_0$"代表圆柱螺旋压缩弹簧的材料直径 d、中径 D 和自由高度 H_0,单位为毫米(mm)。

"GB/T 2089"代表国家标准编号。

① 号框中填写圆柱螺旋压缩弹簧的型式代号"A"或"B",A 代表两端并紧磨平型的冷卷压缩弹簧,B 代表两端并紧制扁型的热卷压缩弹簧。

② 号框中填写圆柱螺旋压缩弹簧的制造精度等级,2 级制造精度应不表示,3 级应注明"3"级。

③ 号框中填写圆柱螺旋压缩弹簧的旋向代号,左旋应注明"左",右旋不注出。

2. 圆柱螺旋压缩弹簧的标记示例

例 1 YA 型弹簧,材料直径为 1.2 mm,弹簧中径为 8 mm,自由高度为 40 mm,制造精度为 2 级,左旋的两端并紧磨平的冷卷压缩弹簧。

标记:YA 1.2×8×40 左 GB/T 2089

例 2 YB 型弹簧,材料直径为 30 mm,弹簧中径为 150 mm,自由高度为 300 mm,制造精度为 3 级,右旋的两端并紧制扁的热卷压缩弹簧。

标记:YB 30×150×300-3 GB/T 2089

3. 圆柱螺旋压缩弹簧尺寸及参数(见表 2-36)

表 2-36 圆柱螺旋压缩弹簧尺寸及参数(摘自 GB/T 2089—2009)

材料直径 d/mm	弹簧中径 D/mm	有效圈数 n/圈	自由高度 H_0/mm	材料直径 d/mm	弹簧中径 D/mm	有效圈数 n/圈	自由高度 H_0/mm
1.6	10	2.5	13	2	14	2.5	17
		4.5	20			4.5	26
		6.5	28			6.5	38
		8.5	35			8.5	50
	12	2.5	15		16	2.5	19
		4.5	24			4.5	30
		6.5	32			6.5	42
		8.5	42			8.5	55
	14	2.5	18	2.5	18	2.5	20
		4.5	28			4.5	30
		6.5	40			6.5	48
		8.5	50			8.5	58
	16	2.5	22		20	2.5	24
		4.5	36			4.5	38
		6.5	48			6.5	52
		8.5	60			8.5	65
2	10	2.5	13		22	2.5	26
		4.5	20			4.5	42
		6.5	28			6.5	58
		8.5	35			8.5	75
	12	2.5	15		25	2.5	30
		4.5	24			4.5	48
		6.5	32			6.5	70
		8.5	40			8.5	90

注:1. 表中只摘录了 GB/T 2089—2009 所列的少量弹簧部分主要尺寸和参数数值。不够应用时,请查阅 GB/T 2089—2009。

2. 表中所列弹簧的支撑圈 $n_z = 2$ 圈。但是绘图时,两端的支撑圈仍按照 GB/T 4459.4—2003 规定,用 $n_z = 2.5$ 圈绘制。

2.5.5　圆柱螺旋压缩弹簧的零件图(选用)

　　圆柱螺旋压缩弹簧的零件图如图 2 – 74 所示,弹簧的参数应直接标注在图形上,若标注有困难,可在技术要求中说明。若需要可在零件图上方用图解的方式来表达弹簧的负荷与长度之间的变化关系。

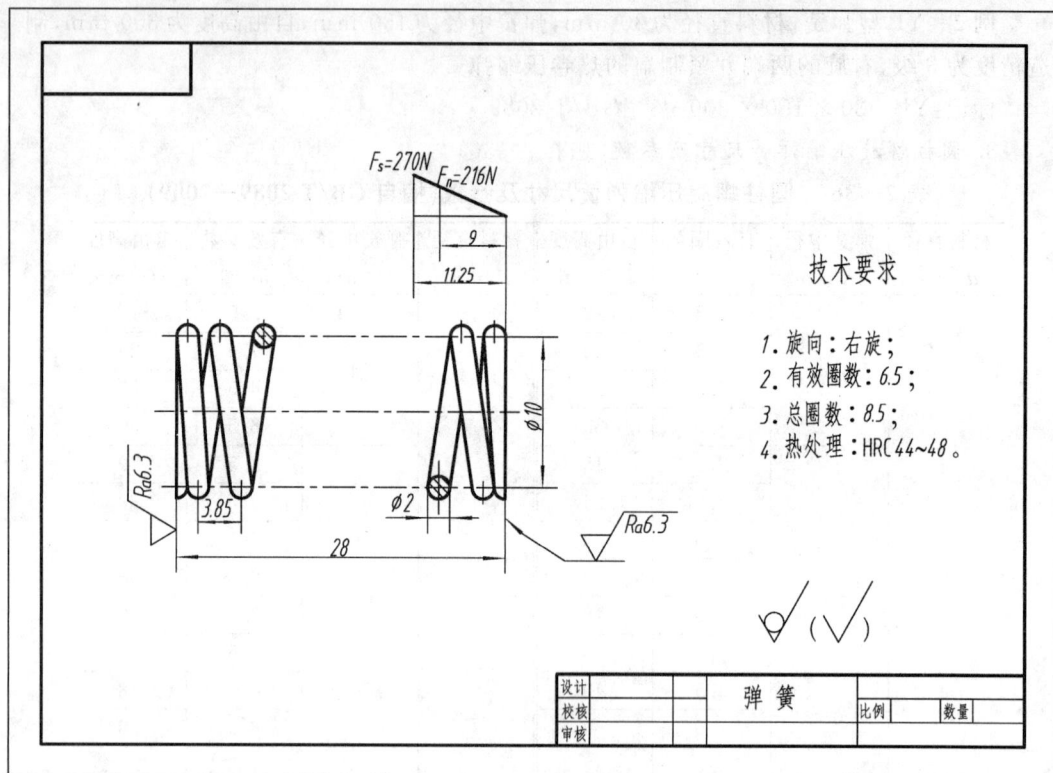

图 2 – 74　圆柱螺旋压缩弹簧零件图示例

本 章 小 结

　　本章主要介绍机械图样中几种标准件与常用件的基本概念、结构特点、标注方式及其画法。

　　1.螺纹:螺纹是使用最广泛的连接结构。本章首先介绍了螺纹的概念及其五个基本要素的相关知识,螺纹的分类和查表方法。其次介绍了单个螺纹(外螺纹和内螺纹)的画法,以及螺纹旋合的规定画法。最后介绍了几种常见螺纹类型的规定标记书写格式,以及规定标记在对应视图上的标注方法。

　　螺纹紧固件部分,介绍了几种典型螺纹紧固件的视图画法、规定标记的格式以及查表方法。要求掌握螺纹不通孔的规定画法、查表方法、尺寸计算及标注方法。另外,介绍了几种典型螺纹紧固件的装配画法以及公称长度的计算方法。

2.键、销:键连接轴和轴上的零件,使之同步转动。该部分介绍了几种键连接的原理和概念,要求掌握普通平键、半圆键、楔键及花键的形式、画法与标注方法,以及轴和毂零件上键槽的画法及查表方法。此外,还介绍了键连接的装配画法。

销通常用于零件间的连接或定位。销连接部分,介绍了三种销的基本知识,包括其零件画法、查表方法、规定标记的写法,以及装配画法。

3.齿轮:本章介绍了圆柱齿轮、圆锥齿轮和蜗杆、蜗轮,重点需要掌握直齿圆柱齿轮的相关内容,包括标准直齿圆柱齿轮的参数计算方法以及国家标准对齿轮轮齿部分的规定画法。齿顶圆、齿根圆和分度圆是反映轮齿结构的主要规定内容,应明确它们在零件图和装配图中的绘制方法,特别要注意区分粗实线、细点画线、细实线、细虚线在轮齿啮合区的含义。

4.滚动轴承、弹簧:滚动轴承和弹簧多为标准件。滚动轴承种类很多,一般都是由外圈、内圈、滚动体和隔离架组成,应明确滚动轴承代号各部分的含义,标准的滚动轴承不需要绘制零件图,在装配图中的画法国家标准有统一的规定,可根据需要选择通用画法、特征画法和规定画法。

弹簧的种类也很多,本章重点介绍了圆柱螺旋压缩弹簧的参数、标记及规定画法。弹簧的画法仅起一个统一符号的作用,具体的参数可根据弹簧标记查阅 GB/T 2089—2009 或弹簧零件工作图。

思　考　题

1.螺纹连接和紧固的原理是什么? 内、外螺纹旋合要满足什么条件?

2.螺纹收尾是如何形成的?

3.管螺纹的尺寸代号含义是什么? 其规定标记如何在视图上标注?

4.双头螺柱的 b_m 端长度如何确定? 为什么?

5.几种键连接各自有何特点?

6.绘制标准直齿圆柱齿轮需要哪几个参数? 如何计算?

7.两个直齿圆柱齿轮正确啮合的条件是什么? 国家标准对啮合区的画法有什么规定?

8.滚动轴承代号各部分的含义是什么?

9.圆柱螺旋压缩弹簧标记各部分的含义是什么?

10.为什么要对广泛使用的螺纹紧固件、键、销、滚动轴承、弹簧实行标准化?

第3章 零 件 图

本 章 导 学

任何一台机器或一个部件都是由一定数量、相互联系的零件按照一定的装配关系和要求装配而成的。由于零件的结构形状是复杂、多样的,因此习惯上根据零件在机器或部件中的作用,将零件分为三种类型。

1. 一般零件

一般零件如轴套类、盘盖类、叉架类和箱体类等,它们的结构形状、大小常根据其在机器或部件中的作用,按照机器或部件的性能和结构要求,以及零件制造的工艺要求进行设计,所以一般零件都要画出相应的零件图。

2. 传动零件

传动零件如齿轮、蜗轮和蜗杆等,它们在机器或部件中是起传递动力和改变运动方向的作用,其结构要素(如齿轮上的轮齿,带轮上的 V 形槽等)大多已经标准化,并且在国家标准中有其相应的规定画法。因此,在表达这类零件时,要按照规定画法画出它们的零件图。

3. 标准件

标准件如紧固件(螺钉、螺栓、螺柱、螺母、垫圈)、键、销、滚动轴承、油杯和螺塞等,它们在机器或部件中主要起零件间的连接(联结)、支撑和密封等作用。对于标准件通常不必画出零件图,只要标注出它们的规定标记,按规定标记查阅有关的标准,便能得到相应零件的全部尺寸和相关技术要求等。

表达零件的结构形状、尺寸及技术要求的图样称为零件图。零件图是制造和检验零件的技术文件。本章介绍零件图的作用和内容,讲解零件图选择的基本要求和绘制零件图的步骤,介绍局部放大图的画法和制图规定的简化画法。

3.1 零件图的内容

表示零件结构、大小及技术要求的图样称为零件图。如图 3-1 所示为轴承底座零件图,如图 3-2 所示为传动轴零件图,从图中可以看出,一张完整的零件图一般应包括以下几项基本内容。

1. 一组视图

根据相关标准,用视图、剖视图、断面图以及其他规定画法,正确、完整、清晰地表达零件各部分的结构和形状。

2. 完整的尺寸

零件图中必须标注能够完整、正确、清晰、合理地表达零件制造和检验时所需要的全部尺寸。

3. 技术要求

在零件图中,常用规定的符号或汉字来说明零件在制造、检验或装配过程中应达到的各项要求。例如,用规定的符号标注出在视图上的表面结构、尺寸公差和几何公差等要求;用汉字说明视图上无法表达清楚或尚未表达清楚的各种要求(热处理、表面处理等)。

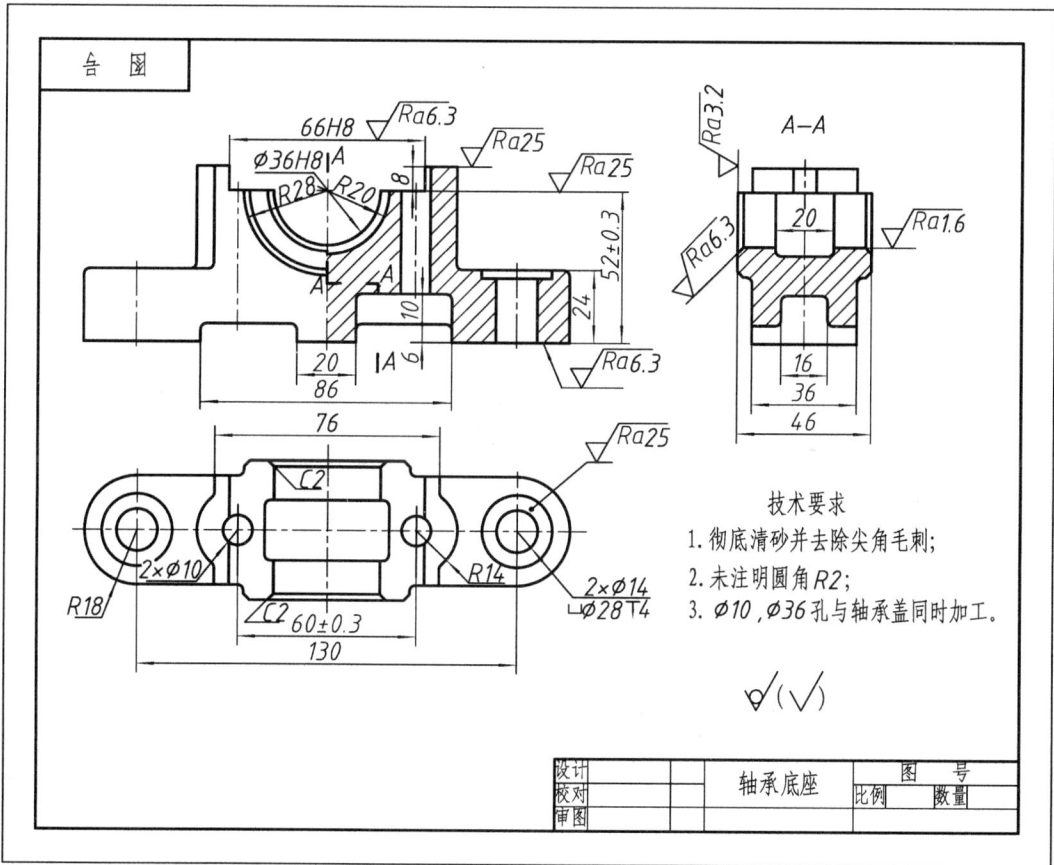

图 3-1　轴承底座零件图

4. 标题栏、号签

标题栏一般配置在图框的右下角,由更改区、签字区、其他区、名称及代号区组成,也可按实际需要增加或减少。标题栏内一般填写零件名称、材料、件数、比例、图号以及单位名称,设计者、制图人和审核人的签名和日期等内容。在图纸的左上角应有长 40 mm,高 15 mm 的号签,号签中填写与标题栏中相同的图号,但注写方向相反(由于标题栏中的内容较多,本书采用简易的标题栏形式)。

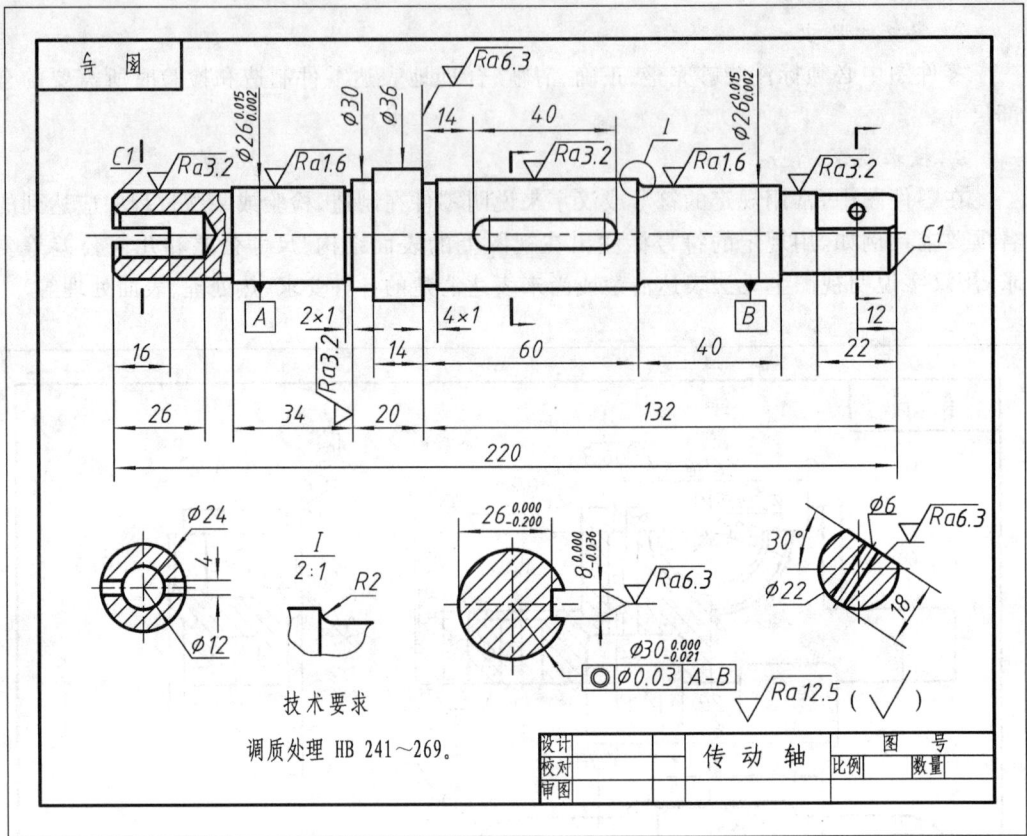

图 3-2 传动轴零件图

3.2 零件的视图选择

在零件图中,不但要将零件的内外结构形状正确地用一组视图完整、清晰地表达清楚,还要考虑读图和画图的方便。做到这些的关键在于详细分析零件的结构特点,选择好主视图的投射方向,并选用恰当的表达方法,力求详细、准确、精练地画出零件图。

3.2.1 主视图的选择

主视图是零件图的核心,主视图的选择是否合理,直接影响着其他视图的数量和配置关系。因此,选择主视图时,应认真分析,仔细比较,这对画图和读图都是十分重要的。一般应满足以下两个要求。

1. 主视方向

为了使主视图能明显地反映零件的主要形状和结构特征,以及各组成部分的相对位置关系,应选择适当的主视方向。如图 3-3 所示的叉架,能够反映叉架主要形体特征的只有 A 向,而 B 向和 C 向的形体特征不明显或不足,所以 A 向相对 B 向和 C 向较为合理。另外,为了能够把叉架中各部分宽度方向的相互位置关系也能表达清楚,又增加了局部视图和局部剖视图,如图 3 - 4 所示。

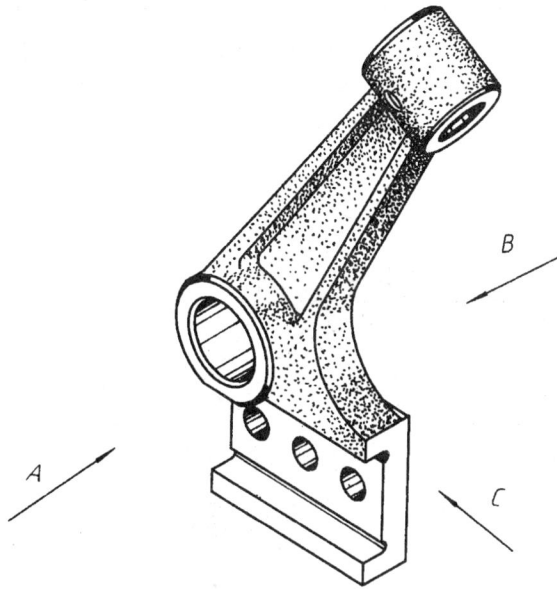

图 3 - 3　叉架的轴测图

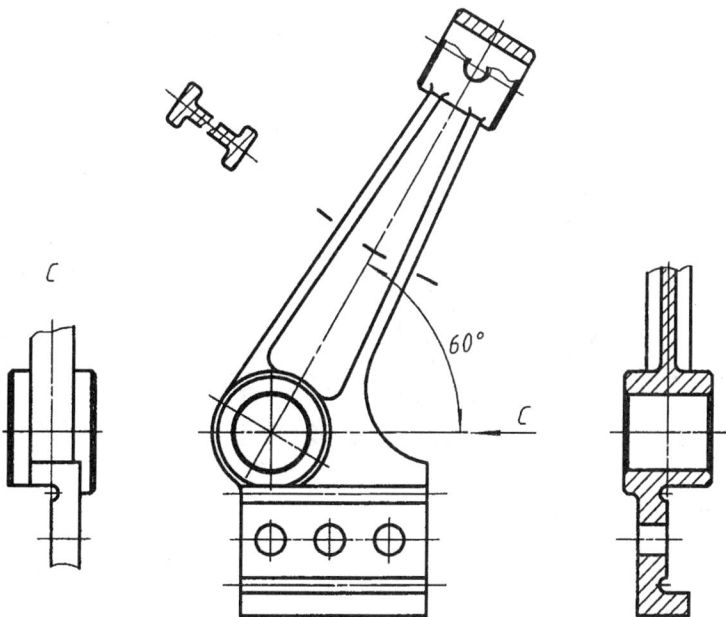

图 3 - 4　叉架的视图选择

2. 安放位置

为了便于零件的加工、装配和检验,画图时应尽量选择零件的主要加工位置和工作(安装)位置。

（1）工作位置：零件中的叉架、箱体类零件往往需要在各种不同的机床上加工，且加工面多，加工时的装夹位置又各不相同，所以，常选择零件在部件中工作时的位置绘制主视图，便于检验、装配和读图。如图 3-5 所示的轴承底座，它是以底面固定在水平安装面上的，以便支撑其他零件进行工作。若按其工作位置选择主视图有 A 向和 C 向，但 A 向更为理想，因为 A 向既能保证工作位置，又能反映其主要形体特征。为了能反映内部各形状位置关系，可以将 C 向按剖视图处理作为补充（图 3-6）。

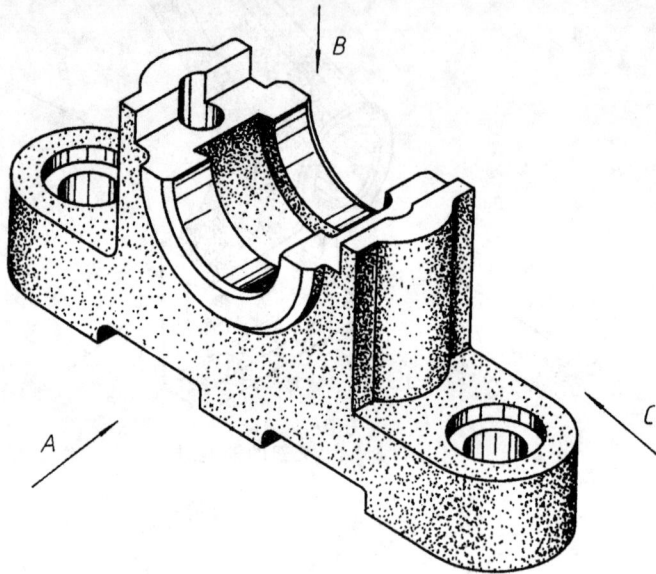

图 3-5　轴承底座的轴测图

图 3-6　轴承底座的视图分析

（2）加工位置：零件在机械加工时的主要加工工序的装夹位置。轴、套筒、盘盖类等零件主要加工工序是在车床上完成的，装夹时零件轴线水平放置。这类零件一般选择其加工位置绘制主视图，便于加工时看图与操作，提高生产效率。如图 3-7 所示齿轮轴，A向和 B 向虽然其轴线都是水平放置，且都能反映出轴上的轴肩、退刀槽和倒角等结构，但B 向能更明显地反映出键槽的形状特征，所以 B 向是表达主视图的最佳方案。同时，为了

能把键槽的深度表达出来,选用断面图作
为补充,如图 3-8 所示。

　　综上所述,主视图选择的原则是首先
考虑能反映零件的形状特征。其次是在满
足形状特征的前提下,考虑零件的安放位
置,即零件的工作位置和加工位置。如果
零件的工作位置和加工位置能够统一更好
(图 3-8);如若不能将二者统一,则应根
据零件的具体情况,按工作位置或加工位
置来画主视图(图 3-4 和图 3-6)。最后
还要考虑其他视图的合理布置,充分利用图幅。

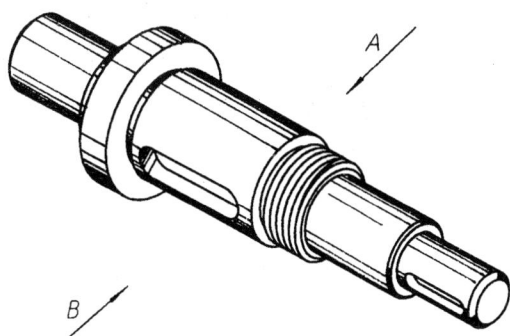

图 3-7 齿轮轴的轴测图

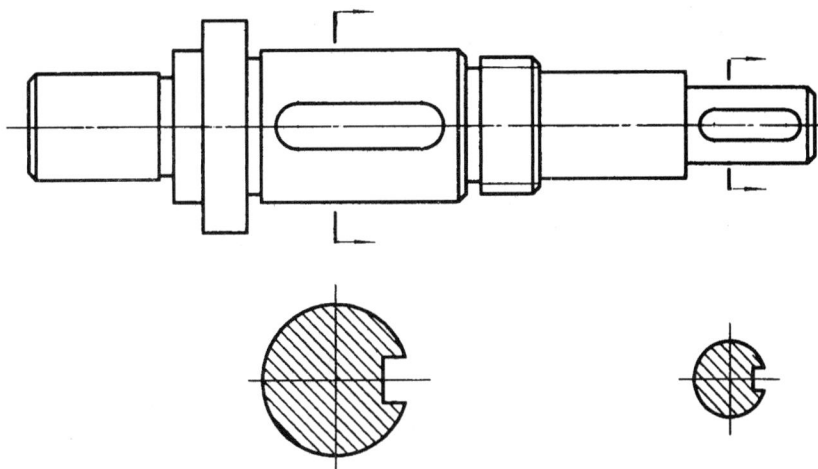

图 3-8 齿轮轴的视图选择

3.2.2 其他视图的选择

1.根据主视图确定其他视图
　　零件的主视图确定后,其他视图的选择应根据零件内、外部的结构形状及相对位置的
表达情况确定。一般应遵循的原则
是,在能够清楚表达零件的结构形
状和便于看图的情况下,选择使用
视图量最少,各视图表达重点明确、
位置配置合理、简明清晰易懂。

　　如图 3-9 所示的传动轴,其左
端有开槽和轴向孔,中部有键槽、退
刀槽,右端有被铣去的平面及径向
孔。根据轴套类零件的特点,一般选
择其轴线水平放置(考虑加工位置为

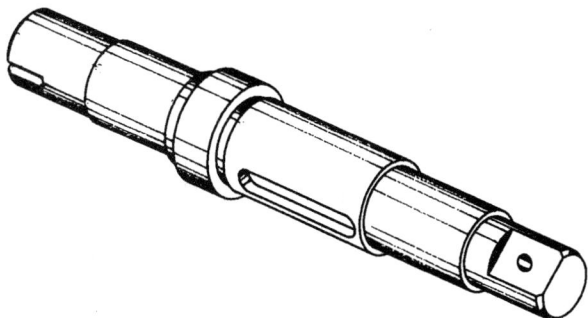

图 3-9 传动轴的轴测图

主)方向作为主视图,并利用断面图和局部放大图的方法将其细部结构表达清楚(图 3 - 10)。

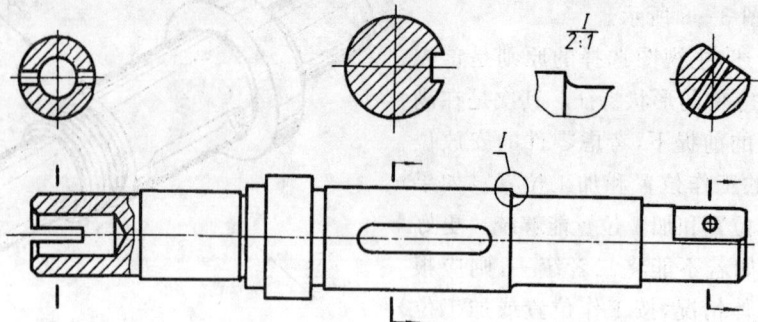

图 3 - 10　传动轴的视图选择

　　2. 检查完善所选视图

　　根据零件的内、外结构,形状特点,检查视图是否把零件每一部分的形状、结构和相对位置关系都已表达清楚,视图之间的位置配置关系是否明确、合理,然后对每个视图进行分析、比较、调整和修改。

　　3. 视图方案的确定

　　不同的零件具有不同的结构形状和功用,应根据零件的具体情况,通过对零件进行结构分析和形体分析,将表达方案进行多方面比较,力求正确合理,简练易懂,选择出最佳表达方案。

3.3　绘制零件图的步骤

　　现以轴承底座(图 3-5)为例来说明绘制零件图的一般步骤[图 3 - 11(a)~(d)]。

　　(1) 确定视图表达方案:首先应根据零件的用途、结构特点和加工方法等因素,对零件进行结构、形体分析。再依据投射方向,选取主视图和其他视图,择优确定视图表达方案(图 3 - 6)。

　　(2) 选择图幅、比例:在确定了视图表达方案之后,选择图幅,再依据零件视图数目和实物大小来确定适当的比例,画出相应的图框线和标题栏。

　　(3) 绘制基准线:依据已确定的视图表达方案和比例,合理布置各视图的相应位置(要考虑视图在图幅内与图框线间应留有一定的间隙,以及各视图之间要留有充分的标注尺寸的空间),画出各视图的主要中心线、轴线、基准线。

　　(4) 绘制视图:在已绘制出各视图的基准线、中心线、轴线的基础上,按视图表达方案先由主视图开始绘制,并根据各视图之间的投影关系,画出其他视图的主要轮廓线。

　　(5) 绘制细节:画出各视图上螺钉孔、销孔、倒角、圆角和剖面线等细节部分。

　　(6) 标注尺寸、公差和表面结构。

　　(7) 填写技术要求和标题栏。

　　(8) 检查、完成:检查各视图的画法是否准确反映零件的结构、形体,以及尺寸标注是否完全、合理。没有错误之后,加深完成全图。

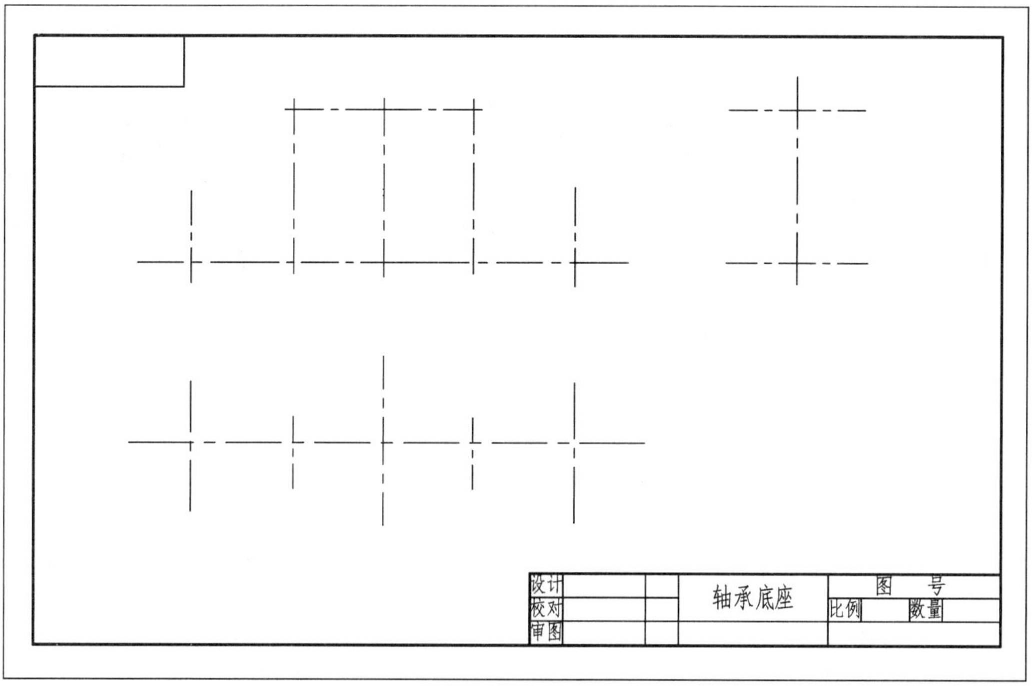

(a)

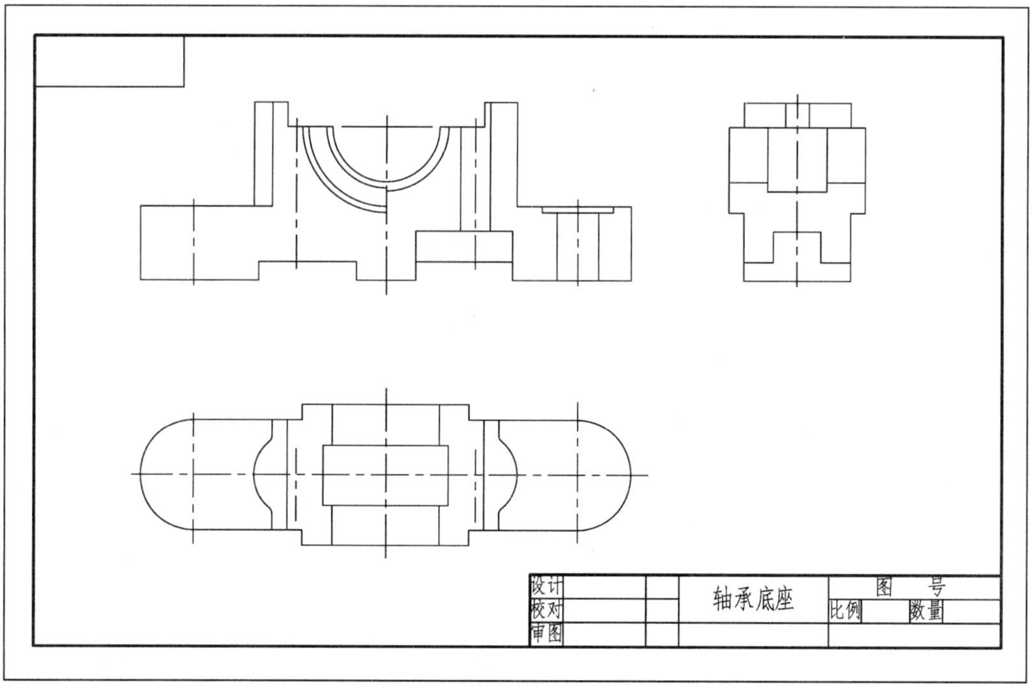

设计			轴承底座	图 号	
校对					
审图				比例	数量

(b)

设计			轴承底座	图 号	
校对					
审图				比例	数量

图 3-11 轴承底座的绘制步骤

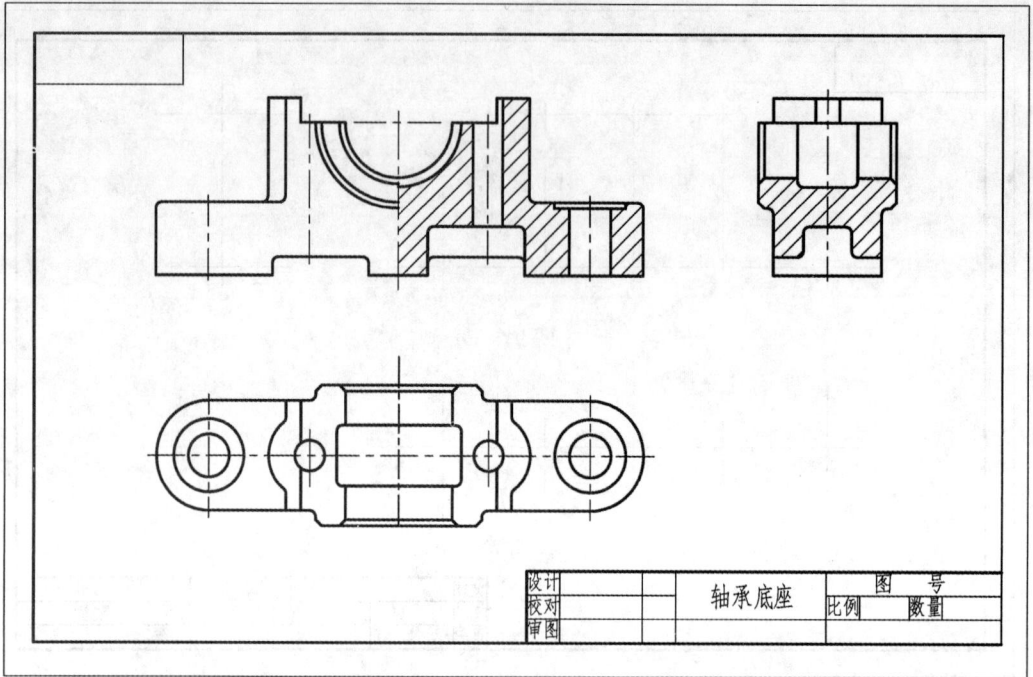

(c)

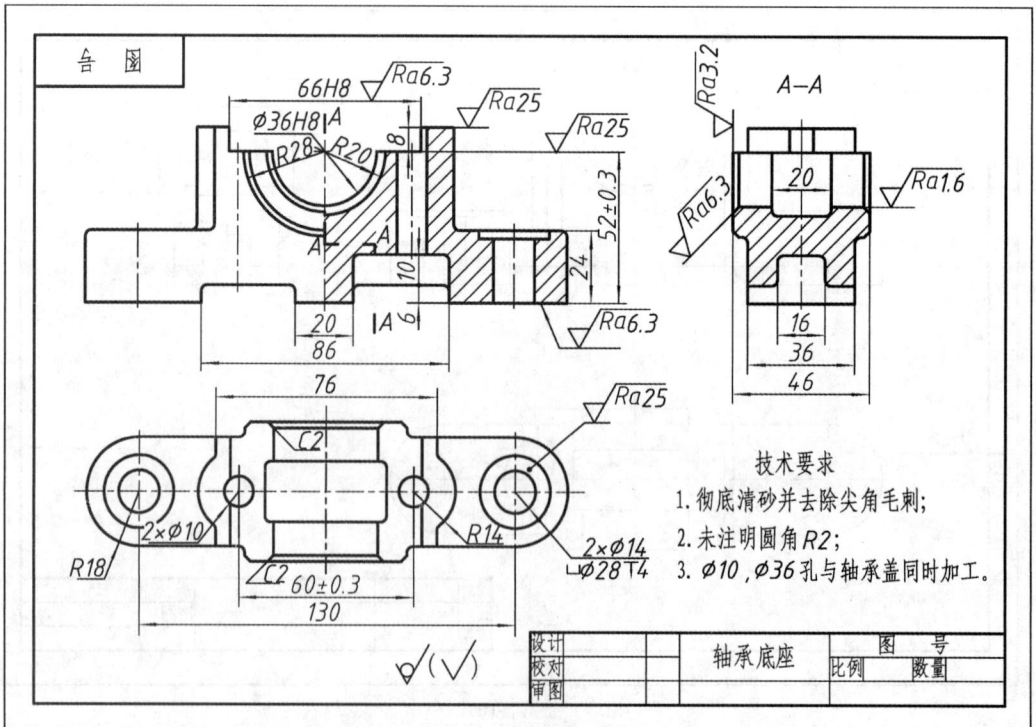

(d)

续图 3-11　轴承底座的绘制步骤

3.4 局部放大图和简化画法

3.4.1 局部放大图

1. 概念

如果机件上某些细小结构在视图中表达得还不够清楚或不便于标注尺寸时,可将这部分用大于原图形比例画出,这种图称为局部放大图,如图 3-12 所示。

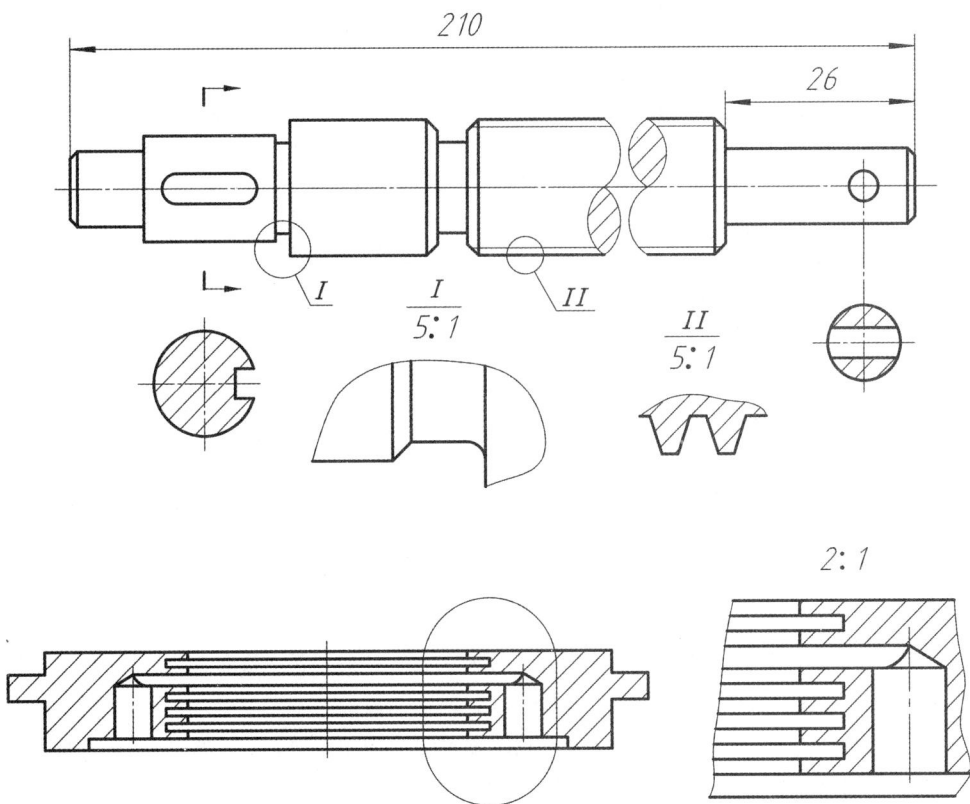

图 3-12 局部放大图

2. 标注

局部放大图必须标注,标注方法是在视图上画一细实线圆,标明放大部位,在放大图的上方注明所采用的比例,即图形大小与实物大小之比(与原图上的比例无关)。当放大图不止一个时,还要用罗马数字编号,并在局部放大图上方用分数形式标出相应的罗马数字和所采用的比例。

注意:局部放大图可画成视图、剖视图、断面图,它与被放大部位的表达方式无关。局部放大图应尽量配置在被放大部位的附近。

3.4.2　简化画法

简化画法是在不妨碍零件的形状和结构表达完整清晰的前提下,力求制图简便,便于读图和绘制。

1. 回转体上均匀分布肋板、轮辐等结构的画法

回转体上均匀分布的肋板、轮辐、孔等结构不处于剖切平面上时,可将这些结构假想旋转到剖切平面上画出,如图 3-13 所示。

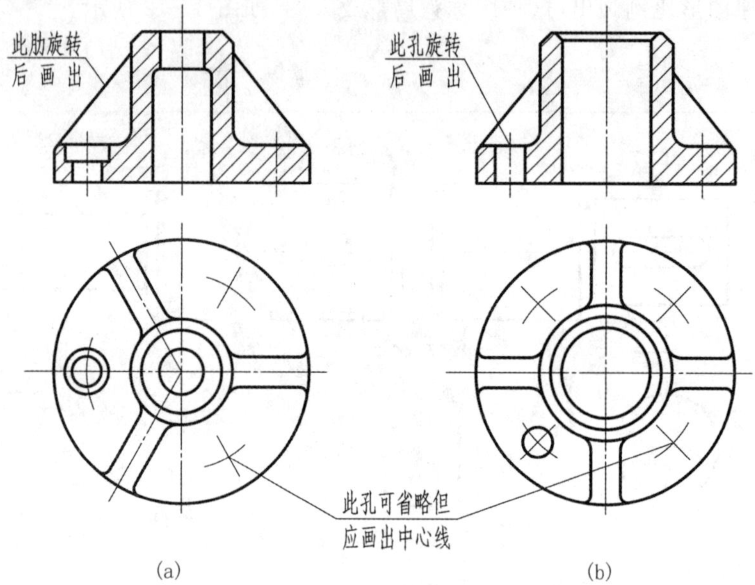

图 3-13　均匀分布的肋板、孔的剖切画法

2. 相同结构的简化画法

(1)当机件上具有若干相同结构(齿、槽等),并按一定规律分布时,只需画出几个完整结构,其余用细实线连接,并注明总数,如图 3-14 所示。

(2)当机件上具有若干相同结构孔(圆孔、螺纹孔、沉孔等),只需画出几个完整结构,其余用点画线标明中心位置,并注明总数,如图 3-15 所示。

3. 较长机件的折断画法

较长的机件(轴、杆、型材等),沿长度方向的形状一致或按一定规律变化时,可断开缩短绘制,但必须按原来实长标注尺寸,如图 3-16 所示。

4. 较小结构的简化画法

机件上较小的结构,如在一个图形中已表示清楚时,在其他图形中可以简化或省略,如图 3-17(a)的主视图和图 3-17(c)的主视图。

在不会引起误解时,图形中的相贯线允许简化,例如用圆弧或直线代替非圆曲线,如图 3-17(a)的俯视图和图 3-17(b)的主视图。

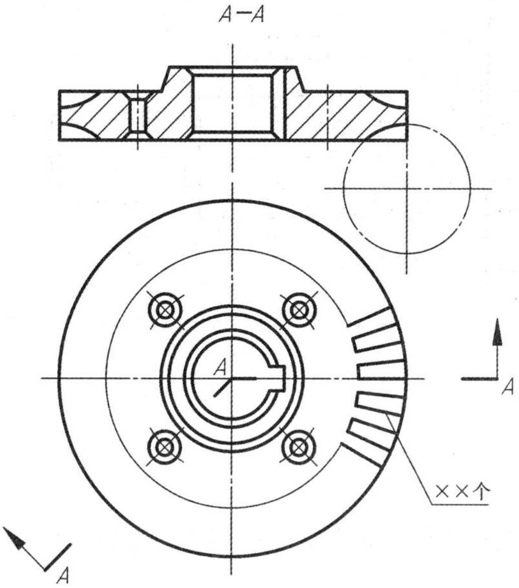

$A-A$

图 3-14　相同结构的简化画法(1)

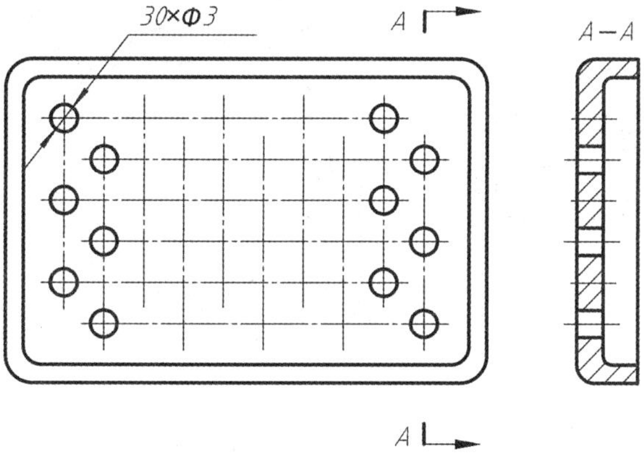

$30×Φ3$

$A-A$

图 3-15　相同结构的简化画法(2)

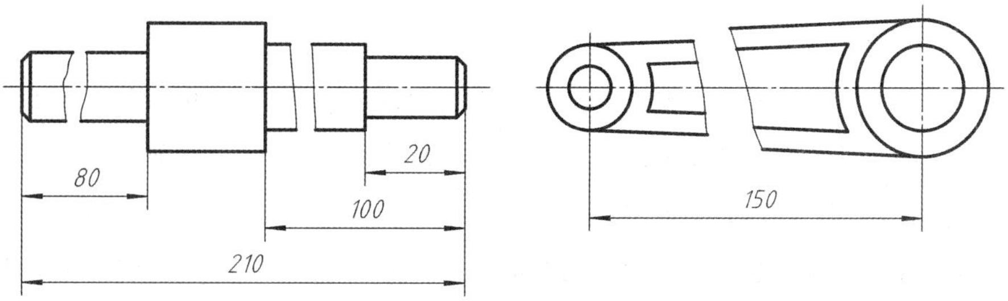

（a）

（b）

图 3-16　较长机件的折断画法

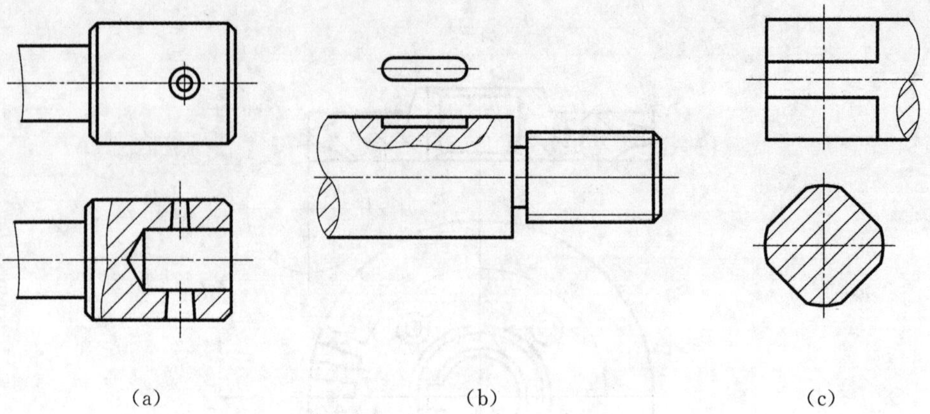

（a）　　　　　　　　　　　（b）　　　　　　　　　　　（c）

图 3-17　较小结构的简化画法

5. 某些结构的示意画法

（1）网状物、编织物或机件上的滚花部分，可在轮廓线附近用细实线示意画出，并标明其具体要求，如图 3-18 所示。

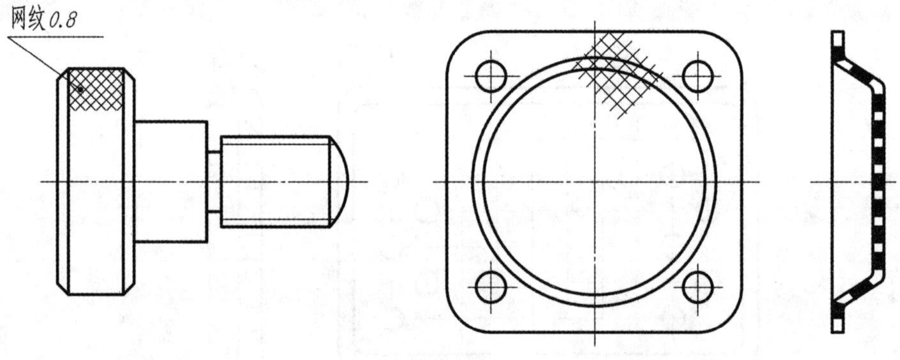

图 3-18　滚花、网状物表示法

（2）当图形不能充分表达平面时，可以用平面符号（相交细实线）表示，如图 3-19 所示。

6. 对称机件的简化画法

在不会引起误解时，对于对称机件的视图可以只画 1/2 或 1/4，并在对称中心线的两端画出对称符号，即两条与对称中心线垂直的平行细实线，如图 3-20 所示。

7. 允许省略剖面符号的移出断面

在不会引起误解时，零件图中的移出断面，允许省略剖面符号，但剖切位置和断面图的标注，必须按规定的方法标出，如图 3-21 所示。

8. 较小斜度的简化画法

零件上斜度不大的结构,如在一个图形中已表达清楚时,其他图形可按小端画出,如图 3 - 22 所示。

9. 零件上对称结构的局部视图

零件上对称结构可绘制成局部视图,如图 3 - 23 所示的键槽。

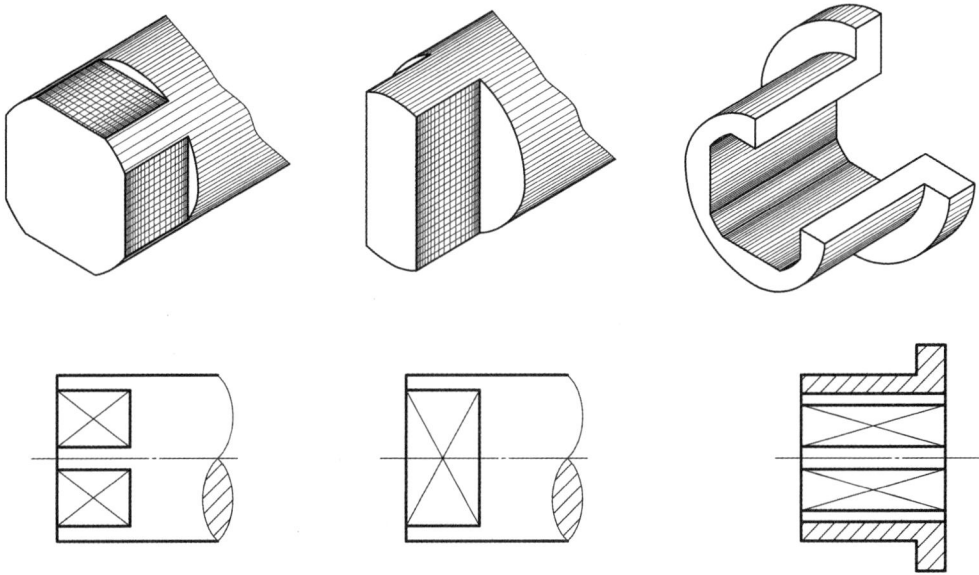

图 3 - 19　结构平面的表示法

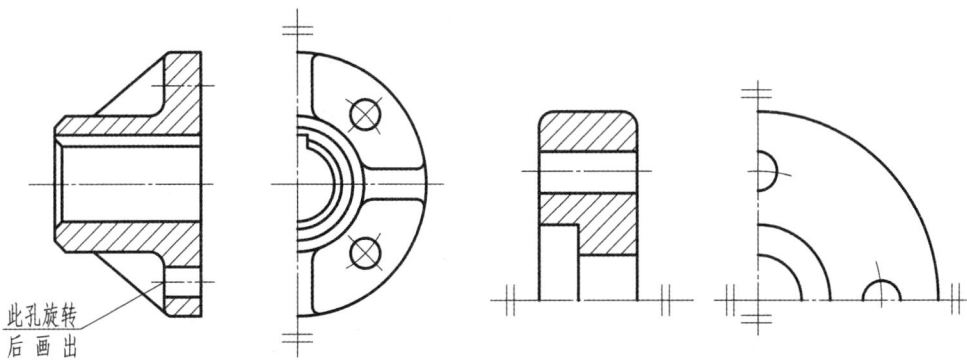

此孔旋转后画出

图 3 - 20　对称机件的简化画法

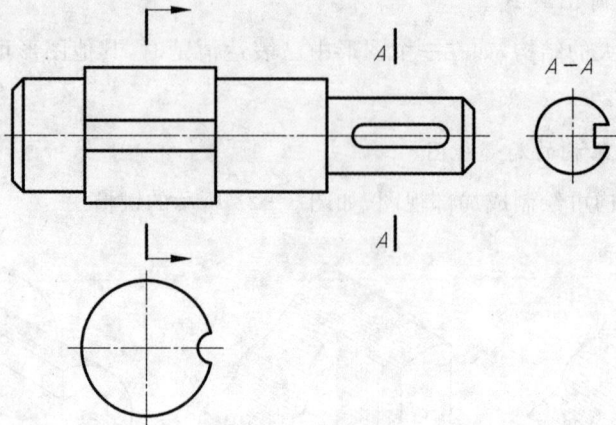

图 3 - 21　移出断面的简化画法

图 3 - 22　较小斜度的表示法

图 3 - 23　对称结构键槽的局部视图

本 章 小 结

阅读和绘制零件图是本课程重点内容之一。本章的重点内容如下：

1. 了解零件图的作用和内容。

2. 深入理解零件的主视图选择的两个基本要求。

3. 掌握选择零件其他视图方法。

4. 掌握绘制零件图的步骤。

5. 学会局部放大图和简化画法用于多种零件结构的表达方法。

思　考　题

1. 零件图的四项基本内容是什么?
2. 零件图主视图的选择需要满足哪两项要求?
3. 试述零件图的画图步骤。

第4章　零件图的尺寸标注

本章导学

　　零件的一组视图只能表达零件的结构形状,而零件的真实大小及零件各部分结构的相对位置,是通过零件的尺寸标注来确定的。如果尺寸标注不完整,则无法实现加工;尺寸标注不清晰、不合理或错误,将会导致制造时产生废品,给生产和检验过程造成困难。显然,尺寸是加工、制造和检验零件的重要依据,是一项十分重要的工作。因此,必须以高度的责任心,认真、细致地对待尺寸标注,做到完整、清晰、合理地标注零件图上的尺寸。

　　本章介绍在正确标注尺寸的基础上,考虑设计和加工工艺的要求,合理选择尺寸基准,掌握完整、清晰、合理的标注尺寸的方法。

4.1　尺寸标注的完整与清晰

4.1.1　尺寸标注的完整

　　要把零件图中的尺寸标注完整,首先应该对零件采用形体分析法,确定其各组成部分的形体及其相对位置关系,然后把尺寸标注在视图相应的位置上,即做到各组成部分的形体尺寸及相对位置关系尺寸的完整,零件整体尺寸的完整。

4.1.2　尺寸标注的清晰

　　在标注尺寸时,不但要做到尺寸标注的完整,还应使尺寸布置恰当,图面清晰,便于读图,所以应对标注的尺寸进行适当调整,使尺寸布置整齐、有序。尺寸标注应当注意以下几点。

1. 内外分注

　　内外分注,就是将零件的内部结构尺寸和外部形体尺寸尽量分别标注在视图的两侧,并且尽量使同一方向连续的几个尺寸放在一条线上,从而使尺寸标注较为整齐、清晰。

　　如图 4-1 所示,零件的轴向尺寸中,凡属于外部形体的尺寸均布置在视图的下方,而属于内部形体的尺寸布置在视图的上方;零件的径向尺寸,由于零件的结构特点所致,其内、外直径尺寸就近向两端标注。值得注意的是,过分强调将内、外径尺寸分别向两端标注,将会使尺寸界线与图形线过多交错,所以将 $\phi24$ 调整到右侧标注更为适宜。

图 4-1　尺寸的内外分注

2. 集中与分散

为了便于加工、检验时查找尺寸,应将零件上同一形体的尺寸尽量集中标注在表达该形体特征最明显的视图上。但有时尺寸过于集中,会影响图面的清晰,这时应视具体情况把不同形体的尺寸适当分散标注,使集中标注与分散标注相结合。

如图 4-2 所示,图中的 $2 \times \phi 8$ 与 24,18 集中在一个视图上标注,既清晰,又便于查找与 $2 \times \phi 8$ 有关联的定位尺寸 24 和 18。同理,T 形槽的尺寸集中在俯视图上;板的厚度 12 和 8 则放在左视图中标注;总体尺寸的长、宽、高(48,32,28)放在主、俯视图标注。

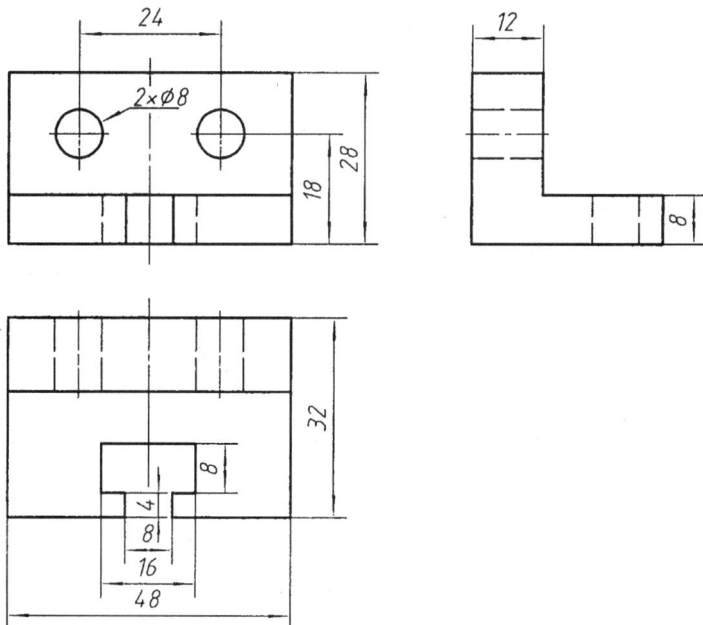

图 4-2　尺寸标注的集中与分散

3. 避免尺寸相交

在标注尺寸的过程中,应当注意尽量避免尺寸线与尺寸线、尺寸线或尺寸界线与图形轮廓线相交。通常将同一方向相互平行的尺寸,按大小排序,把小尺寸标注在靠近图形的位置,大尺寸放在小尺寸之外,并使尺寸线之间的间距适当。如图 4-3 所示轴承端盖的尺寸标注,其中 φ46 标注在右边的内侧,φ64 标注在右边的外侧,φ52 标注在二者之间,且尺寸线彼此之间间隔一致;其他方向的尺寸标注方法相同,而形体内部过小的尺寸 8 和 R4 可就近标注,以避免与形体线过多相交。又如图 4-4 所示,其中图 4-4(a)中的尺寸线相交较少,清晰合理;图 4-4(b)中的尺寸线相交过多,不合理。

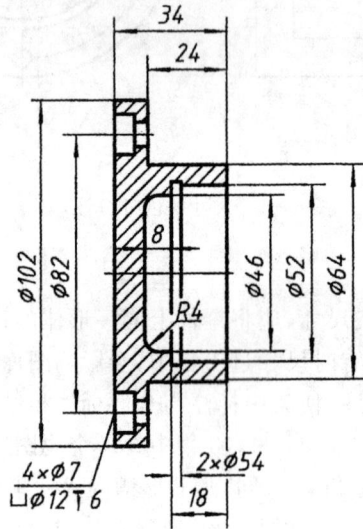

图 4-3　尺寸标注示例

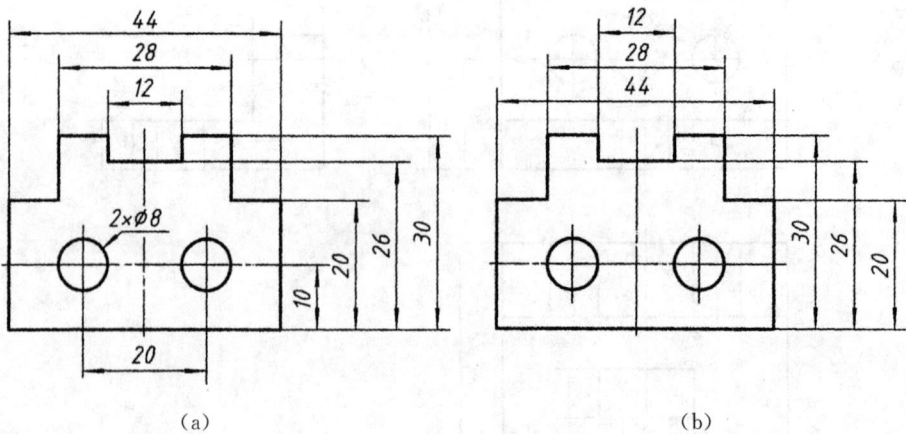

(a)　　　　　　　　　　　　　　　　　(b)

图 4-4　尺寸标注避免尺寸线相交
(a) 合理；　(b) 不合理

以上三点注意事项主要是为了正确处理尺寸和图形的相互关系,确保尺寸标注的清晰。通过前面的四个例子可以看出,尺寸和图形是互相依赖和互相补充的,在实际标注尺寸的时候,有时会经常出现不能兼顾以上各项要求的情况。因此,必须在保证尺寸完整、清晰的前提下,根据具体情况,合理布置。例如,如图 4 - 5 所示,同心圆的尺寸最好标注在非圆的视图上(如 $\phi16,\phi24$ 及 $\phi7,\phi14$),但是 $\phi32$ 在主视图是无法标注的,可将其标注在俯视图上。另外,为了控制水平空心圆柱 $\phi14$ 的前后位置,将其定位尺寸 17 标注在俯视图上,与 $\phi14$ 和 $\phi7$ 更能体现相关尺寸的集中。肋板的定位尺寸 44 和其厚度尺寸 4 集中标注在俯视图上更为适宜。

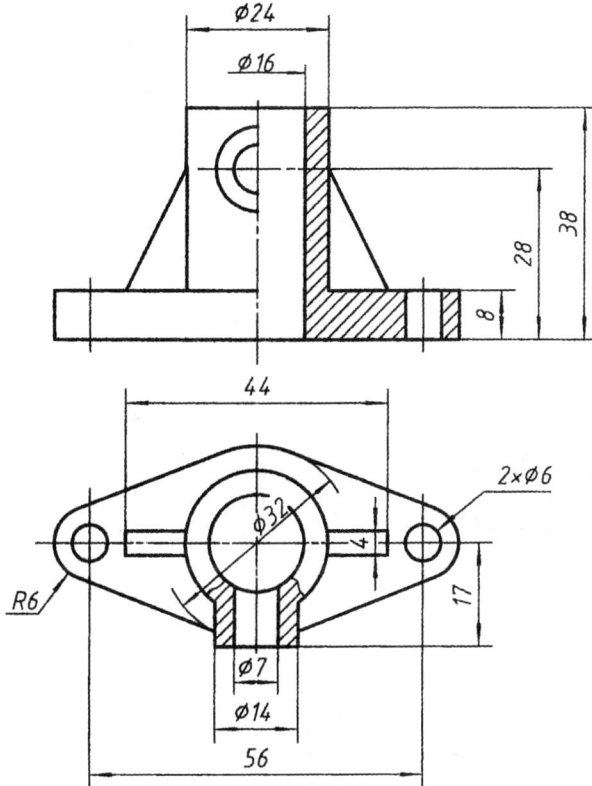

图 4 - 5　合理标注尺寸示例

4.2　尺寸基准的选择

在零件图的尺寸标注过程中,除了要保证尺寸标注的完整、清晰之外,还要考虑在零件的加工制造过程中,应能使尺寸的测量和检验方便可行,而要满足这些要求,就必须正确地选择尺寸基准。所谓尺寸基准就是度量尺寸的起点。

1. 尺寸基准

通常把标注尺寸的起点称为尺寸基准。一般零件需要标注长、宽、高三个方向的尺寸,在每个方向上应各有一个主要尺寸基准,有时为了设计、加工、测量的方便,除了主要基准之外,还要附加一些辅助尺寸基准。主要基准和辅助基准之间应有直接的尺寸联系。

通常选取重要的点、线、面作为尺寸基准。常用的基准线有零件上回转面的轴线、中心线等;常用的基准面有零件的对称面、端面、结合面、重要支撑面和底板的安装面等。

2. 合理选择尺寸基准

通过对零件的作用、结构特点和装配关系以及零件的加工、测量方法等诸方面情况进行具体分析,才能合理选择尺寸基准。也就是说,对零件结构的设计要求和零件的加工工艺要求都要统筹考虑。通常将尺寸基准分为设计基准和工艺基准两类。

(1) 设计基准:根据零件的结构特点和设计要求所选定的基准为设计基准。目的是反映对零件的设计要求,保证零件在机器中的工作性能。

(2) 工艺基准:零件在加工时,用来确定机床装卡位置的基准(定位基准)和测量零件尺寸时所用的基准(测量基准)。目的是反映对零件的工艺要求,便于零件的加工、制造、测量和检验。

如图 4-6(a)所示,由于从设计要求方面考虑各段的圆柱要保证在同一条轴线上,使齿轮轴转动平稳,选择了轴线为设计基准。又由于在加工此轴时,其两端是用顶尖支撑的,所以轴线也是工艺基准。另外,为了保证齿轮的正确啮合和轴向定位准确,在轴向方向上选择了右轴肩作为轴向尺寸的主要设计基准。考虑测量方便,选择齿轮轴的左端面为测量基准,如图 4-6(b)所示。

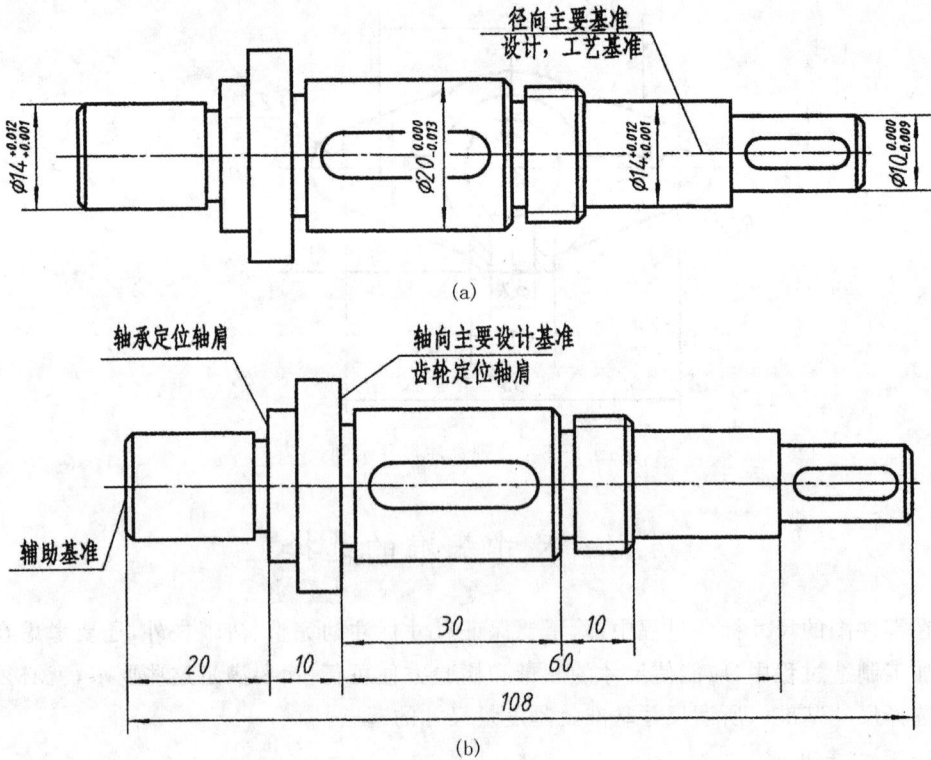

(a)

(b)

图 4-6　基准分析

如图 4-7 所示,考虑轴承孔的高度要保证,以及轴承支座的安装,其高度方向以安装底板的底面为设计基准;长度方向以其对称面的轴线为基准,目的是保证底板面上 4×φ6

的四个孔的相对位置,以及对轴承孔的对称关系;宽度方向以其底板的后端部为基准,用以确定 $4×φ6$ 孔的宽度位置及轴承孔和肋板的位置。

合理选择尺寸基准是标注尺寸时应首要考虑的重要问题之一。一般在选择基准时最好把设计基准和工艺基准统一起来,这是最理想的尺寸基准[图 4-6(a)]中的径向设计基准与工艺基准同为轴线)。但是,在实际的设计和制造过程中,是很难将二者统一的。所以,一般从设计基准出发标注出主要尺寸,以保证设计要求;而将其他尺寸从工艺基准出发,以方便加工和测量(图 4-7)。

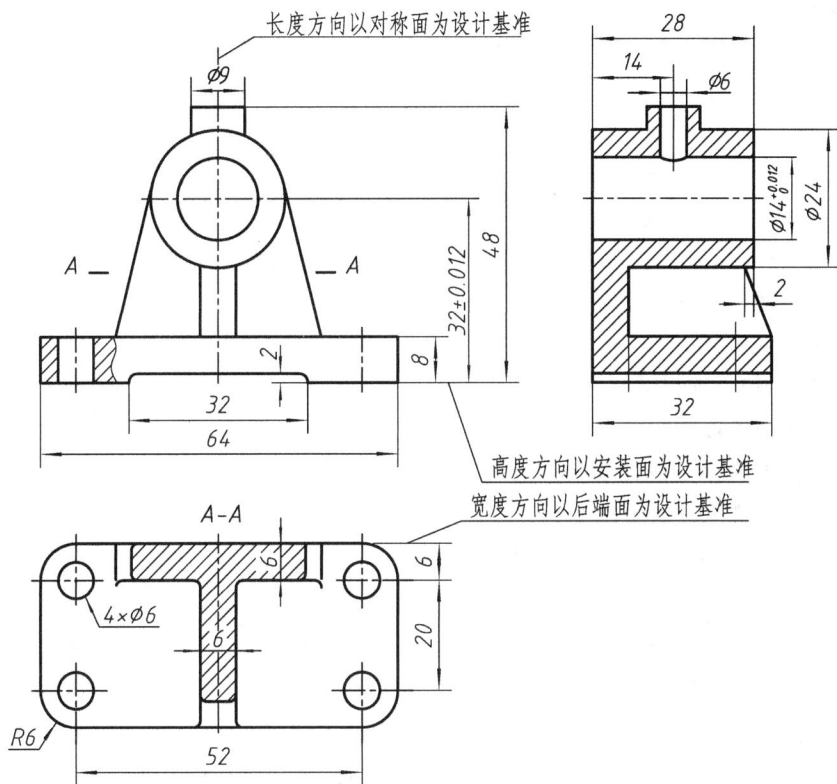

图 4-7　基准选择

应该指出,在机器的结构要求及装配要求决定之后,零件的设计基准是比较容易确定的。而零件的工艺基准则应视工艺流程不同而有所不同。在生产实践中,需要以设计基准出发标注的主要尺寸的数量是不多的,大多数尺寸都是从工艺基准的角度来进行标注的。

4.3　尺寸的合理标注

要在零件图上合理标注零件的尺寸,除了要满足尺寸完整,注写清晰,以及考虑零件的设计要求和工艺要求之外,还应正确选择标注尺寸的形式,并注意下面几个问题。

1. 主要尺寸

保证零件在机器中的正确位置和装配精度的尺寸属于主要尺寸。由于这类尺寸将直接影响机器的工作性能,一般在标注主要尺寸时应直接注出,并在尺寸数字之后注出极限偏差值,以保证尺寸精度要求。

在零件中常见的主要尺寸有:齿轮轴的中心距尺寸,轴与孔之间的配合尺寸等,如图 4-6(a)中齿轮轴上与轴承配合的轴段 $\phi14$,安装齿轮的轴段 $\phi20$ 等,图 4-7 轴承支座中轴承孔径 $\phi14$,轴承孔的中心对底板的高度 32。

2. 避免尺寸封闭

在零件图中,按同一方向依次连接起来排成的尺寸标注形式称为尺寸链。而在一个尺寸链中,总是有一个尺寸是在加工到最后自然得到的,这个尺寸称为封闭环。尺寸链中的其他尺寸称为组成环。如果在同一个尺寸链中所有的环都注了尺寸,则会形成一个封闭尺寸链,这种标注形式不能保证主要尺寸的精度要求。因此,在实际标注尺寸时应留有一个不影响工作性能和要求的尺寸段作为封闭环,使零件在加工时产生的误差集中到该环上。一般正确的标注方法是:将尺寸链中不重要的尺寸段作为封闭环,并且不注出该封闭环的尺寸,这样就保证了主要尺寸的精度要求。

如图 4-8(a)所示,若 A,B 和 C 作为组成环,且它们的误差分别是 $\Delta A,\Delta B$ 和 ΔC,则加工后最后得到的总体尺寸 L 称为封闭环,其中误差 $\Delta L=\Delta A+\Delta B+\Delta C$(即各组成环的误差总和)。从中可以看出,封闭环的误差将随着组成环的增多而加大,这种封闭环的累积误差过大,将不能满足设计要求。因此,通常将尺寸链中不重要的尺寸作为封闭环,如图 4-8(b)所示。

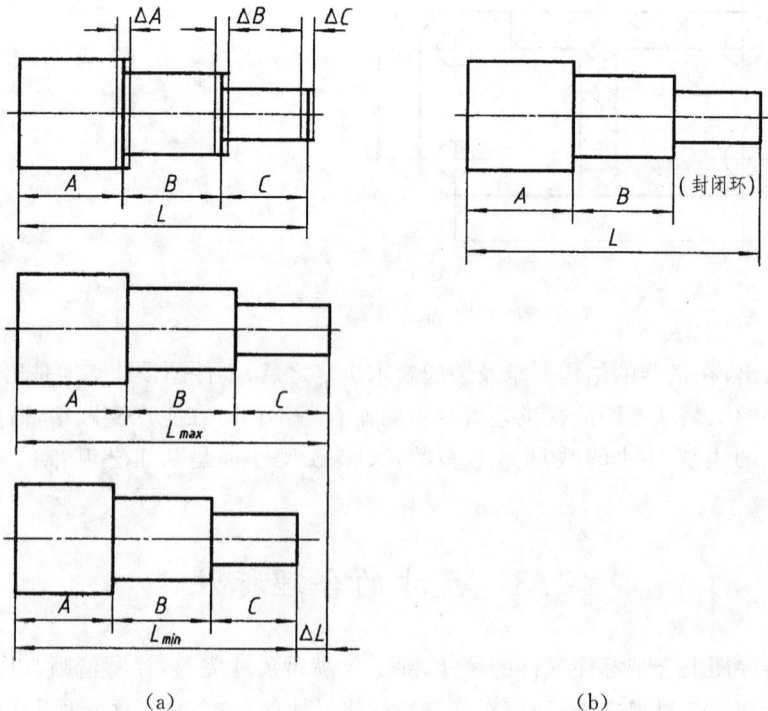

（a）　　　　　　　　　　　　　　　　　（b）

图 4-8　避免尺寸封闭的分析

3. 符合加工顺序

零件上同一方向各表面的加工是有一定的先后顺序的,在标注尺寸时应尽量与加工顺序一致,便于加工和测量。

如图 4-9 所示,其中⑤是按①,②,③,④的加工顺序而标注的尺寸,而⑥是没有按其加工顺序标注的。又如图 4-10 所示齿轮轴的加工过程,其标注形式如图 4-11 所示。

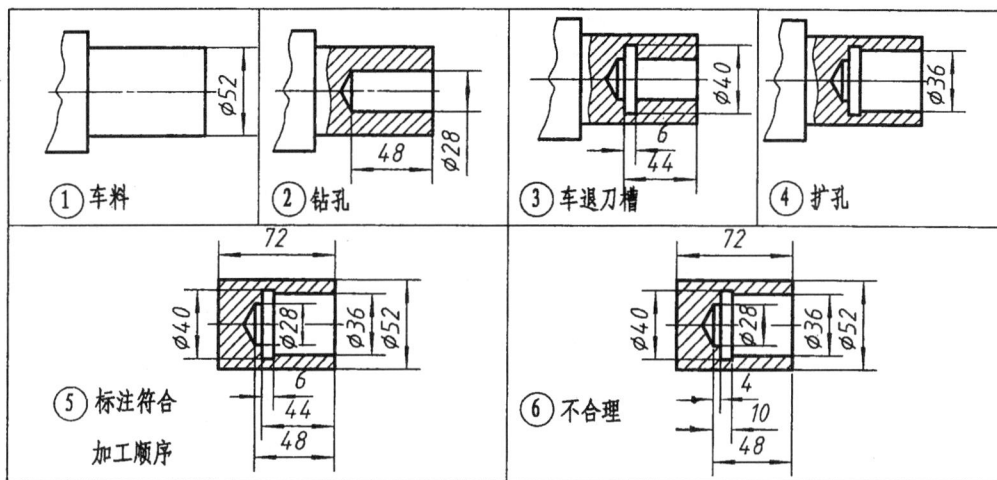

图 4-9　符合加工顺序的标注

图 4-10　齿轮轴的加工过程

图 4-11　齿轮轴零件图

4. 考虑测量方便

标注尺寸时,应考虑零件在实际制造、检验时的测量方便和可行性,尽量做到使用通用量具就可进行直接测量,以减少使用专用测量工具,如图 4-12~图 4-14 所示。

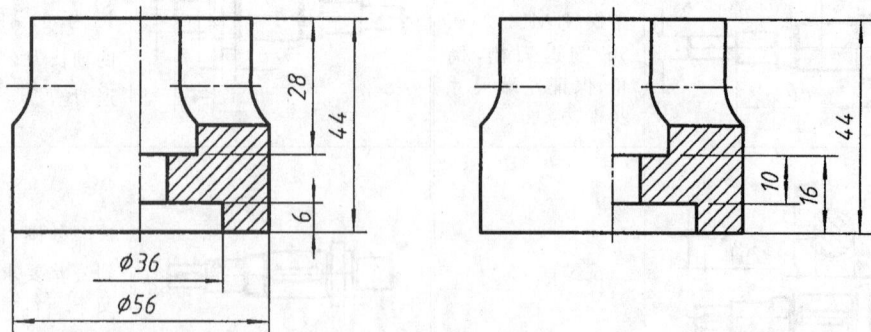

尺寸 28 和 6 便于加工和测量　　　　　　尺寸 16 和 10 不便于加工和测量

(a)　　　　　　　　　　　　　　　　　　(b)

图 4-12　尺寸标注的合理性(1)

尺寸 12 和 8 便于加工和测量　　　　　　　　　尺寸 32 不便于加工和测量

（a）　　　　　　　　　　　　　　　　　　　（b）

图 4-13　尺寸标注的合理性（2）

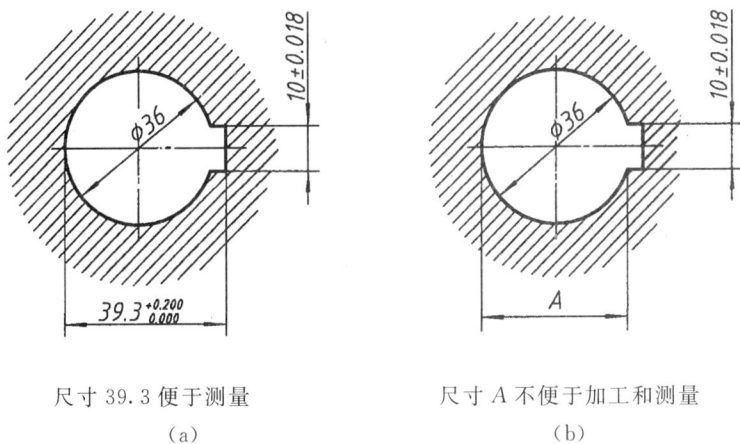

尺寸 39.3 便于测量　　　　　　　　　尺寸 A 不便于加工和测量

（a）　　　　　　　　　　　　　　　（b）

图 4-14　尺寸标注的合理性（3）

5. 孔的旁注法

零件上各种孔的尺寸，除采用普通注法外，还可采用旁注法，如图 4-15 所示。

本 章 小 结

标注尺寸时，首先要了解零件在机器中的作用，其次对零件进行形体分析。在长、宽、高三个方面选择尺寸基准，注意尺寸基准的选择。标注尺寸要满足如下基本要求：

1. 标注尺寸要完整。

2. 标注尺寸要清晰：尺寸内外分注，集中标注和分散标注相结合，同时避免尺寸相交。

3. 标注尺寸要合理：既要保证设计性能要求，又要符合加工工艺要求，合理选择设计基准和工艺基准。

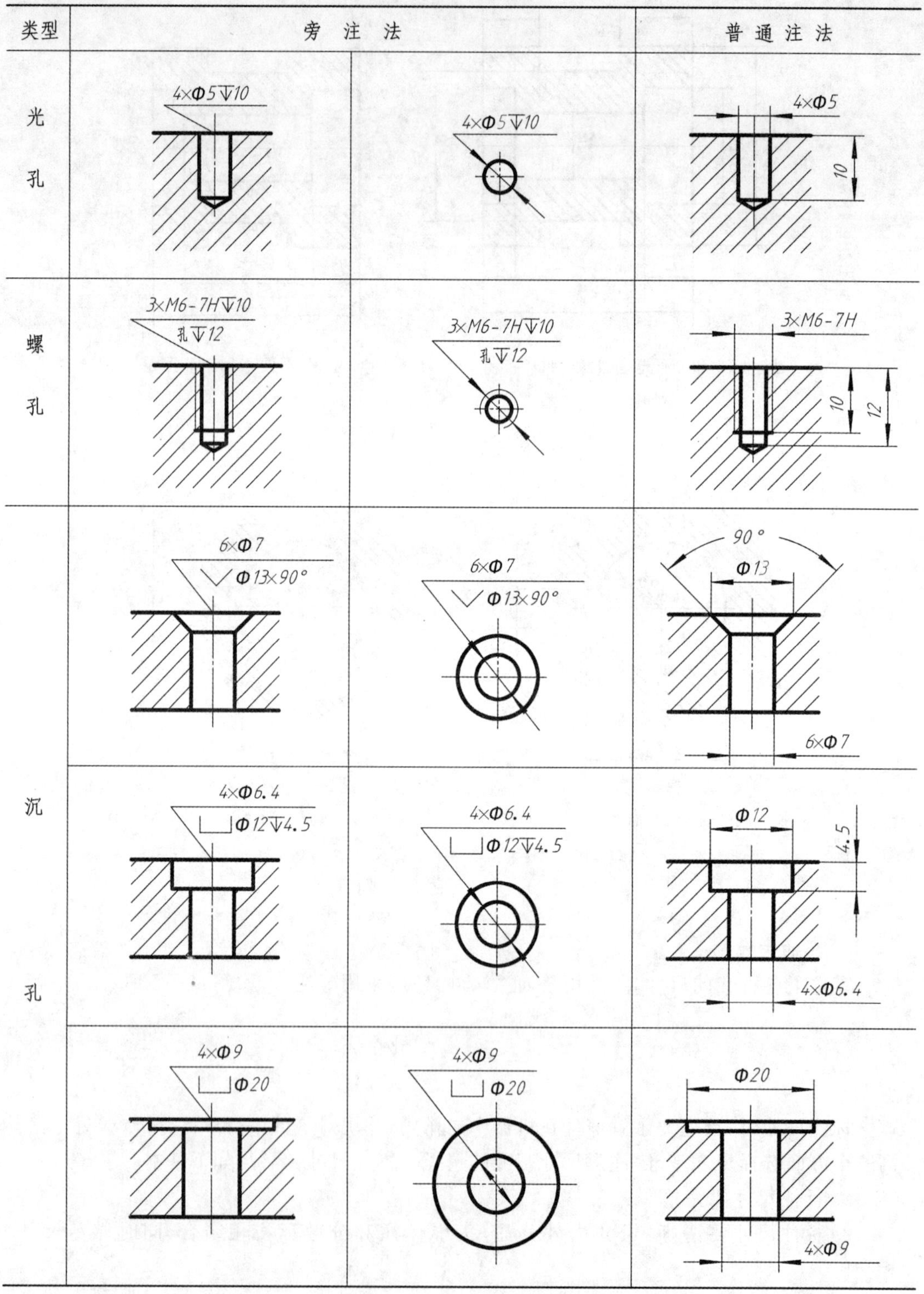

类型	旁 注 法		普 通 注 法
光孔	4×Φ5▽10	4×Φ5▽10	4×Φ5　10
螺孔	3×M6-7H▽10 孔▽12	3×M6-7H▽10 孔▽12	3×M6-7H　10　12
沉孔	6×Φ7 ∨Φ13×90°	6×Φ7 ∨Φ13×90°	90°　Φ13　6×Φ7
沉孔	4×Φ6.4 ⊔Φ12▽4.5	4×Φ6.4 ⊔Φ12▽4.5	Φ12　4.5　4×Φ6.4
沉孔	4×Φ9 ⊔Φ20	4×Φ9 ⊔Φ20	Φ20　4×Φ9

图 4-15　各种孔的旁注法

思　考　题

1. 如何保证尺寸标得清晰?
2. 尺寸基准分为几种? 如何选择尺寸基准?
3. 什么是尺寸链? 为什么封闭的尺寸链不合理?

第5章 零件图上的技术要求

本 章 导 学

在零件图中,除视图和尺寸外,技术要求也是一项重要内容,它主要反映对零件的技术性能和质量的要求。零件图上应注写的技术要求主要有尺寸公差、几何公差、零件的表面结构要求,零件的材料选用和要求,有关热处理和表面处理的说明等。

5.1 极 限 与 配 合

5.1.1 互换性

现代化的机械工业要求机器零件和部件具有互换性。所谓"互换性"是指在一批规格大小相同的零件(或部件)中任取一件,不经过任何挑选和修配,就可以顺利地装配成完全符合规定要求的产品。例如,常见的螺栓、螺母、滚动轴承以及自行车、手表上的零件均具有互换性。

机器零件具有互换性,不仅有利于装配和维修,而且可以简化设计,便于各生产部门之间的广泛协作,以及采用先进设备和工艺进行高效率的专业化生产。

5.1.2 极限与配合的基本概念

零件的互换性主要是通过规定零件的尺寸、尺寸公差、几何公差及表面结构要求来实现的。

互换性要求零件具有尺寸一致性,而在生产过程中,由于设备条件(如机床、刀具、量具、加工、测量等)等诸多因素和技术水平的影响,零件的尺寸不可能做得绝对准确,而且在使用中也无此必要。对于相互配合的零件,将零件尺寸控制在某一合理范围,既满足互换性要求,又在制造上经济合理,这就形成了极限与配合的概念。

"极限"平衡了机器零件使用要求与制造经济性之间的矛盾,"配合"则反映了零件结合时相互之间的关系。

"极限"与"配合"的标准化,将有利于机器的设计、制造、使用和维修,有利于保证产品精度、使用性能和寿命,也有利于刀具、量具、夹具和机床等工艺装备的标准化。

5.1.3　术语和定义

国家标准 GB/T 1800.1—2009 对极限与配合的相关术语做了如下定义。

1. 轴

轴通常是指工件的圆柱形外表面,也包括非圆柱形外表面(由两平行平面或切面形成的被包容面)。

2. 孔

孔通常是指工件的圆柱形内表面,也包括非圆柱形内表面(由两平行平面或切面形成的包容面)。

在齿轮和轴的配合中,齿轮内孔和键槽宽度即谓之孔;轴和键则谓之轴(图 5-1)。

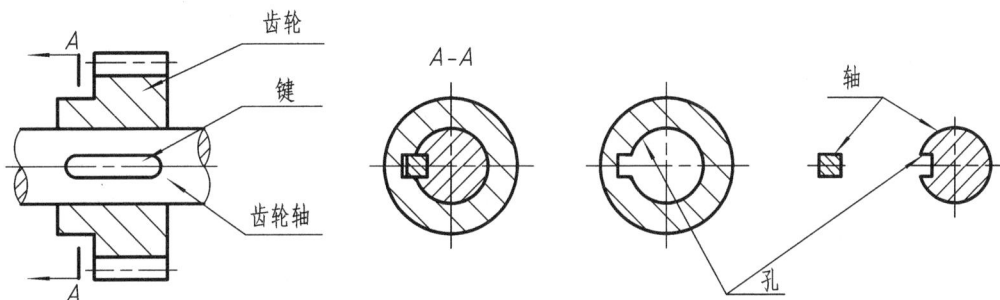

图 5-1　轴和孔的定义

3. 尺寸

尺寸通常是指以特定单位表示线性尺寸值的数值。以如图 5-2 所示的孔为例,将有关尺寸公差的术语及定义介绍如下。

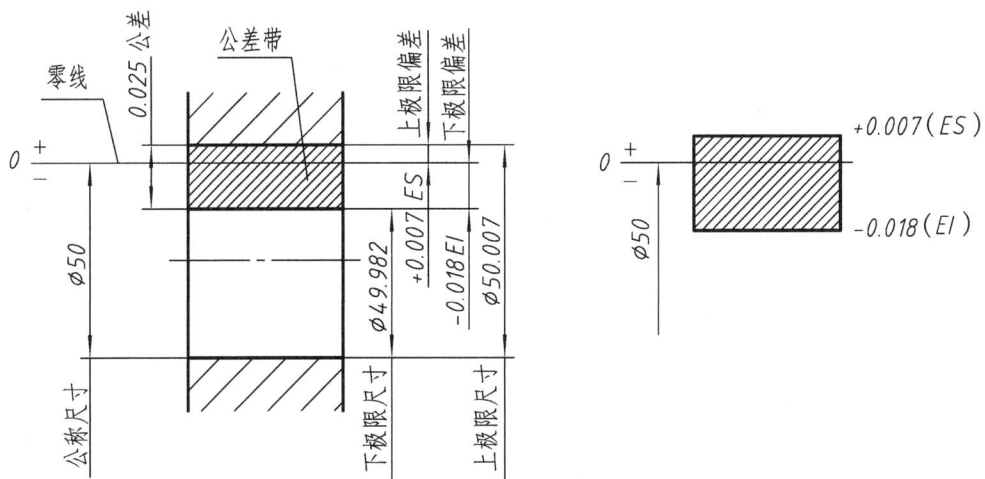

图 5-2　尺寸公差名词解释及公差带图

（1）公称尺寸：由设计给定的尺寸,通过它应用上、下极限偏差可算出上、下极限尺寸的尺寸。

（2）实际尺寸：通过测量获得的某一孔、轴的尺寸。

4. 极限尺寸

极限尺寸指一个孔或轴允许的尺寸的两个极端。实际尺寸应位于其中,也可达到极限尺寸。

（1）上极限尺寸：孔或轴允许的最大尺寸。

（2）下极限尺寸：孔或轴允许的最小尺寸。

5. 极限制

极限制指经标准化的公差与偏差制度。

6. 零线

零线是在极限与配合图解中,表示公称尺寸的一条直线,以其为基准确定偏差和公差。通常,零线沿水平方向绘制,正偏差位于其上,负偏差位于其下(图 5 - 2)。

7. 偏差

偏差是某一尺寸(实际尺寸,极限尺寸等)减去其公称尺寸所得的代数差。偏差有极限偏差(包括上极限偏差、下极限偏差)和基本偏差。

（1）上极限偏差：上极限尺寸与其公称尺寸之代数差,其代号孔为 ES,轴为 es。

（2）下极限偏差：下极限尺寸与其公称尺寸之代数差,其代号孔为 EI,轴为 ei。

（3）基本偏差：在本标准极限与配合制中,确定公差带相对零线位置的那个极限偏差(它可以是上极限偏差或下极限偏差,一般为靠近零线的那个偏差为基本偏差)。

8. 尺寸公差(简称公差)

公差是上极限尺寸与下极限尺寸之差或上极限偏差与下极限偏差之差,它是允许尺寸的变动量。尺寸公差是一个没有符号的绝对值。

9. 公差带

在公差带图解中,由代表上极限偏差和下极限偏差或上极限尺寸和下极限尺寸的两条直线所限定的一个区域称为公差带,它是由公差大小和其相对零线的位置如基本偏差来确定的。

10. 间隙

间隙表示孔的尺寸与相配合的轴的尺寸之差为正值。

（1）最小间隙是指在间隙配合中,孔的下极限尺寸与轴的上极限尺寸之差。

（2）最大间隙是指在间隙配合或过渡配合中,孔的上极限尺寸与轴的下极限尺寸之差。

11. 过盈

过盈表示孔的尺寸与相配合的轴的尺寸之差为负值。

（1）最小过盈是指在过盈配合中,孔的上极限尺寸与轴的下极限尺寸之差。

（2）最大过盈是指在过盈配合或过渡配合中,孔的下极限尺寸与轴的上极限尺寸之差。

5.1.4　标准公差和基本偏差

在公差带图中,公差带是由"公差带大小"和"公差带位置"两个要素组成的。"公差带大小”是由“标准公差”来确定的，“公差带位置”是由“基本偏差”确定的。

1. **标准公差**

标准公差是本标准极限与配合制中，所规定的任一公差值。

标准公差分为 20 个等级，分别用 IT01，IT0，IT1，IT2，…，IT18 表示。IT 表示标准公差，阿拉伯数字表示公差等级代号。由 IT01～IT18，公差等级依次降低，亦即尺寸的精确程度依次降低，而公差数值则依次增大。同一公差等级因公称尺寸不同公差值也不相同。因此，标准公差是由“公差等级”和“公称尺寸”确定的（表 5-1）。

表 5-1　标准公差数值（摘自 GB/T 1800.1—2009）

公称尺寸 mm		标准公差等级																		
		IT01	IT0	IT1	IT2	IT3	IT4	IT5	IT6	IT7	IT8	IT9	IT10	IT11	IT12	IT13	IT14	IT15	IT16	IT17	IT18
大于	至	μm													mm						
—	3	0.3	0.5	0.8	1.2	2	3	4	6	10	14	25	40	60	0.1	0.14	0.25	0.4	0.6	1	1.4
3	6	0.4	0.6	1	1.5	2.5	4	5	8	12	18	30	48	75	0.12	0.18	0.3	0.48	0.75	1.2	1.8
6	10	0.4	0.6	1	1.5	2.5	4	6	9	15	22	36	58	90	0.15	0.22	0.36	0.58	0.9	1.5	2.2
10	18	0.5	0.8	1.2	2	3	5	8	11	18	27	43	70	110	0.18	0.27	0.43	0.7	1.1	1.8	2.7
18	30	0.6	1	1.5	2.5	4	6	9	13	21	33	52	84	130	0.21	0.33	0.52	0.84	1.3	2.1	3.3
30	50	0.6	1	1.5	2.5	4	7	11	16	25	39	62	100	160	0.25	0.39	0.62	1	1.6	2.5	3.9
50	80	0.8	1.2	2	3	5	8	13	19	30	46	74	120	190	0.3	0.46	0.74	1.2	1.9	3	4.6
80	120	1	1.5	2.5	4	6	10	15	22	35	54	87	140	220	0.35	0.54	0.87	1.4	2.2	3.5	5.4
120	180	1.2	2	3.5	5	8	12	18	25	40	63	100	160	250	0.4	0.63	1	1.6	2.5	4	6.3
180	250	2	3	4.5	7	10	14	20	29	46	72	115	185	290	0.46	0.72	1.15	1.85	2.9	4.6	7.2
250	315	2.5	4	6	8	12	16	23	32	52	81	130	210	320	0.52	0.81	1.3	2.1	3.2	5.2	8.1
315	400	3	5	7	9	13	18	25	36	57	89	140	230	360	0.57	0.89	1.4	2.3	3.6	5.7	8.9
400	500	4	6	8	10	15	20	27	40	63	97	155	250	400	0.63	0.97	1.55	2.5	4	6.3	9.7

注：1. 公称尺寸大于 500 mm 的 IT1～IT5 的标准公差数值为试行的。

　　2. 公称尺寸小于或等于 1 mm 时，无 IT14～IT18。

2. **基本偏差**

基本偏差是指在本标准极限与配合制中，确定公差带相对零线位置的那个极限偏差，它可以是上极限偏差或下极限偏差，一般为靠近零线的那个偏差。当公差带在零线上方时基本偏差为下极限偏差；反之则为上极限偏差。基本偏差共有 28 个，它的代号用拉丁字母表示，大写为孔，小写为轴（图 5-3）。

其中，A～H（a～h）用于间隙配合；J～ZC（j～zc）用于过渡配合和过盈配合。从基本偏差系列图中可以看到：孔的基本偏差 A～H 为下极限偏差，J～ZC 为上极限偏差；轴的基本偏差 a～h 为上极限偏差，j～zc 为下极限偏差；JS 和 js 的公差带对称分布于零线两边，孔和轴的上、下极限偏差分别都是＋IT/2，－IT/2。基本偏差系列图只表示公差带的位置，不表示公差带的大小，公差带一端是开口的，另一端由标准公差限定。因此，根据孔、轴的基本偏差(表 5-2 和表 5-3)和标准公差,就可以计算出孔、轴的另一个极限偏差。

孔的另一个极限偏差为:ES＝EI＋IT 或 EI＝ES－IT。

轴的另一个极限偏差为:es＝ei＋IT 或 ei＝es－IT。

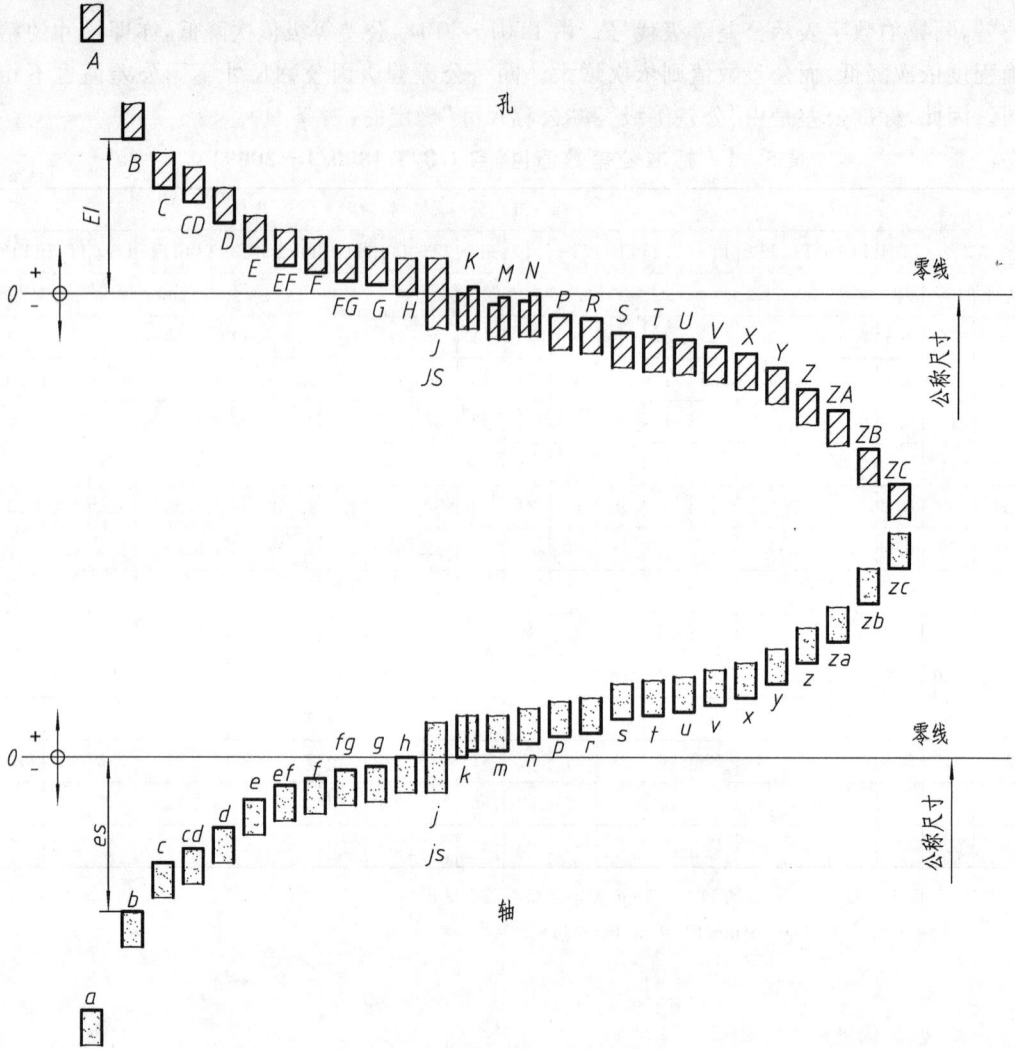

图 5-3　基本偏差系列

孔和轴的公差带代号由基本偏差代号与公差等级代号组成。例如:

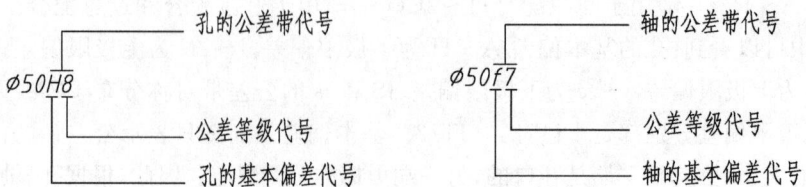

5.1.5　配合

公称尺寸相同的、相互结合的孔和轴公差带之间的关系,称为配合。

1. 配合的种类

根据使用要求的不同,孔和轴之间的配合分三类,即间隙配合、过盈配合和过渡配合。

(1) 间隙配合:具有间隙(包括最小间隙等于零)的配合。此时,孔的公差带在轴的公差带之上(图 5 - 4)。

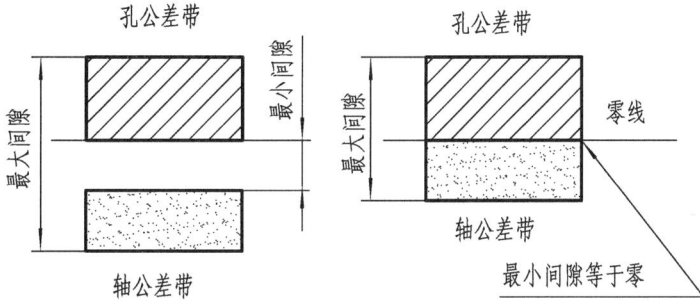

图 5 - 4　间隙配合

(2) 过盈配合:具有过盈(包括最小过盈等于零)的配合。此时,孔的公差带在轴的公差带之下(图 5 - 5)。

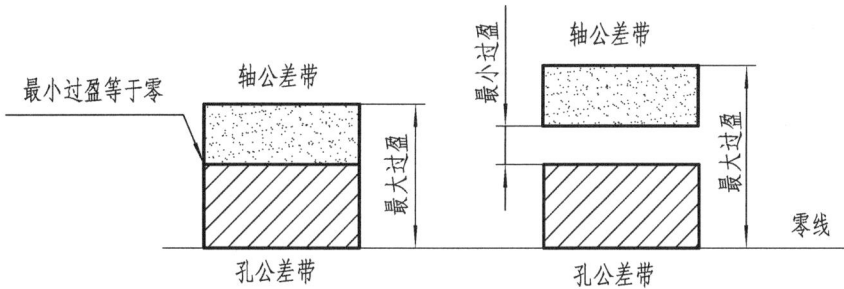

图 5 - 5　过盈配合

(3) 过渡配合:可能具有间隙或过盈的配合。此时,孔的公差带与轴的公差带互相交叠(图 5 - 6)。

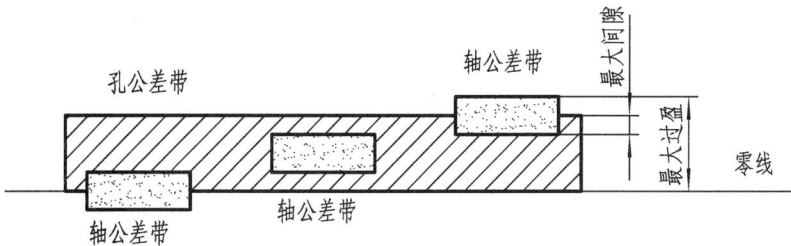

图 5 - 6　过渡配合

表 5－2　孔的基本

公称尺寸 mm		下极限偏差 EI　所有标准公差等级											基本偏								
														IT6	IT7	IT8	≤IT8	>IT8	≤IT8	>IT8	≤IT8	>IT8
大于	至	A	B	C	CD	D	E	EF	F	FG	G	H	JS	J			K		M		N	
—	3	+270	+140	+60	+34	+20	+14	+10	+6	+4	+2	0		+2	+4	+6	0	0	−2	−2	−4	−4
3	6	+270	+140	+70	+46	+30	+20	+14	+10	+6	+4	0		+5	+6	+10	−1+Δ		−4+Δ	−4	−8+Δ	0
6	10	+270	+150	+80	+56	+40	+25	+18	+13	+8	+5	0		+5	+8	+12	−1+Δ		−6+Δ	−6	−10+Δ	0
10	14	+290	+150	+95		+50	+32		+16		+6	0		+6	+10	+15	−1+Δ		−7+Δ	−7	−12+Δ	0
14	18	+290	+150	+95		+50	+32		+16		+6	0		+6	+10	+15	−1+Δ		−7+Δ	−7	−12+Δ	0
18	24	+300	+160	+110		+65	+40		+20		+7	0	偏差=±$\frac{IT}{2}$	+8	+12	+20	−2+Δ		−8+Δ	−8	−15+Δ	0
24	30	+300	+160	+110		+65	+40		+20		+7	0		+8	+12	+20	−2+Δ		−8+Δ	−8	−15+Δ	0
30	40	+310	+170	+120		+80	+50		+25		+9	0		+10	+14	+24	−2+Δ		−9+Δ	−9	−17+Δ	0
40	50	+320	+180	+130		+80	+50		+25		+9	0		+10	+14	+24	−2+Δ		−9+Δ	−9	−17+Δ	0
50	65	+340	+190	+140		+100	+60		+30		+10	0		+13	+18	+28	−2+Δ		−11+Δ	−11	−20+Δ	0
65	80	+360	+200	+150		+100	+60		+30		+10	0		+13	+18	+28	−2+Δ		−11+Δ	−11	−20+Δ	0
80	100	+380	+220	+170		+120	+72		+36		+12	0		+16	+22	+34	−3+Δ		−13+Δ	−13	−23+Δ	0
100	120	+410	+240	+180		+120	+72		+36		+12	0		+16	+22	+34	−3+Δ		−13+Δ	−13	−23+Δ	0
120	140	+460	+260	+200		+145	+85		+43		+14	0		+18	+26	+41	−3+Δ		−15+Δ	−15	−27+Δ	0
140	160	+520	+280	+210		+145	+85		+43		+14	0		+18	+26	+41	−3+Δ		−15+Δ	−15	−27+Δ	0
160	180	+580	+310	+230		+145	+85		+43		+14	0		+18	+26	+41	−3+Δ		−15+Δ	−15	−27+Δ	0
180	200	+660	+310	+240		+170	+100		+50		+15	0		+22	+30	+47	−4+Δ		−17+Δ	−17	−31+Δ	0
200	225	+740	+380	+260		+170	+100		+50		+15	0		+22	+30	+47	−4+Δ		−17+Δ	−17	−31+Δ	0
225	250	+820	+420	+280		+170	+100		+50		+15	0		+22	+30	+47	−4+Δ		−17+Δ	−17	−31+Δ	0
250	280	+920	+480	+300		+190	+110		+56		+17	0		+25	+36	+55	−4+Δ		−20+Δ	−20	+34+Δ	0
280	315	+1050	+540	+330		+190	+110		+56		+17	0		+25	+36	+55	−4+Δ		−20+Δ	−20	+34+Δ	0
315	355	+1200	+600	+360		+210	+125		+62		+18	0		+29	+39	+60	−4+Δ		−21+Δ	−21	−37+Δ	0
355	400	+1350	+680	+400		+210	+125		+62		+18	0		+29	+39	+60	−4+Δ		−21+Δ	−21	−37+Δ	0
400	450	+1500	+760	+440		+230	+135		+68		+20	0		+33	+43	+66	−5+Δ		−23+Δ	−23	−40+Δ	0
450	500	+1650	+840	+480		+230	+135		+68		+20	0		+33	+43	+66	−5+Δ		−23+Δ	−23	−40+Δ	0

注:1. 公称尺寸小于 1 mm 时,各级的 A 和 B 及大于 8 级的 N 均不采用。

2. JS 的数值,对 IT7～IT11,若 IT 的数值(μm)为奇数,则取 JS=±$\frac{IT-1}{2}$。

3. 特殊情况,当公称尺寸大于 250～315 mm 时,M6 的 ES 等于 −9 mm(不等于 −11 mm)。

4. 对小于或等于 IT8 的 K、M、N 和小于或等于 IT7 的 P 至 ZC,所需 Δ 值从表内右侧栏选取。例如:大于 6～10 mm 的 P6,Δ=3,所以 ES=(−15+3)μm=−12 μm。

偏差数值(摘自 GB/T 1800.1—2009)　　　　　　　　　　　(单位:μm)

差　数　值													Δ 值					
	上　极　限　偏　差　ES												标准公差等级					
≤IT7	标准公差等级大于IT7																	
P~ZC	P	R	S	T	U	V	X	Y	Z	ZA	ZB	ZC	IT3	IT4	IT5	IT6	IT7	IT8
在大于IT7的相应数值上增加一个Δ值	−6	−10	−14		−18		−20		−26	−32	−40	−60	0	0	0	0	0	0
	−12	−15	−19		−23		−28		−35	−42	−50	−80	1	1.5	1	3	4	6
	−15	−19	−23		−28		−34		−42	−52	−67	−97	1	1.5	2	3	6	7
	−18	−23	−28		−33		−40		−50	−64	−90	−130	1	2	3	3	7	9
						−39	−45		−60	−77	−108	−150						
	−22	−28	−35		−41	−47	−54	−63	−73	−98	−136	−188	1.5	2	3	4	8	12
				−41	−48	−55	−64	−75	−88	−118	−160	−218						
	−26	−34	−43	−48	−60	−68	−80	−94	−112	−148	−200	−274	1.5	3	4	5	9	14
				−54	−70	−81	−97	−114	−136	−180	−242	−325						
	−32	−41	−53	−66	−87	−102	−122	−144	−172	−226	−300	−405	2	3	5	6	11	16
		−43	−59	−75	−102	−120	−146	−174	−210	−274	−360	−480						
	−37	−51	−71	−91	−124	−146	−178	−214	−258	−335	−445	−585	2	4	5	7	13	19
		−54	−79	−104	−144	−172	−210	−254	−310	−400	−525	−690						
	−43	−63	−92	−122	−170	−202	−248	−300	−365	−470	−620	−800	3	4	6	7	15	23
		−65	−100	−134	−190	−228	−280	−340	−415	−535	−700	−900						
		−68	−108	−146	−210	−252	−310	−380	−465	−600	−780	−1000						
	−50	−77	−122	−166	−236	−284	−350	−425	−520	−670	−880	−1150	3	4	6	9	17	26
		−80	−130	−180	−258	−310	−385	−470	−575	−740	−960	−1250						
		−84	−140	−196	−284	−340	−425	−520	−640	−820	−1050	−1350						
	−56	−94	−158	−218	−315	−385	−475	−580	−710	−920	−1200	−1550	4	4	7	9	20	29
		−98	−170	−240	−350	−425	−525	−650	−790	−1000	−1300	−1700						
	−62	−108	−190	−268	−390	−475	−590	−730	−900	−1150	−1500	−1900	4	5	7	11	21	32
		−114	−208	−294	−435	−530	−660	−820	−1000	−1300	−1650	−2100						
	−68	−126	−232	−330	−490	−595	−740	−920	−1100	−1450	−1850	−2400	5	5	7	13	23	34
		−132	−252	−360	−540	−660	−820	−1000	−1250	−1600	−2100	−2600						

表 5-3　轴的基本

公称尺寸 mm｜上极限偏差 es（所有标准公差等级）｜基本偏

大于	至	a	b	c	cd	d	e	ef	f	fg	g	h	js	j IT5,IT6	j IT7	j IT8	j IT4~IT7
—	3	-270	-140	-60	-34	-20	-14	-10	-6	-4	-2	0		-2	-4	-6	0
3	6	-270	-140	-70	-46	-30	-20	-14	-10	-6	-4	0		-2	-4		+1
6	10	-280	-150	-80	-56	-40	-25	-18	-13	-8	-5	0		-2	-5		+1
10	14	-290	-150	-95		-50	-32		-16		-6	0		-3	-6		+1
14	18																
18	24	-300	-160	-110		-65	-40		-20		-7	0	偏差 = ±IT/2	-4	-8		+2
24	30																
30	40	-310	-170	-120		-80	-50		-25		-9	0		-5	-10		+2
40	50	-320	-180	-130													
50	65	-340	-190	-140		-100	-60		-30		-10	0		-7	-12		+2
65	80	-360	-200	-150													
80	100	-380	-220	-170		-120	-72		-36		-12	0		-9	-15		+3
100	120	-410	-240	-180													
120	140	-460	-260	-200		-145	-85		-43		-14	0		-11	-18		+3
140	160	-520	-280	-210													
160	180	-580	-310	-230													
180	200	-660	-340	-240		-170	-100		-50		-15	0		-13	-21		+4
200	225	-740	-380	-260													
225	250	-820	-420	-280													
250	280	-920	-480	-300		-190	-110		-56		-17	0		-16	-26		+4
280	315	-1050	-540	-330													
315	355	-1200	-600	-360		-210	-125		-62		-18	0		-18	-28		+4
355	400	-1350	-680	-400													
400	450	-1500	-760	-440		-230	-135		-68		-20	0		-20	-32		+5
450	500	-1650	-840	-480													

注：1. 公称尺寸小于或等于 1 mm 时，基本偏差 a 和 b 均不采用。

　　2. 公差带 js7~js11，若 IT 值是奇数，则取偏差 $=\pm\dfrac{IT-1}{2}$。

偏差数值(摘自 GB/T 1800.1－2009)　　　　　　　　　　　　　　　　　(单位:μm)

差　数　值

下　极　限　偏　差　ei

≤IT3 >IT7　　所 有 标 准 公 差 等 级

k	m	n	p	r	s	t	u	v	x	y	z	za	zb	zc
0	+2	+4	+6	+10	+14		+18		+20		+26	+32	+40	+60
0	+4	+8	+12	+15	+19		+23		+28		+35	+42	+50	+80
0	+6	+10	+15	+19	+23		+28		+34		+42	+52	+67	+97
0	+7	+12	+18	+23	+28		+33		+40		+50	+64	+90	+130
								+39	+45		+60	+77	+108	+150
0	+8	+15	+22	+28	+35		+41	+47	+54	+63	+73	+98	+136	+188
						+41	+48	+55	+64	+75	+88	+118	+160	+218
0	+9	+17	+26	+34	+43	+48	+60	+68	+80	+94	+112	+148	+200	+274
						+54	+70	+81	+97	+114	+136	+180	+242	+325
0	+11	+20	+32	+41	+53	+66	+87	+102	+122	+144	+172	+226	+300	+405
				+43	+59	+75	+102	+120	+146	+174	+210	+274	+360	+480
0	+13	+23	+37	+51	+71	+91	+124	+146	+178	+214	+258	+335	+445	+585
				+54	+79	+104	+144	+172	+210	+254	+310	+400	+525	+690
0	+15	+27	+43	+63	+92	+122	+170	+202	+248	+300	+365	+470	+620	+800
				+65	+100	+134	+190	+228	+280	+340	+415	+535	+700	+900
				+68	+108	+146	+210	+252	+310	+380	+465	+600	+780	+1000
0	+17	+31	+50	+77	+122	+166	+236	+284	+350	+425	+520	+670	+880	+1150
				+80	+130	+180	+258	+310	+385	+470	+575	+740	+960	+1250
				+84	+140	+196	+284	+340	+425	+520	+640	+820	+1050	+1350
0	+20	+34	+56	+94	+158	+218	+315	+385	+475	+580	+710	+920	+1200	+1550
				+98	+170	+240	+350	+425	+525	+650	+790	+1000	+1300	+1700
0	+21	+37	+62	+108	+190	+268	+39	+475	+590	+730	+900	+1150	+1500	+1900
				+114	+208	+294	+435	+540	+660	+820	+1000	+1300	+1650	+2100
0	+23	+40	+68	+126	+232	+330	+490	+59	+740	+920	+1100	+1450	+1850	+2400
				+132	+252	+360	+540	+660	+820	+1000	+1250	+1600	+2100	+2600

2. 配合制

同一极限制的孔和轴组成配合的一种制度称为配合制。

（1）基孔制配合：基本偏差为一定的孔的公差带，与不同基本偏差的轴的公差带形成各种配合的一种制度。基孔制的孔称为基准孔，其基本偏差代号选用"H"。

对本标准极限与配合制而言，是孔的下极限尺寸与公称尺寸相等、孔的下极限偏差为零的一种配合制（图5-7）。

（2）基轴制配合：基本偏差为一定的轴的公差带与不同基本偏差的孔的公差带形成各种配合的一种制度。基轴制的轴称为基准轴，其基本偏差代号选用"h"。

对本标准极限与配合制而言，是轴的上极限尺寸与公称尺寸相等、轴的上极限偏差为零的一种配合制（图5-8）。

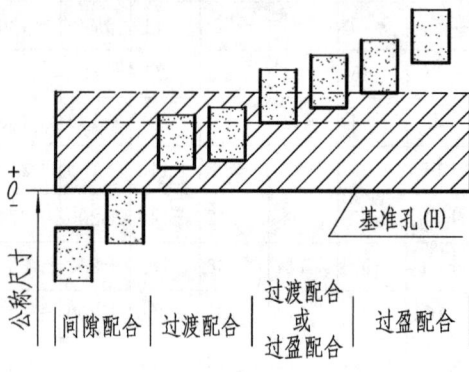

图 5-7　基孔制配合　　　　　　　　图 5-8　基轴制配合

3. 优先常用配合

国家标准根据产品生产的实际情况，考虑各类产品的不同特点，制定了优先及常用公差带、优先及常用配合。孔的常用和优先公差带及轴的常用和优先公差带见表5-4和表5-5，基孔制及基轴制优先、常用配合见表5-6和表5-7。

表 5-4　孔的常用和优先公差带（尺寸≤500 mm）（摘自 GB/T 1801—2009）

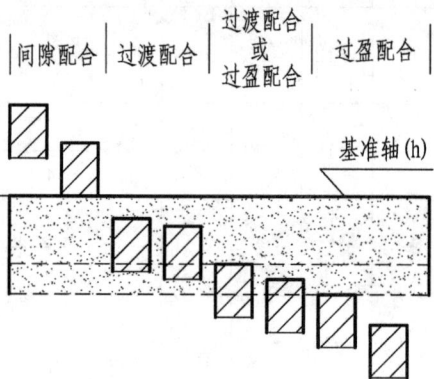

注：1. 孔的一般公差带，共105个（包括常用和优先），最后选用不带圆圈和方框中的公差带。

　　2. 带方框的为常用公差带，共44个（包括优先）。

　　3. 带圆圈的为优先公差带，共13个，应优先选用。

表 5－5　轴的常用和优先公差带（尺寸≤500 mm）（摘自 GB/T 1801－2009）

```
                                        h1    js1
                                        h2    js2
                                        h3    js3
                              g4   h4   js4  k4  m4  n4  p4  r4  s4
                    f5   g5   h5   j5  js5  k5  m5  n5  p5  r5  s5  t5      u5  v5  x5  y5  z5
              e6   f6  (g6) (h6)  j6  js6 (k6) m6 (n6)(p6) r6 (s6) t6     (u6) v6  x6  y6  z6
         d7   e7  (f7)  g7  (h7)  j7  js7  k7  m7  n7  p7  r7  s7  t7      u7  v7  x7  y7  z7
    c8   d8   e8   f8   g8   h8       js8  k8  m8  n8  p8  r8  s8  t8      u8  v8  x8  y8  z8
a9   b9   c9  (d9)  e9   f9       (h9) js9
a10 b10 c10 d10 e10               h10  js10
a11 b11(c11) d11                 (h11) js11
a12 b12 c12                       h12  js12
a13 b13 c13                       h13  js13
```

注：1. 轴的一般公差带，共 119 个（包括常用和优先），最后选用不带圆圈和方框中的公差带。

2. 带方框的为常用公差带，共 59 个（包括优先）。

3. 带圆圈的为优先公差带，共 13 个应优先选用。

为了使用方便，国家标准对所规定的孔、轴公差带列有极限偏差表。其中，常用及优先选用的轴、孔极限偏差见表 5－8 和表 5－9。

表 5－6　基孔制优先、常用配合（摘自 GB/T 1801－2009）

基准孔	轴																			
	a	b	c	d	e	f	g	h	js	k	m	n	p	r	s	t	u	v	x	y	z
	间隙配合								过渡配合				过盈配合								
H6						$\frac{H6}{f5}$	$\frac{H6}{g5}$	$\frac{H6}{h5}$	$\frac{H6}{js5}$	$\frac{H6}{k5}$	$\frac{H6}{m5}$	$\frac{H6}{n5}$	$\frac{H6}{p5}$	$\frac{H6}{r5}$	$\frac{H6}{s5}$	$\frac{H6}{t5}$					
H7						$\frac{H7}{f6}$	$\frac{H7}{g6}$	$\frac{H7}{h6}$	$\frac{H7}{js6}$	$\frac{H7}{k6}$	$\frac{H7}{m6}$	$\frac{H7}{n6}$	$\frac{H7}{p6}$	$\frac{H7}{r6}$	$\frac{H7}{s6}$	$\frac{H7}{t6}$	$\frac{H7}{u6}$	$\frac{H7}{v6}$	$\frac{H7}{x6}$	$\frac{H7}{y6}$	$\frac{H7}{z6}$
H8					$\frac{H8}{e7}$	$\frac{H8}{f7}$	$\frac{H8}{g7}$	$\frac{H8}{h7}$	$\frac{H8}{js7}$	$\frac{H8}{k7}$	$\frac{H8}{m7}$	$\frac{H8}{n7}$	$\frac{H8}{p7}$	$\frac{H8}{r7}$	$\frac{H8}{s7}$	$\frac{H8}{t7}$	$\frac{H8}{u7}$				
				$\frac{H8}{d8}$	$\frac{H8}{e8}$	$\frac{H8}{f8}$		$\frac{H8}{h8}$													
H9			$\frac{H9}{c9}$	$\frac{H9}{d9}$	$\frac{H9}{e9}$	$\frac{H9}{f9}$		$\frac{H9}{h9}$													

续 表

基准孔	轴																				
	a	b	c	d	e	f	g	h	js	k	m	n	p	r	s	t	u	v	x	y	z
	间隙配合								过渡配合				过盈配合								
H10			$\frac{H10}{c10}$	$\frac{H10}{d10}$				$\frac{H10}{h10}$													
H11	$\frac{H11}{a11}$	$\frac{H11}{b11}$	$\frac{H11}{c11}$	$\frac{H11}{d11}$				$\frac{H11}{h11}$													
H12		$\frac{H12}{b12}$						$\frac{H12}{h12}$													

注：1. $\frac{H6}{n5}$，$\frac{H7}{p6}$ 在公称尺寸小于或等于 3 mm 和 $\frac{H8}{r7}$ 在公称尺寸小于或等于 100 mm 时，为过渡配合。

2. 标注▼的配合为优先配合。

表 5 - 7　基轴制优先、常用配合（摘自 GB/T 1801—2009）

基准轴	孔																				
	A	B	C	D	E	F	G	H	JS	K	M	N	P	R	S	T	U	V	X	Y	Z
	间隙配合								过渡配合				过盈配合								
h5						$\frac{F6}{h5}$	$\frac{G6}{h5}$	$\frac{H6}{h5}$	$\frac{JS6}{h5}$	$\frac{K6}{h5}$	$\frac{M6}{h5}$	$\frac{N6}{h5}$	$\frac{P6}{h5}$	$\frac{R6}{h5}$	$\frac{S6}{h5}$	$\frac{T6}{h5}$					
h6						$\frac{F7}{h6}$	$\frac{G7}{h6}$	$\frac{H7}{h6}$	$\frac{JS7}{h6}$	$\frac{K7}{h6}$	$\frac{M7}{h6}$	$\frac{N7}{h6}$	$\frac{P7}{h6}$	$\frac{R7}{h6}$	$\frac{S7}{h6}$	$\frac{T7}{h6}$	$\frac{U7}{h6}$				
h7					$\frac{E8}{h7}$	$\frac{F8}{h7}$		$\frac{H8}{h7}$	$\frac{JS8}{h7}$	$\frac{K8}{h7}$	$\frac{M8}{h7}$	$\frac{N8}{h7}$									
h8				$\frac{D8}{h8}$	$\frac{E8}{h8}$	$\frac{F8}{h8}$		$\frac{H8}{h8}$													
h9				$\frac{D9}{h9}$	$\frac{E9}{h9}$	$\frac{F9}{h9}$		$\frac{H9}{h9}$													
h10				$\frac{D10}{h10}$				$\frac{H10}{h10}$													
h11	$\frac{A11}{h11}$	$\frac{B11}{h11}$	$\frac{C11}{h11}$	$\frac{D11}{h11}$				$\frac{H11}{h11}$													
h12		$\frac{B12}{h12}$						$\frac{H12}{h12}$													

注：标注▼的配合为优先配合。

4. 极限与配合的选用

在实际生产中,选用基孔制还是基轴制,主要从机器结构、工艺要求和经济性等方面来考虑。

已知公称尺寸,在选择配合制、配合种类、标准公差等级时,应以机械产品的使用价值与制造成本的综合经济效益为原则。

(1) 配合制的选择:主要考虑工艺的经济性和结构的合理性。一般情况下,优先采用基孔制,因为加工相同等级的孔和轴时,孔的加工比轴要困难些。

基轴制通常用于具有明显经济效果的场合。例如,直接使用冷拔圆钢做的轴,或同一轴上装有不同配合要求的几个零件,当采用基轴制时,轴就可不必另行机械加工或分段要求了。

若与标准件配合时,则应按标准件确定配合制。例如,与滚动轴承内圈孔配合的轴颈,应采用基孔制配合;而与其外圈配合的孔,则应采用基轴制。

(2) 标准公差等级的选择:标准公差等级的高低直接影响产品的使用性能和加工的经济性。一般使用的配合尺寸的标准公差等级范围为 IT5～IT11。

在孔与轴的配合中,考虑到加工孔较加工轴困难些。因此,选用标准公差等级时,一般为孔比轴低一级。

5. 极限与配合的标注

(1) 在装配图中的标注:根据国家标准规定,在两配合零件的公称尺寸后面标注配合代号。配合代号由孔、轴公差带代号组合表示,写成分数形式,分子为孔的公差带代号,分母为轴的公差带代号。标注的形式为

$$\text{公称尺寸}\frac{\text{孔的公差带代号}}{\text{轴的公差带代号}}$$

如图 5 - 9 所示为装配图上公差带代号的标注。

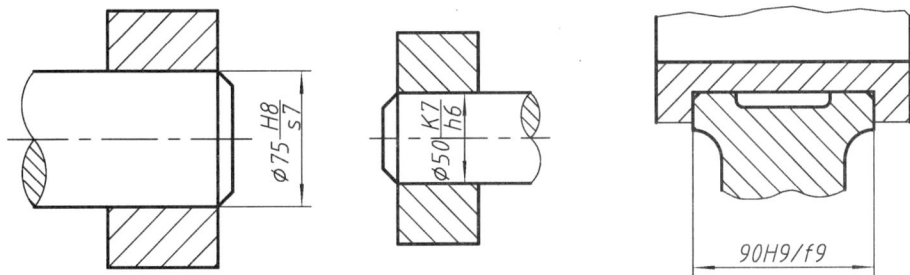

图 5 - 9　装配图上公差带代号的标注

(2) 在零件图中的标注(图 5 - 10):

1) 在公称尺寸的后面只注公差带代号,代号字体的大小与尺寸数字字体的相同。

2) 在公称尺寸后面注出上、下极限偏差数值,上极限偏差注在右上角,下极限偏差注在右下角,单位用毫米(mm)。极限偏差数值的字体比尺寸数字的小一号。当某极限偏差为零时,仍应注出。对不为零的极限偏差,应注出正、负号。

表 5-8　常用及优先轴极限

公称尺寸 mm 大于	至	常用及优先公差带 a 11	b 11	b 12	c 9	c 10	c ⑪	d 8	d ⑨	d 10	d 11	e 7	e 8	e 9
—	3	−270 −330	−140 −200	−140 −240	−60 −85	−60 −100	−60 −120	−20 −34	−20 −45	−20 −60	−20 −80	−14 −24	−14 −28	−14 −39
3	6	−280 −345	−140 −215	−140 −260	−70 −100	−70 −118	−70 −145	−30 −48	−30 −60	−30 −78	−30 −150	−20 −32	−20 −38	−20 −50
6	10	−280 −370	−150 −240	−150 −300	−80 −116	−80 −138	−80 −170	−40 −62	−40 −76	−40 −98	−40 −130	−25 −40	−25 −47	−25 −61
10	14	−290 −400	−150 −260	−150 −330	−95 −138	−95 −165	−95 −205	−50 −77	−50 −93	−50 −120	−50 −160	−32 −50	−32 −59	−32 −75
14	18	−290 −400	−150 −260	−150 −330	−95 −138	−95 −165	−95 −205	−50 −77	−50 −93	−50 −120	−50 −160	−32 −50	−32 −59	−32 −75
18	24	−300 −430	−160 −290	−160 −370	−110 −162	−110 −194	−110 −240	−65 −98	−65 −117	−65 −149	−65 −195	−40 −61	−40 −73	−40 −92
24	30	−300 −430	−160 −290	−160 −370	−110 −162	−110 −194	−110 −240	−65 −98	−65 −117	−65 −149	−65 −195	−40 −61	−40 −73	−40 −92
30	40	−310 −470	−170 −330	−170 −420	−120 −182	−120 −220	−120 −280	−80 −119	−80 −142	−80 −180	−80 −240	−50 −75	−50 −89	−50 −112
40	50	−320 −480	−180 −340	−180 −430	−130 −192	−130 −230	−130 −290	−80 −119	−80 −142	−80 −180	−80 −240	−50 −75	−50 −89	−50 −112
50	60	−340 −530	−190 −380	−190 −490	−140 −214	−140 −260	−140 −330	−100 −146	−100 −174	−100 −220	−100 −290	−60 −90	−60 −106	−60 −134
65	80	−360 −550	−200 −390	−200 −500	−150 −224	−150 −270	−150 −340	−100 −146	−100 −174	−100 −220	−100 −290	−60 −90	−60 −106	−60 −134
80	100	−380 −600	−220 −440	−220 −570	−170 −257	−170 −310	−170 −390	−120 −174	−120 −207	−120 −260	−120 −340	−72 −107	−72 −126	−72 −159
100	120	−410 −630	−240 −460	−240 −590	−180 −267	−180 −320	−180 −400	−120 −174	−120 −207	−120 −260	−120 −340	−72 −107	−72 −126	−72 −159
120	140	−460 −710	−260 −510	−260 −660	−200 −300	−200 −360	−200 −450	−145 −208	−145 −245	−145 −305	−145 −395	−85 −125	−85 −148	−85 −158
140	160	−520 −770	−280 −530	−280 −680	−210 −310	−210 −370	−210 −460	−145 −208	−145 −245	−145 −305	−145 −395	−85 −125	−85 −148	−85 −158
160	180	−580 −830	−310 −560	−310 −710	−230 −330	−230 −390	−230 −480	−145 −208	−145 −245	−145 −305	−145 −395	−85 −125	−85 −148	−85 −158
180	200	−660 −950	−340 −630	−340 −800	−240 −355	−240 −425	−240 −530	−170 −242	−170 −285	−170 −355	−170 460	−100 −146	−100 −172	−100 −215
200	225	−740 −1030	−380 −670	−380 −840	−260 −375	−260 −445	−260 −550	−170 −242	−170 −285	−170 −355	−170 460	−100 −146	−100 −172	−100 −215
225	250	−820 −1110	−420 −710	−420 −880	−280 −395	−280 −465	−280 −570	−170 −242	−170 −285	−170 −355	−170 460	−100 −146	−100 −172	−100 −215
250	280	−920 −1240	−480 −800	−480 −1000	−300 −430	−300 −510	−300 −620	−190 −271	−190 −320	−190 −400	−190 −510	−110 −162	−110 −191	−110 −240
280	315	−1050 −1370	−540 −860	−540 −1060	−330 −460	−330 −540	−330 −650	−190 −271	−190 −320	−190 −400	−190 −510	−110 −162	−110 −191	−110 −240
315	355	−1200 −1560	−600 −960	−600 −1170	−360 −500	−360 −590	−360 −720	−210 −299	−210 −350	−210 −440	−210 −570	−125 −182	−125 −214	−125 −265
355	400	−1350 −1710	−680 −1040	−680 −1250	−400 −540	−400 −630	−400 −760	−210 −299	−210 −350	−210 −440	−210 −570	−125 −182	−125 −214	−125 −265
400	450	−1500 −1900	−760 −1160	−760 −1390	−440 −595	−440 −690	−440 −940	−230 −327	−230 −385	−230 −480	−230 −630	−135 −198	−135 −232	−135 −290
450	500	−1650 −2050	−840 1240	−840 −1470	−480 −635	−480 −730	−480 −880	−230 −327	−230 −385	−230 −480	−230 −630	−135 −198	−135 −232	−135 −290

注：公称尺寸小于 1 mm 时，各级的 a 和 b 均不采用。

偏差(摘自 GB/T 1801－2009)　　　　　　　　　　　　　　　　(单位:μm)

(带圈者为优先公差带)

f					g			h							
5	6	⑦	8	9	5	⑥	7	5	⑥	⑦	8	⑨	10	⑪	12
−6	−6	−6	−6	−6	−2	−2	−2	0	0	0	0	0	0	0	0
−10	−12	−16	−20	−31	−6	−8	−12	−4	−6	−10	−14	−25	−40	−60	−100
−10	−10	−10	−10	−10	−4	−4	−4	0	0	0	0	0	0	0	0
−15	−18	−22	−28	−40	−9	−12	−16	−5	−8	−12	−18	−30	−48	−75	−120
−13	−13	−13	−13	−13	−5	−5	−5	0	0	0	0	0	0	0	0
−19	−22	−28	−35	−49	−11	−14	−20	−6	−9	−15	−22	−36	−58	−90	−150
−16	−16	−16	−16	−16	−6	−6	−6	0	0	0	0	0	0	0	0
−24	−27	−34	−43	−59	−14	−17	−24	−8	−11	−18	−27	−43	−70	−100	−180
−20	−20	−20	−20	−20	−7	−7	−7	0	0	0	0	0	0	0	0
−29	−33	−41	−53	−72	−16	−20	−28	−9	−13	−21	−33	−52	−84	−130	−210
−25	−25	−25	−25	−25	−9	−9	−9	0	0	0	0	0	0	0	0
−36	−41	−50	−64	−87	−20	−25	−34	−11	−16	−25	−39	−62	−100	−160	−250
−30	−30	−30	−30	−30	−10	−10	−10	0	0	0	0	0	0	0	0
−43	−49	−60	−76	−104	−23	−29	−40	−13	−19	−30	−46	−74	−120	−190	−300
−36	−36	−36	−36	−36	−12	−12	−12	0	0	0	0	0	0	0	0
−51	−58	−71	−90	−123	−27	−34	−47	−15	−22	−35	−54	−87	−140	−200	−350
−43	−43	−43	−43	−43	−14	−14	−14	0	0	0	0	0	0	0	0
−61	−68	−83	−106	−143	−32	−39	−54	−18	−25	−40	−63	−100	−160	−250	−400
−50	−50	−50	−50	−50	−15	−15	−15	0	0	0	0	0	0	0	0
−70	−79	−96	−122	−165	−35	−44	−61	−20	−29	−46	−72	−115	−185	−290	−460
−56	−56	−56	−56	−56	−17	−17	−17	0	0	0	0	0	0	0	0
−79	−88	−108	−137	−186	−40	−49	−69	−23	−32	−52	−81	−130	−210	−320	−520
−62	−62	−62	−62	−62	−18	−18	−18	0	0	0	0	0	0	0	0
−87	−98	−119	−151	−202	−43	−54	−75	−25	−36	−57	−89	−140	−230	−360	−570
−68	−68	−68	−68	−68	−20	−20	−20	0	0	0	0	0	0	0	0
−95	−108	−131	−165	−223	−47	−60	−83	−27	−40	−63	−97	−155	−250	−400	−630

续 表

公称尺寸 mm		常用及优先公差带														
		js			k			m			n			p		
大于	至	5	6	7	5	⑥	7	5	6	7	5	⑥	7	5	⑥	7
—	3	±2	±3	±5	+4/0	+6/0	+10/0	+6/+2	+8/+2	+12/+2	+8/+4	+10/+4	+14/+4	+10/+6	+12/+6	+16/+6
3	6	±2.5	±4	±6	+6/+1	+9/+1	+13/+1	+9/+4	+12/+4	+16/+4	+13/+8	+16/+8	+20/+8	+17/+12	+20/+12	+24/+12
6	10	±3	±4.5	±7	+7/+1	+10/+1	+16/+1	+12/+6	+15/+6	+21/+6	+16/+10	+19/+10	+25/+10	+21/+15	+24/+15	+30/+15
10	14	±4	±5.5	±9	+9/+1	+12/+1	+19/+1	+15/+7	+18/+7	+25/+7	+20/+12	+23/+12	+30/+12	+26/+18	+29/+18	+36/+18
14	18															
18	24	±4.5	±6.5	±10	+11/+2	+15/+2	+23/+2	+17/+8	+21/+8	+29/+8	+24/+15	+28/+15	+36/+15	+31/+22	+35/+22	+43/+22
24	30															
30	40	±5.5	±8	±12	+13/+2	+27/+2	+20/+9	+25/+9	+34/+9	+28/+17	+33/+17	+42/+17	+37/+26	+42/+26	+51/+26	
40	50															
50	65	±6.5	±9.5	±15	+15/+2	+21/+2	+32/+2	+24/+11	+30/+11	+41/+11	+33/+20	+39/+20	+50/+20	+45/+32	+51/+32	+62/+32
65	80															
80	100	±7.5	±11	±17	+18/+3	+25/+3	+38/+3	+28/+13	+35/+13	+48/+13	+38/+23	+45/+23	+58/+23	+52/+37	+59/+37	+72/+37
100	120															
120	140	±9	±12.5	±20	+21/+3	+28/+3	+43/+3	+33/+15	+40/+15	+55/+15	+45/+27	+52/+27	+67/+27	+61/+43	+68/+43	+83/+43
140	160															
160	180															
180	200	±10	±14.5	±23	+24/+4	+33/+4	+50/+4	+37/+17	+46/+17	+63/+17	+54/+31	+60/+31	+77/+31	+70/+50	+79/+50	+96/+50
200	225															
225	250															
250	280	±11.5	±16	±26	+27/+4	+36/+4	+56/+4	+43/+20	+52/+20	+72/+20	+57/+34	+66/+34	+86/+34	+79/+56	+88/+567	+108/+56
280	315															
315	355	±12.5	±18	±28	+29/+4	+40/+4	+61/+4	+46/+21	+57/+21	+78/+21	+62/+37	+73/+37	+94/+37	+87/+62	+98/+62	+119/+62
355	400															
400	450	±13.5	±20	±31	+32/+5	+45/+5	+68/+5	+50/+23	+63/+23	+86/+23	+67/+40	+80/+40	+103/+40	+95/+68	+108/+68	+131/+68
450	500															

（带 圈 者 为 优 先 公 差 带）

r			s			t			u		v	x	y	z
5	6	7	5	⑥	7	5	6	7	⑥	7	6	6	6	6
+14 +10	+16 +10	+20 +10	+18 +14	+20 +14	+24 +14	—	—	—	+24 +18	+28 +18	—	+26 +20	—	+32 +26
+20 +15	+23 +15	+27 +15	+24 +19	+27 +19	+31 +19	—	—	—	+31 +23	+35 +23	—	+36 +28	—	+43 +35
+25 +19	+28 +19	+34 +19	+29 +23	+32 +23	+38 +23	—	—	—	+37 +28	+43 +28	—	+43 +34	—	+51 +42
+31 +23	+34 +23	+41 +23	+36 +28	+39 +28	+46 +28	—	—	—	+44 +33	+51 +33	—	+51 +40	—	+61 +50
											+50 +39	+56 +45		+71 +60
+37 +28	+41 +28	+49 +28	+44 +35	+48 +35	+56 +35	—	—	—	+54 +41	+62 +41	+60 +47	+67 +54	+76 +63	+86 +73
						+50 +41	+54 +41	+62 +41	+61 +43	+69 +48	+68 +55	+77 +64	+88 +75	+101 +88
+45 +34	+50 +34	+59 +34	+54 +43	+59 +43	+68 +43	+59 +48	+64 +48	+73 +48	+76 +60	+85 +60	+84 +68	+96 +80	+110 +94	+128 +112
						+65 +54	+70 +54	+79 +54	+86 +70	+95 +70	+97 +81	+113 +97	+130 +114	+152 +136
+54 +41	+60 +41	+71 +41	+66 +53	+72 +53	+83 +53	+79 +66	+85 +66	+96 +66	+106 +87	+117 +87	+121 +102	+141 +122	+163 +144	+191 +172
+56 +43	+62 +43	+73 +43	+72 +59	+78 +59	+89 +59	+88 +75	+94 +75	+105 +75	+121 +102	+132 +102	+139 +120	+165 +146	+193 +174	+229 +210
+66 +51	+73 +51	+86 +51	+86 +71	+93 +71	+106 +71	+106 +91	+113 +91	+126 +91	+146 +124	+159 +124	+168 +146	+200 +178	+236 +214	+280 +258
+69 +54	+76 +54	+89 +54	+94 +79	+101 +79	+114 +79	+110 +104	+126 +104	+139 +104	+166 +144	+179 +144	+194 +172	+232 +210	+276 +254	+332 +310
+81 +63	+88 +63	+103 +63	+110 +92	+117 +92	+132 +92	+140 +122	+147 +122	+162 +122	+195 +170	+210 +170	+227 +202	+273 +248	+325 +300	+390 +365
+83 +65	+90 +65	+105 +65	+118 +100	+125 +100	+140 +100	+152 +134	+159 +134	+174 +134	+215 +190	+230 +190	+253 +228	+305 +280	+365 +340	+440 +415
+86 +68	+93 +68	+108 +68	+126 +108	+133 +108	+148 +108	+164 +146	+171 +146	+186 +146	+235 +210	+250 +210	+277 +252	+335 +310	+405 +380	+490 +465
+97 +77	+106 +77	+123 +77	+142 +122	+151 +122	+168 +122	+186 +166	+195 +166	+212 +166	+265 +236	+282 +236	+313 +284	+379 +350	+454 +425	+549 +520
+100 +80	+109 +80	+126 +80	+150 +130	+159 +130	+176 +130	+200 +180	+209 +180	+226 +180	+287 +258	+304 +258	+339 +310	+414 +385	+499 +470	+604 +575
+104 +84	+113 +84	+130 +84	+160 +140	+169 +140	+1867 +140	+216 +196	+225 +196	+242 +196	+313 +284	+330 +284	+369 +340	+454 +425	+549 +520	+669 +640
+117 +94	+126 +94	+146 +94	+181 +158	+290 +158	+210 +158	+241 +218	+250 +218	+270 +218	+347 +315	+367 +315	+417 +385	+507 +475	+612 +580	+742 +710
+121 +98	+130 +98	+150 +98	+193 +170	+202 +170	+222 +170	+263 +240	+272 +240	+292 +240	+382 +350	+402 +350	+457 +425	+557 +525	+682 +650	+322 +790
+133 +108	+144 +108	+165 +108	+215 +190	+226 +190	+247 +190	+293 +268	+304 +268	+325 +268	+426 +390	+447 +390	+511 +475	+626 +590	+766 +730	+936 +900
+139 +144	+150 +144	+171 +114	+233 +208	+244 +208	+265 +208	+319 +294	+330 +294	+351 +294	+471 +435	+492 +435	+566 +530	+696 +660	+856 +820	+1036 +1000
+153 +126	+166 +126	+189 +126	+259 +232	+272 +232	+295 +232	+357 +330	+370 +330	+393 +330	+530 +490	+553 +490	+635 +595	+780 +740	+960 +920	+1140 +1100
+159 +132	+172 +132	+195 +132	+279 +252	+292 +252	+315 +252	+387 +360	+400 +360	+423 +360	+580 +540	+603 +540	+700 +660	+860 +820	+1040 +1000	+1290 +1250

表 5-9　常用及优先

公称尺寸 mm		常用及优先公差带													
		A	B	C		D				E		F			
大于	至	11	11	12	⑪	8	⑨	10	11	8	9	6	7	⑧	9
—	3	+330/+270	+200/+140	+240/+140	+120/+60	+34/+20	+45/+20	+60/+20	+80/+20	+28/+14	+39/+14	+12/+6	+16/+6	+20/+6	+31/+6
3	6	+345/+270	+215/+140	+260/+140	+145/+70	+48/+30	+60/+30	+78/+30	+105/+30	+38/+20	+50/+20	+18/+10	+22/+10	+28/+10	+40/+10
6	10	+370/+280	+240/+150	+300/+150	+170/+80	+62/+40	+76/+40	+98/+40	+130/+40	+47/+25	+61/+25	+22/+13	+28/+13	+35/+13	+49/+13
10	14	+400/+290	+260/+150	+330/+150	+205/+95	+77/+50	+93/+50	+120/+50	+160/+50	+59/+32	+75/+32	+27/+16	+34/+16	+43/+16	+59/+16
14	18														
18	24	+430/+300	+290/+160	+370/+160	+240/+110	+98/+65	+117/+65	+149/+65	+195/+65	+73/+40	+92/+40	+33/+20	+41/+20	+53/+20	+72/+20
24	30														
30	40	+470/+310	+330/+170	+420/+170	+280/+120	+119/+80	+142/+80	+180/+80	+240/+80	+89/+50	+112/+50	+41/+25	+50/+25	+64/+25	+87/+25
40	50	+480/+320	+340/+180	+430/+180	+290/+130										
50	60	+53/+340	+380/+190	+490/+190	+330/+140	+146/+100	+170/+100	+220/+100	+290/+100	+106/+60	+134/+60	+49/+30	+60/+30	+76/+30	+104/+30
65	80	+550/+360	+390/+200	+500/+200	+340/+150										
80	100	+600/+380	440/+220	+570/+220	+390/+170	+174/+120	+207/+120	+260/+120	+340/+120	+126/+72	+159/+72	+58/+36	+71/+36	+90/+36	+123/+36
100	12	+630/+410	+460/+240	+590/+240	+400/+180										
120	140	+710/+460	+510/+260	+660/+260	+450/+200	+208/+145	+245/+145	+305/+145	+395/+145	+148/+85	+185/+85	+68/+43	+83/+43	+106/+43	+143/+43
140	160	+770/+520	+530/+280	+680/+280	+460/+210										
160	180	+830/+580	+560/+310	+710/+310	+480/+230										
180	200	+950/+660	+630/+340	+800/+340	+530/+240	+242/+170	+285/+170	+355/+170	+460/+170	+172/+100	+215/+100	+79/+50	+96/+50	+122/+50	+165/+50
200	225	+1030/+740	+670/+380	+840/+380	550/+260										
225	250	+1110/820	+710/+420	+880/+420	+570/+280										
250	280	+1240/+920	+800/+480	+1000/+480	+620/+300	+271/+190	+320/+190	+400/+190	+510/+190	+191/+110	+240/+110	+88/+56	+108/+56	+137/+56	+186/+56
280	315	+1370/+1050	+860/+540	+1060/+540	+650/+330										
315	355	+1560/+1200	+960/+600	+1170/+600	+720/+360	+299/+210	+350/+210	+440/+210	+570/+210	+214/+125	+265/+125	+98/+62	+119/+62	+151/+62	+202/+62
355	400	+1710/+1350	+1040/+680	+1250/+680	+760/+400										
400	450	+1900/+1500	+1160/+760	+1390/+760	+840/+440	+327/+230	+385/+230	+480/+230	+630/+230	+232/+135	+290/+135	+108/+68	+131/+68	+165/+68	+223/+68
450	500	+2050/+1650	+1240/+840	+1470/+840	+880/480										

注:公称尺寸小于 1 mm 时,各级的 A 和 B 均不采用。

孔极限偏差(摘自 GB/T 1801—2009)　　　　　　　　　　　　(单位:μm)

(带 圈 者 为 优 先 公 差 带)

G 6	G ⑦	H 6	H ⑦	H ⑧	H ⑨	H 10	H ⑪	H 12	Js 6	Js 7	Js 8	K 6	K ⑦	K 8	M 6	M 7	M 8
+8 +2	+12 +2	+6 0	+10 0	+14 0	+25 0	+40 0	+60 0	+100 0	±3	±5	±7	0 −6	0 −10	0 −14	−2 −8	−2 −12	−2 −16
+12 +4	+16 +4	+8 0	+12 0	+18 0	+30 0	+48 0	+75 0	+120 0	±4	±6	±9	+2 −6	+3 −9	+5 −13	−1 −9	0 −12	+2 −16
+14 +5	+20 +5	+9 0	+15 0	+22 0	+36 0	+58 0	+90 0	+150 0	±4.5	±7	±11	+2 −7	+5 −10	+6 −16	−3 −12	0 −15	+1 −21
+17 +6	+24 +6	+11 0	+18 0	+27 0	+43 0	+70 0	+110 0	+180 0	±5.5	±9	±13	+2 −9	+6 −12	+8 −19	−4 −15	0 −18	+2 −25
+20 +7	+28 +7	+13 0	+21 0	+33 0	+52 0	+84 0	+130 0	+210 0	±6.5	±10	±16	+2 −11	+6 −15	+10 −23	−4 −17	0 −21	+4 −29
+25 +9	+34 +9	+16 0	+25 0	+39 0	+62 0	+100 0	+160 0	+250 0	±8	±12	±19	+3 −13	+7 −18	+12 −27	−4 −20	0 −25	+5 −34
+29 +10	+40 +10	+19 0	+30 0	+46 0	+84 0	+120 0	+190 0	+300 0	±9.5	±15	±23	+4 −15	+9 −21	+14 −32	−5 −24	0 −30	+5 −41
+34 +12	+47 +12	+22 0	+35 0	+54 0	+87 0	+140 0	+220 0	+350 0	±11	±17	±27	+4 −18	+10 −25	+16 −38	−6 −28	0 −35	+6 −48
+39 +14	+54 +14	+25 0	+40 0	+63 0	+100 0	+160 0	+250 0	+400 0	±12.5	±20	±31	+4 −21	+12 −28	+20 −43	−8 −33	0 −40	+8 −55
+44 +15	+61 +15	+29 0	+46 0	+72 0	+115 0	+185 0	+290 0	+460 0	±14.5	±23	±36	+5 −24	+13 −33	+22 −50	−8 −37	0 −46	+9 −63
+49 +17	+69 +17	+32 0	+52 0	+81 0	+130 0	+210 0	+320 0	+520 0	±16	±26	±40	+5 −27	+16 −36	+25 −56	−9 −41	0 −52	+9 −72
+54 +18	+75 +18	+36 0	+57 0	+89 0	+140 0	+230 0	+360 0	+570 0	±18	±28	±44	+7 −29	+17 −40	+28 −61	−10 −46	0 −57	+11 −78
+60 +20	+83 +20	+40 0	+63 0	+97 0	+155 0	+250 0	+400 0	+630 0	±20	±31	±48	+8 −32	+18 −45	+29 −68	−10 −50	0 −63	+11 −86

续 表

公称尺寸 mm		公差带(带圈者为优先公差带)											
		N			P		R		S		T		U
大于	至	6	⑦	8	6	⑦	6	7	6	⑦	6	7	⑦
—	3	-4 -10	-4 -14	-4 -18	-6 -12	-6 -16	-10 -16	-10 -20	-14 -20	-14 -24	—	—	-18 -28
3	6	-5 -13	-4 -16	-2 -20	-9 -17	-8 -20	-12 -20	-11 -23	-16 -24	-15 -27	—	—	-19 -31
6	10	-7 -16	-4 -19	-3 -25	-12 21	-9 -24	-16 -25	-13 -28	-20 -29	-17 -32	—	—	-22 -37
10	14	-9 -20	-5 -23	-3 -30	-15 -26	-11 -29	-20 -31	-16 -34	-25 -36	-21 -39	—	—	-26 -44
14	18												
18	24	-11 -24	-7 -28	-3 -36	-18 -31	-14 -35	-24 -37	-20 -41	-31 -44	-27 -48	—	—	-33 -54
24	30										-37 -50	-33 -54	-40 -61
30	40	-12 -28	-8 -33	-3 -42	-21 -37	-17 -42	-29 -45	-25 -50	-38 -54	-34 -59	-43 -59	-39 -64	-51 -76
40	50										-49 -65	-45 -70	-61 -86
50	65	-14 -33	-9 -39	-4 -50	-26 -45	-21 -51	-35 -54	-30 -60	-47 -66	-42 -72	-60 -79	-55 -85	-76 -106
65	80						-37 -56	-32 -62	-53 -72	-48 -78	-69 -88	-64 -94	-91 -121
80	100	-16 -38	-10 -45	-4 -58	-30 -52	-24 -59	-44 -66	-38 -73	-64 -86	-58 -93	-84 -106	-78 -113	-111 -146
100	120						-47 -69	-41 -76	-72 -94	-66 -101	-97 -119	-91 -126	-131 -166
120	140	-20 -45	-12 -52	-4 -67	-36 -61	-28 -68	-56 -81	-48 -88	-85 -110	-77 -117	-115 -140	-107 -147	-155 -195
140	160						-58 -83	-50 -90	-93 -118	-85 -125	-127 -152	-119 -159	-175 -215
160	180						-61 -86	-53 93	-101 -126	-93 -133	-139 -164	-131 -171	-195 -235
180	200	-22 -51	-14 -60	-5 -77	-41 -70	-33 -79	-68 -97	-60 -106	-113 -142	-105 -151	-157 -186	-149 -195	-219 -265
200	225						-71 -100	-63 -109	-121 -150	-113 -159	-171 -200	-163 -209	-241 -287
225	250						-75 -104	-67 -113	-131 -160	-123 -169	-187 -216	-179 -225	-267 -313
250	280	-25 -57	-14 -66	-5 -86	-47 -79	-36 -88	-85 -117	-74 -126	-149 -181	-138 -190	-209 -241	-198 -250	-295 -347
280	315						-89 -121	-78 -130	-161 -193	-150 -202	-231 -263	-220 -272	-330 -382
315	355	-26 -62	-16 -73	-5 -94	-51 -87	-41 -98	-87 -133	-87 -144	-179 -215	-169 -226	-257 -293	-247 -304	-369 -426
355	400						-103 -139	-93 -150	-197 -233	-187 -244	-283 -319	-273 -330	-414 -471
400	450	-27 -67	-17 -80	-6 -103	-55 -95	-45 -108	-113 -153	-103 -166	-219 -259	-209 -272	-317 -357	-307 -370	-467 -530
450	500						-119 -159	-109 -172	-239 -279	-229 -292	-347 -387	-337 -400	-517 -580

3) 在公称尺寸后面同时注出公差带代号和上、下极限偏差数值,这时应将极限偏差数值加上括号。

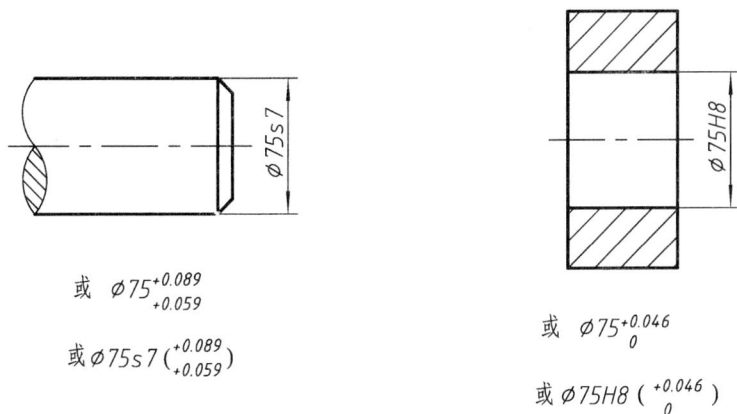

或　$\varnothing 75{}^{+0.089}_{+0.059}$

或 $\varnothing 75 s7\left({}^{+0.089}_{+0.059}\right)$

或　$\varnothing 75{}^{+0.046}_{0}$

或 $\varnothing 75 H8\left({}^{+0.046}_{0}\right)$

图 5-10　零件图上公差带代号的标注示例(1)

若上、下极限偏差数值相同而符号相反,则在公称尺寸后面加上"±"号,再填写一个极限偏差数值,其数字大小与公称尺寸数字的相同,如图 5-11 所示。

当同一公称尺寸所确定的表面具有不同的配合要求时,应采用细实线分开,并在各段表面上分别注出其公称尺寸和相应的公差带代号或极限偏差数值,如图 5-12 所示。

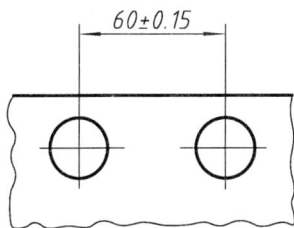

图 5-11　零件图上公差带代号的
标注示例(2)

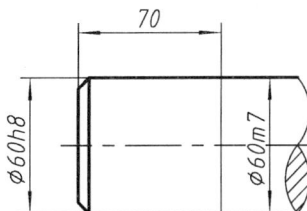

图 5-12　零件图上公差带代号的
标注示例(3)

6. 查表举例

例 1　查表确定 $\phi 18\dfrac{H8}{f7}$ 的极限偏差。

解　(1) 表示公称尺寸为 $\phi 18$,基孔制优先间隙配合,孔公差等级 8 级,轴公差等级 7 级(表 5-6)。

(2) 分子 H8 是基准孔的公差带代号,由表 5-9 可知,当公称尺寸为 18 mm(属于大于 14 mm 至 18 mm 的尺寸分段),8 级精度时,孔 $\phi 18 H8$ 的上、下极限偏差为 ${}^{+0.027}_{0}$。

(3) 分母 f7 是轴的公差带代号,由表 5-8 可知,当公称尺寸为 18 mm,7 级精度时,轴 $\phi 18 f7$ 的上、下极限偏差为 ${}^{-0.016}_{-0.034}$。

(4) 绘制 $\phi 18\dfrac{H8}{f7}$ 的公差带图(图 5-13)。

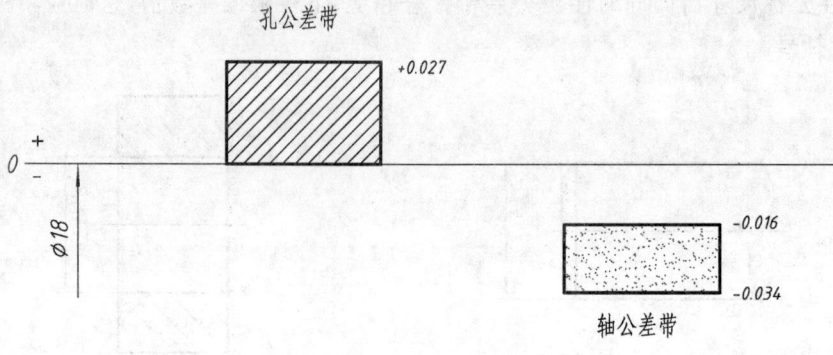

图 5 - 13　例 1 图

例 2　查表确定 $\phi80\dfrac{R7}{h6}$ 的极限偏差。

解　(1)表示公称尺寸为 $\phi80$，基轴制常用过盈配合，孔公差等级 7 级，轴公差等级 6 级(表 5 - 7)。

(2)分子 R7 是孔的公差带代号，由表 5 - 1 可知，当公称尺寸为 80 mm(属于大于 50 mm 至 80 mm 的尺寸分段)，7 级精度时，标准公差为 0.030 mm。由表 5 - 2 可知，当公称尺寸为 80 mm(属于大于 65 mm 至 80 mm 的尺寸分段)，基本偏差为 $\phi80R7$ 的上极限偏差 ES＝－0.043＋Δ＝－0.043＋0.011＝－0.032 mm，从而由公式 IT＝ES－EI 可得下极限偏差 EI＝ES－IT＝－0.032－0.030＝－0.062 mm，所以 $\phi80R7$ 的上、下极限偏差为 $_{-0.062}^{-0.032}$。

从表 5 - 9 可直接查到 $\phi80R7$ 的上、下极限偏差为 $_{-0.062}^{-0.032}$。

(3)分母 h6 是基准轴的公差带代号，由表 5 - 8 可知，当公称尺寸为 80 mm(属于大于 65 mm 至 80 mm 的尺寸分段)，6 级精度时，轴 $\phi80h6$ 的上、下极限偏差为 $_{-0.019}^{\;\;\;0}$。

(4)绘制 $\phi80\dfrac{R7}{h6}$ 的公差带图(图 5 - 14)。

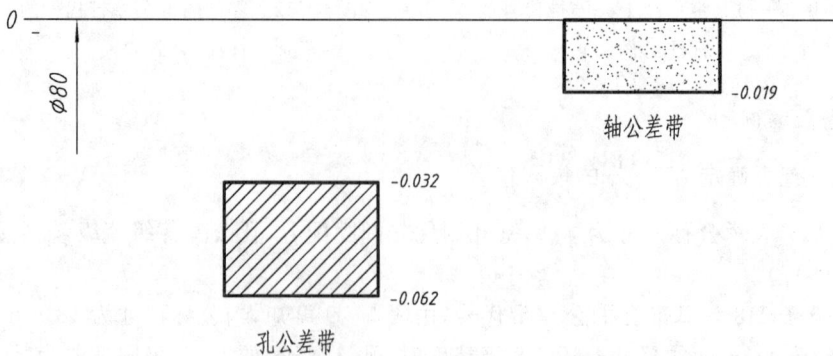

图 5 - 14　例 2 图

5.1.6　几何公差

凡构成机器零件几何特征的点、线、面称为要素,它是构成零件几何形体的基本单元。几何公差是指零件的实际要素相对于其几何理想要素的偏离情况,包括尺寸的偏离、要素形状和相对位置的偏离等。几何误差包括形状、方向、位置和跳动误差。为了实现零件的互换性,保证机器和零件的质量,必须限制零件几何误差的最大变动量,该最大变动量称为几何公差,允许变动量的值称为公差值。

零件表面的实际形状对理想形状所允许的变动量称为形状公差。

零件表面或轴线的实际位置对基准所允许的变动量称为位置公差。

图样上几何公差的标注方式有两种:一种是用框格的方式标注,主要针对精度要求高的要素;另一种是将国家标准规定的未注几何公差值在图样的技术要求中说明,未注几何公差值是工厂中常用设备能保证的精度值。

国家标准对几何公差的基本概念、术语及定义、符号及标注方法和公差值等都做了规定。下面摘要介绍 GB/T 1182－2018 中规定的几何公差的标注方法。

1. 几何公差的几何特征和符号

几何公差分类、几何特征名称及符号见表 5 - 10。

表 5 - 10　几何公差的分类与符号

公差类别	几何特征	符　　号	公差类别	几何特征	符　　号
形状公差	直线度	——	位置公差	平行度	//
	平面度	▱	定向	垂直度	⊥
	圆度	○		倾斜度	∠
	圆柱度	⌭	定位	同轴度	◎
	线轮廓度	⌒		对称度	═
	面轮廓度	⌓		位置度	⊕
			跳动	圆跳动	↗
				全跳动	↗↗

2. 几何公差的框格标注

(1)公差框格和基准符号。

1)被测要素和公差框格。在工程图样中,表达几何公差要求的公差框格如图 5 - 15(a)所示。框格用细实线绘制,框格中的文字、数字与尺寸数字同高。框格分为两格或多格,第一格为正方形,其后各格视需要而定。框格中从左到右依次填写几何特征符号、公差值及附加符号。第三格及以后各格填写基准字母和附加符号。如果没有基准,则只有前两格。

公差值的单位为毫米,在框格中不注写,公差带为圆形、圆柱形时,公差值前面加"ϕ",为球形时加"$S\phi$"。公差值按国家标准规定,可查阅有关资料。

附加符号有很多,其含义和注法可查阅国家标准。

公差框格用带箭头的指引线与被测要素的轮廓线或其延长线相连,指引线可引自框格的任意一侧;箭头指向公差带宽度方向,应垂直于被测要素。

2)基准符号。基准符号由大写英文字母、正方形框格、连接线和三角形组成。其中大写英文字母表示与被测要素相关的基准,注写在框格内;连接线连接框格和涂黑的或空白的三角形。框格、连接线、三角形均用细实线绘制,如图 5-15(b)所示。

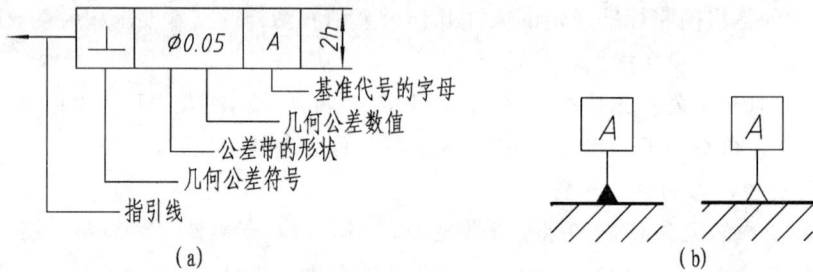

图 5-15　表示几何公差要求的框格与符号
(a)框格标注方法； (b)基准符号

(2)被测要素标注方法。

1)当公差涉及轮廓线或轮廓面时,箭头指向该要素的轮廓线,也可指向轮廓线的延长线,但必须与尺寸线明显错开,如图 5-16 所示。

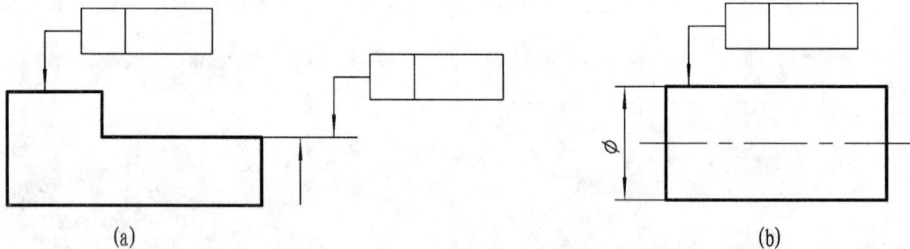

图 5-16　被测要素标注示例(1)

2)当公差涉及要素的中心线、中心面或中心点时,箭头应位于相应尺寸线的延长线上,被测要素指引线的箭头可代替一个尺寸箭头,如图 5-17 所示。

(3)基准要素的标注方法。

1)当基准要素是轮廓线或轮廓面时,基准三角形放置在要素的轮廓线或其延长线上,必须与尺寸线明显错开,如图 5-18(a)所示。

2)当基准是尺寸要素确定的轴线、中心平面或中心点时,基准三角形放置在该尺寸线的延长线上,如图 5-18(b)所示。

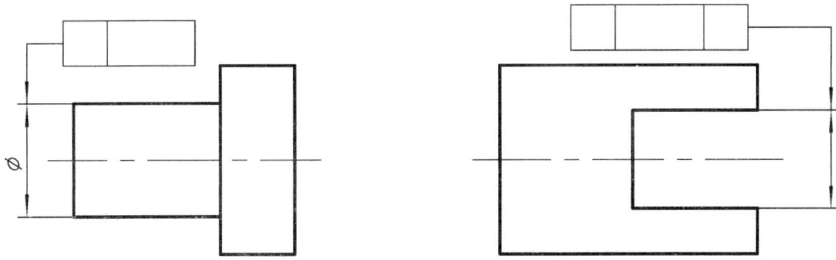

图 5-17　被测要素标注示例(2)

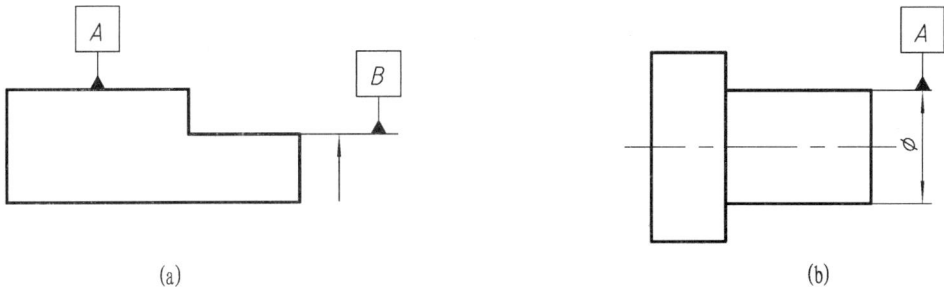

(a)　　　　　　　　　　　　　　　　　　　　(b)

图 5-18　基准要素的标注

3. 几何公差标注示例

几何公差的标注示例如图 5-19 所示。

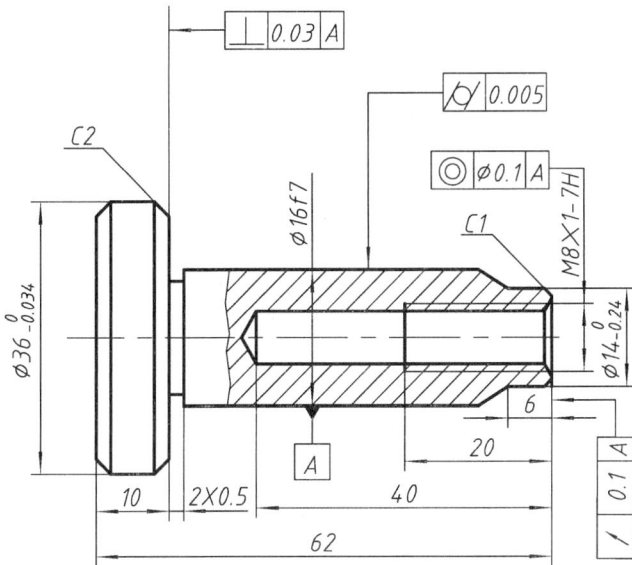

标注示例说明:

以 φ16f7 圆柱的轴心线为基准

以 φ16f7 圆柱面的圆柱度为 0.005mm

M8×1-7H 对基准 A 的同轴度公差为 φ0.1mm

φ$36_{-0.034}^{0}$ 的右端面对基准 A 垂直度公差为 0.03mm

φ$14_{-0.24}^{0}$ 的端面对基准 A 的端面间跳动公差为 0.1mm

图 5-19　几何公差标注示例

5.2　表面结构的表示法

5.2.1　表面结构的概念

在产品制造过程中,评定机器零件质量的重要技术指标除了极限与配合、几何公差外,还有表面微观结构,以及加工方法、加工设备、加工纹理方向、加工余量的限制、表面热处理等因素所影响到表面的情况,其中以表面微观结构为其主要部分。用表面微观结构可以较全面地反映零件的表面质量。

1. 基本概念

经过机械加工的零件,看起来表面很光滑,但在放大镜下观察时,则可见其表面具有微小的谷峰(图5-20)。这种情况是由于加工过程中,刀具从零件表面上分离材料时伴随的塑性变形、机械振动、刀具与被加工表面的摩擦等因素的影响而产生的,因其起伏甚微称微观不平度。这种微观几何特征对零件的摩擦、磨损、抗疲劳、抗腐蚀以

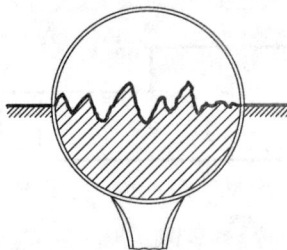

图 5-20　零件表面的微观几何形状

及零件间的配合性质等有很大的影响,因此,在零件图或技术产品文件中必须对其提出要求。

2. 表面结构术语及定义(摘自 GB/T 3505—2009)

(1)一般术语及定义。

1)三种轮廓和传输带。对实际表面微观几何特征的研究是用轮廓法进行的。平面与零件实际表面相交的交线称为实际轮廓或表面轮廓,图 5-21 表示的是零件的实际轮廓以及从实际轮廓中分离出来的粗糙度轮廓、波纹度轮廓和形状轮廓。

划分零件表面轮廓的基础是波长。每种轮廓都定义在一定的波长范围内,这个波长范围被称为该轮廓的传输带,用截止短波波长值和截止长波波长值表示。在实际表面测量粗糙度、波纹度和原始轮廓参数数值时,所用的仪器为轮廓滤波器。传输带的截止长、短波长值分别由长波滤波器和短波滤波器限定。应用短波滤波器能排除实际轮廓中所有比短波波长更短的短波成分,应用长波滤波器能排除实际轮廓中所有比长波波长更长的长波成分。供测量用的滤波器有三种,它的截止波长值分别用 λ_s、λ_c 和 λ_f 表示,$\lambda_s < \lambda_c < \lambda_f$。因此零件表面的三种轮廓定义为:

原始轮廓——表面实际轮廓应用短波滤波器 λ_s 滤波后所得到的总的轮廓。

粗糙度轮廓——是对原始轮廓应用 λ_c 滤波器抑制长波成分后形成的轮廓。

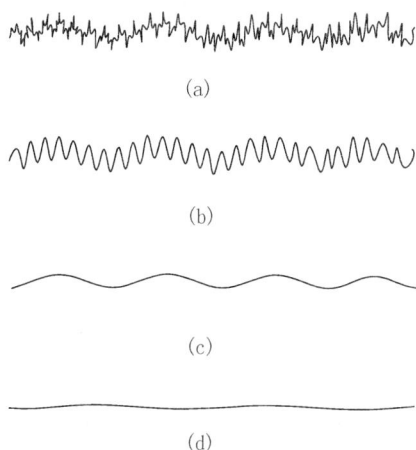

图 5-21　几种轮廓示意图
(a)实际轮廓；　(b)粗糙度轮廓；　(c)波纹度轮廓；　(d)形状轮廓

波纹度轮廓——对原始轮廓连续应用 λ_f 和 λ_c 两个滤波器后形成的轮廓。采用 λ_f 滤波器抑制长波成分，而采用 λ_c 滤波器抑制短波成分。

粗糙度轮廓、波纹度轮廓以及原始轮廓构成了零件的表面特征，称为表面结构。国家标准以这三种轮廓为基础，建立了一系列参数，定量地描述了对零件表面结构的要求，这些参数可用专用仪器进行测量，以评定零件的实际表面是否合格。

2) 中线。具有几何轮廓形状，并划分轮廓的基准线。实际上中线就是轮廓坐标系的 x 坐标轴，与之垂直的是轮廓高度 z 轴方向。三种轮廓各自都有其中线。

3) 取样长度。在 x 轴方向判别被评定轮廓的不规则特征的长度。l_r、l_w 及 l_p 分别表示粗糙度轮廓、波纹度轮廓和原始轮廓的取样长度。

4) 评定长度。用于评定被评定轮廓的 x 轴方向上的长度，它包含一个或几个取样长度。

(2) 表面轮廓参数术语及定义。表示零件表面微观几何特征时要用表面结构参数。国家标准把三种轮廓分别称为 R 轮廓、W 轮廓和 P 轮廓，从这三种轮廓上计算所得的参数分别称为 R 参数、W 参数和 P 参数。其中：

R 参数(粗糙度参数)指从粗糙度轮廓上计算所得的参数。

W 参数(波纹度参数)指从波纹度轮廓上计算所得的参数。

P 参数(原始轮廓参数)指从原始轮廓上计算所得的参数。

三种表面结构轮廓构成几乎所有表面结构参数的基础。表面结构参数分为三类：轮廓参数、图形参数和支撑率曲线参数，每类参数由不同的评定方法进行评定。表示表面类型的代号称为参数代号。本节主要介绍采用轮廓法确定表面结构的参数中，粗糙度参数常用的 Ra 和 Rz。其他方法可参阅有关标准。

1) 表面粗糙度轮廓的算术平均偏差(Ra)：在取样长度内轮廓高度 $z(x)$ 绝对值的算术平均值

$$Ra = \frac{1}{l_r}\int_0^{l_r} \mid z(x) \mid \mathrm{d}x$$

2) 表面粗糙度轮廓的最大高度(Rz)：在一个取样长度内，最大轮廓峰高和最大轮廓谷深之间的高度。

表面粗糙度参数 Ra 和 Rz 如图 5-22 所示。

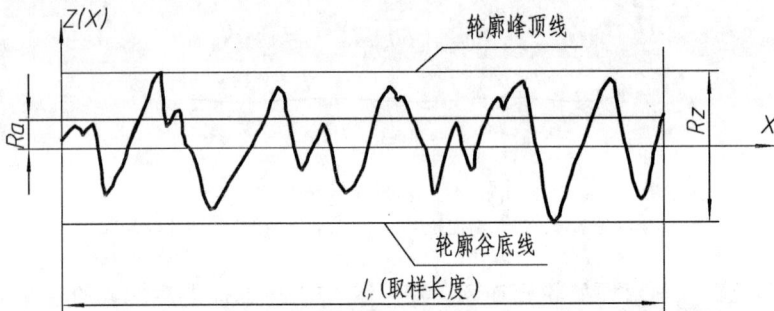

图 5-22　表面粗糙度轮廓的算术平均偏差和最大高度

Ra 和 Rz 是常用的表面结构参数，国家标准给出了两者的系列值和取样长度。国家标准(GB/T 1031—2009)规定的 Ra 系列值见表 5-11。

表 5-11　**Ra 系列值(摘自 GB/T 1031—2009)**

Ra	0.012	0.2	3.2	50
	0.025	0.4	6.3	100
	0.05	0.8	12.5	
	0.1	1.6	25	

国家标准规定的 Ra 值对应的取样长度 l_r 值见表 5-12。

表 5-12　**Ra 对应的取样长度 l_r 值(摘自 GB/T 1031—2009)**

$Ra/\mu\mathrm{m}$	l_r/mm	$Ra/\mu\mathrm{m}$	l_r/mm
$\geqslant 0.008 \sim 0.02$	0.08	$> 2.0 \sim 10.0$	2.5
$> 0.02 \sim 0.1$	0.25	$> 10.0 \sim 80.0$	8.0
$> 0.1 \sim 2.0$	0.8		

不同加工方法所对应的 Ra 值见表 5-13。

表 5 - 13 常用 *Ra* 值的表面特征、加工方法及应用举例

$Ra/\mu m$	表面	表面特征	加工方法	应用举例
100	毛面	除净毛口	铸、锻、轧制等经清理的表面	如机床床身、主轴箱、溜板箱、尾座体等未加工表面
50	粗加工面	明显可见刀痕	毛坯经粗车、粗刨、粗铣等加工方法所获得的表面	较少使用
25		可见刀痕		一般的钻孔表面、倒角、要求较低的非接触面
12.5		微见刀痕		
6.3	半精加工面	可见加工痕迹	精车、精刨、精铣、刮研和粗磨	支架、箱体和盖等的非接触表面,螺栓支撑面
3.2		微见加工痕迹		箱、盖、套筒要求紧贴的表面,键和键槽的工作表面
1.6		看不见加工痕迹		要求有不精确定心及配合特性的表面,如支架孔、衬套、胶带轮工作面
0.8	精加工面	可辨加工痕迹方向	金刚石车刀精车、精铰、拉刀和压刀加工、精磨、研磨、抛光	要求保证定心及配合特性的表面,如轴承配合表面、锥孔等
0.4		微辨加工痕迹方向		要求能保证规定的配合特性的零件配合表面,工作时受交变载荷的零件表面,高精度导轨表面等
0.2		不可辨加工痕迹方向		精密机床主轴的定位锥孔,要求气密的表面和支撑面

5.2.2 表面结构的图形符号及代号

1. 表面结构图形符号及含义(表 5-14)

表 5 - 14 表面结构图形符号及含义(摘自 GB/T 131--2006)

符 号	含 义
	基本图形符号。未指定工艺方法的表面,当通过一个注释解释时可单独使用
	扩展图形符号。用去除材料方法获得的表面,仅当其含义是"被加工表面"时可单独使用
	扩展图形符号。用不去除材料获得的表面,也可用于保持上道工序形成的表面,不管这种状况是通过去除材料或不去除材料形成的

续 表

符　　号	含　　义
	完整图形符号。当要求标注表面结构特征的补充信息时，应在基本图形符号或扩展图形符号的长边上加一横线
	工件轮廓各表面的图形符号。当在某个视图上组成封闭轮廓的各表面有相同的表面结构要求时，应在完整图形符号上加一圆圈，标注在图样中工件的封闭轮廓线上

图 5-23 给出了标准规定的表面结构图形符号的画法，其中 d'，H_1，H_2 的尺寸可查阅 GB/T 131—2006。

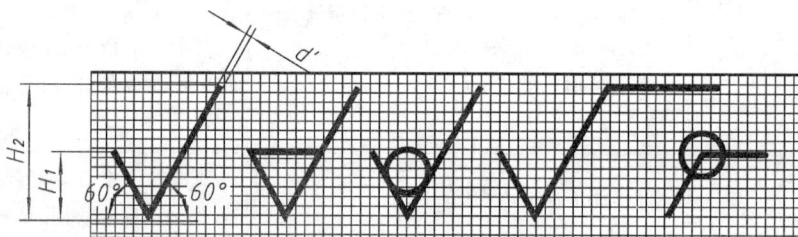

图 5-23　图形符号的画法

2. 表面结构完整图形符号的组成

(1)概述。为了明确表面结构要求，除了标注表面结构参数和数值外，必要时应标注补充要求。补充要求包括传输带、取样长度、加工工艺、表面纹理方向、加工余量等。为了保证表面的功能特征，应对表面结构参数规定不同要求。

图 5-24　表面结构要求的
注写位置
($a \sim e$)

(2)表面结构补充要求的注写位置。在完整符号中，对表面结构的单一要求和补充要求应注写在图 5-24 所示的指定位置。

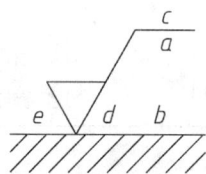

a——注写表面结构的单一要求，包括参数代号、极限值和传输带或取样长度。为了避免误解，在参数代号和极限值间应插入空格。传输带或取样长度后应有一斜线"/"，之后是参数代号，最后是数值。例如 0.002-0.8/Rz 6.3。

a 和 b——注写两个或多个表面结构要求，位置 a 注写第一个表面结构要求，位置 b 注写第二个表面结构要求。

c——注写加工方法、表面处理、涂层或其他加工工艺要求等，如车、磨、镀等加工表面。

d——注写所要求的表面纹理和纹理的方向，如"="" ×""M"。

e——注写加工余量，以毫米为单位给出数值。

3. 标准定义的 R 轮廓参数的标注

给出表面结构要求时,应标注其参数代号和极限值,并包括要求解释这两项元素所涉及的重要信息:传输带、评定长度或满足评定长度要求的取样长度个数和极限值判断规则。为了简化标注,对这些信息定义了默认值,当其中某一项采用默认定义时,则无须注写。

标注表面结构参数时应使用完整符号。在完整符号中注写了参数代号、极限值等要求后成为表面结构代号。下面举例说明 R 轮廓参数的标注(表 5 - 15),其他类型参数的标注与之类似,参阅 GB/T 131—2006。

(1)参数代号的标注。参数代号由字母和数字组成,例如 Ra,$Ra3$,$Ramax$,$Ra3max$。代号中的大小写字母和数字都属于同一字号。

(2)评定长度(l_n)的标注。评定长度用它所包含的取样长度的个数表示。国家标准中默认的评定长度为 5 个取样长度,则在 Ra 之后不标注取样长度个数;若评定长度不是默认值,参数代号后应标注取样长度的个数。

(3)极限值判断规则的标注。表面结构要求中给定极限值的判断规则有 16% 规则和最大规则。16% 规则是测量某个表面结构参数的数值时,所有实测值中超过极限值的个数少于总数的 16% 为合格;最大规则就是所有实测值都不超过极限值。

16% 规则为默认规则;采用最大规则时参数代号中应加注"max",例如 $Rzmax$,$Ra3max$。

(4)传输带和取样长度的标注。传输带的标注用长、短滤波器的截止波长(单位:mm)表示,短波波长在前,长波波长在后,并用连字符"-"隔开,例如 0.008 - 0.8。

如果采用默认传输带,则在参数代号前不标注传输带。如果两个截止波长中有一个为默认值,则只标注另一个,且应保留连字号,例如 - 0.8,表示短波波长为默认值。

(5)单向极限或双向极限的标注。标注表面结构要求时,必须明确所标注的表面结构参数是上极限值还是下极限值;上、下极限值都标注的称双向极限,只标注上极限值或下极限值的称为单向极限。

1)表面结构参数的双向极限。在完整符号中表示双向极限时应在参数代号前标注上、下极限代号,上限值在上方用 U 表示,下限值在下方用 L 表示。上、下极限值是 16% 规则或最大规则的极限值。如果同一参数具有双向极限要求,在不会引起歧义的情况下,可以不加 U 和 L。

上、下极限值可以用不同的参数代号和传输带表达。

2)表面结构参数的单向极限。当只标注参数代号、参数值和传输带时,它们应默认为参数的上限值(16% 规则或最大规则的极限值);如果是单项下限值(16% 规则或最大规则的极限值),则参数代号前应加 L。

表 5－15　表面结构代号的注写

序号	代　　号	含义/解释
1	$\sqrt{}$ Ra 3.2	表示采用去除材料的方法获得的表面,单向上限值(默认),默认传输带,R 轮廓,粗糙度算术平均偏差极限值 3.2 μm,评定长度为 5 个取样长度(默认),16% 规则;表面纹理没有要求
2	$\sqrt{}$ Rzmax 3.2	表示采用不去除材料的方法获得的表面,单向上限值(默认),粗糙度最大高度极限值为 3.2 μm,最大规则,其余参数采用默认设置
3	$\sqrt{}$ Ra3 3.2	表示采用去除材料的方法获得的表面,评定长度为 3 个取样长度,其余参数设置同序号 1
4	$\sqrt{}$ 0.08-0.8/Ra 3.2	表示采用去除材料的方法获得的表面,单向上限值(默认),传输带 0.08-0.8 mm,粗糙度算术平均偏差极限值为 3.2 μm,其余参数均采用默认设置
5	$\sqrt{}$ -0.8/Ra3 3.2	表示采用去除材料的方法获得的表面,单向上限值(默认),取样长度等于传输带的长波波长值,为 0.8 mm;传输带的短波波长值为默认值(0.002 5 mm),其余参数设置同序号 3
6	$\sqrt{}$ U Rz 0.8 L Ra 0.2	表示采用去除材料的方法获得的表面,双向极限值,上限值为 Rz 0.8,下限值为 Ra 0.2,极限值都是 16% 规则
7	$\sqrt{}$ Ra 1.6 -2.5/Rzmax 6.3	表示用磨削加工获得的表面,两个单向上限值: (1)Ra1.6; (2)−2.5/Rzmax 6.3

5.2.3　表面结构要求在图样中的注法

1. 概述

表面结构要求对每一表面一般只标注一次,并尽可能注在相应的尺寸及其公差的同一视图上。除非另有说明,所标注的表面结构要求是对完工零件表面的要求。

2. 表面结构符号、代号的标注位置与方向

(1)标注原则。表面结构要求标注总的原则是根据 GB/T 4458.4 的规定,使表面结构的注写和读取方向一致,如图5－25所示。注写在水平线上时,代、符号的尖端应向下;注写在竖直线上时,代、符号的尖端应向右;注写在倾斜线上时,代、符号的尖端应向下倾斜。

(2)标注在轮廓线上或指引线上。表面结构要求可标注在轮廓线上,其符号应从材料外指向并接触表面。必要时,表面结构符号也可用带箭头或黑点的指引线引出标注,如图5－26 和图 5－27 所示。

(3)标注在特征尺寸的尺寸线上。在不会引起误解时,表面结构要求可以标注在给定的尺寸线上,如图5－28所示。

图 5-25　表面结构要求的注写方向

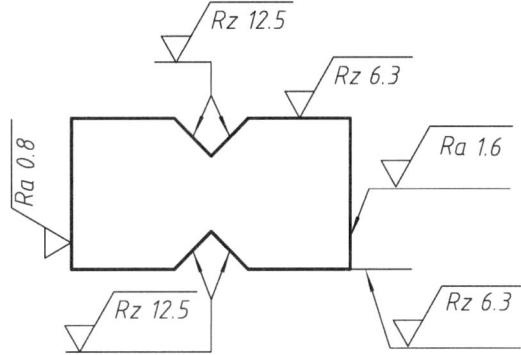

图 5-26　表面结构要求在轮廓线上的标注

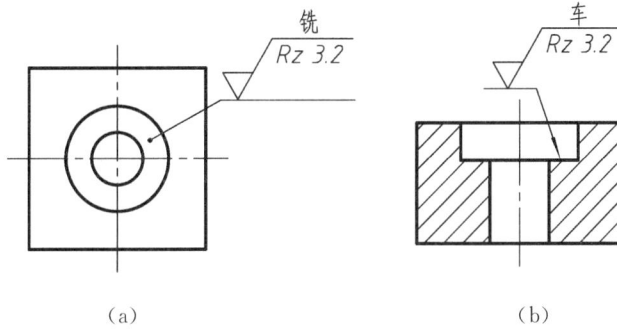

（a）　　　　　　　　　　　　　（b）

图 5-27　用指引线引出标注

（a）用带黑点的指引线引出标注；　（b）用带箭头的指引线引出标注

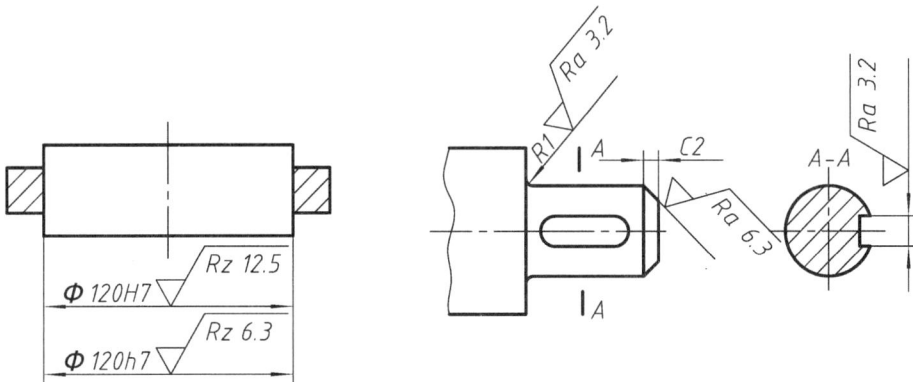

图 5-28　表面结构要求标注在尺寸线上

（4）标注在形位公差框格的上方，如图 5-29 所示。

（5）直接标注在延长线上或用带箭头的指引线引出标注，如图 5-26 和图 5-30 所示。

（6）标注在圆柱和棱柱表面上。圆柱和棱柱表面的表面结构要求只标一次，如图 5-30 所示。如果每个棱柱表面有不同的表面结构要求，则应分别单独标注，如图 5-31 所示。

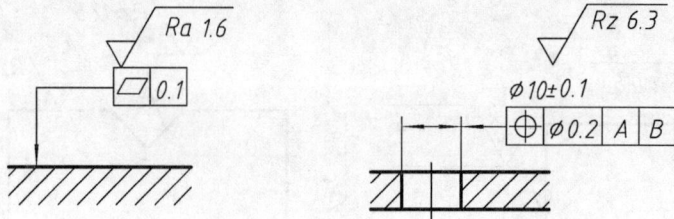

图 5 - 29　表面结构要求标注在形位公差框格的上方

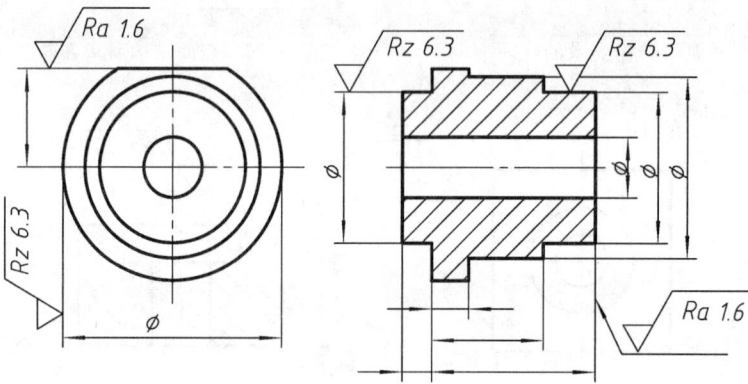

图 5 - 30　圆柱表面结构要求的标注

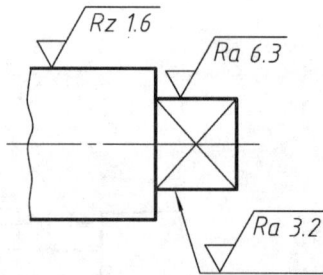

图 5 - 31　棱柱表面结构要求的标注

3. 表面结构要求的简化注法

(1)有相同表面结构要求的简化注法。如果在工件的多数(包括全部)表面有相同的表面结构要求,则其表面要求可统一标注在图样的标题栏附近。此时(除全部表面有相同要求的情况外),表面结构要求的符号后面应有以下内容:

1)在圆括号内给出无任何其他标注的基本符号,如图 5 - 32 所示。

2)在圆括号内给出不同的表面结构要求,如图 5 - 33 所示。

(2)多个表面有共同要求的注法。当多个表面具有相同的表面结构要求或图纸空间有限时,可以采用简化注法。

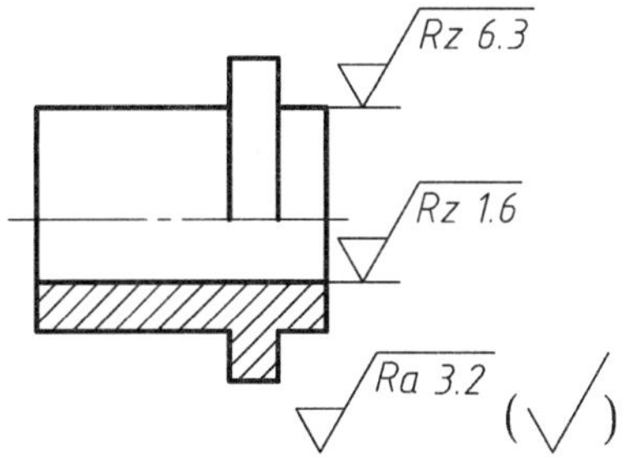

图 5-32　大多数表面有相同表面
结构要求的简化注法(1)

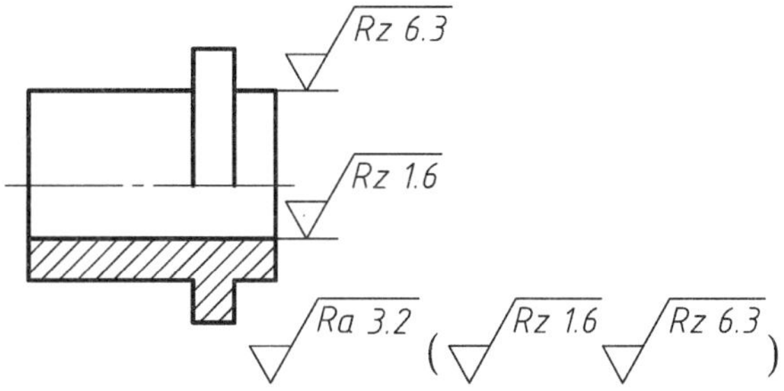

图 5-33　大多数表面有相同表面
结构要求的简化注法(2)

1)用带字母的完整符号的简化注法。可用带字母的完整符号,以等式的形式,在图形或标题栏附近,对有相同表面结构要求的表面进行简化标注,如图 5-34 所示。

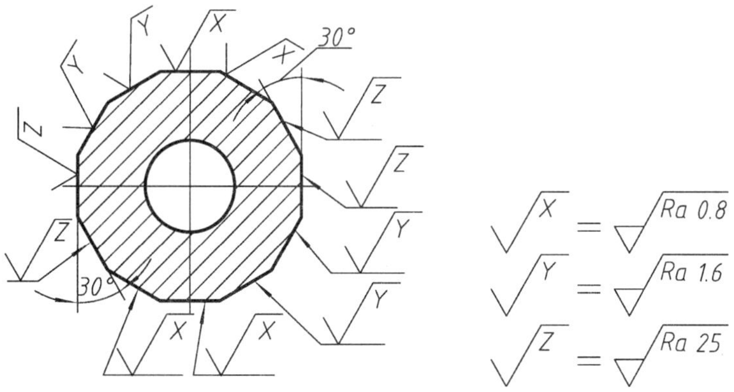

图 5-34　用带字母的完整符号对有相同表面结构要求的表面采用简化注法

2)只用表面结构符号的简化注法。根据被标注表面所用工艺方法的不同,相应地使用基本图形符号、去除材料或不去除材料的扩展图形符号在图中进行标注,并在标题栏附近以等式的形式给出多个表面共同的表面结构要求,如图 5-35 所示。

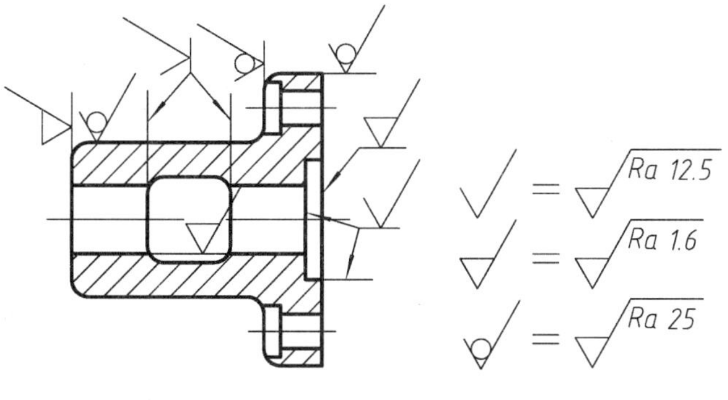

图 5-35　只用基本图形符号和扩展图形符号的简化注法

4. 表面结构的其他标注

(1)由几种不同的工艺方法获得的同一表面,当需要明确每一种工艺方法的表面结构要求时,可在国家标准规定的图线上标注相应的表面结构代号,如图5-36所示。图中同时给出了镀覆前后的表面结构要求的注法。

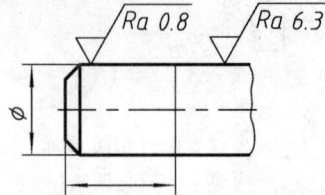

图 5-36　同时给出镀覆前后的
表面结构要求的注法

图 5-37　同一表面有不同的
表面结构要求的注法

(2)在同一表面上,如果有不同的表面结构要求时,须用细实线画出两个不同要求部分的分界线,并注出相应的表面结构符号和尺寸,如图5-37所示。

(3)对于零件上连续表面及重复要素(孔、槽、齿等)的表面(图5-38)和用细实线连接不连续的同一表面(图5-39),其表面结构代号不需要在所有表面标注,只需标注一次。

(4)下述一些要素的表面结构代号都不必标注在工作表面上,可以标注在其他表示这些工作面的线上。

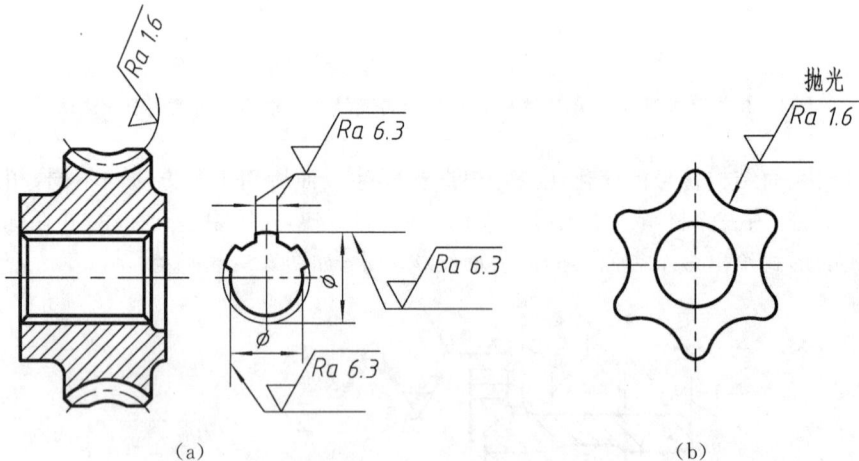

(a)　　　　　　　　　　　　　　　(b)

图 5-38　连续表面及重复要素表面结构要求的注法

螺纹的工作表面在没有画出牙型时,其表面结构代号可以注在标准螺纹代号的指引线上,如图5-40所示。

齿轮、花键等零件的工作表面在没有画出齿形时,其表面结构代号应注在分度线上,如图5-41所示。

图 5 - 39　不连续的同一表面表面结构要求的注法

（a）　　　　　　　　　　　　　　　　　（b）

图 5 - 40　螺纹的表面结构要求的注法

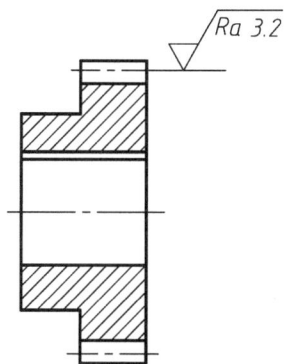

图 5 - 41　齿轮的表面结构要求的注法

5.3　其他技术要求简介

5.3.1　硬度

图纸上关于硬度的要求,多指金属材料的抗压凹、磨蚀或机械加工的性能。它是金属材料的一项带有综合性的性能指标,通常用材料表面抵抗硬物压入的能力来表示,即在压头的作用下,形成压坑的大小和深浅数值。由于测试硬度的方法不同,常用的硬度表示法有布氏硬度和洛氏硬度两种。

HB布氏硬度符号:如图纸上常注有"HB262～286"字样,它表示在 3 000 kg 荷重下,将钢球压入金属表面时所达到的硬度值(压痕直径约为 3.75～3.60 mm)。布氏硬度一般适用于表示低硬度(HB＜450)值,常用来表示不淬火钢、铸铁和有色金属的硬度。

HRC(或 RC)洛氏硬度符号:硬度机的测头用金钢钻锥体(代替钢球)在 150 kg 荷重条件下,压入金属表面所得到的压痕深度的一种标志。例如 HRC27～30,此时所表达的硬度与上述 HB262～286 的硬度值相当。

5.3.2　热处理简介

所谓热处理,就是运用加热、保温和冷却等有机的配合,改变金属或合金的内部组织,从而获得更好的机械性能的一种工艺方法。它一般不改变金属零件的化学成分或形状。常用的热处理方法如下。

1. 退火(焖火)

将钢件加热到一定温度,经过一段时间保温,然后随炉缓慢冷却。退火使晶粒细化,组织均匀;消除热加工(铸、锻、焊)过程中所产生的内应力和某些缺陷。同时还能降低钢的硬度,便于切削加工。退火也为后续热处理工序做好准备。

2. 正火

正火是退火的一种特殊形式,其加热和保温与退火相同,不同之处在于冷却是在空气中进行的,速度较快,因而有较高的强度和硬度。在消除应力和缺陷方面,正火与退火相同,但在改善切削性能方面,由于正火使材料有较高的硬度,故它适用于含碳量(＜0.45％)较低的钢材,这样就可以获得有利于切削的适当硬度。

3. 淬火

淬火是钢材经加热、保温后,放入淬火剂(油、水等)中急剧冷却。淬火可提高零件硬度和耐磨性,但组织很不稳定,性脆,甚至引起零件变形或开裂,因此淬火后必须给予回火处理。

4. 回火

将淬火后的零件加热到适当温度(低于淬火温度),保温一段时间后,一般再在空气中冷却。回火可以改善工件的金相组织,消除淬火所引起的内应力,并提高材料的韧性,减少脆性和硬度,以达到所需的机械性能,并使内部组织稳定。

5. 调质

淬火后随即进行高温(300～700℃)回火的热处理操作称为调质。调质处理后的零件有较好的综合机械性能,主要用于中碳钢及中碳合金钢零件。

5.3.3　化学热处理名词简介

化学热处理就是把零件加热到高温状态,再将其他元素渗入其表层,以改变零件表层的化学成分,从而引起表层组织性能变化的一种热处理工艺。通过这种处理一般可以获得"外硬内韧"的性能。常用的化学热处理方法如下。

1. 渗碳

将碳原子渗入低碳(或中碳)钢件的某些工作表面,增高其表层含碳量,再予以淬火处理,就可提高工作表面的硬度和耐磨性,而工件的材料中心层仍保持原有韧性。一些受冲击载荷的零件(如齿轮等)的啮合面,均要求渗碳。

同一零件上不需渗碳的表面,可用余量法、镀铜法或堵塞法等避免渗碳。

2. 渗氮

渗氮是利用渗氮剂(氨)在 $500\sim600$℃ 温度下分解时所产生的活性氮原子渗入零件表层,形成铁氮合金,从而改变表层机械性能和理化性质的一种热处理过程。

渗氮适用于含有铬、钼、铝等元素的合金钢,因为这些元素的氮化物强度很高,且在高温下也很难分解,故提高了零件的耐磨性、耐蚀性和疲劳强度。

3. 氮化

将碳和氮原子同时渗入工件表层的方法称为氮化。它对钢件的作用和效能与渗氮类似。

5.3.4　金属的表面处理

表面处理是在金属表面增设保护层的工艺方法。它起着防蚀、装饰和改善表面的机械物理性能(耐磨、导电、绝缘、反光等方面的能力)等作用。

1. 钢零件的保护层

(1)镀锌。镀锌零件在空气中有良好的耐蚀性,且其费用低廉,应用广泛。为了避免使钢件直接与铝、镁或铜合金接触,也使用镀锌法保护。锌本色日久变暗,因此不作装饰之用。

(2)镀镉。镀镉件比镀锌件稳定,在海水及其蒸汽中有很强的耐蚀性。镉层柔软,且有弹性,对零件贴合封严极为有利,但不耐磨。镉盐有毒且稀少,宜慎用。

(3)镀铬。铬层耐蚀并耐磨,外观美,能耐潮湿大气、碱、硝酸和多种气体的腐蚀作用。镀铬层孔隙大,故单层镀铬可靠性差。因此,镀铬前一般先以镀铜或镀镍作为底层。

(4)镀镍。镍在大气、海水,尤其在碱中有良好的抗蚀性。镍层抛光后外表美观。

(5)发蓝(发黑)。使钢件表面形成一层氧化膜。发蓝主要用于良好大气条件下工作的零件,涂油可提高其防护性能。氧化膜极薄,对表面结构和尺寸精度影响很小,常用于尺寸精确或需黑色表面的零件。

2. 铝、镁合金保护层

铝、镁合金进行表面处理的主要方法是阳极化,即将零件作为直流电路的阳极,进行氧化处理。阳极化可提高铝、镁合金的防蚀和耐磨能力。由于这样处理时,还可将氧化膜染成黄、黑、蓝、红、绿或紫色,所以它也是带有装饰性的处理方法。

3．铜合金的保护层

铜合金保护层基本上与钢相似，可以镀锌、镉、铬、镍或锡等，还可予以钝化处理，使铜合金表面形成氧化膜。

5.3.5　常用金属材料

1．常用黑色金属材料(表 5－16)

表 5－16　常用黑色金属材料简介

标准	名称	牌号	特性及应用举例	牌号说明
GB700—2006	碳素结构钢	Q195	金属结构构件中受轻载荷的机件，如垫片、垫圈、铆钉、螺钉、水管、气管和外壳等	"Q"是钢材屈服点"屈"字汉语拼音首位字母。数字表示钢材的屈服点数值，单位兆帕（MPa）。质量等级符号有 A，B，C，D 四个级别
		Q215－A	焊制或渗碳机件，如轴、轮、凸轮、管子和受力不大的螺钉等	
		Q235－A Q255－A	有较好的强度、硬度和韧性，用途较广，是一般机器制造上的主要材料。用于制造一般的轮轴、轴、齿轮、连杆、销、螺栓、螺母、垫圈、钩和楔等	
		Q275	强度要求较高的零件，如重要的螺钉、拉杆、楔、连杆、轮轴、轴和齿轮等	
GB699—2015	优质碳素钢	普通含锰量钢 15	塑性、韧性、焊接性能和冷冲性能均极良好，但强度较低，用于受力不大、韧性要求较高的零件、紧固件、冲模锻件及不要热处理的低负荷零件，如螺栓、螺钉、拉条、法兰盘及化工贮器、蒸汽锅炉等	牌号的两位数字表示平均含碳量的万分数，如"45"表示平均含碳量为0.45％。 较高含锰量的优质碳素钢，在牌号尾部加"Mn"
		35	有好的塑性和相当的强度，用于制造锻造的高韧性机件，如曲轴、连杆、杠杆以及横梁、圆盘、套筒、钩环、螺钉、螺母等。一般不作焊接件	
		45	强度较高、韧性中等，通常在调质或正火状态下使用。用于制造齿轮、齿条、离合器、轴、活塞销、丝杆、花键轴、键、汽轮机的叶轮、压缩机及泵的零件	
		较高含锰量钢 15Mn	高锰低碳渗碳钢，性能与15号钢相似，但其淬透性、强度和塑性比15号钢都高些。可制造凸轮轴、齿轮、联轴器、铰链和拖杆等。焊接性好	
		45Mn	用于受磨损的零件，如转轴、心轴、叉、啮合杆及载荷较大的零件，如离合器盘、花键轴、万向接头、曲轴、汽车后轴、双头螺柱和地脚螺栓等。焊接性较差	
		65Mn	强度、硬度均高，淬透性大，脱碳倾向小，但有过热敏感性，易产生淬火裂纹，并有回火脆性。适宜作高强度、高耐磨、高弹性零件，如机床主轴、弹簧卡头、弹簧垫圈，大尺寸的各种扁、圆弹簧以及经受摩擦的农机零件，如犁、切刀等	

续 表

标准	名称	牌 号	特性及应用举例	牌号说明
GB4357—2009	碳素弹簧钢丝	B级 C级 D级	有较好的弹性和较高强度,制造在冷状态下缠绕成形而不经淬火的小型螺旋弹簧。供航空工业用的钢丝,表面刮伤深度有严格要求者在订货合同内注明	B级用于低应力弹簧;C级用于中等应力弹簧;D级用于高应力弹簧
GB3077—2015	合金结构钢	锰钢 20Mn2	对于截面较小的零件,相当于20Cr钢,可作渗碳小齿轮、小轴、活塞销、柴油机套筒、气门推杆、钢套等	钢中加入一定数量的合金元素,能提高钢的机械性能和耐磨性,也提高了钢的淬透性,保证金属在较大截面上获得高机械性能。合金元素用国际化学元素符号表示,元素前面数字表示平均含碳量的万分数,元素后面数字表示平均合金元素含量的百分数,平均合金含量小于1.5%时,一般不予标注。高级优质合金结构钢在牌号尾部加"A"
		锰钢 45Mn2	用于制造在较高应力与磨损条件下的零件。在直径≤60 mm时,与40Cr相当,可作万向接头、齿轮、蜗杆和曲轴等	
		硅锰钢 35SiMn 42SiMn	除要求低温(−20℃)、冲击韧性很高时,可全面代替40Cr钢作调质零件,亦可部分代替40CrNi钢。此钢耐磨、耐疲劳性均佳,适用于作轴、齿轮及在430℃以下的重要紧固件。42SiMn与35SiMn同,但适于作表面淬火件	
		铬钢 40Cr	用于承受交变负荷、中等速度、中等负荷、强烈磨损而无大冲击的重要零件,如汽车万向节、连杆、螺栓、进汽阀、重要齿轮和轴等	
		铬锰硅钢 25CrMnSi	用于要求表面硬度高、耐磨,心部有较高强度、韧性的零件,如渗碳齿轮、凸轮等,可以焊接	
		30CrMnSiA	航空制造业中常用的一种调质钢,用于制造重要锻件、机械加工件和焊接件,如起落架零件、天窗盖、冷气瓶、涡轮喷气机、压气机转子的叶片盘和中机匣导向叶片等	
GB9439—2010	灰铸铁	HT100	低强度铸铁,用于盖子、手轮、手把、支架、罩壳和座板等不重要零件	"HT"是灰铁二字汉语拼音的第一个字母。后面的数字代表最低抗拉强度(N/mm^2)的平均值
		HT200 HT250	高强度铸铁,并能保持气密性,用于较重要的铸件,如机床床身、汽缸、齿轮、中等压力的油缸、泵体和阀体	
		HT300 HT350	高强度、高耐磨铸铁,并能保持高气密性,用于重要铸件,如重型机床床身、齿轮、凸轮、曲轴、汽缸体、缸套、高压油缸、液压筒、泵体和阀体等	

2. 常用有色金属材料(表5-17)

表5-17　常用有色金属材料简介

标准	名称		牌 号	特性及应用举例	牌号说明
GB4424 — 1984	普通 黄铜		H62	黄铜为铜锌合金。H62用于散热器、垫圈、弹簧、各种网、螺钉及其他零件	H 表示黄铜,数字表示含铜量(%),其余为锌
GB1176 — 2013	铸造黄铜	铅黄铜	ZCuZn40Pb2	各种化工、造船用零件,如阀门、轴承和垫圈等	"Z"为铸字汉语拼音第一个字母,化学元素符号为主要添加元素,并以此分组,其后数字组为该合金的成分数字组
		锰黄铜	ZCuZn38Mn2Pb2	强度高、耐磨性及铸造性好。用于制造轴瓦、轴套和其他耐磨零件	
GB1176 — 2013	铸造青铜	锡青铜	ZCuSn10Pb1	硬度适中,热稳定性好,适于离心浇铸,用于重要的耐磨、耐冲击零件,如齿圈、蜗轮、螺母及主轴轴承等	"Z"为铸字汉语拼音第一个字母,化学元素符号为主要添加元素,并以此分组,其后数字组为该合金的成分数字组
		铝青铜	ZCuAl10Fe3	制造要求耐磨的、硬度高、强度好的零件和蜗轮、螺母、轴套及防锈零件	
GB/T 1173 — 2013	铸造铝合金	铝硅合金	ZL101 ZL101A	铸造性好,有足够高的机械性能和抗蚀性,用途广泛。用于形状复杂的、承受中等负荷的飞机发动机零件,如附件壳体	"ZL"为铸铝二字汉语拼音第一个字母,其后第一位数字为合金分组号,第二、三位数字为顺序号
			ZL102	压铸件、仪表壳及低负荷飞机附件、气缸、活塞以及高温工作的形状复杂的零件	
		铝铜合金	ZL203	热强性好,宜高温用,铸造性差,抗蚀性低。在高温下工作并要求较高塑性的零件,中等负荷、形状简单的零件	
		铝镁合金	ZL301	抗蚀性高,机械性能高,铸造性差,热强性低。用于高负荷、高耐腐蚀、高温下工作的零件	
		铝锌合金	ZL401	铸造工艺性好,比重大,抗蚀性差。用于制造形状复杂的、大型薄壁零件以及高温下工作的中等负荷零件	

本 章 小 结

　　尺寸公差、几何公差、表面结构是控制零件质量的三项重要技术要求,也是本章学习的重点。学习本章要明确基本概念、术语定义,能够查阅相应的标准手册,要求正确熟练地进行图样标注。

　　1. 尺寸公差是指允许尺寸的变动量。要熟练掌握尺寸公差在图样中的三种标注形式和查表方法。熟练掌握尺寸公差在零件图和装配图中的标注。

　　2. 几何公差是指零件的实际要素相对于其几何理想要素的偏离情况。几何公差包括形状公差和位置公差。了解几何公差在图样中的标注。

　　3. 表面结构是指零件表面的微观几何形状特征。最常见的评定参数是 Ra(轮廓的算术平均偏差),要熟练掌握表面结构在图样中的标注方法。

　　4. 了解其他技术要求(硬度、热处理、金属表面处理、材料等)。

思 考 题

　　1. 试叙述零件的互换性。

　　2. 标准公差共有多少等级?

　　3. 公差带代号由几部分组成?

　　4. 试说明 $\phi50H8$ 和 $\phi50f7$ 的含义。

　　5. 配合有哪些种类? 什么是配合制?

　　6. 试说明表面结构的含义及在图样上的注法。

第6章 典型零件

本章导学

一般机器零件按其结构形状的不同,大致可分为轴套、盘盖、叉架及箱体等类型,必须按照零件在机器中的作用和它的制造工艺进行零件构形设计,并完成零件工作图的绘制以供制造。

在零件的设计过程中,首先要保证零件能够实现预定功能,并具有足够的强度、刚度和稳定性。其次要考虑材料的选择和使用。再次要考虑零件的结构形状,要易于加工、装配、调整和维修。最后还要考虑零件的实用、美观和零件成本的经济性。

各类零件有其不同的结构特点和加工工艺。本章主要介绍典型零件的结构特点、工艺性和视图表达,为零件的构形设计,以及真正画出一张符合要求的零件图打好基础。

6.1 典型零件的结构要素及工艺性

典型零件一般要通过铸造、锻造和机械加工制成。零件的加工工艺对零件结构的设计有一定要求。本节对典型零件的结构要素及工艺性做一介绍。

6.1.1 铸造件结构

盘盖、叉架和箱体类零件中大部分是铸造件。铸件一般是浇铸成型的。为了起模方便和消除缩孔、夹砂等铸造缺陷,铸件上必须考虑起模斜度、铸造圆角等结构(表6-1)。

表6-1 铸件结构

工 艺 结 构	图 例
起模斜度:为了起模方便,铸件的内、外壁沿起模方向应带有斜度,一般为1°左右。因斜度较小,在图上可以不必画出[图(a)]。若斜度较大时,则应画出[图(b)]	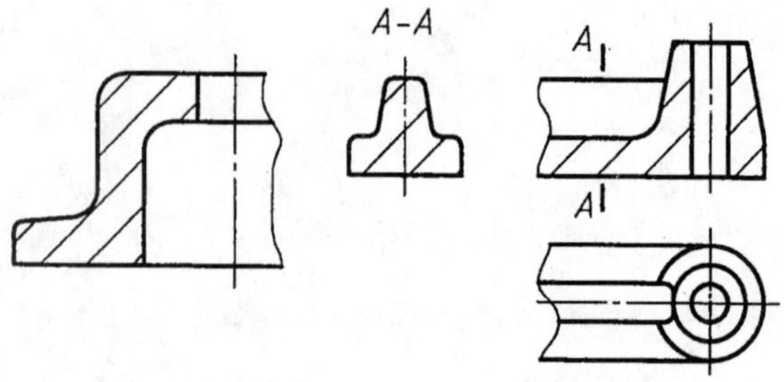 　(a)　　　　　　　　(b)

续表

工 艺 结 构	图 例
铸造圆角:在铸件转角处应做成圆角[图(a)],否则砂型在尖角处容易落砂,在金属冷却过程中易产生裂纹或缩孔。一般 $R=3\sim5$	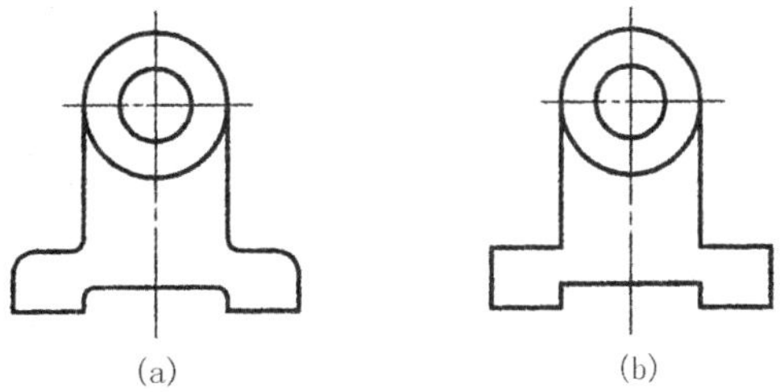 (a)　　　　　　　　(b)
壁厚均匀:空心铸件应尽量保持壁厚均匀[图(a)],壁厚不同时,应逐渐过渡[图(b)],避免局部肥大[图(c)]或突变[图(d)],以防金属冷却时产生裂纹或缩孔	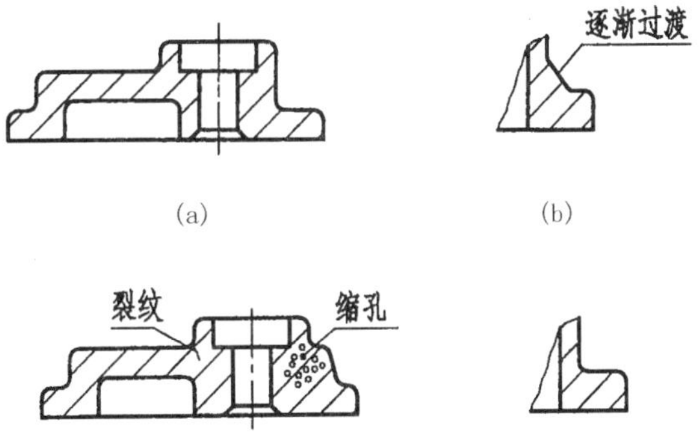 逐渐过渡 (a)　　　(b) 裂纹　缩孔 (c)　　　(d)

6.1.2　锻造件结构

　　锻件一般是金属在锻模中挤压成型的。叉架类零件中的连杆、拨叉等零件一般采用模锻件毛坯。为方便从锻模中取出锻件和避免应力集中等现象,模锻件上也应有斜度、圆角等结构(表 6-2)。

表 6-2　模锻件结构

工 艺 结 构	图 例
模锻斜度:模锻斜度是便于将零件从锻模中取出而做出的,一般外模锻斜度 α 应小于内模锻斜度 β,最常用的模锻斜度为 $7°\sim10°$	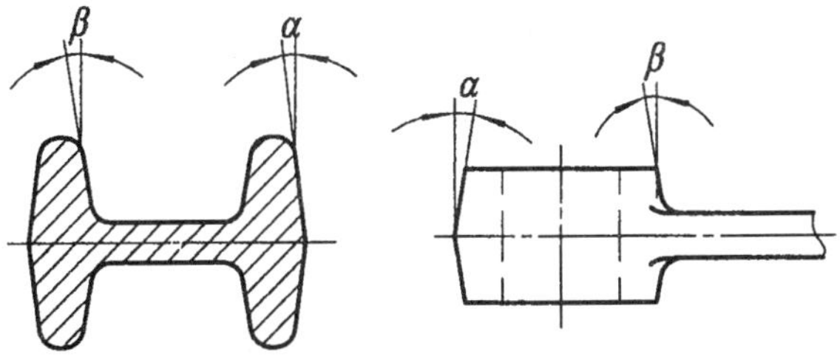 β　　α　　　α　　β (a)　　　　　　　(b)

续 表

工 艺 结 构	图 例
模锻圆角：模锻零件表面转角处必须有模锻圆角，通常 $R > R_1$。一般 $R = 3 \sim 5, R_1 = 1.5 \sim 3$	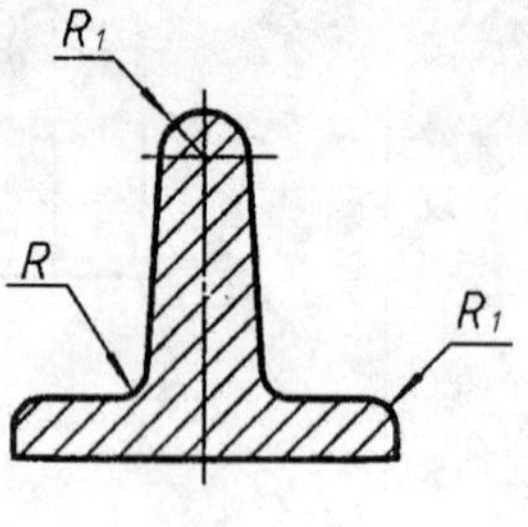 (a) 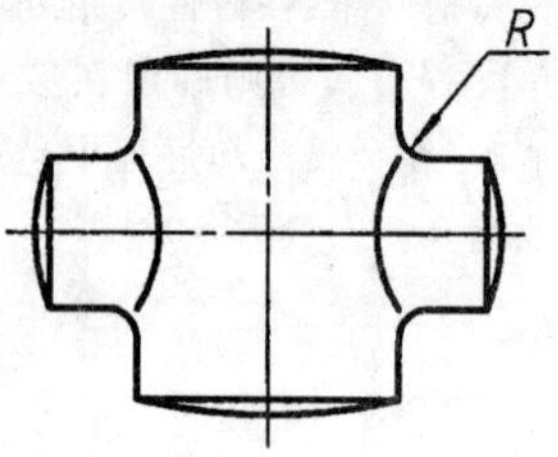　　　　　　(b)
模锻剖面：模锻件的剖面应避免突然变化［图（a）］，否则加热的坯料流动慢，不易填满模腔。图（b）为不正确的形状	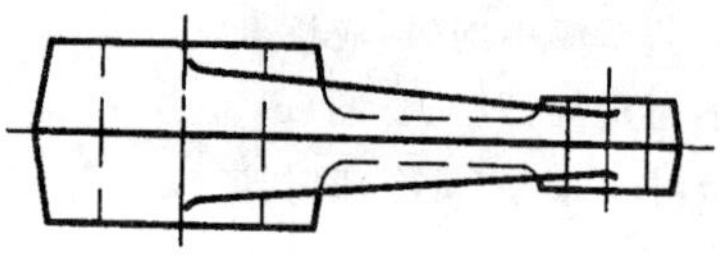 (a) 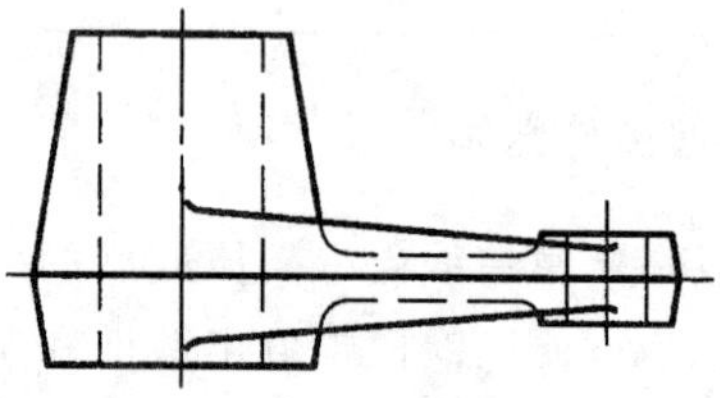 (b)

6.1.3　机械切削加工件结构

　　机械切削加工是利用切削刀具从零件毛坯上去除多余金属，加工制成符合设计要求的零件的工艺，常用的加工方法有车、镗、铣、刨、磨、钻等。为便于加工、减少加工量、避免应力集中，金属切削件上应制出倒角、凸台、退刀槽等结构（表 6-3）。

表 6-3　机械加工件结构

工　艺　结　构	图　　　例
倒角：为便于装配和操作安全,常在零件上加工出倒角。倒角的尺寸注法如图所示。尺寸 C 的大小参照表 6-4~表6-6	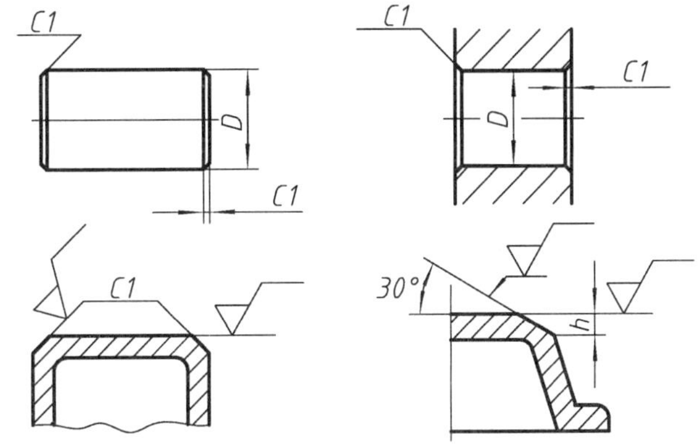
倒圆：为防止应力集中,常在阶梯轴的转向处加工出倒圆 R。R 的尺寸参照表 6-4~表6-6	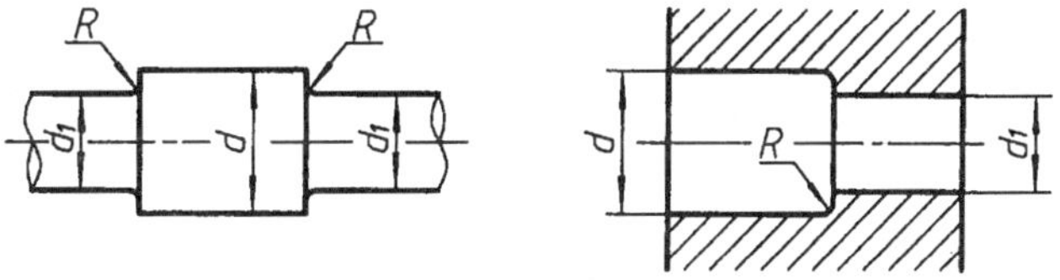
凸台与凹槽：为保证零件接触面间的装配或安装质量,并减少加工面,可在铸造件上制出凸台 [图(a)]或凹槽[图(b)]	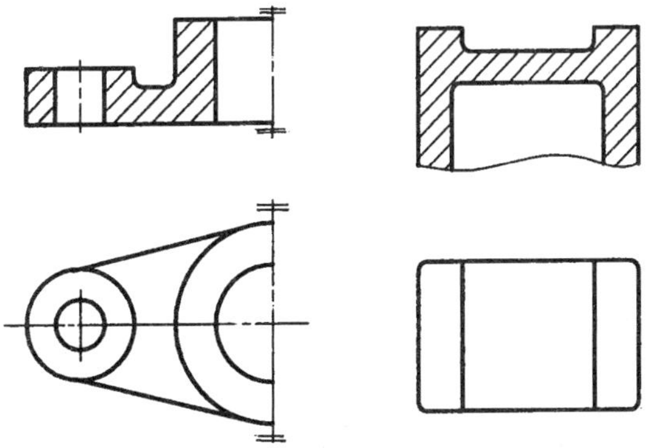 　　　(a)　　　　　　　　　　(b)

续 表

工 艺 结 构	图　　例
砂轮越程槽:加工时为了便于退出刀具,常在未加工面末端预先加工出退刀槽[图(a)]或砂轮越程槽[图(b)],其结构尺寸参照表6-7	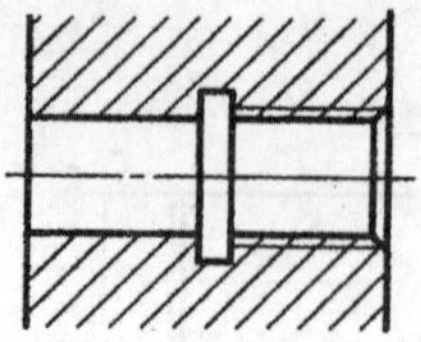 (a) 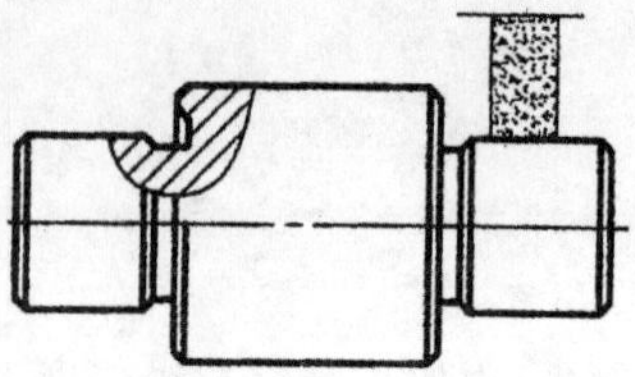　　　　　(b)
钻孔:加工孔时,应尽量使钻头垂直于被钻孔的表面,尽量避免钻头沿铸造斜面或单边进行加工,以改善刀具的工作条件[图(a)为不合理结构,图(b)为合理结构]	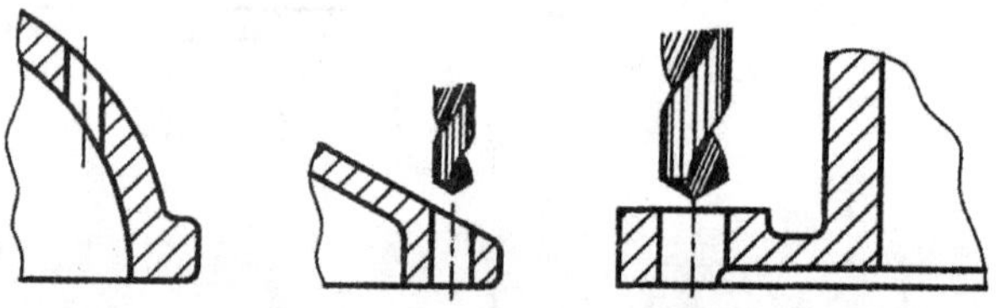 (a) 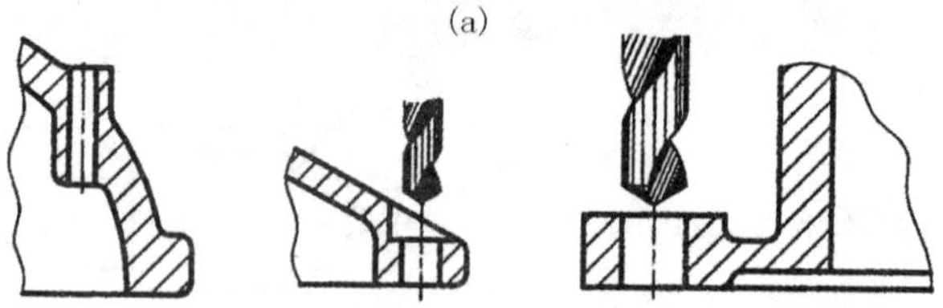 (b)

6.1.4　零件倒圆与倒角

一般机械切削加工零件上常见的结构要素有倒圆和倒角,其形式和尺寸按GB 6403.4—2008执行。

（1）倒圆、倒角形式如图6-1所示,其尺寸系列值见表6-4。

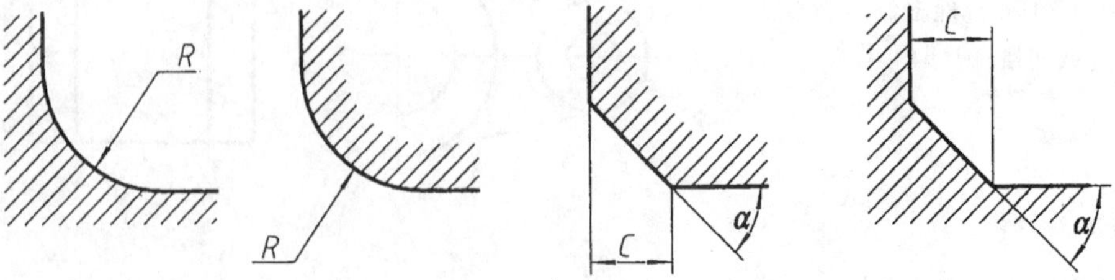

图 6-1　倒圆、倒角的形式

表 6-4　倒圆、倒角的尺寸系列　　　　　　　　　　　　（单位：mm）

R 或 C	0.1	0.2	0.3	0.4	0.5	0.6	0.8	1.0	1.2	1.6	2.0	2.5	3.0
R 或 C	4.0	5.0	6.0	8.0	10	12	16	20	25	32	40	50	

注：α 一般采用 45°，也可采用 60°或 30°。

（2）内、外角分别倒圆、倒角（倒角为 45°）的四种装配方式如图 6-2 所示。当内角倒角、外角倒圆时，C 与 R 的关系见表 6-5 和图 6-2。

表 6-5　C 与 R 的关系　　　　　　　　　　　　（单位：mm）

R_1	0.1	0.2	0.3	0.4	0.5	0.6	0.8	1.0	1.2	1.6	2.0
C_{max}		0.1	0.1	0.2	0.2	0.3	0.4	0.5	0.6	0.8	1.0
R_1	2.5	3.0	4.0	5.0	6.0	8.0	10	12	16	20	25
C_{max}	1.2	1.6	2.0	2.5	3.0	4.0	5.0	6.0	8.0	10	12

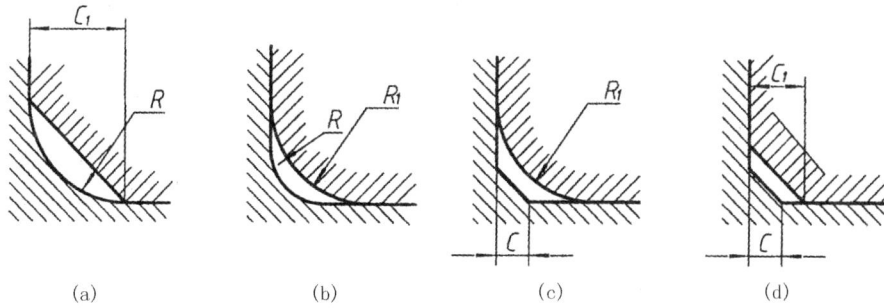

(a)　　　　　　(b)　　　　　　(c)　　　　　　(d)

图 6-2　倒圆、倒角的装配方式

（3）与直径 ϕ 相应的倒角、倒圆如图 6-3 所示，其推荐值见表 6-6。

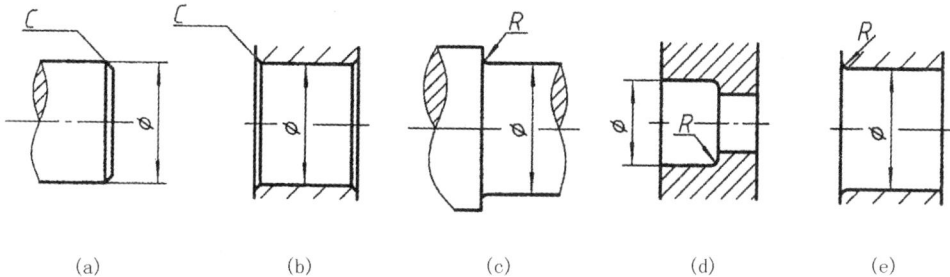

(a)　　　　(b)　　　　(c)　　　　(d)　　　　(e)

图 6-3　与直径 ϕ 相应的倒角、倒圆

表 6-6　倒角、倒圆　　　　　　　（单位：mm）

ϕ	~3	>3~6	>6~10	>10~18	>18~30	>30~50	>50~80	>80~120	>120~180
C 或 R	0.2	0.4	0.6	0.8	1.0	1.6	2.0	2.5	3.0
ϕ	>180 ~250	>250 ~320	>320 ~400	>400 ~500	>500 ~630	>630 ~800	>800 ~1000	>1000 ~1250	>1250 ~1600
C 或 R	4.0	5.0	6.0	8.0	10	12	16	20	25

6.1.5　砂轮越程槽

磨削加工零件时，一般要有砂轮越程槽结构，其形式和尺寸按 GB 6403.5—2008 执行。

（1）回转面及端面砂轮越程槽的形式如图 6-4 所示，其尺寸系列值见表 6-7。

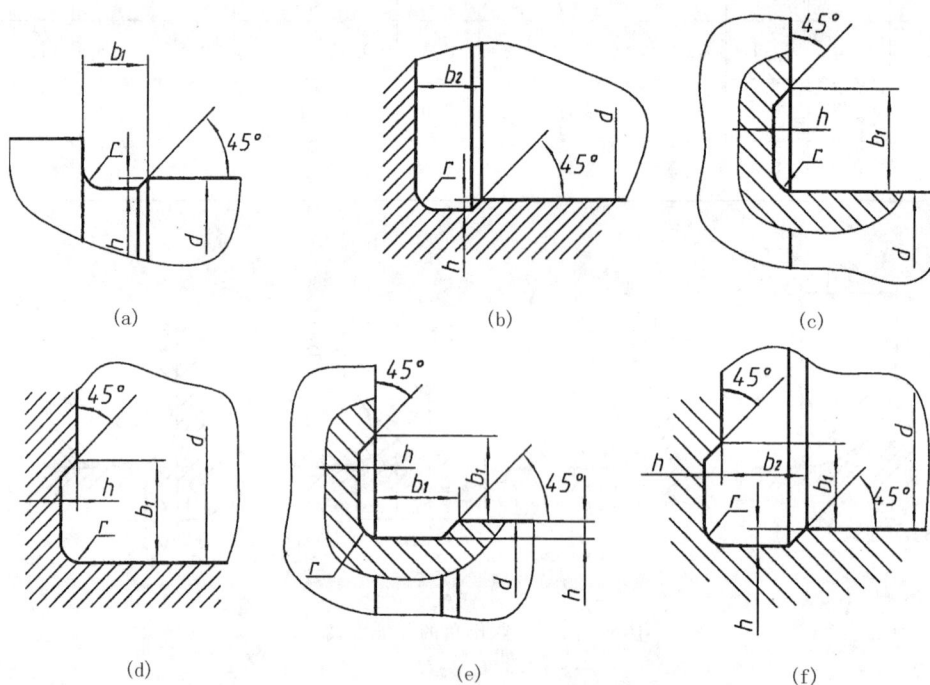

（a）　　　　　　　　　　（b）　　　　　　　　　　（c）

（d）　　　　　　　　　　（e）　　　　　　　　　　（f）

图 6-4　回转面及端面砂轮越程槽的形式

（a）磨外圆；（b）磨内圆；（c）磨外端面；（d）磨内端面；（e）磨外圆及端面；（f）磨内圆及端面

表 6-7　回转面及端面砂轮越程槽尺寸　　　　（单位：mm）

b_1	0.6	1.0	1.6	2.0	3.0	4.0	5.0	8.0	10
b_2	2.0	3.0		4.0		5.0		8.0	10
h	0.1	0.2		0.3	0.4		0.6	0.8	1.2
r	0.2	0.5		0.8	1.0		1.6	2.0	3.0
d	~10			>10~50		>50~100		>100	

注：磨削具有数个直径的工件时，可使用统一规格的越程槽；直径 d 大的零件允许选择小规格越程槽。

（2）平面砂轮越程槽的形式如图 6-5 所示，其尺寸系列值见表 6-8。

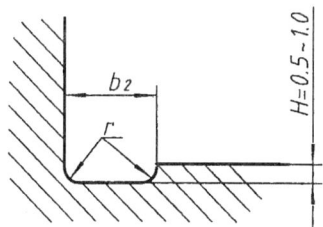

图 6-5　平面砂轮越程槽

表 6-8　平面砂轮越程槽尺寸 （单位：mm）

b_2	2	3	4	5
r	0.5	1.0	1.2	1.6

（3）V 形砂轮越程槽的形式如图 6-6 所示，其尺寸系列值见表 6-9。

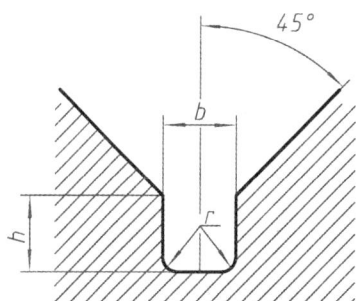

图 6-6　V 形砂轮越程槽

表 6-9　V 形砂轮越程槽尺寸 （单位：mm）

b	2	3	4	5
h	1.6	2.0	2.5	3.0
r	0.5	1.0	1.2	1.6

（4）燕尾导轨砂轮越程槽的形式如图 6-7 所示，其尺寸见表 6-10。矩形导轨砂轮越程槽的形式如图 6-8 所示，其尺寸系列值见表 6-11。

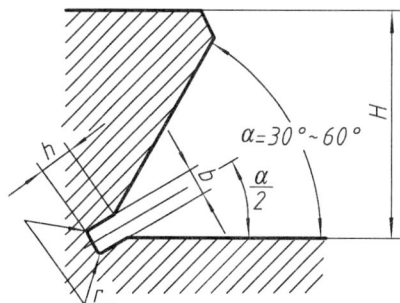

图 6-7　燕尾导轨砂轮越程槽

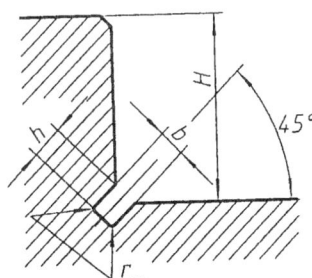

图 6-8　矩形砂轮越程槽

表 6-10　燕尾导轨砂轮越程槽尺寸 （单位：mm）

H	≤5	6	8	10	12	16	20	25	32	40	50	63	80
$\dfrac{b}{h}$	1	2		3			4			5			6
r	0.5	0.5		1.0			1.6			1.6			2.0

表 6-11　矩形导轨砂轮越程槽　　　　　（单位:mm）

H	8	10	12	16	20	25	32	40	50	63	80	100
b	2				3				5		8	
h	1.6				2.0				3.0		5.0	
r	0.5				1.0				1.6		2.0	

6.2　轴、套类零件

　　轴套类零件多用于传递动力或支撑其他零件,如轴、套筒、套管和螺套等。在作轴的构形设计时要根据轴的功能考虑轴的主体结构、局部功能结构及工艺结构。

6.2.1　轴、套类零件的结构特点和视图选择

1. 轴、套类零件的结构特点

　　轴、套类零件的主体结构一般由直径和长度不同的若干个同轴轴段组成,其轴向尺寸远大于径向尺寸。零件上常见的工艺结构有倒角、倒圆、砂轮越程槽和中心孔。功能结构有螺纹和螺纹退刀槽、键槽、花键、销孔、凹坑及结构平面等(表6-12)。

表 6-12　轴、套类零件常见结构

结　　　　构	图　　　　例
中心孔:轴的两端常打有中心孔。用于轴在加工、检验时的定位与装夹。中心孔的形式可根据需要按 GB/T 145—2001 选用。图(a)为中心孔的表示法(摘自 GB/T 4459.5—1999),图(b)为 A 型中心孔的形式及标记说明。 倒角、倒圆和砂轮越程槽参见表6-3	 (a) (b) 标记说明: 　　采用 A 型中心孔 $D=4$,$D_1=8.5$ 在完工的零件上是否保留中心孔都可以

续 表

结　　　　　构	图　　　　　例
螺纹和螺纹退刀槽:为锁紧轴上零件,轴上常使用螺纹,螺纹根部有螺纹退刀槽,以保证加工和安装方便。其结构尺寸均已标准化(GB/T 3—1997)	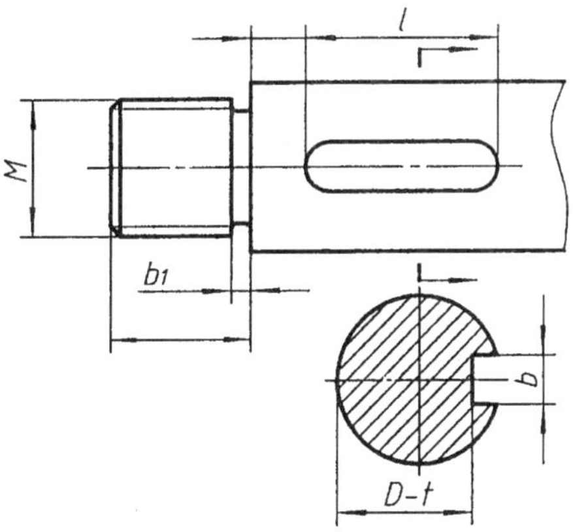
键槽:连接轴和轴上的传动件常使用键和键槽结构。键槽的形式和尺寸均已标准化(GB 1096—2003)	
花键:当轴上装有滑动齿轮时,常用花键结构。花键结构尺寸已标准化(GB 1144—2001)	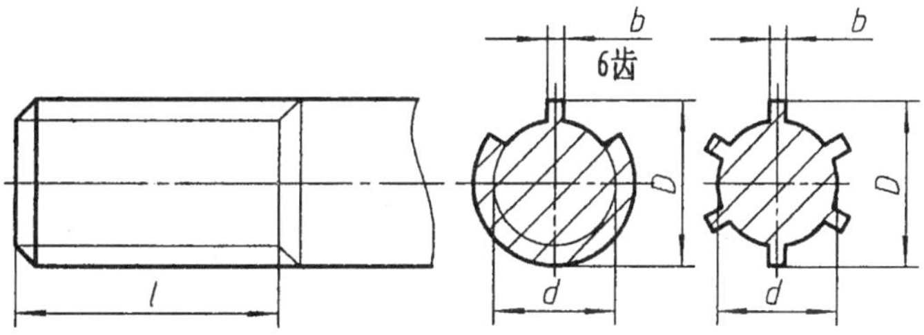
结构平面、孔和凹坑:轴上的结构平面是供安装零件时使用的。轴上的孔多为定位销孔。凹坑一般是安装紧定螺钉用的	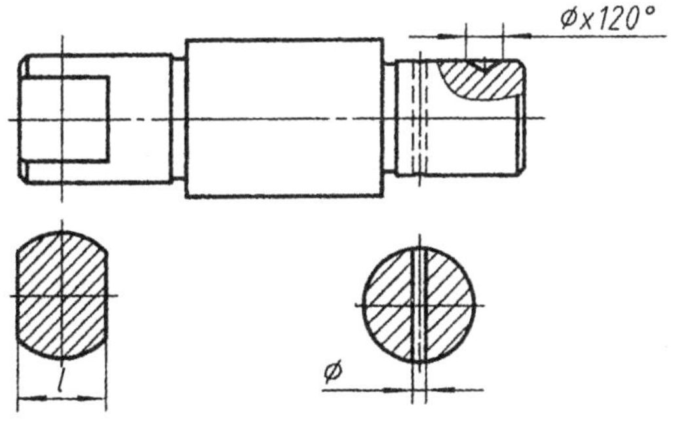

2.轴、套类零件的视图选择

　　轴、套类零件用一个轴线水平放置的主视图和数量适当的断面图、局部放大图来表达。主视图轴线水平放置既符合零件视图选择的特征原则,也与其工作位置和加工位置一致。轴上的孔或凹坑等结构,可用局部剖来表示。轴上的键槽、孔、结构平面等结构,需要用移出断面图来表示(图 6-9)。实心轴一般不剖切,套类零件则需要用剖视表达它的内部结构。外部形状简单的可采用全剖视(图 6-10),形状复杂的可采用半剖视图。

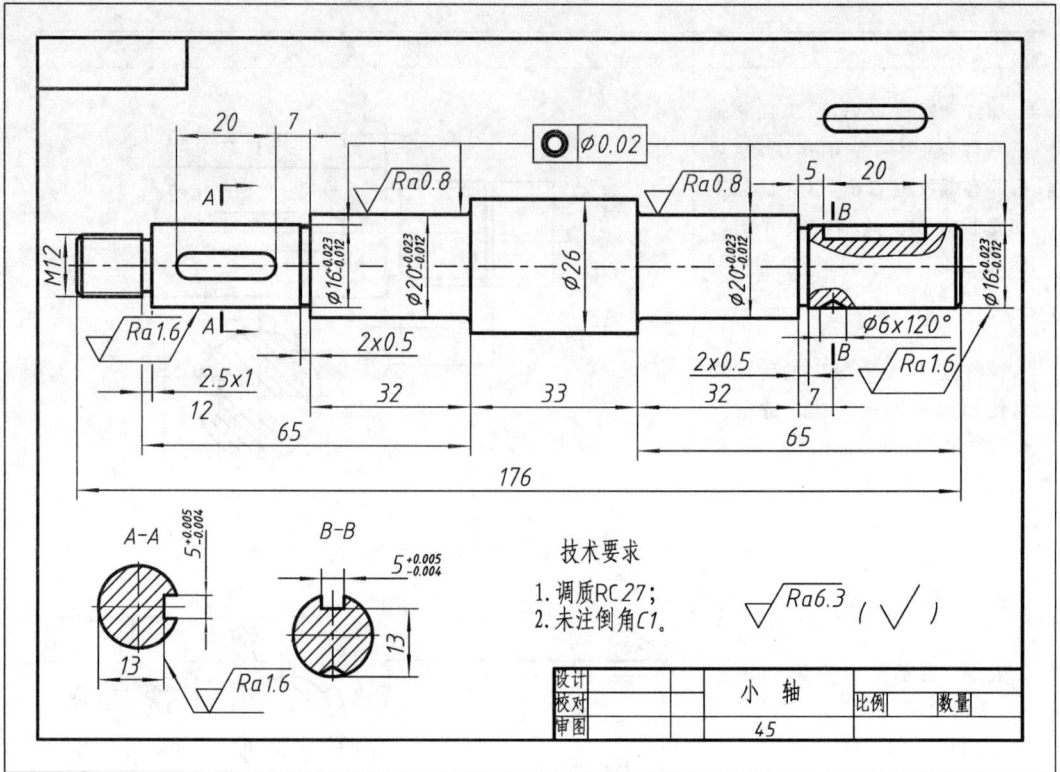

图 6-9　轴

6.2.2　轴、套类零件的尺寸标注

轴、套类零件需要标注径向尺寸和轴向尺寸。

轴、套类零件的径向尺寸标注,一般以主视图中的轴线为基准,各轴段的直径均应直接注出,如图 6-9 中所示的 $\phi 26$ 和 $\phi 20^{+0.023}_{-0.012}$ 等。

轴、套类零件的轴向尺寸标注,要根据零件的作用、装配关系和工艺要求选择重要的端面、接触表面作为尺寸基准,如图 6-9 中所示的 65 和 32 等。

为使尺寸标注清晰,在剖视图上的内、外结构应分开标注,如图 6-10 中所示的 22 和 92 等。零件上的标准结构应按国家标准所规定的形式和尺寸标注,如图 6-9 和图 6-10 中所示的退刀槽和键槽的尺寸。

6.2.3　轴、套类零件的技术要求

轴、套类零件上标注的公差主要有轴的径向尺寸公差、轴向尺寸公差等。

与其他零件的孔配合的地方,均应注出尺寸公差,如图 6-9 所示。

只有重要的设计尺寸才需要标注轴向尺寸公差,一般尺寸不标注。标准结构公差,如平键、花键等,其公差配合可由标准 GB 1096—2003 查出。

轴、套类零件的表面结构应与其配合等级相适应。

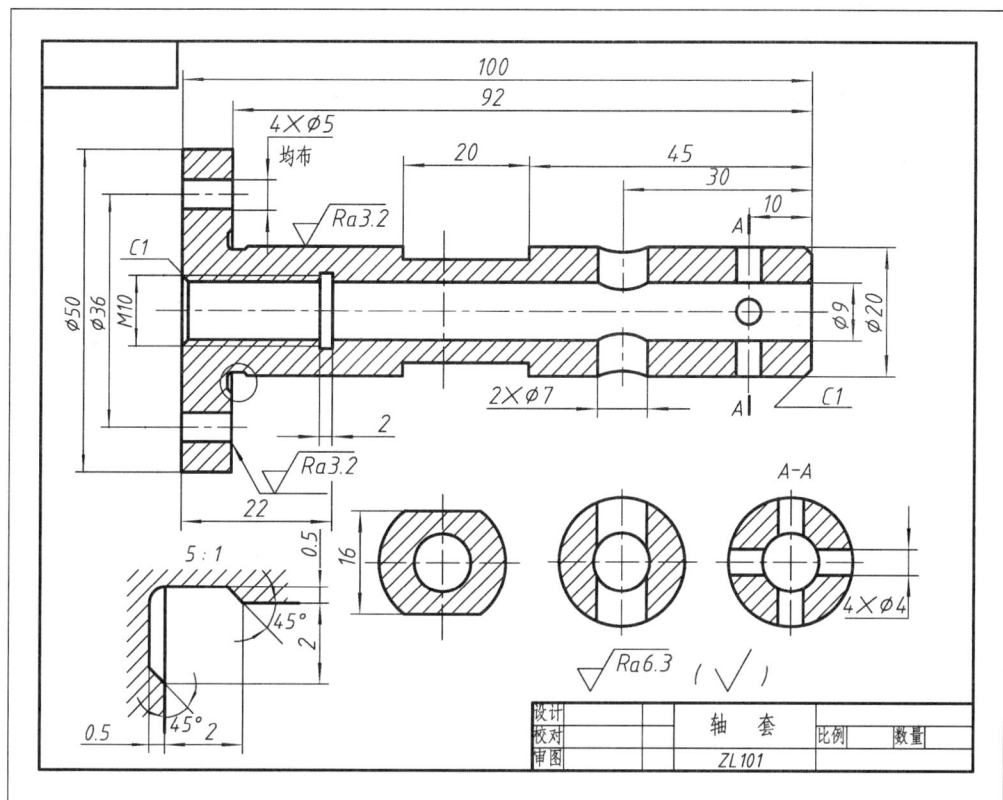

图 6-10　轴套

6.3　盘、盖类零件

　　盘、盖类零件包括端盖、法兰盘、手轮和皮带轮等形状扁平的盘状零件。轮类零件一般传递动力,盖类主要起支撑、轴向定位和密封等作用。

6.3.1　盘、盖类零件的结构特点和视图选择

　　1. 结构特点

　　盘、盖类零件的主体部分多为同轴回转体,也有主体为方形和其他形状的,且径向尺寸较大,轴向尺寸较小。零件上常有轴孔,沿圆周分布的孔、肋板、槽和齿等结构,如图6-11所示。

　　2. 视图选择

　　盘、盖类零件通常用两个基本视图来表达,主视图为通过轴线的全剖视图,轴线水平放置,符合其加工位置(图6-11)。对有些不以车床加工为主的零件,主视图可按其形状特征和工作位置确定。

盘、盖类零件的另一基本视图主要表达盘、盖上的槽、孔等结构在圆周上的分布情况。视图具有对称面时可采用半剖视图。

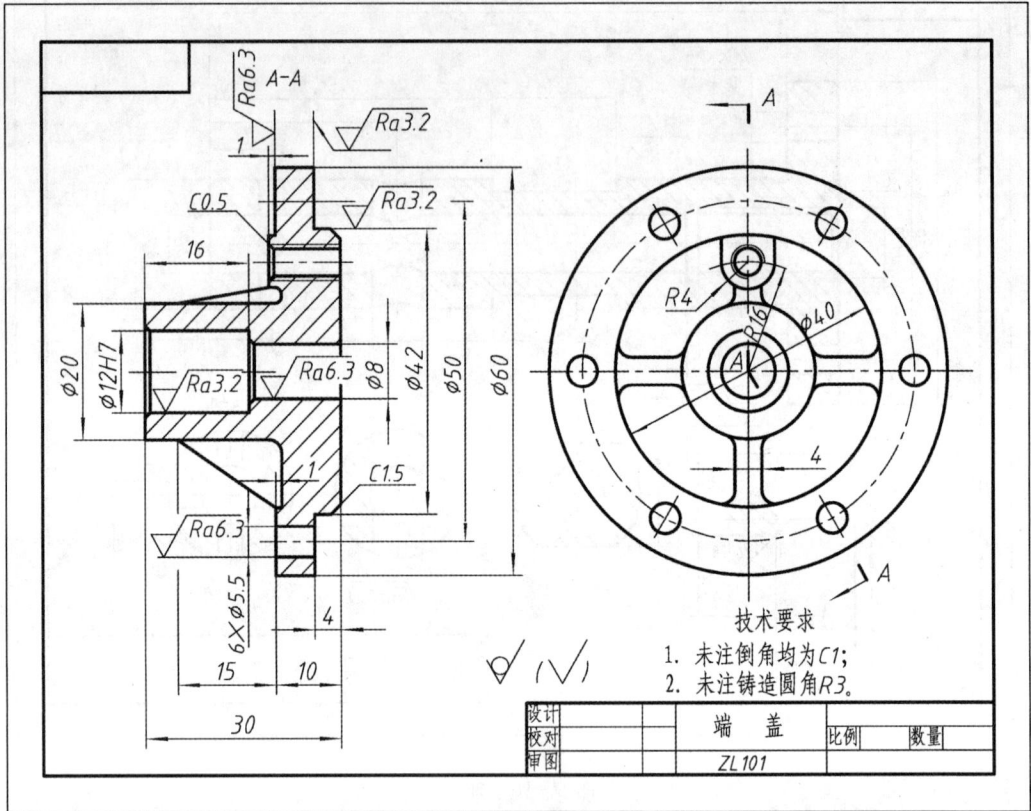

图 6 - 11　端盖

6.3.2　盘、盖类零件的尺寸标注

与轴类零件尺寸注法类似,盘、盖类零件也需要标注径向尺寸和轴向尺寸。

径向尺寸的主要基准一般为主视图中的轴线,这些尺寸多注在非圆的视图上,如图 6 - 11 中所示的 $\phi 8$ 和 $\phi 42$ 等。

轴向尺寸标注,常以重要的端面、接触面为尺寸基准,如图 6 - 11 中所示的 30 和 10 均以端面为基准。

零件上的均布孔、肋板等结构应分别注出其定形和定位尺寸。

6.3.3　盘、盖类零件的技术要求

盘、盖类零件也是根据装配关系和工作要求来确定极限、配合和表面结构的,如图 6 - 12 中的孔 $\phi 20^{+0.023}_{0}$ 与齿轮轴轴端配合,公差等级为 7 级,Ra 值选为 3.2。

在图 6 - 12 中,为保证齿轮便于装配、减少振动和安装后不发生歪斜,要求叶轮对轴孔的跳动不大于 0.03。

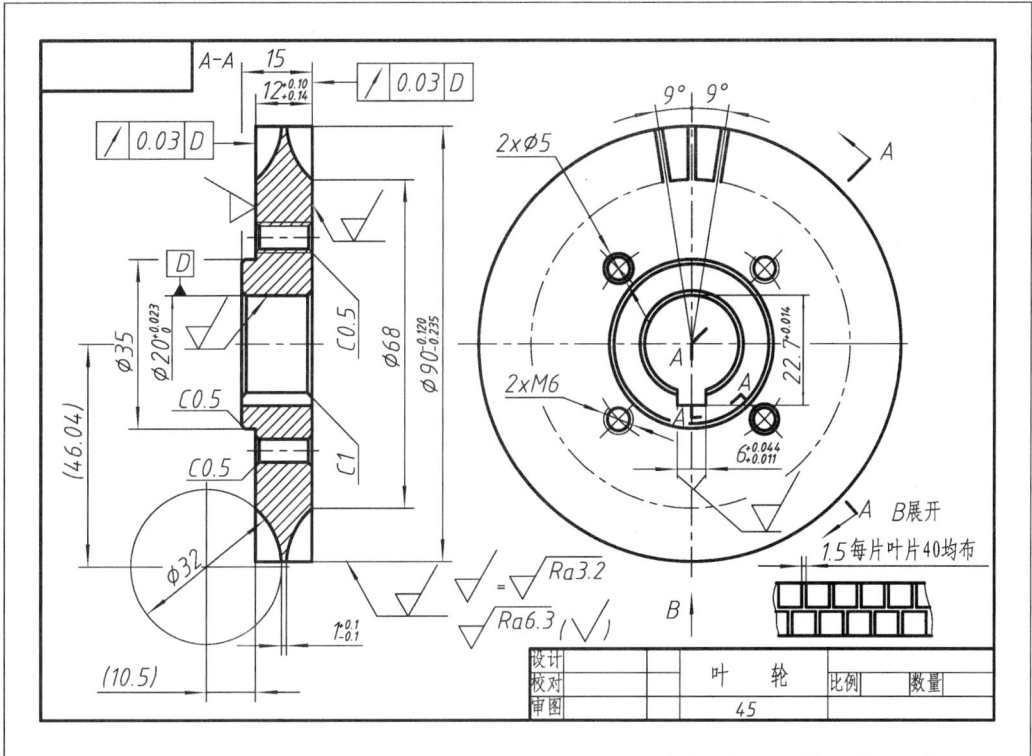

图 6 - 12　叶轮

6.4　叉、架类零件

叉、架类零件包括各种用途的拨叉、支架(图 6 - 13)和连杆(图 6 - 14)等。拨叉、连杆和拉杆主要用于机器操纵系统等各种机构中,支架主要起支撑和连接作用。这类零件的毛坯多为铸造件或锻造件。

6.4.1　叉、架类零件的结构特点和视图选择

1. 结构特点

多数叉、架类零件均由工作部分、安装部分和连接部分组成。工作部分一般是对相关零件施加作用的部分,如支架上的空心圆柱部分(图 6 - 13 中长圆孔)。支架的矩形的安装底板上有安装孔,用来进行支架的定位和连接。支架上倾斜的支撑板和肋板将支架的工作部分和安装部分连接起来。在叉、架类零件的构形设计时,一般先构造出零件的工作部分和安装部分,再添加连接部分。

2. 视图选择

叉、架类零件结构形状复杂,加工方法多样,加工位置很难分出主次。在选择主视图时主要考虑其形状特征和工作位置。叉、架类零件通常需要两个以上的基本视图,并且常选用斜视图、局部视图、断面图等来表达零件的细部结构。对某些较小的结构也可采用局

部放大图。

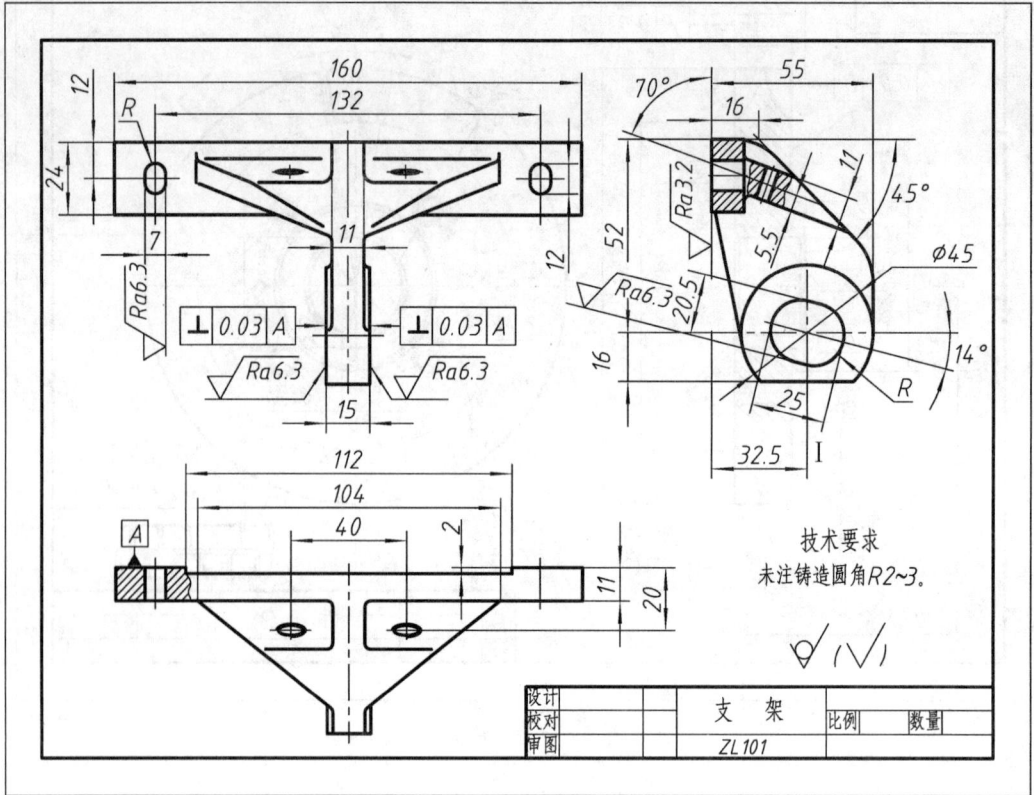

图 6 - 13　支架

6.4.2　叉、架类零件的尺寸标注

　　叉、架类零件形体之间的相对位置较复杂,所以定位基准的选择和定位尺寸的标注就很重要。零件在长、宽、高三个方向上的基准一般为孔的中心线、轴线、对称平面和运动时的工作面。由于定位尺寸较多,标注时要注意保证设计要求的定位精度。

　　例如,支架(图 6 - 13)以长圆孔的中心线和底板外侧作为零件在高度方向的主要定位基准,标注尺寸 52 和 16 等。长度方向的主要基准为零件的左右对称面,分别注出尺寸40,132 和 160 等。在宽度方向以中心线 I 和安装底板的底面为基准,标注尺寸 32.5,55和 20 等。

6.4.3　叉、架类零件的技术要求

　　叉、架类零件的表面结构、尺寸公差、几何公差一般没有特殊的要求,通常以零件的工作部分和固定部分为主来提要求。例如,图 6 - 13 中支架长圆孔的端面对底板基准面 A的垂直度不大于 0.03,表面结构参数 Ra 值为 6.3。

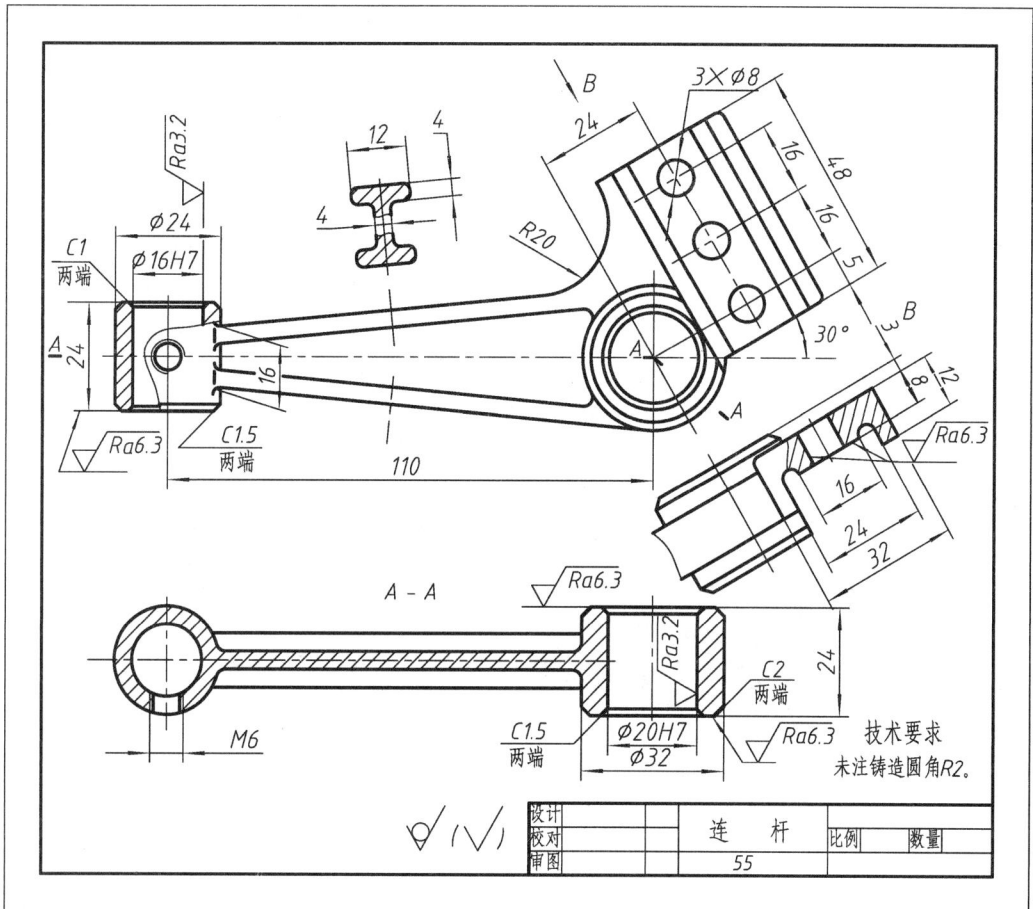

图 6-14　连杆

6.5　箱体类零件

箱体类零件多为铸造件,是组成机器或部件的主要零件,通常起支撑、容纳、定位和密封等作用。

6.5.1　箱体类零件的结构特点和视图选择

1. 结构特点

箱体类零件的主体结构差异很大,但多是中空壳体,具有较大的内腔,内腔的形状要根据箱体所包容零件的形状和运动轨迹来确定。箱体上运动件的支撑部分是轴承孔,在轴承孔的端面有安装端盖的平面和螺孔等局部功能结构。为与基座或部件上其他零件连接,箱体上要构造底板和安装平面,平面上一般有定位销孔和连接螺孔。为加强局部强度,箱体上常有肋板等结构。考虑到运动部件的润滑,箱体上常有加油孔、放油孔及安装油标等结构的平面和孔(图 6-15)。

在进行箱体类零件的构形设计时,一般先构造出零件的主体结构,再添加局部功能结构和工艺结构。

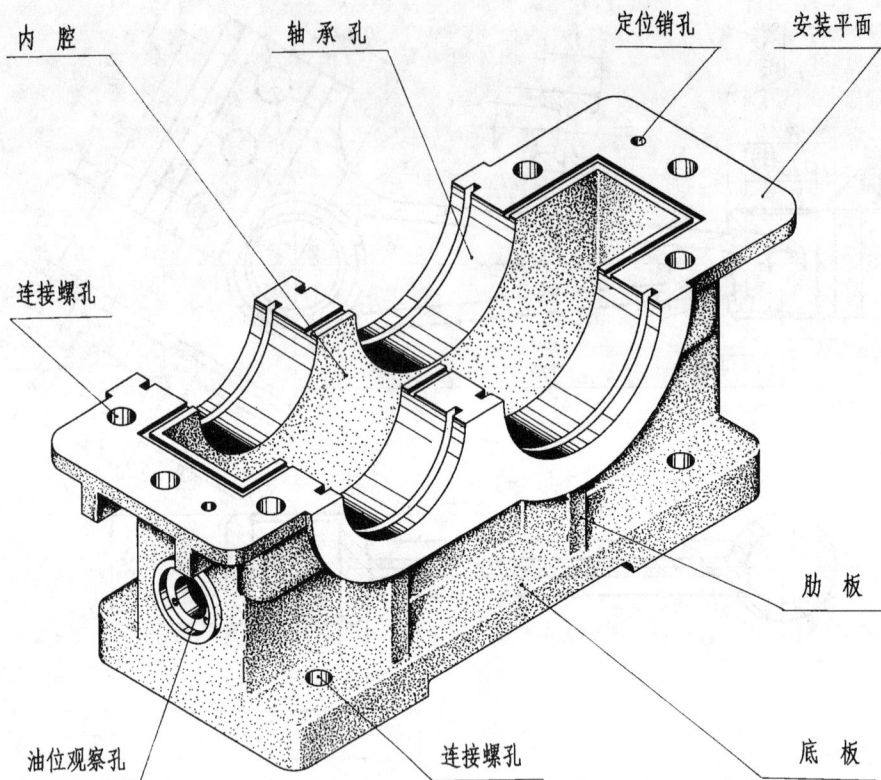

图 6-15　减速箱体轴测图

2.视图选择

箱体类零件结构形状复杂,加工工序复杂,每个工序加工位置不尽相同。在选择主视图时一般按其工作位置和形状特征来确定。为表示出箱体复杂的内部形状和外部形状,要有足够数量的剖视图和外形图。细部结构可用局部视图和局部放大图来补充表示。

图 6-16 是蜗轮箱体零件图。箱体是左右对称的,主体部分有包容蜗轮、蜗杆的内腔。箱体端面有轴线垂直交叉的轴承孔,轴承孔端面有均布螺孔,下部是安装底板。箱体的表达采用了三个基本视图和两个局部视图。

主视图的选择主要考虑零件的形状特征,采用 A—A 半剖视图表达箱体内部结构、箱体外形及蜗轮大轴承孔端面上的螺孔分布。

左视图是沿零件左右对称面剖切的全剖视图,表达蜗轮轴线剖切后的箱体内部结构。

B 向视图主要表示了底板的形状、底板上的安装孔及为减少加工面而做的凹坑。

C 向视图主要表达了肋板结构。

D 向视图主要表示蜗轮轴轴孔端面上的螺孔分布。

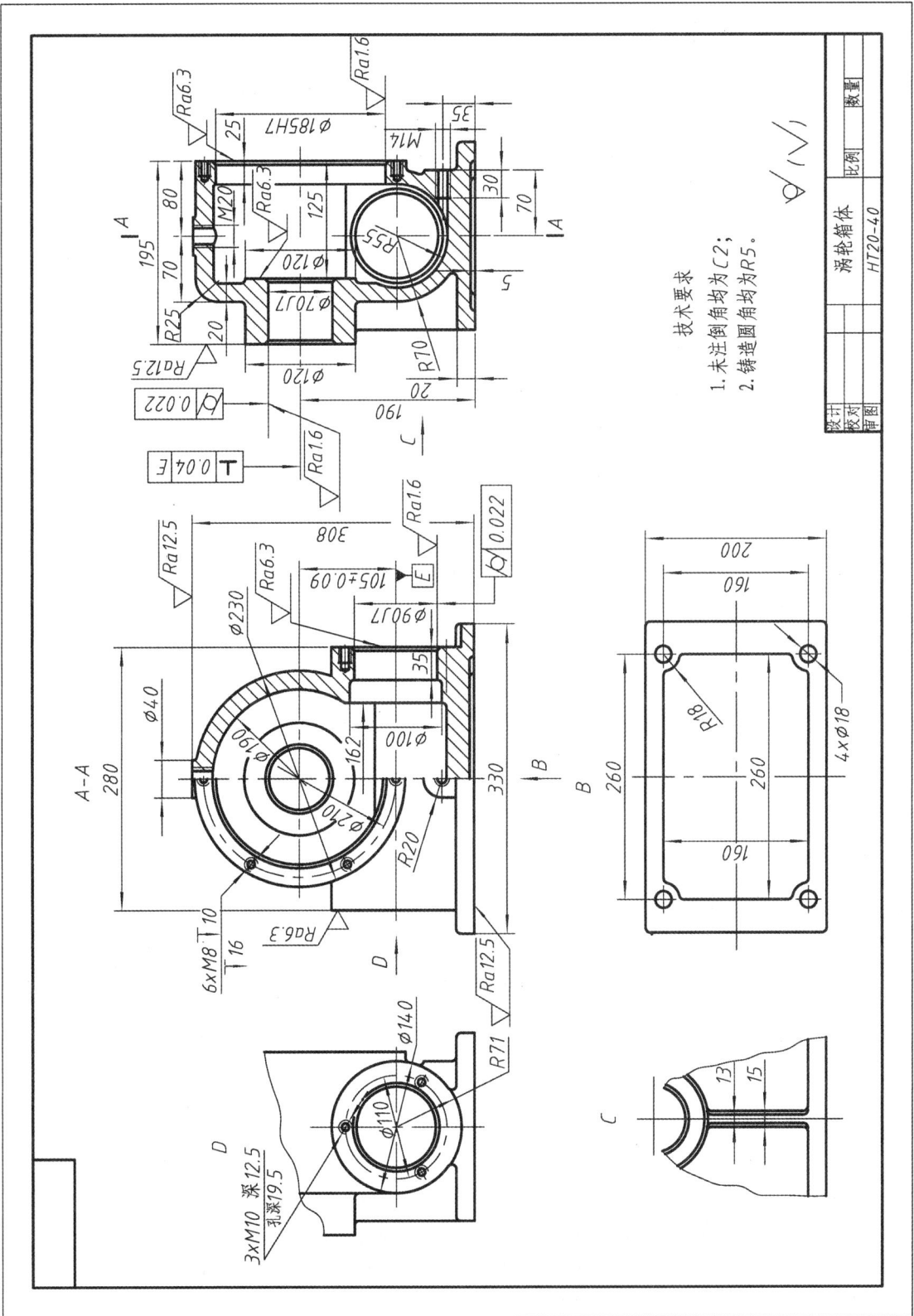

图6-16 蜗轮箱体

6.5.2　箱体类零件的尺寸标注

箱体类零件需要标注的尺寸很多,因此,要仔细进行形体分析,确定零件在长、宽、高三个方向上的主要基准,标注各结构的定形尺寸和定位尺寸。

例如,图 6-16 中蜗轮箱体以蜗轮轴的水平轴线和底板的底面作为高度方向上的主要尺寸基准,要标注轴承孔中心距 105 ± 0.09,主要尺寸为 190 和 308 等。

长度方向,选择零件左右对称平面为主要尺寸基准,应在主视图和 B 向视图上注出主要尺寸 330,280 和 260 等。

宽度方向选择蜗轮轴的轴线为主要基准,注出 80 和 70 等尺寸。

6.5.3　箱体类零件的技术要求

箱体零件要按设计要求标注尺寸公差、表面结构及几何公差。主要考虑箱体上安装轴承的孔的尺寸公差、表面结构,各轴承孔的轴线与箱体基面的相对位置,各轴承孔的轴线之间的相对位置,轴承孔的安装面与轴线的相对位置。

例如,图 6-16 所示箱体上蜗轮及蜗轮轴轴承孔的配合尺寸 $\phi185H7$,$\phi70J7$ 和 $\phi90J7$ 等。表面结构参数 Ra 值选为 1.6,两轴承孔中心距为 105 ± 0.09。

蜗轮蜗杆减速箱用于传递两交叉轴之间的运动,所以对箱体两轴承孔有几何公差要求。$\phi70J7$ 和 $\phi90J7$ 的圆柱度不大于 0.022,$\phi70J7$ 孔轴线、$\phi90J7$ 孔轴线的垂直度误差不大于 0.04。

6.6　零件图的阅读

在设计和制造过程中,经常需要阅读零件图。例如在设计零件时,需要参考同类零件的图纸,研究改进零件结构的合理性;在制造零件时首先要看懂图纸,选用适当的加工方法和工艺过程,以满足设计要求,保证产品质量。

6.6.1　零件图阅读的方法和步骤

1. 概括了解

根据标题栏了解零件名称、材料、编号及图形的比例大小。必要时还要结合装配图或其他设计资料,了解零件在什么机器上使用,大致了解其功用和形状。

2. 视图分析

找出主视图,确定各视图之间的关系,找出剖视、断面的剖切位置和投射方向等,再研究各视图的表达重点。

3. 形体分析

根据零件的功用和视图特征,从图上对零件进行形体分析,把它分解成几个部分。按照所分的部分,一个一个地分析。从主视图入手,利用投影规律,结合相关视图、剖视、断面图,找出有关该部分的图形,特别是找出反映它形状特征和位置特征的图形,再把这些图形联系起来,利用结构分析和投影分析得出其空间形状,然后综合各部分形状及它们之间的相对位置,确定零件的整体形状。

看图的一般顺序应是先看整体和主要部分的形状,分析并看懂零件总体的"外部"由哪些几何体组成,"内部"有哪些结构形状;再看零件次要部分及细节。零件的倒角、圆角、孔、槽等结构可视为零件细节,不必单独分析。

4. 尺寸分析

根据零件图上尺寸标注的原则来分析尺寸。先找出图上各个方向的主要尺寸基准,了解哪些是重要的设计尺寸,了解各结构形状的定位尺寸、定形尺寸和总体尺寸。

5. 了解技术要求

首先了解零件的加工精度、尺寸公差、表面结构及几何公差,再分析零件图中所写的其他技术要求和说明。

6.6.2　读图实例

以柱塞泵泵体零件图为例读图(图 6 - 17)。

1. 概括了解

根据标题栏了解到零件名称、材料、编号及图形的比例大小。必要时还要结合装配图或其他设计资料,了解零件在什么机器上使用,大致了解其功用和形状。

2. 视图分析

柱塞泵体零件图由主、俯、左和 B 向四个基本视图以及局部剖视图 A—A 组成。

柱塞泵是通用部件,其安装位置在不同的机器上也有所不同。所以其主视图的选择主要考虑零件的形状特征。主视图采用局部剖视,剖切位置通过零件前后对称面,主要表达主体的内部结构形状。在俯视图中已表达了柱塞孔是一个通孔,所以主视图中保留了左边的部分外形,以便清楚表达螺孔和沉孔的位置及左端 φ54 的凸台。

俯视图采用局部剖视,剖切位置通过横向柱塞孔的轴线,保留的部分外形主要表达上部的凸台及螺孔。

左视图主要表达零件外形,反映出主体为两个大小不同的方箱结构和左端凸台上螺纹孔的分布。

B 向视图主要表示了底板的形状及底板上的凹坑、沉孔、锥销孔的情况。

A—A 局部剖视主要表示了轴承盖孔和箱壁间的几个凹坑(主视图中的虚线部分)。

3. 形体分析

通过视图分析可以看出,泵体由主体和底板两部分组成,它是柱塞泵的主要零件。主体为两个大小不同的方箱,内部结构主要分布在轴线 Ⅰ 和 Ⅱ 上,沿轴线 Ⅰ 有孔 φ42 和 φ50 与柱塞泵衬套相配合;右侧方形腔体上的 M10 螺纹孔用来安装油杯,上方均布四个螺孔;沿轴线 Ⅱ 有柱塞孔 φ30 与衬套配合;泵体左端凸台上均布三个螺孔用螺钉与柱塞连接;左侧方形腔体上的 M14 螺纹孔来安装单向阀门。

底板为带圆角的长方板,板上有定位销孔、安装连接螺钉的沉孔以及为减少加工面做的凹坑。根据以上分析可以确定泵体的整体结构形状(图 6 - 18)。

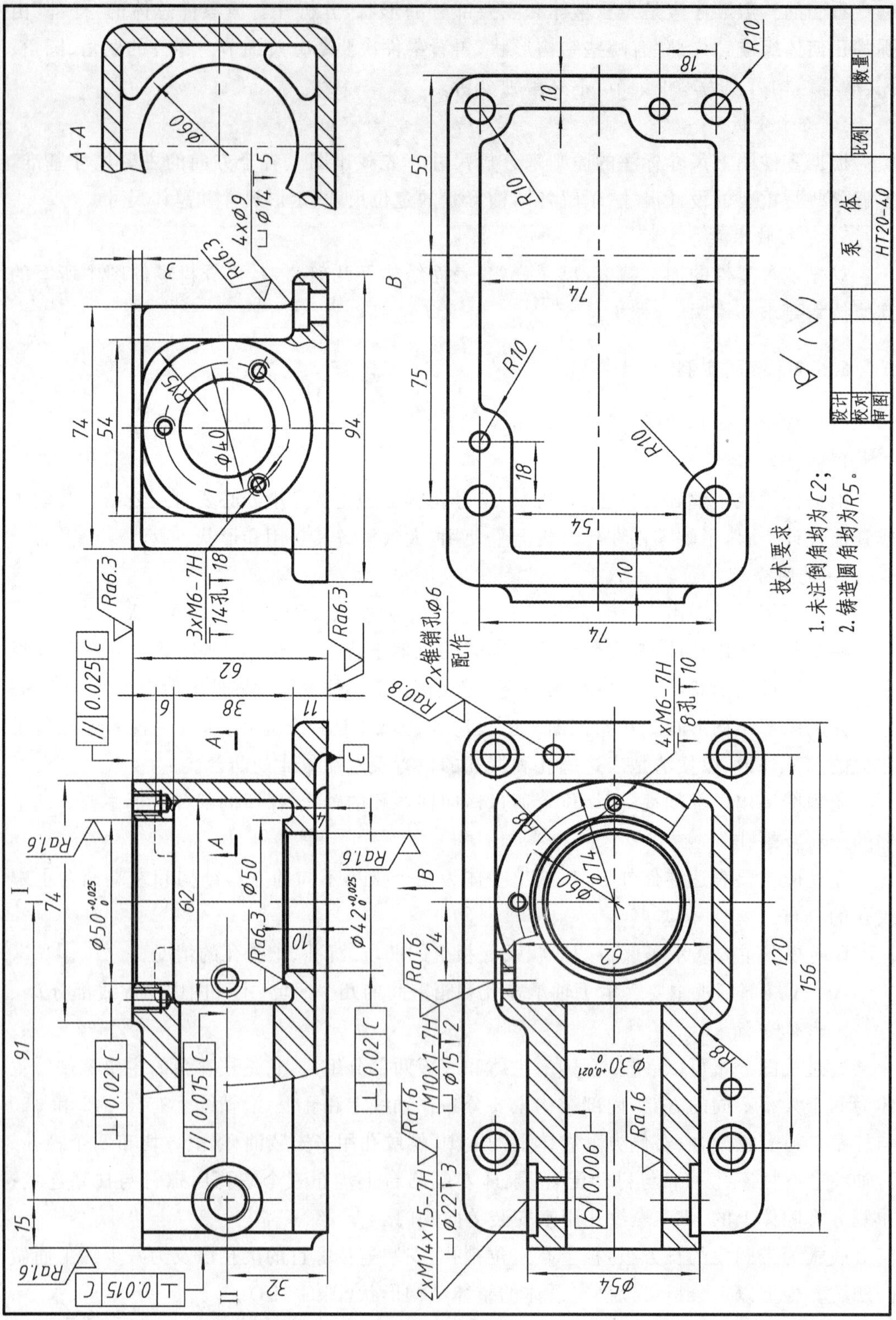

技术要求
1. 未注倒角均为C2;
2. 铸造圆角均为R5。

图6-17　泵体

4. 尺寸分析

根据零件图上尺寸标注的原则来分析尺寸。先找出图上各个方向的主要尺寸基准，了解哪些是重要的设计尺寸，了解各结构形状的定位尺寸、定形尺寸和总体尺寸。

例如，图 6-17 所示柱塞泵体安装底板的底面 C 是安装基面，所以，以 C 面作为高度方向上的主要基准，标注主要尺寸 62 和 32 等。

长度方向，选择右边装轴承盖的孔 $\phi50$ 和 $\phi42$ 的轴线为主要基准，在主视图、俯视图及 B 向视图上注出主要尺寸 91,24,75 和 55 等。

宽度方向选择零件前后对称平面为主要基准，注出 74,54 和 94 等尺寸。

图 6-18 柱塞泵体轴测图

5. 了解技术要求

首先了解零件的加工精度、尺寸公差、表面结构和几何公差，再分析零件图中所写的其他技术要求和说明。例如，柱塞泵轴承孔的配合尺寸 $\phi50H7$ 和 $\phi42H7$ 等。表面结构参数 Ra 值选为 1.6。

箱体安装基面为底板的底面 C。左端面对 C 的垂直度误差不大于 0.015；轴承孔对 C 的垂直度误差不大于 0.02；顶面对 C 的平行度误差不大于 0.025；柱塞孔轴线对 C 的平行度误差不大于 0.015。柱塞孔的圆柱度不大于 0.006。

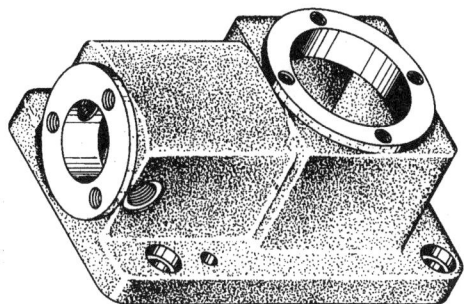

本 章 小 结

典型零件的绘制和阅读是本课程的重点内容之一。本章应重点掌握以下内容：

1. 了解零件在铸造、锻造及切削加工中常见的工艺结构。

2. 掌握轴、套类和盘、盖类零件的工艺结构特点、视图表达方法、尺寸标注方法和技术要求等内容。

3. 了解叉架类、箱体类零件上的常见工艺结构、视图表达方法、尺寸标注方法和技术要求。

4. 掌握零件图的阅读方法。

思 考 题

1. 一般类零件根据其形状的不同，可分为轴套、盘盖、叉架和箱体四种典型零件。这些零件在视图选择和表达方法上有哪些特点？

2. 铸造件和机械加工件上常见的工艺结构有哪些？在绘制零件图时如何表示？

3. 试述轴套类、盘盖类零件的零件图绘制步骤。

第7章 装配图的绘制和阅读

本章导学

本章主要介绍装配图的内容,视图表达、尺寸标注以及有关设计、工艺结构问题。结合典型部件,进行结构分析,了解部件的工作原理、装配关系,从而学习部件装配图的绘制和阅读方法。

表示产品及其组成部分的连接、装配关系的图样称为装配图(GB/T 13361—2012)。常见的装配图有装配总图、装配原理图(示意图)、部件装配图等。装配总图是主要表示产品及其组成部分的概况和基本性能的图样,如表示一座建筑所处的地理位置和环境的建筑总平面图,一架飞机或一台机器的总装配图等。装配原理图是表示系统、设备的工作原理及其组成部分相互关系的简图。部件装配图表示装配在一起的小部分,即由若干零件以可拆或不可拆的形式组成的部分,或具有一种独立结构,且能单独表示某种用途的成品。如图7-1所示是截止阀部件轴测装配图,如图7-2所示就是该截止阀的装配图。本章主要讨论部件装配图的绘制和阅读。

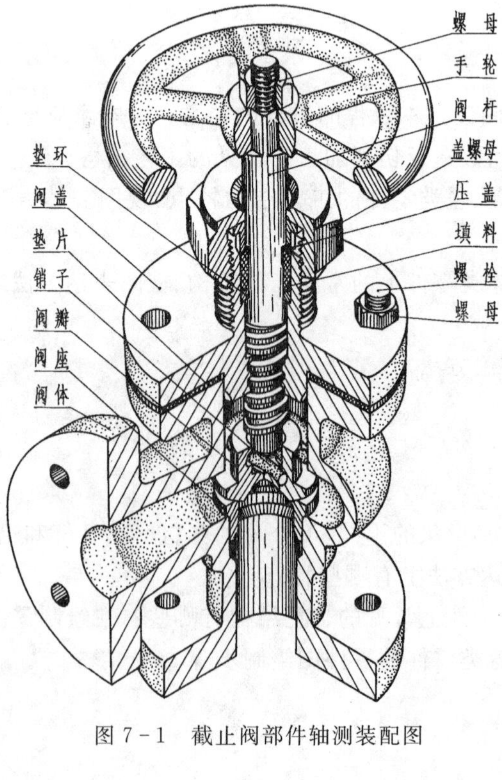

图7-1 截止阀部件轴测装配图

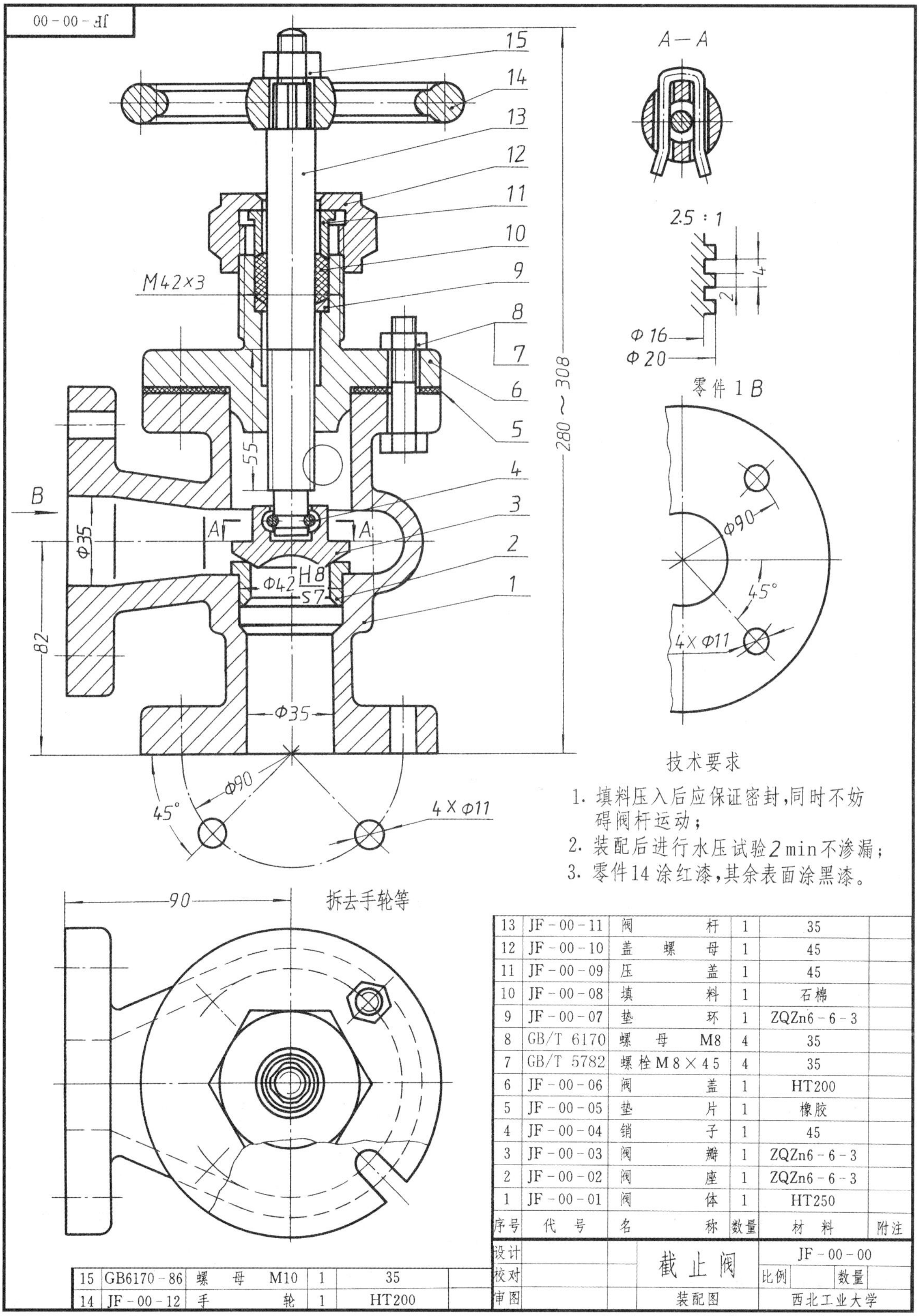
JF-00-00
15
14
13
12
11
10
9
8
7
6
5
4
3
2
1
M42×3
55
280～308
B
A
A
Φ35
Φ42 H8/s7
82
Φ35
Φ90
45°
4×Φ11
A—A
2.5 : 1
4
2
Φ16
Φ20
零件 1 B
Φ90
45°
4×Φ11
90
拆去手轮等

技术要求

1. 填料压入后应保证密封,同时不妨碍阀杆运动;
2. 装配后进行水压试验2 min不渗漏;
3. 零件14 涂红漆,其余表面涂黑漆。

序号	代号	名称	数量	材料	附注
15	GB6170-86	螺母 M10	1	35	
14	JF-00-12	手轮	1	HT200	
13	JF-00-11	阀杆	1	35	
12	JF-00-10	盖螺母	1	45	
11	JF-00-09	压盖	1	45	
10	JF-00-08	填料	1	石棉	
9	JF-00-07	垫环	1	ZQZn6-6-3	
8	GB/T 6170	螺母 M8	4	35	
7	GB/T 5782	螺栓 M8×45	4	35	
6	JF-00-06	阀盖	1	HT200	
5	JF-00-05	垫片	1	橡胶	
4	JF-00-04	销子	1	45	
3	JF-00-03	阀瓣	1	ZQZn6-6-3	
2	JF-00-02	阀座	1	ZQZn6-6-3	
1	JF-00-01	阀体	1	HT250	

设计		截止阀	JF-00-00
校对			比例　　数量
审图		装配图	西北工业大学

图 7-2　截止阀装配图

7.1　装配图的作用和内容

7.1.1　装配图的作用

设计产品时,一般先画出装配图,然后按照装配图,设计并拆画零件图;制造产品时,按照装配图进行装配、检查和试验等工作;使用产品时,装配图是了解产品结构,正确使用、调试以及维修产品的重要依据。

7.1.2　装配图的内容

一张完整的部件装配图,大致包括以下几方面的内容(图7-2)。

1.一组视图

部件装配图包括视图、剖视、断面等,用以表示各组成件之间的装配关系、产品或部件的结构特点和工作原理。必要时,还应表示主要零件的结构形状。例如,截止阀装配图采用了下述的一组视图:

基本视图:主视图,采用全剖视,表示该阀的主要装配关系;俯视图,反映了螺栓连接的分布情况。

局部视图:B向视图,表示法兰盘上连接孔的结构及分布情况。

A—A断面:表示使用销子连接阀杆和阀瓣的装配情况。

局部放大图:表示主要零件之一——阀杆上非标准螺纹的结构形式。

2.必要的尺寸

必要尺寸指表示产品或部件的规格、性能、装配、连接和安装等方面的尺寸,如截止阀装配图中的尺寸 $\phi35$, $\phi42$ (H8/s7),M42×3, $\phi90$,4× $\phi11$ 和 280~308 等。

3.技术要求

技术要求指用文字或代号在装配图上说明对产品或部件的装配、试验、运输、包装和使用等方面的要求,如图7-2所示,右侧的文字说明和主视图上的 H8/s7 等。

4.序号、标题栏、明细栏及号签

如图7-2所示,产品或部件及其各个组成部分,均应按有关规定编写序号和代号,并应填写标题栏、明细栏和号签。

7.2　装配图的视图选择

恰当地选择装配图的视图表达方案,对清晰而确切地表明产品或部件的装配关系和工作原理极为重要。因此,在选择装配图的视图之前,应尽可能熟悉产品或部件的内外结构,了解其装配情况和工作原理,为正确选择视图提供必备的条件。现以截止阀(参阅图7-1~图7-3)为例,讨论装配图的视图选择。

在讨论视图选择以前,应先了解其装配情况和工作原理。截止阀的作用是控制流体的通道。当逆时针方向转动手轮14时,通过阀杆13、销子4,即可开启阀瓣3,从而使流体经阀体1下部的垂直通道进入阀体,再从水平通道流出。当顺时针方向转动手轮时,则阀瓣下落,当它完全落到阀座 2 上时,即可截断流体通道。阀盖 6 通过 4 组螺栓 7、螺母 8 与阀体连接。盖螺母 12、压盖 11、填料 10 和垫环 9 是一套密封装置。外接管道用螺栓、螺母与阀体的两法兰盘连接。

7.2.1　主视图选择

一般情况下，应选择能清楚地表达部件主要装配关系的方向，作为装配图中主视图的投射方向。如果能在这一投射方向上兼顾表达工作原理，则更为理想。主视图的安放位置应尽可能符合部件的实际工作位置，也可按习惯位置放置。与此同时，还应考虑主视图的这种安放位置可能对其他视图产生的影响。

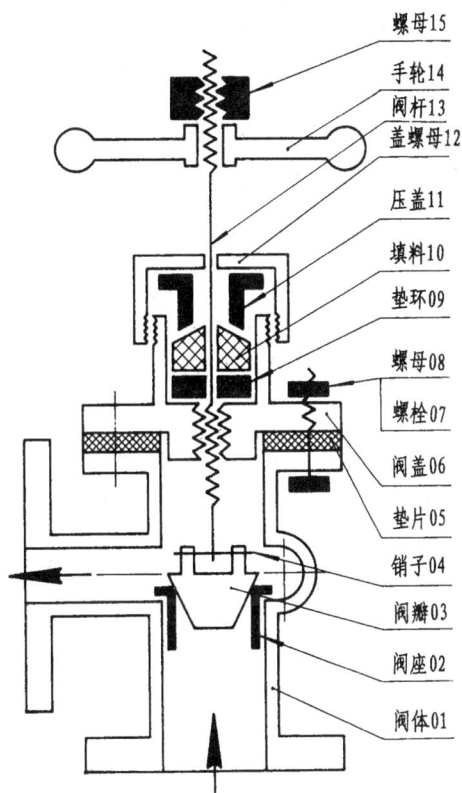

图 7-3　截止阀装配示意图

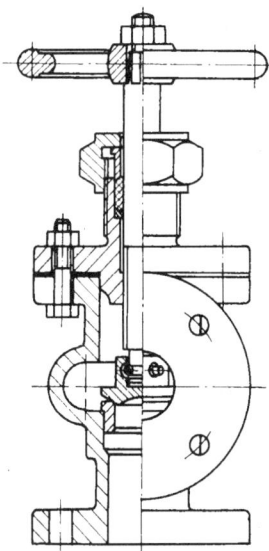

图 7-4　截止阀主视图的另一方案

例如,如图 7-2 所示截止阀的主视图,既能清楚地表达沿阀杆轴线的主要装配关系,又能清楚地表达该部件的工作原理,其投射方向和安放位置都是最佳方案。如果用图 7-4 所示的表示方案作为截止阀主视图,虽然对装配关系的表达基本相同,但对工作原理的表达就不如图 7-2 表示的清楚了。

7.2.2　其他视图的选择

在主视图确定之后,选择其他视图的原则是首先补充表达装配关系,其次补充表达工作原理,如有需要,还应考虑表达主要零件的结构形状。在如图 7-2 所示截止阀的装配图中,用俯视图补充表达螺栓连接的分布情况;A—A 断面图用于补充表达销子、阀杆和阀瓣的装配情况;B 向视图和局部放大图则表达了主要零件阀体和阀杆的结构形状。

7.3　装配图的表达方法

装配图的表达方法和零件图基本相同,都是通过各种视图、剖视和断面图等来表示的。所以零件图视图中应用的各种表达方法,都适用于装配图。此外,装配图还有一些特殊的表达方法。

7.3.1　沿结合面剖切和拆卸画法

在装配图中,还可以假想沿某些零件的结合面进行剖切,如图 7-2 所示的俯视图。为了清楚显示零件 1 阀体上圆形缺口的形状,沿着零件 5 和零件 1 的结合面进行了剖切。此时剖切并没剖到零件实体,所以在零件结合面上不画剖面符号。

在装配图中,可以假想将某些零件拆卸后绘制视图,这种表达方法称为拆卸画法。拆卸画法一般不加标注,如需说明时,可以标注"拆去××等"。例如,在图 7-2 的俯视图中,如果画出零件 14 手轮,则将影响一些其他零件的表达,因此将零件 14 手轮和零件 15 螺母拆卸掉,再绘制俯视图,并注明"拆去手轮等"。

7.3.2　夸大画法

在装配图中,对于尺寸很小的厚度、直径、间隙、锥度和斜度等,往往不易表达清楚,因而需要适当地夸大绘制,这种表达方法称为夸大画法。例如,如图 7-2 所示零件 5 垫片的厚度和零件 7 螺栓与通孔之间的间隙,都采用了夸大画法。

7.3.3　辅助用的相邻部分表示法

画装配图时,如果需要将与所画部件有密切关系的相邻部件表示出来,以作为辅助说明时,则可用双点画线画出其轮廓。例如在普通模具和夹具图中,常用这种方法表明被加工件的轮廓(图 7-5)。

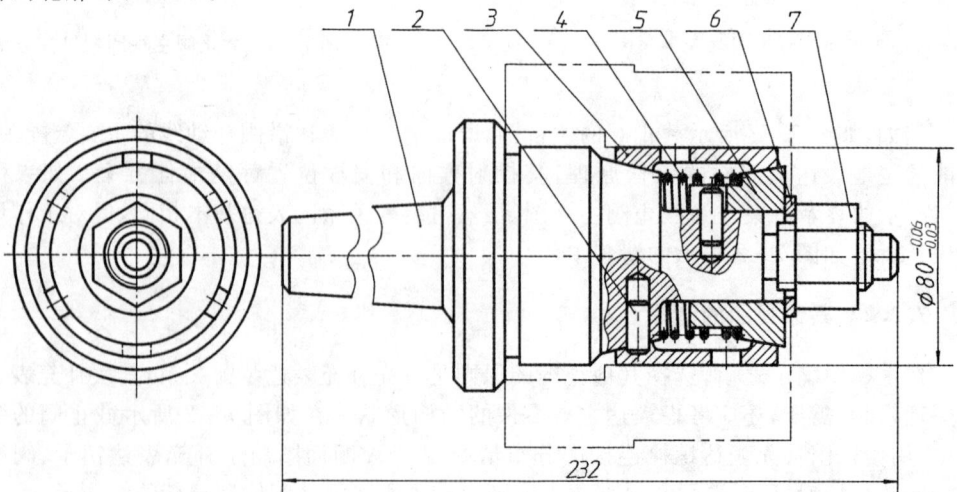

图 7-5　车床夹具

7.3.4　规定画法

为了在装配图中区分不同零件,必须遵守装配图画法的基本规定。

(1) 相邻两零件接触表面或配合表面只画一条轮廓线,不接触表面或非配合表面仍应画两条轮廓线。

(2) 相邻两零件的剖面线方向应相反,或方向相同但间距不等。但必须注意,在装配图的所有剖视图、断面图中同一零件的剖面线方向和间距必须保持一致。

(3) 在装配图中,当剖切平面通过标准件和实心杆件的基本轴线时,这些零件均按不剖绘制。如需特别表明这些零件上的结构,如凹槽、键槽和销孔等,则可采用局部剖视。例如,如图 7-2 所示主视图表示的螺母、螺栓和阀杆等均按不剖绘制,但为了表示如图 7-5 所示芯棒上的销孔,则采用了局部剖视。

7.3.5　简化画法

(1) 对于装配图中若干相同零件或组件的投影,可以只详细地画出一处或几处,其余用点画线表示其中心位置或轴线位置。例如,在图 7-2 中只画出了一组螺栓连接的两个投影,其余仅表示了它们的装配位置。

(2) 在装配图中,零件的细小工艺结构,如小圆角(铸造圆角除外)、倒角、退刀槽等可以省略不画(图 7-6)。

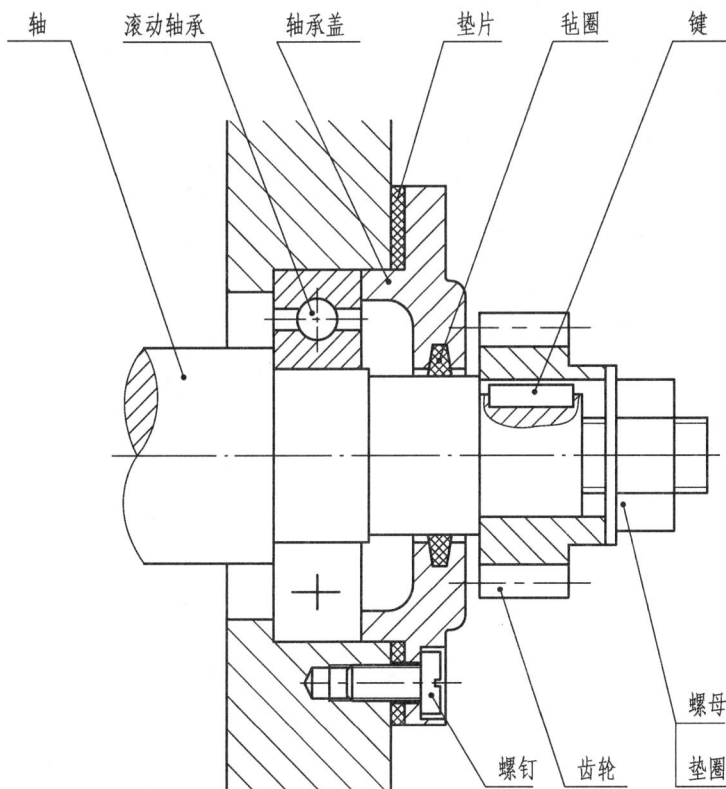

图 7-6　简化画法

　　装配图中滚动轴承剖开后,仅须详细画出一半,另一半可采用如图 7−6 所示的简化画法。

7.3.6　单个零件视图画法

　　在装配图中,当个别零件的某些结构没有表示清楚而又需要表示时,可以单独画出该零件的视图,但必须在所画视图的上方注出零件和视图的名称,在相应视图的附近,用箭头指明投射方向并注上相同字母。例如,如图 7−2 所示零件 1 的 B 向视图,即为表示单个零件阀体上法兰盘形状的局部视图,在该视图的上方可以写上"零件 1B"。

7.3.7　展开画法

　　如图 7−7 所示的车床三星齿轮传动机构的 A—A 展开图,是为了清楚地表示传动系统的传递顺序和装配关系,避免各传动件的投影互相重叠,将空间处于平行关系的几根传动轴,依次剖切并按顺序展开,画在同一平面上所得到的剖视图。

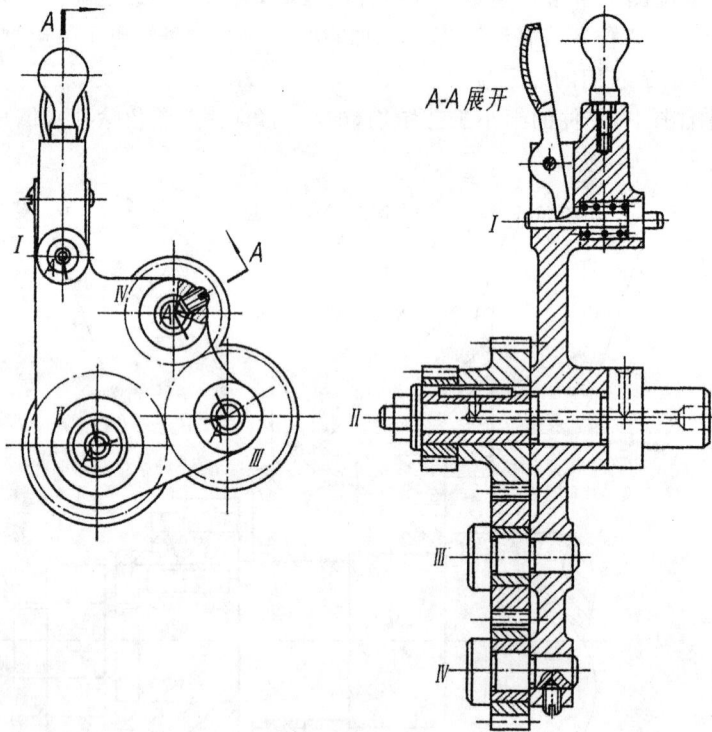

图 7−7　展开画法

7.4　装配结构简介

　　设计产品或部件装配结构时,既要考虑保证部件的使用性能,又要考虑加工和装配是否方便可行。装配结构选择不合理,不仅会给装配工作带来困难,而且会造成生产上的浪费现象,甚至影响正常生产。因此本节在讨论画装配图之前,结合图例,介绍几点选择合理的装配结构的原则。

1.装配接触面的合理配置

（1）同一方向上接触面的数量：两零件之间，在同一方向上接触面的数量，一般不得多于 1 个。这是因为要使同一方向上的两对表面同时接触是很困难的，这不仅要严格保证各表面的加工精度，而且会给装配工作带来不便，如图 7-8 和图 7-9 所示。

（2）接触面转角处的形式：互相配合的两零件，在其接触面的转角处，不应设计成形状和尺寸相同的倒角、倒圆和尖角，以免影响接触面间紧密地接触。绘制时，应参照如图 7-10 所示的几种结构形式，使转角处留有一定的空隙，保证两平面接触平稳可靠。

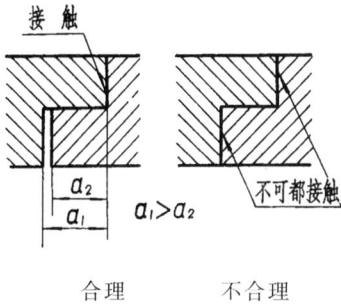

图 7-8　接触面例(1)　　　　　　　　图 7-9　接触面例(2)

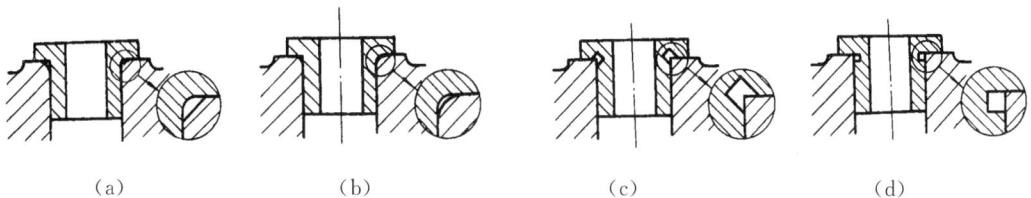

图 7-10　接触面转角处的结构

（3）在保证支撑平稳的条件下，应尽量减少接触面积，如图 7-11 所示。减少接触面，既不影响零件的工作性能，又可缩短机械加工的时间。

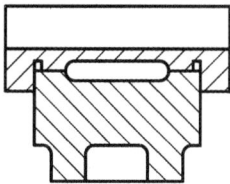

图 7-11　减少接触面　　　　　　　图 7-12　扳手活动空间

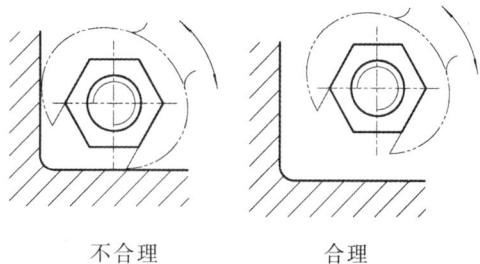

2．便于装拆的合理结构

（1）保证有足够的装拆空间：图 7－12 和图 7－13 表明设计装配结构时，就应考虑装拆工具（如扳手等）的活动空间。

（2）保证加工和装拆的可能性：图 7－14 表明了保证加工和装拆的可能性与结构设计之间的关系。从图中可以看出，如欲加工螺孔和装拆紧定螺钉，应在轮缘上设计出工艺孔。

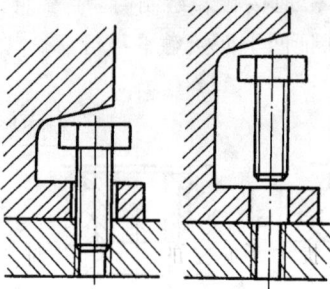

　　　不合理　　　　　合理　　　　　　　　　　不合理　　　　　合理
　图 7－13　螺钉的装拆空间　　　　　　图 7－14　加工和装拆的可能性

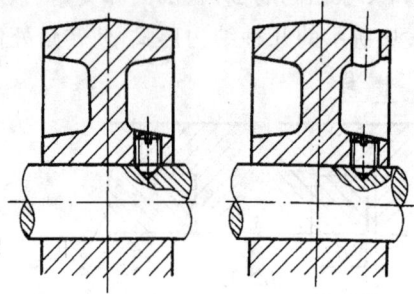

7.5　装配图的尺寸注法

如前所述，装配图是用以表示产品或部件的工作原理及各组成部分（零件或组件）之间的装配关系，而不是用做加工零件的直接依据。因此，装配图上没有必要注出各组成部分的全部尺寸，而是根据装配图的使用场合，标注以下几方面的尺寸。

7.5.1　性能（规格）尺寸

表示产品或部件的性能或规格的尺寸。例如，自行车轮子的直径、电视机荧光屏的尺寸、阀或泵的通道直径等。如图 7－2 所示的法兰盘上的孔径 $\phi 35$，如图 7－30 所示铣床分度头顶尖架的中心高 160，均属于这类尺寸。

7.5.2　装配尺寸

装配尺寸是表示产品或部件内部各组成部分之间装配情况的尺寸，这类尺寸一般可分为以下几种。

1．配合尺寸

表示两零件间配合性质的尺寸，如图 7－2 所示主视图上的尺寸 $\phi 42H8/s7$。

2．装配位置尺寸

表示产品或部件各组成部分之间相对位置的尺寸，一般注在两组成部分（零件或组件）之间，如图 7－28（d）所示左视图上的尺寸 28.76 ± 0.02。

3.装配连接尺寸

表示产品或部件各组成部分之间的主要连接情况的尺寸,如图 7-2 所示主视图上的 M42×3 等。标准紧固件的尺寸一般填写在明细栏内,因而没有必要在视图中重复标注。

7.5.3　安装尺寸

表示产品或部件与外部结构连接时安装情况的尺寸,通常包括与安装位置有关的尺寸,以及安装结构要素(孔、槽等)的分布位置和形状、大小。如图 7-2 所示主视图上的尺寸 82,是与截止阀安装位置有关的尺寸,ϕ90 和 45°表示安装孔的分布位置,4×ϕ11 表示安装孔的数量、大小。

7.5.4　外形尺寸

表示产品或部件在长、宽、高三个方向的轮廓尺寸,即总长、总宽和总高。外形尺寸确定部件所占空间的大小,为部件的安装、包装、运输、库存提供了必要的数据。有时,由于部件的结构特点,某一方向的外形尺寸不宜直接注出,需要由有关的尺寸间接确定[例如,如图 7-28(d)所示的总长尺寸 118,总宽尺寸 85 和总高尺寸 95]。

7.5.5　极限位置尺寸

表示产品或部件中某些运动件的活动范围的尺寸。这里所谓的运动件,仅指那些因位置变动直接影响部件所占空间大小的零件。例如,如图 7-2 所示主视图上的尺寸 280～308,为截止阀断流和开启时的极限位置尺寸。

7.6　装配图中的序号、代号和明细栏

由于读图、画图、图样管理和生产工作的需要,对装配图中各组成部分(零件或组件)应进行编号,并应绘制和填写包括各组成部分的编号、名称、数量和材料等内容的明细栏。现分述如下。

7.6.1　序号和代号

1.序号和代号的编排

装配图中各组成部分的编号分为序号和代号两种。序号是按组成部分在装配图上的顺序所编排的号码,其先后顺序的编排,尽可能考虑到装配的次序或组成部分的重要性。序号可按顺时针或逆时针的方向,按大小顺序排列成水平或垂直的整齐行列,若在整张图上无法连续时,可只在每个水平或垂直方向顺序排列[如图 7-28(d)所示,从序号 1～17 是按顺时针方向顺序排列的]。

代号是表明各组成件对产品从属关系的编号。例如,如图 7-2 所示,序号为 13 的阀杆,其代号为 JF-00-11;再如图 7-28(d)所示,序号为 6 的泵体,其代号为 CB-05。

2.序号和代号的标注法

(1) 在同一装配图中,相同的组成部分,一般只编一个序号,而且只标注一次,若有必

要,对于图中多次出现的相同组成部分,可以重复标注,其序号填写在明细栏内。

　　(2) 标注序号时,可选取图 7-15(a)(b)(c)所示的三种形式之一。当用图 7-15(a)或(b)的形式时,编号号码可以用比尺寸数字字号大一号的数字或者大两号的数字,注写在水平线之上[图 7-15(a)]或圆圈之内[图 7-15(b)];当用图 7-15(c)的形式时,编号号码必须用比尺寸数字字号大两号的数字,注写在指引线附近。国家标准规定,水平线、圆圈和指引线,全部用细实线绘制,其末端均须画一小圆点。指引线应由所指部分的可见轮廓之内引出,如果所指部分为很薄的零件或涂黑的剖面,其末端不宜画小圆点时则可改画箭头,并指向该部分的轮廓,如图 7-15(d)所示。

　　当需要在装配图上直接标注出各组成件的代号时,则只宜使用图 7-15(a)所示的水平线形式。此时一般无须再编序号了。

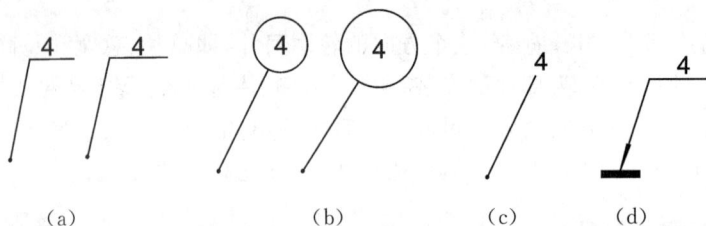

图 7-15　序号的标注法(1)

　　(3) 指引线不能相交。当其通过画有剖面线的区域时,指引线应尽量不要与剖面线平行。必要时,指引线可以画成折线,但只能曲折一次。一组紧固件或装配关系明确的一组零件,允许采用一条共同的指引线,如图 7-16 所示。

　　(4) 在同一装配图中,标注序号的形式应一致。

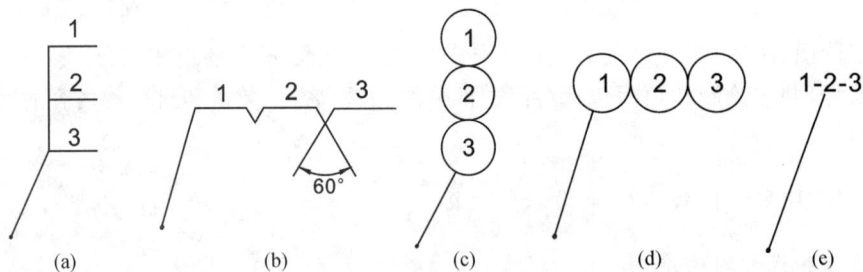

图 7-16　序号的标注法(2)

7.6.2　明细栏

　　(1)明细栏的格式应按 GB 10609.2—2009 执行。但考虑其格式包含的内容广泛,所占幅面较大,在学生作业中建议采用图 7-17(a)给出的形式,明细栏紧接在标题栏的上方。若明细栏在标题栏上方放置不下或因视图布置的关系不宜放在标题栏上方时,可以在左方接着编写[图 7-17(b)]。

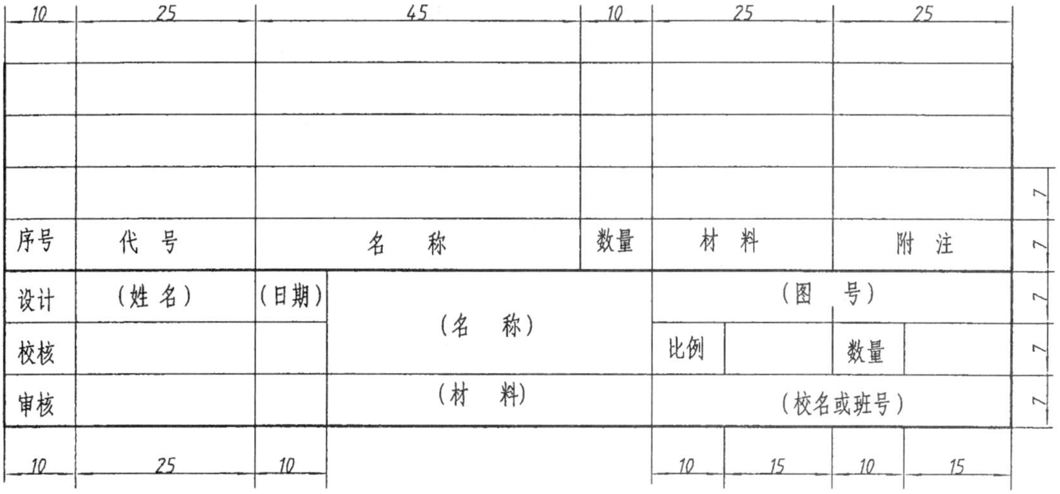

10	25	45	10	25	25	
						7
序号	代　号	名　　称	数量	材　料	附　注	7
设计	(姓 名)	(日期)	(名　　称)	(图　　号)		7
校核				比例	数量	7
审核		(材　料)		(校名或班号)		7
10	25	10		10	15	10	15

(a)

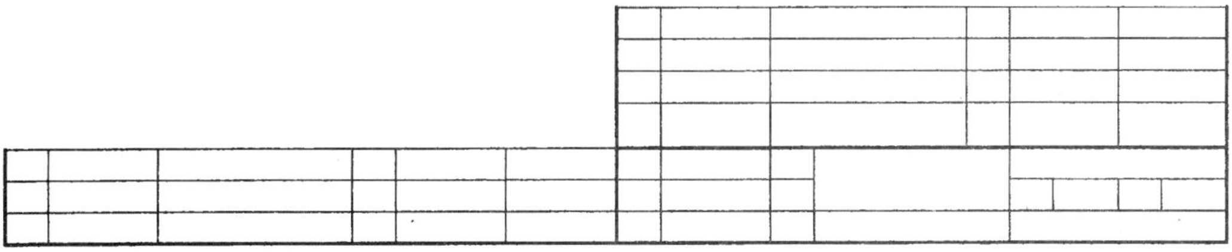

(b)

图 7-17　明细栏的位置

（2）明细栏的内容一般包括序号、代号、名称、数量、材料、质量和附注等内容。如有必要，可以在装配图之外，另制明细栏。

（3）明细栏中"序号"一栏，应自下而上顺序填写序号，并应与装配图中各组成部分所引出的序号一致（图 7-2）。

（4）明细栏中"代号"一栏，应填写各组成部分的代号，对于螺钉、螺母等标准件可填写标准号，如图 7-2 所示螺栓 M8×45 的"代号"一格内填写标准号"GB/T 5782"。

（5）明细栏中"名称"一栏，对于一些标准件和外购件等，除填写名称外，还应填写型号与规格，如图 7-2 所示螺栓的"名称"一栏内填写"螺栓 M8×45"。

7.7　装配图中的技术要求

在装配图中除了包括视图、尺寸和编号之外，还应注明部件的性能、装配、试验和验收等方面有关的技术要求，以保证产品在交付使用前，能达到设计上预期的性能要求和质量指标。

7.7.1　技术要求的一般内容

技术要求的内容应简明扼要,通顺易懂,一般包括下列几方面:

(1) 对部件基本性能和质量方面的要求:如对阀的流量和压力的有关规定,对机器的噪声、耐振性和自动控制等要求。

(2) 对装配工艺方面的要求:如应保证的装配间隙、过盈,特殊的装拆方法和顺序,个别结构要素的特殊要求以及润滑、密封和清洗等方面的有关要求和说明。

(3) 有关试验方面的规定:对试验条件、项目和方法的规定以及对校准、调整的要求等。

(4) 其他必要的说明和要求:如修饰、油封和装运等方面的要求或注意事项,以及有关验收标准和使用说明等。

7.7.2　技术要求的注写

(1) 技术要求的内容,如不能在视图中用数字或代号直接注出时,应在"技术要求"的标题下用文字说明,其位置尽量放在明细栏和标题栏的上方或左方,如图 7－2 所示。若装配图画在几张图纸上时,技术要求应注写在第一页图纸上。

(2) 技术要求不止一项时,应编顺序号;仅有一条时,不必编号;项目很多,不便在图上注写时,可另行编写专门技术文件。

(3) 技术要求中列举明细栏的零、部件时,允许只写序号或者代号。

(4) 技术要求中引用各类标准、规范、专用技术条件以及试验方法与验收规则等文件时,应注明引用文件的编号和名称,也可只注明编号。

7.8　画 装 配 图

机器或部件是由各种零件组成的,根据所给零件图(零件图是由测绘或设计得到的技术图样)可以拼画出装配图。本节以齿轮油泵为例,讨论画装配图的方法。

7.8.1　了解部件的装配关系和工作原理

根据齿轮油泵轴测装配图和装配示意图(图 7－18)可知,齿轮油泵为输送润滑油的一个部件,共由 17 种零件构成。泵体 6 是齿轮油泵中的主要零件之一,它的内腔可以容纳一对吸油和压油的齿轮。将齿轮轴 2、传动齿轮轴 3 装入泵体后,两侧由左端盖 1 和右端盖 7 支撑一对齿轮轴的旋转运动。用销 4 将端盖与泵体定位后,再用螺钉 15 将端盖与泵体连成整体。为了防止泵体与端盖结合处及传动齿轮轴 3 伸出端漏油,分别用垫片 5、密封圈 8、轴套 9 及压紧螺母 10 密封。

图 7－19~图 7－27 所示是齿轮油泵主要零件的零件图。图 7－28(a)~(d)显示了装配图的画法和步骤。

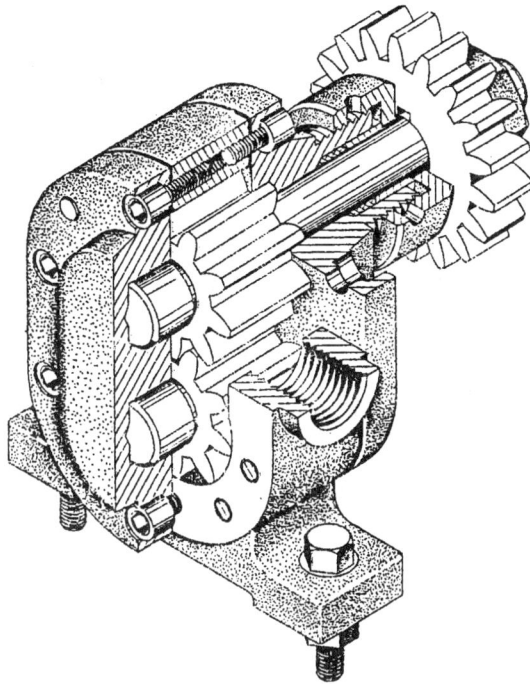

(a)

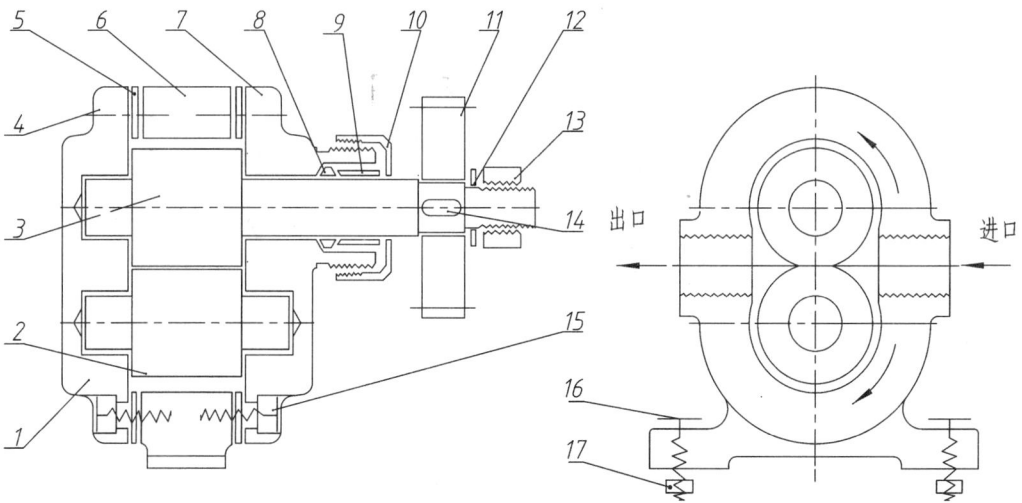

(b)

图 7-18 齿轮油泵轴测装配图和示意图

（a）齿轮油泵轴测装配图； （b）齿轮油泵装配示意图

　　齿轮轴 2、传动齿轮轴 3 和齿轮 11 是油泵中的运动零件,当齿轮 11 按逆时针方向转动时,通过键 14,将扭矩传递给传动齿轮轴 3,经过齿轮啮合带动齿轮轴 2,从而使后者作顺时针方向转动。当一对齿轮在泵体内作啮合传动时,啮合区内右边压力降低而产生局部真空,油池内的油在大气压力作用下进入油泵低压区内的吸油口,随着齿轮的转动,齿槽中的油不断沿箭头方向被带至左边的压油口把油压出,送至机器中需要润滑的部分。

7.8.2　视图选择

1.主视图选择

　　通常以机器或部件的工作位置,有时也考虑其安放位置,以选用能清楚反映部件的主要结构和较多零件间的相对位置,以及装配、连接关系的方向作为主视图的投射方向,尽量兼顾表达工作原理。如图 7 - 28(d)所示的主视图,清楚地显示了齿轮油泵各个零件间的装配关系,也对工作原理进行了部分说明。

2.其他视图的选择

　　在如图 7 - 28(d)所示的主视图中,对齿轮油泵的连接关系、工作原理进行了主要的表达,但销子、螺钉在长圆周是如何分布的,一对齿轮是怎样将油吸入和压出的,表达得不够清楚。于是选取沿结合面半剖的左视图进行了补充说明。

7.8.3　画装配图的步骤

　　(1) 根据确定的视图表达方案,选取适当比例,在图纸上安排各视图的位置。要注意留有编写零、部件序号,明细栏和标题栏,以及注写尺寸和技术要求的位置。

　　(2) 画图时,应先画出各视图的主要轴线、对称中心线及作图基准线(某些零件的基面或端面)。由主视图开始,几个视图配合进行。画剖视图时,以主要干线为准,由内向外逐个画出各个零件,或视情况由外向内画。

7.9　阅读装配图、拆画零件图

　　在设计、制造产品或部件以及进行技术革新等工作中,为了熟悉产品或部件结构、性能和工作原理,常常需要阅读装配图。本节结合例图介绍阅读装配图的要求、方法和步骤,以及如何根据装配图拆画零件工作图。

7.9.1　读装配图的要求

　　(1) 了解部件的用途、性能和工作原理;

　　(2) 了解各组成部分之间的装配关系,其中包括相对位置、连接方式、配合种类与传动情况等;

　　(3) 了解每个零件的功用及其主要的结构形状。

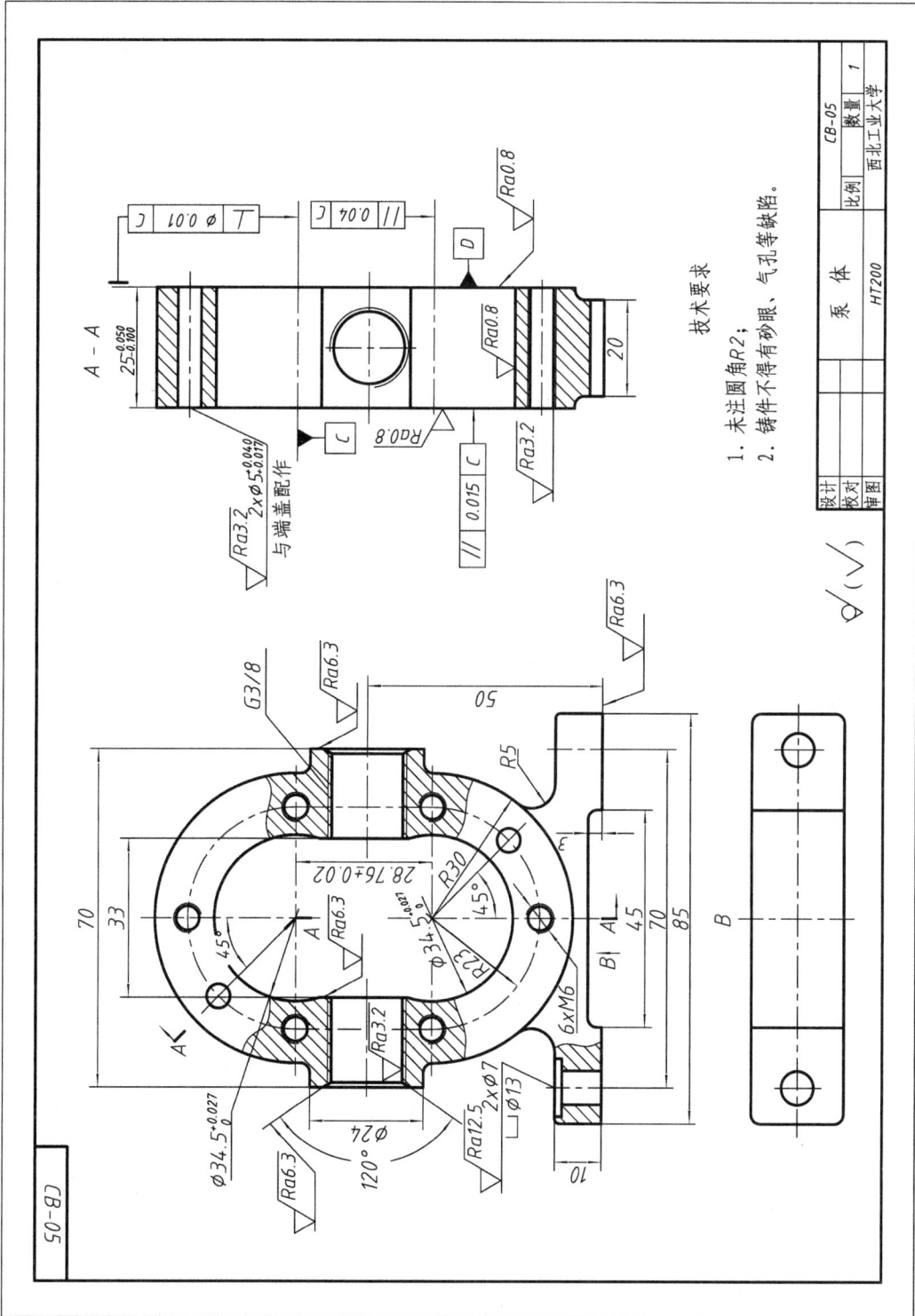

图 7-19 泵体零件图

技术要求

1. 未注圆角 R2;
2. 铸件不得有砂眼、气孔等缺陷。

泵 体

HT200

CB-05

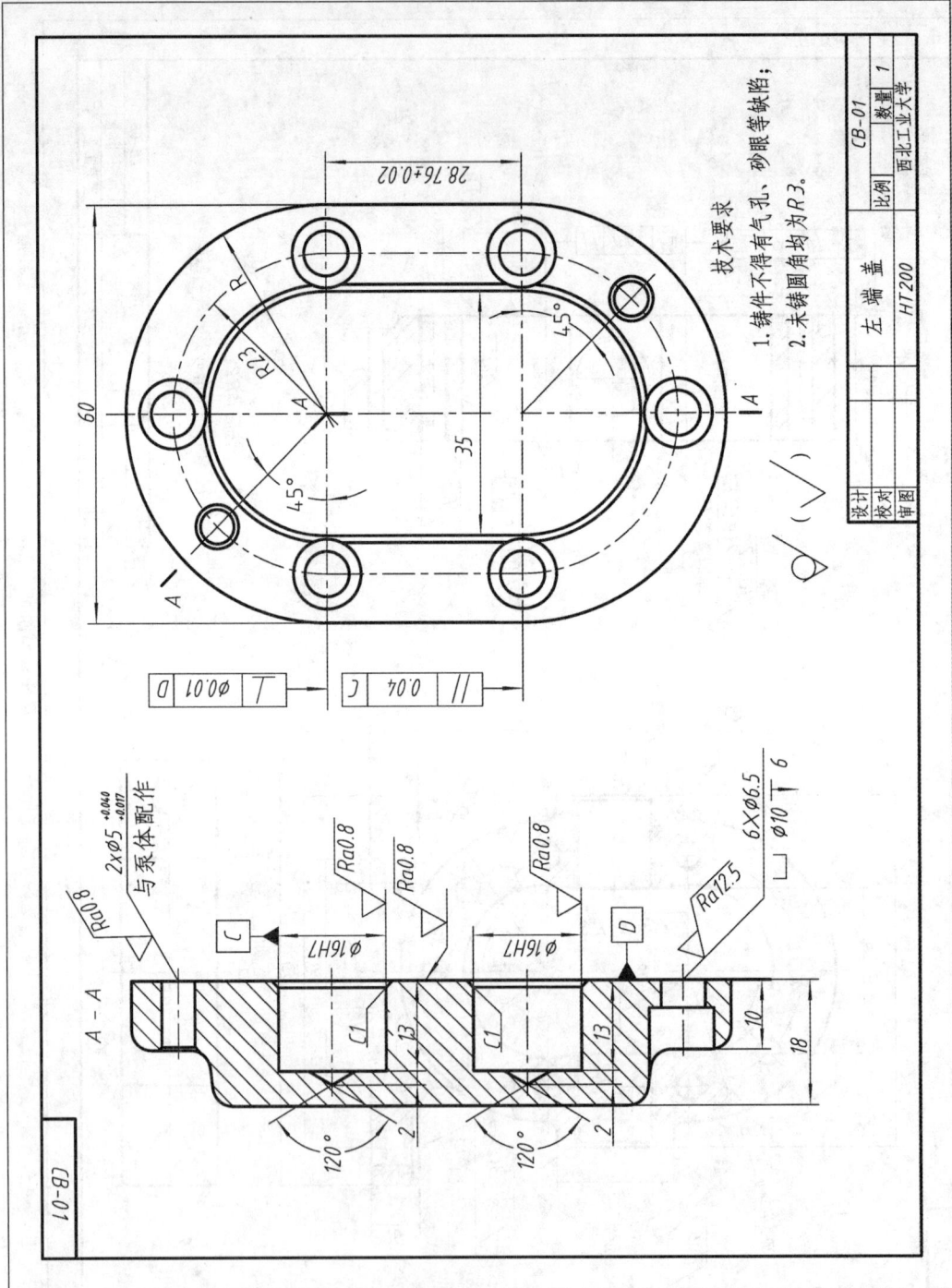

图 7-20　左端盖零件图

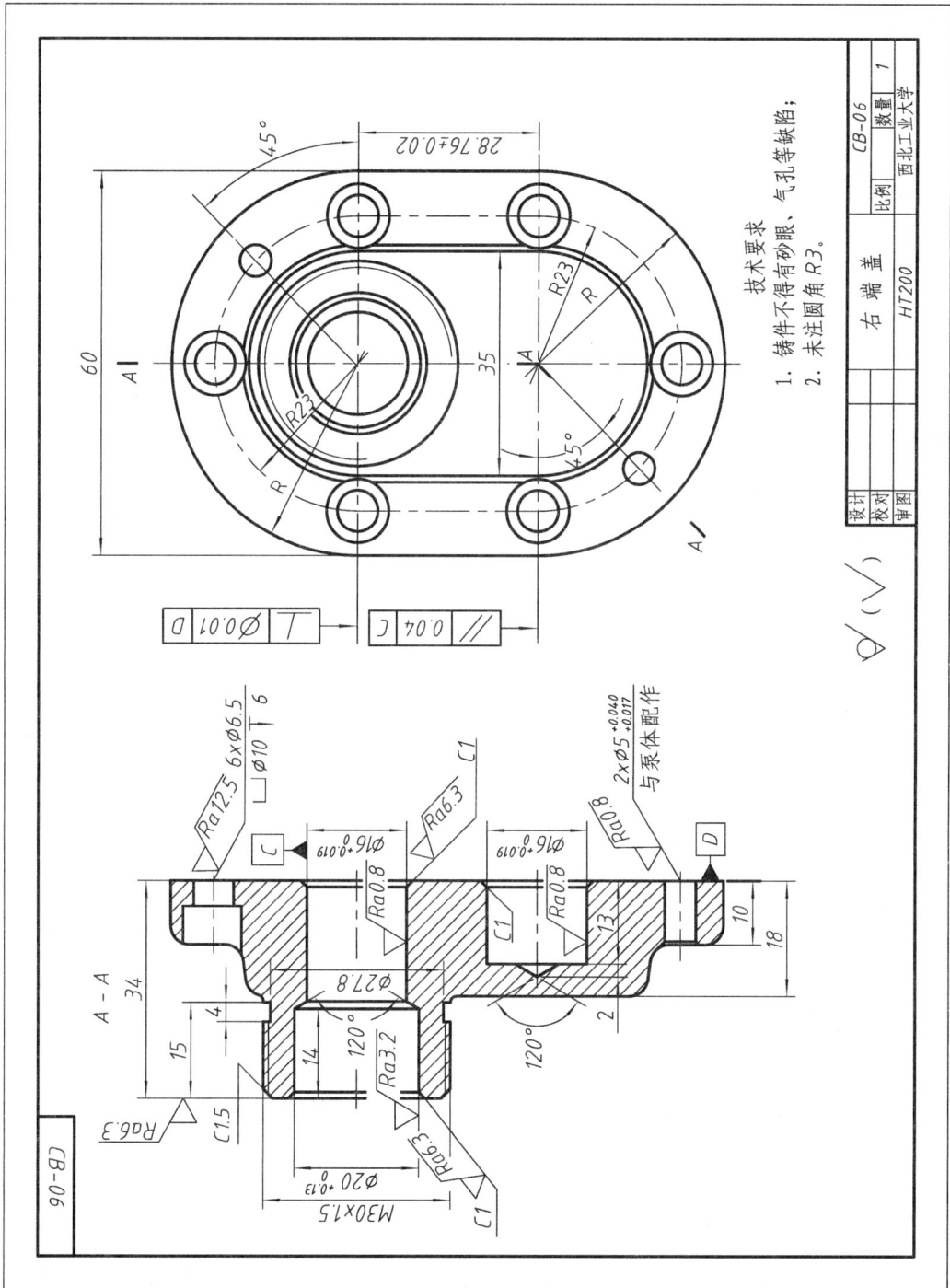

图 7-21　右端盖零件图

模　数 m	3
齿　数 Z	9
压力角 α	20°
变位系数	0.357
精度等级	8-Dc

技术要求

1. 齿在粗加工后进行调质处理HB220~250；
2. 各圆柱表面之椭圆度不大于直径公差之半。

$\sqrt{Ra6.3}$ $(\sqrt{\ })$

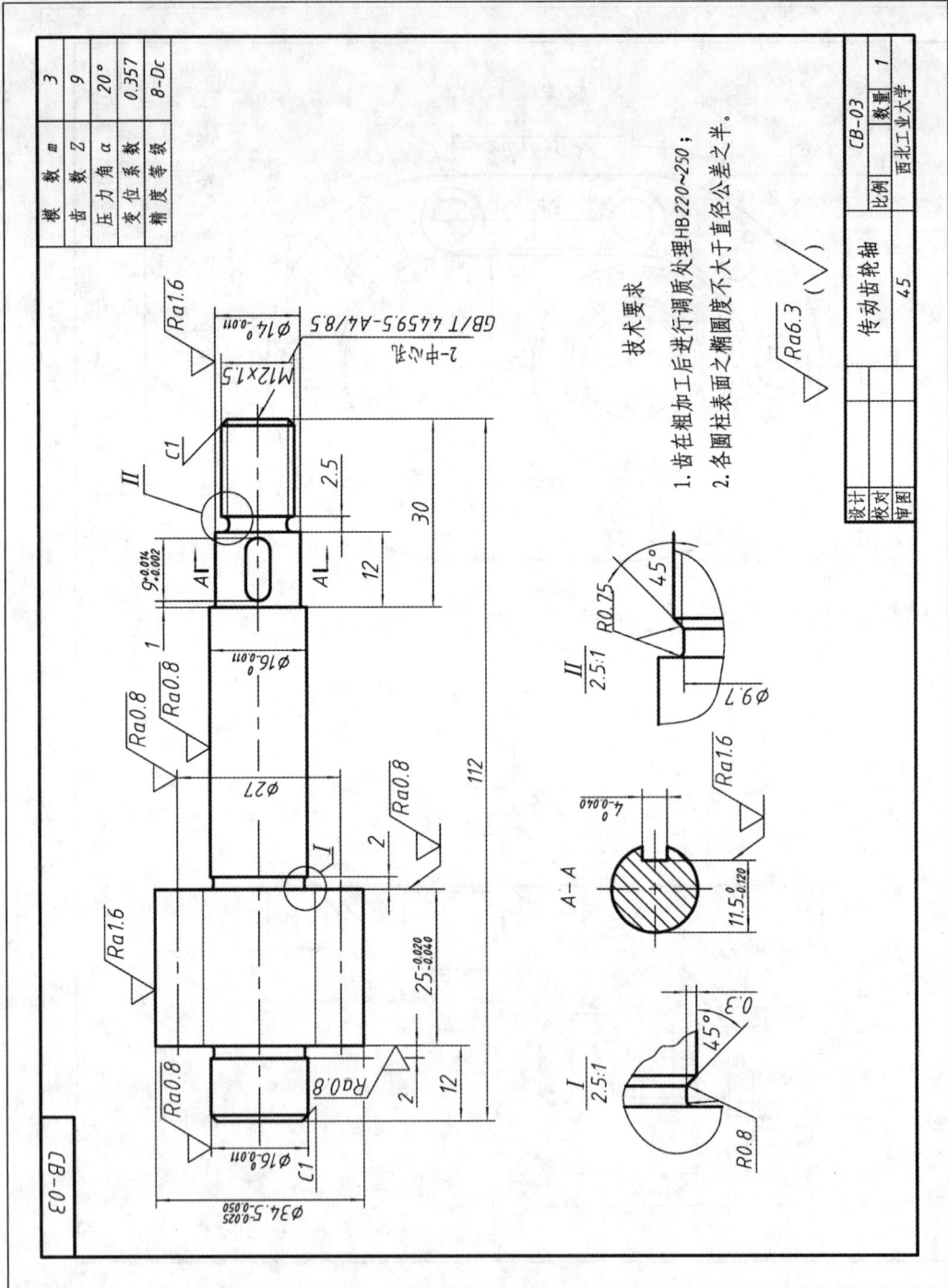

	CB-03		数量	1
设计		传动齿轮轴	比例	
校对				
审图		45	西北工业大学	

图7-22　传动齿轮轴零件图

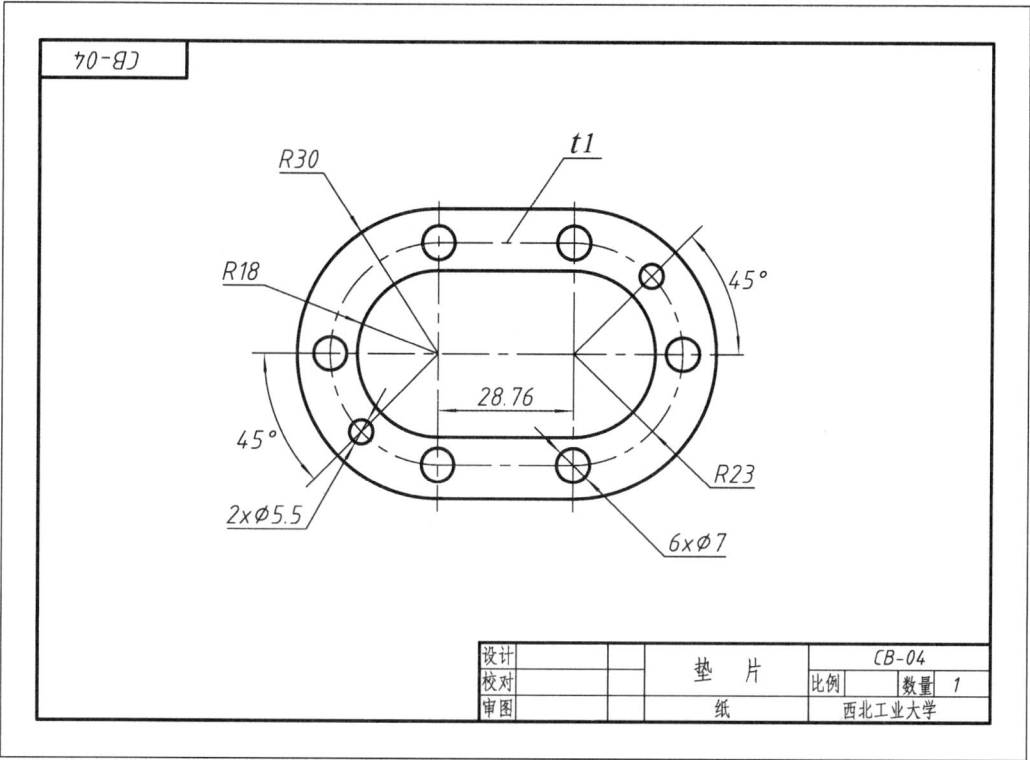

图 7-23　垫片零件图

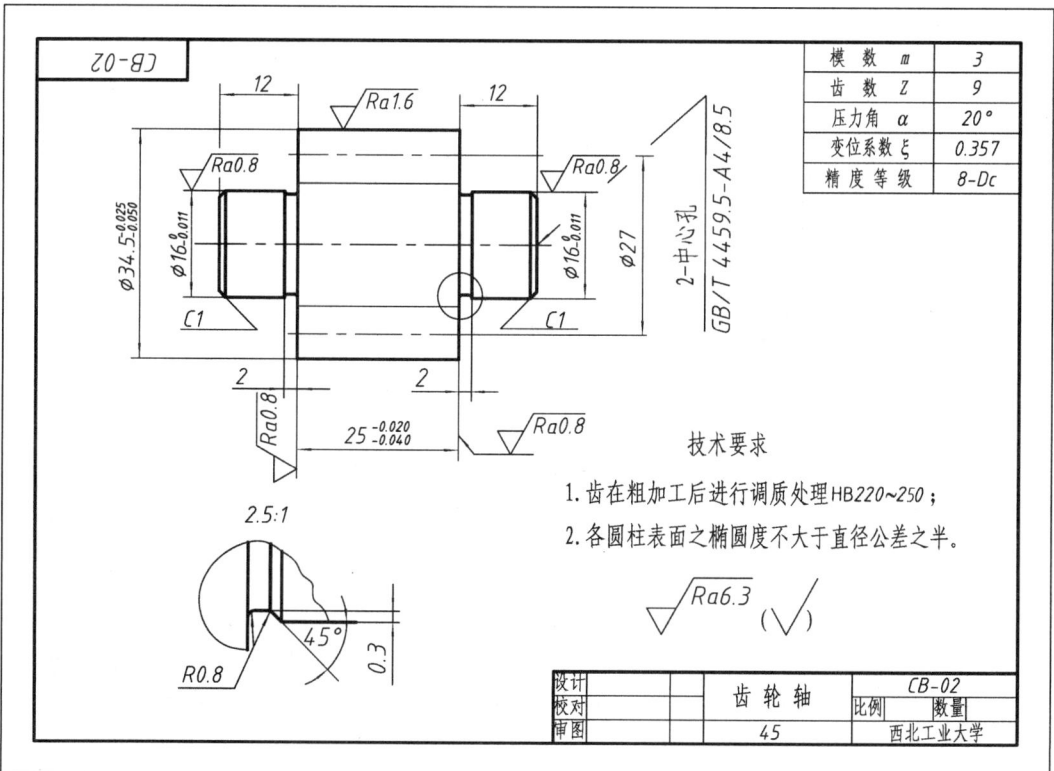

图 7-24　齿轮轴零件图

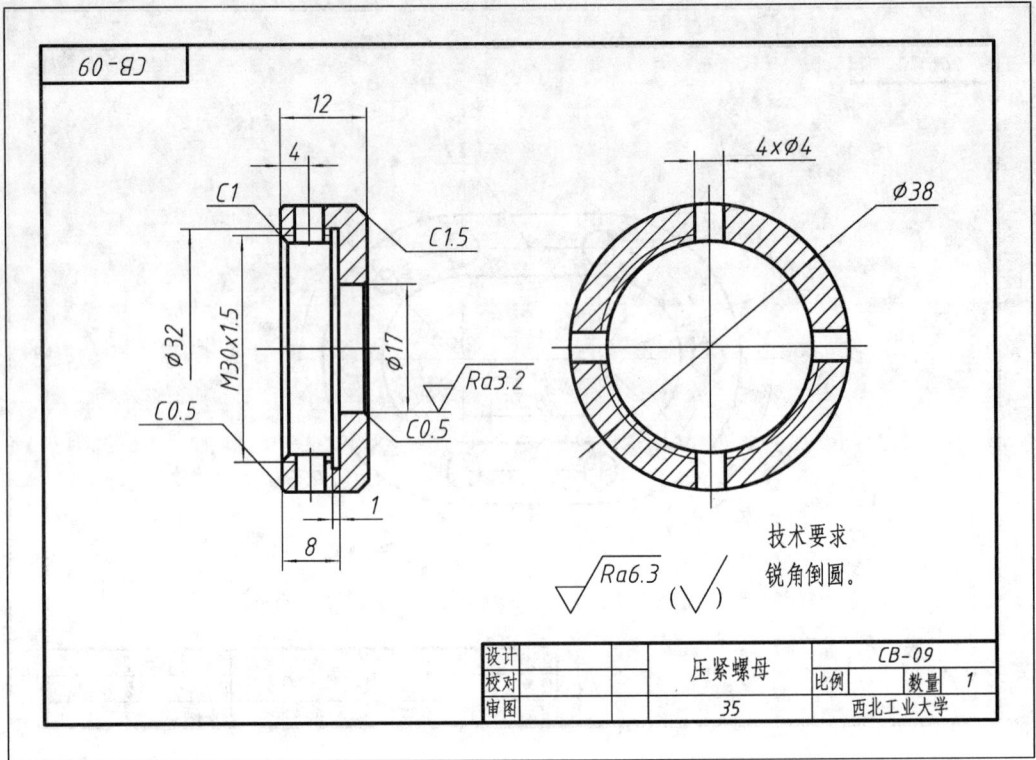

图 7 - 25　压紧螺母零件图

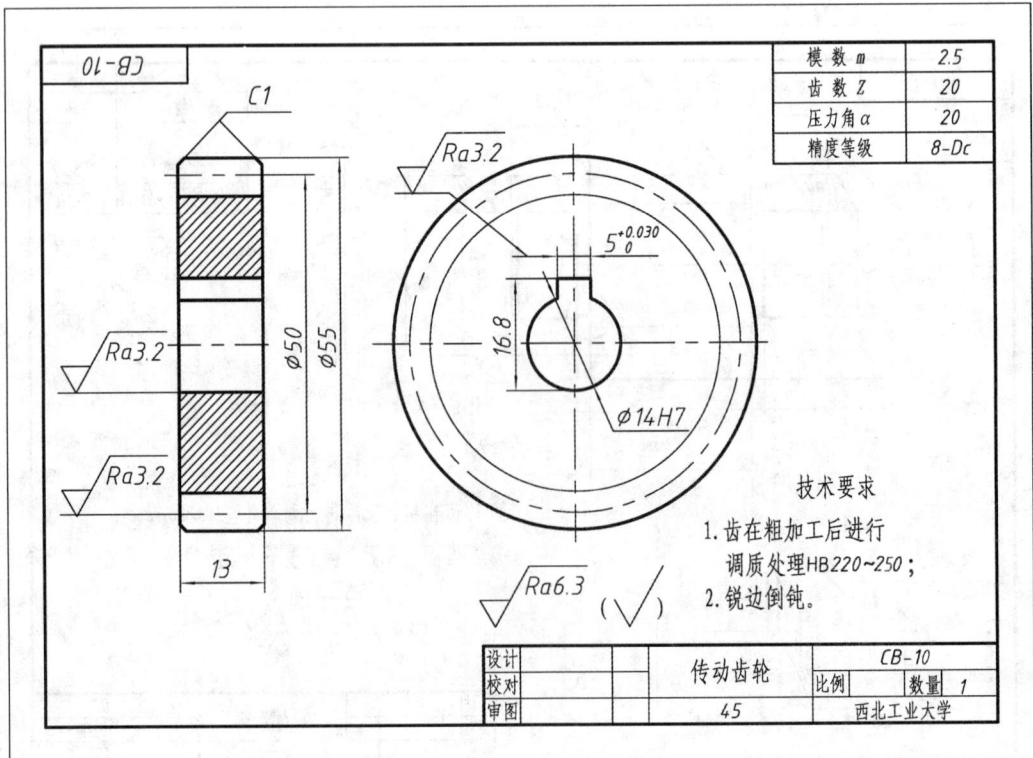

图 7 - 26　传动齿轮零件图

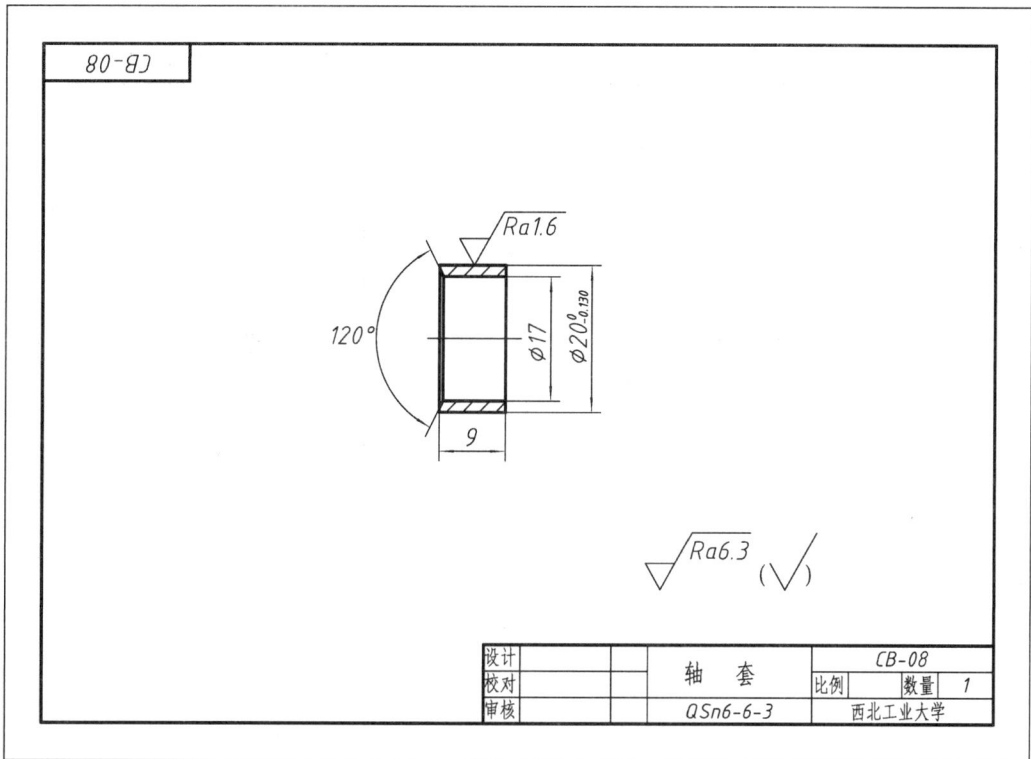

图 7 - 27　轴套零件图

7.9.2　读装配图的方法和步骤

1. 概括了解

初步认识装配图所表达的对象。具体可分以下几步:

(1) 从标题栏看出部件的名称和比例,以估计部件的作用和实际大小。

(2) 根据明细栏并结合视图,了解组成件的种类,再逐个查对各组成件在视图中的位置、名称、数量及材料等。

(3) 结合产品说明书等技术资料,分析部件的作用、结构和工作原理,理解装配图上所采用的各种表达方法,从而明确各视图的作用。

如图 7 - 29 所示为铣床分度头顶尖架轴测分解图,可供读者读图参考,如图 7 - 30 所示为铣床分度头顶尖架(以下简称顶尖架)的装配图。从该图的标题栏得知部件名称和画图比例,故可估计部件的实际大小和它的作用——乃是铣床上的一个配件。由图形及明细栏可知,顶尖架由 22 种零、组件组成,其中标准件 10 种(序号为 7,8,10,13,15,16,17,18,20,22)。该装配图除包括三个基本视图外,还用阶梯剖视(A—A),表达了有关各零件的连接情况;俯视图为外形图,并表达了底板的结构。在 B—B 剖视图中,表示出轴承 9 和滑块 4 之间的结合关系,以及螺钉连接的分布情况。

从图中可以看出,顶尖 2 的轴向移动是靠转动轮 11 来实现的,而整台部件,可以用两个螺栓 17 固定到铣床工作台上,以便与铣床的另一个部件——分度卡盘一起共同支撑被加工工件。

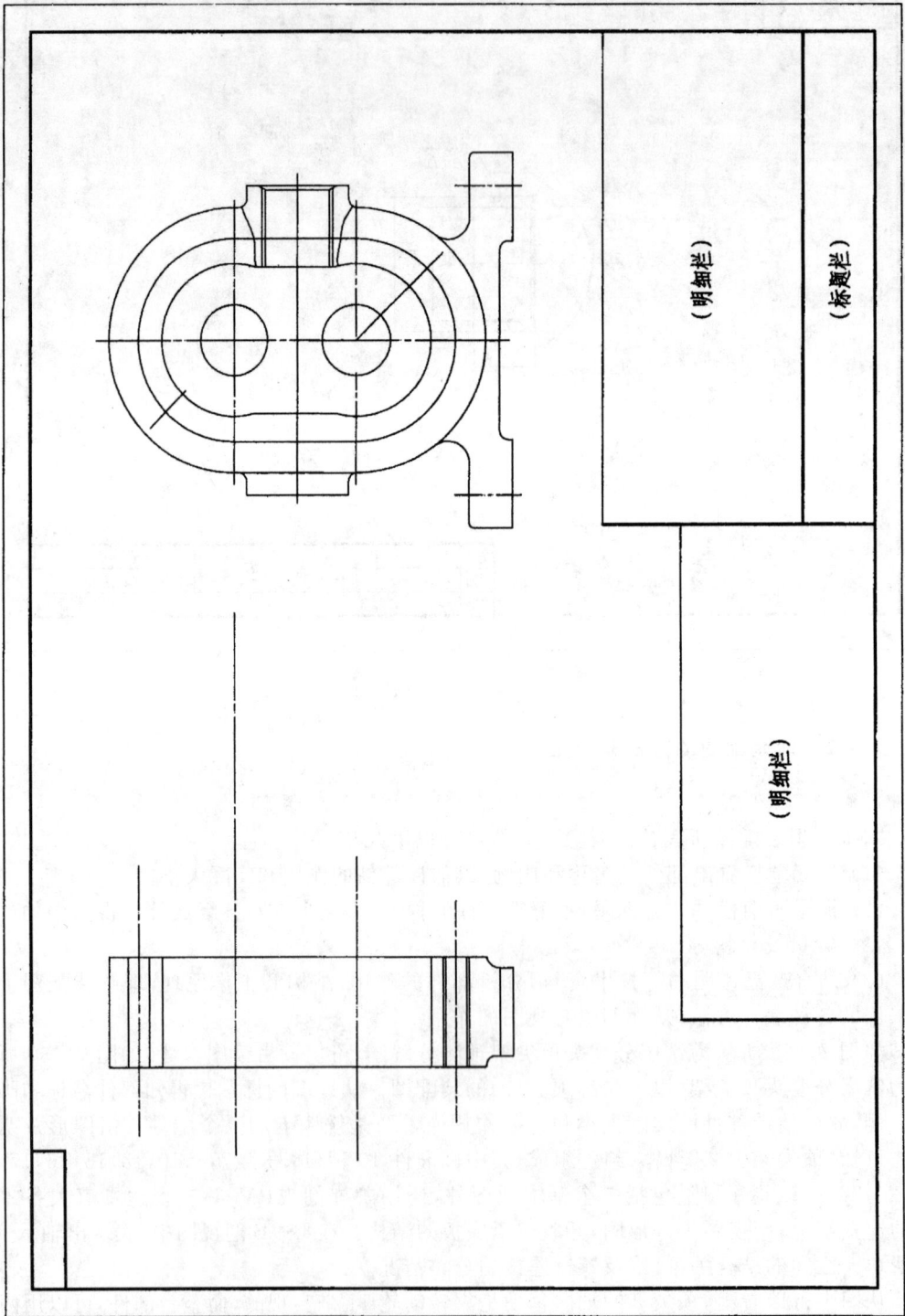

图 7-28(a)　绘制齿轮油泵的主要轴线及泵体零件的主要轮廓

（明细栏）

（明细栏）

（标题栏）

（明细栏）

（标题栏）

（明细栏）

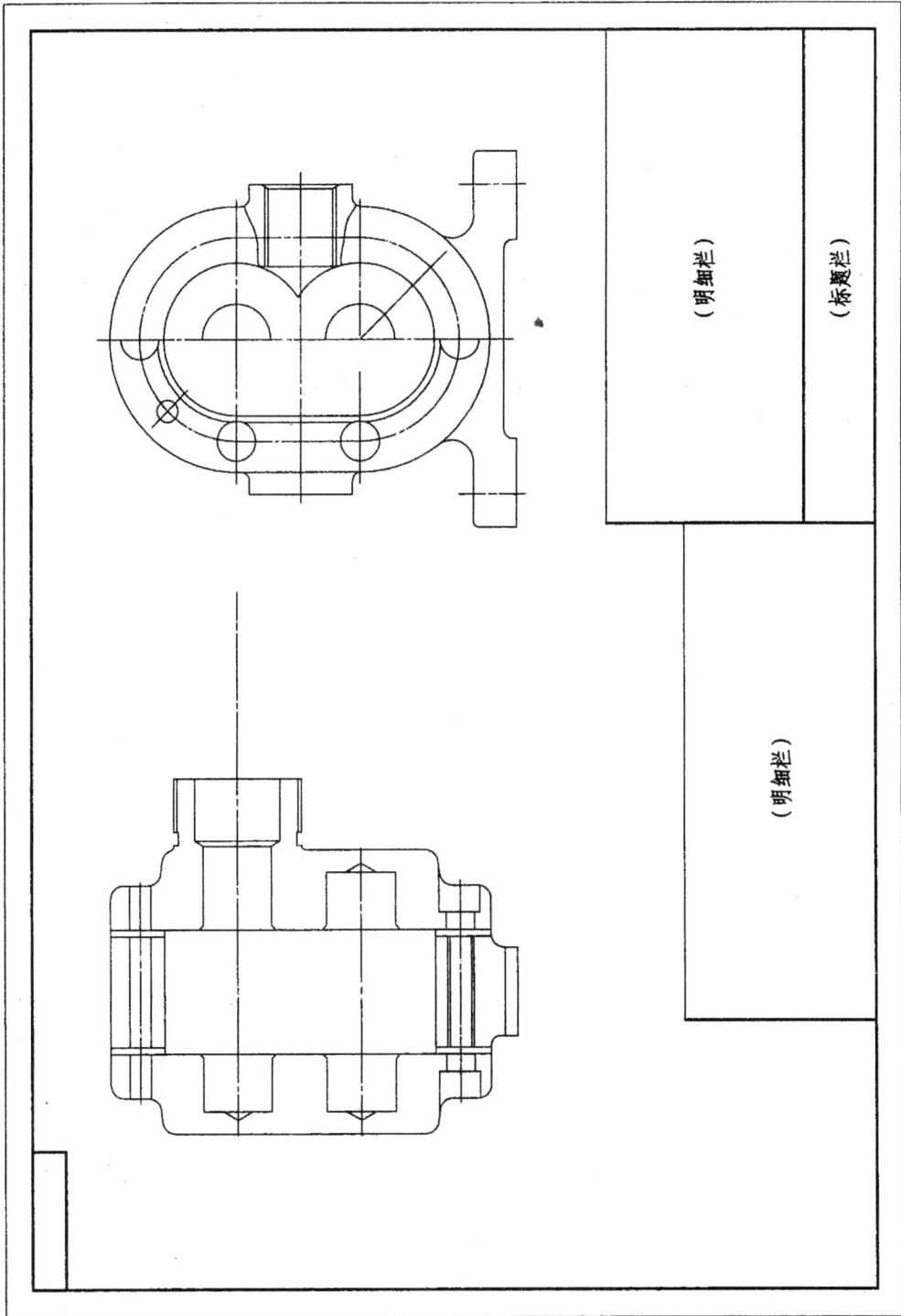

图 7-28(b)　绘制出左端盖和右端盖的主要轮廓

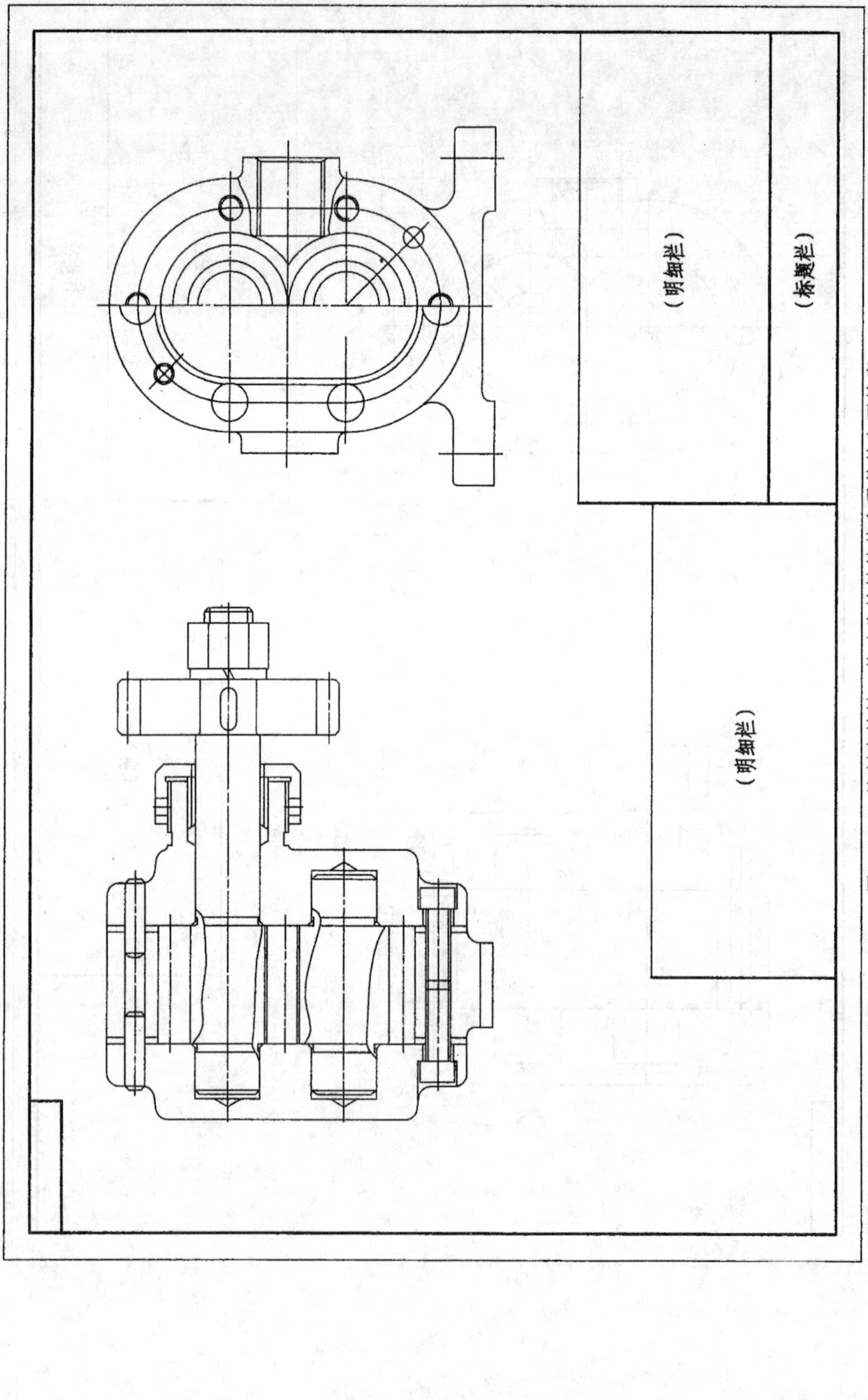

（明细栏）

（标题栏）

（明细栏）

图 7-28(c)　绘制齿轮轴、传动齿轮轴等其余零件的主要轮廓

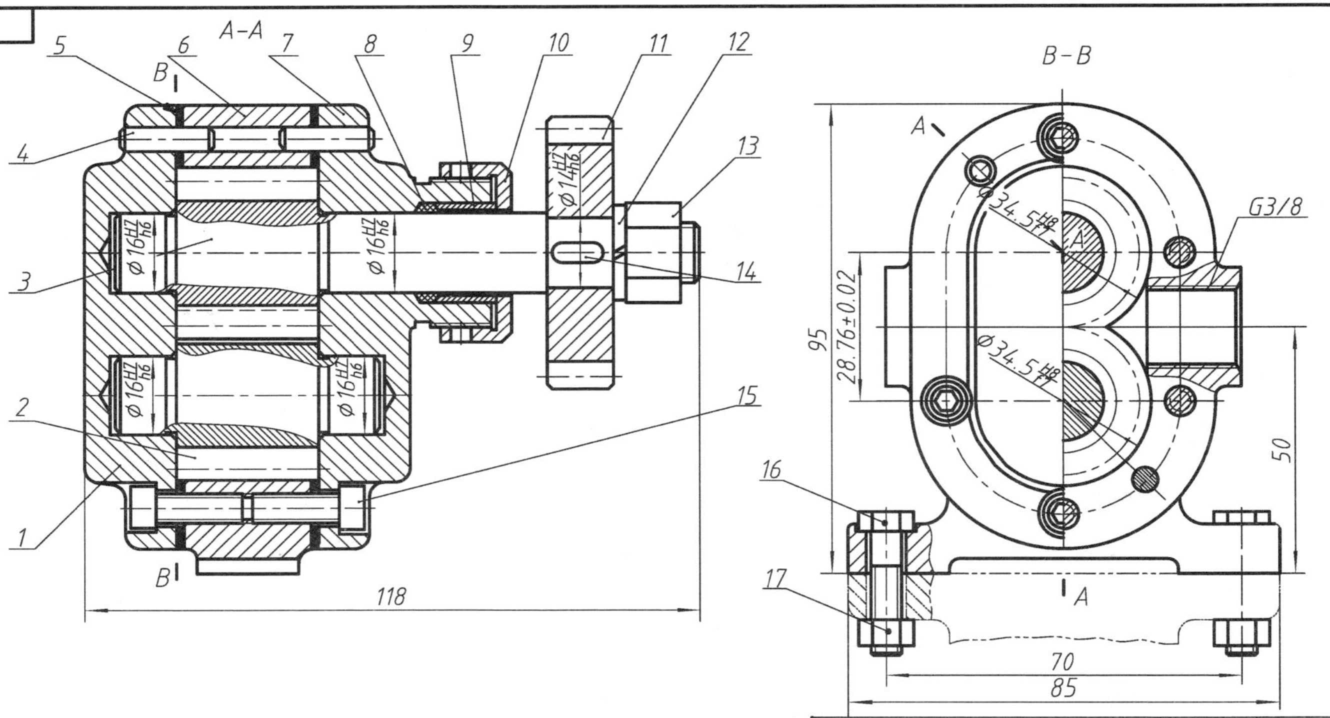

图7-28(d)　绘制齿轮油泵的剖面线等细节、标注尺寸、注写序号、技术要求、填写标题栏、明细栏、检查、加深

明细栏 (B-B 视图侧)

8	CB-07	密封圈	1	橡胶	
7	CB-06	右端盖	1	HT200	
6	CB-05	泵体	1	HT200	
5	CB-04	垫片	2	纸	
4	GB119	销 A5×18	4	45	
3	CB-03	传动齿轮轴	1	45	m=3, z=9
2	CB-02	齿轮轴	1	45	m=3, z=9
1	CB-01	左端盖	1	HT200	
序号	代号	名 称	数量	材 料	附 注

制图			齿轮油泵		CB-00
校核			比 例		数量
审核			装 配 图		

明细栏 (A-A 视图侧)

17	GB/T6170	螺母 M6	2		
16	GB/T5782	螺栓 M6×30	2		
15	GB/T70.1	螺钉 M6×16	12		
14	GB/T1096	键 5×10	1	45	
13	GB/T6170	螺母 M12×1.5	1		
12	GB/T93	垫圈 12	1		
11	CB-10	传动齿轮	1	45	m=3, z=9
10	CB-09	压紧螺母	1	35	
9	CB-08	轴套	1	QSn6-6-3	

技术要求

1. 两齿轮轮齿的啮合应大于齿长的3/4;
2. 转动主动轴时应均匀旋转。

00-8O

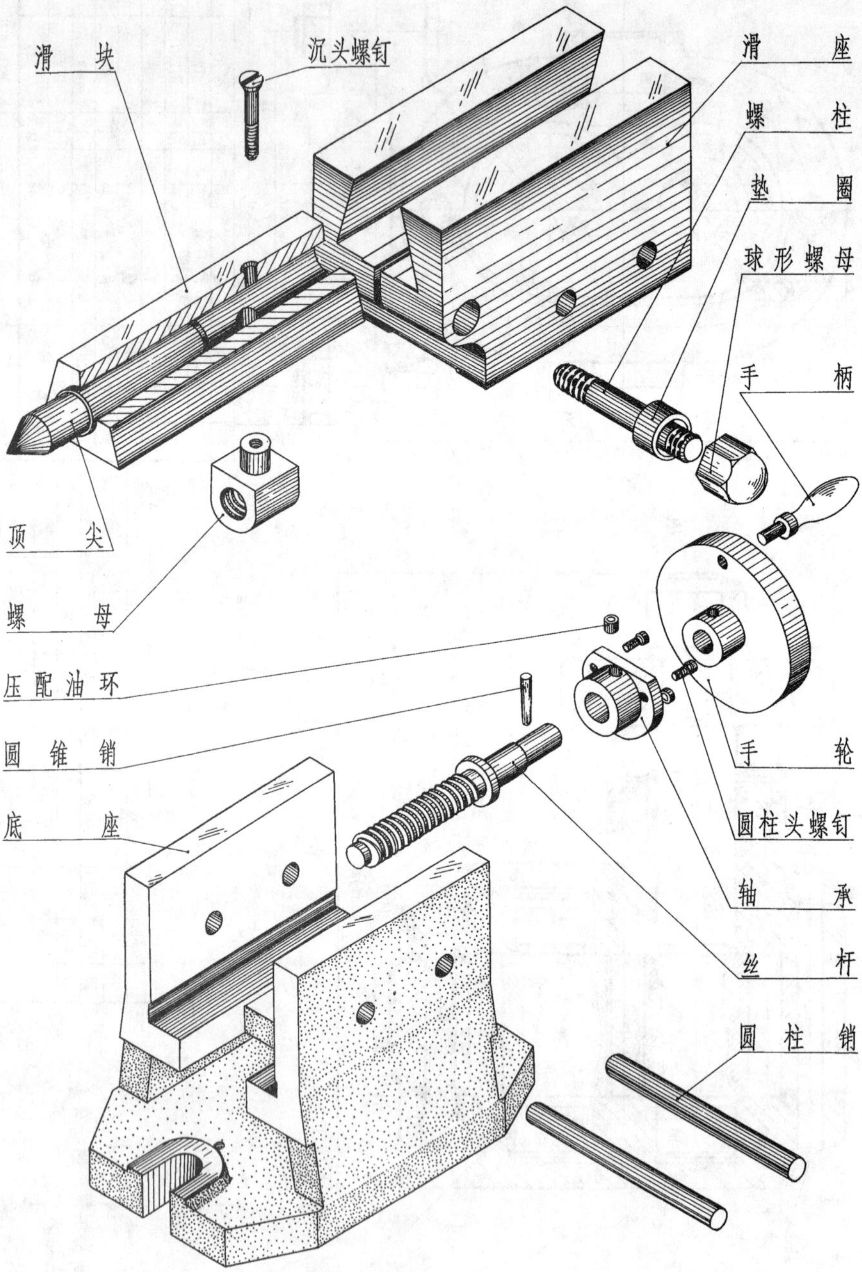

滑　块　　　　　沉头螺钉　　　　　　　　　　　　　滑　　座

螺　柱

垫　　圈

球形螺母

手　柄

顶　尖

螺　　母

压配油环

圆锥销

底　　座

手　轮

圆柱头螺钉

轴　　承

丝　杆

圆柱销

图 7 - 29　铣床分度头顶尖架轴测分解图

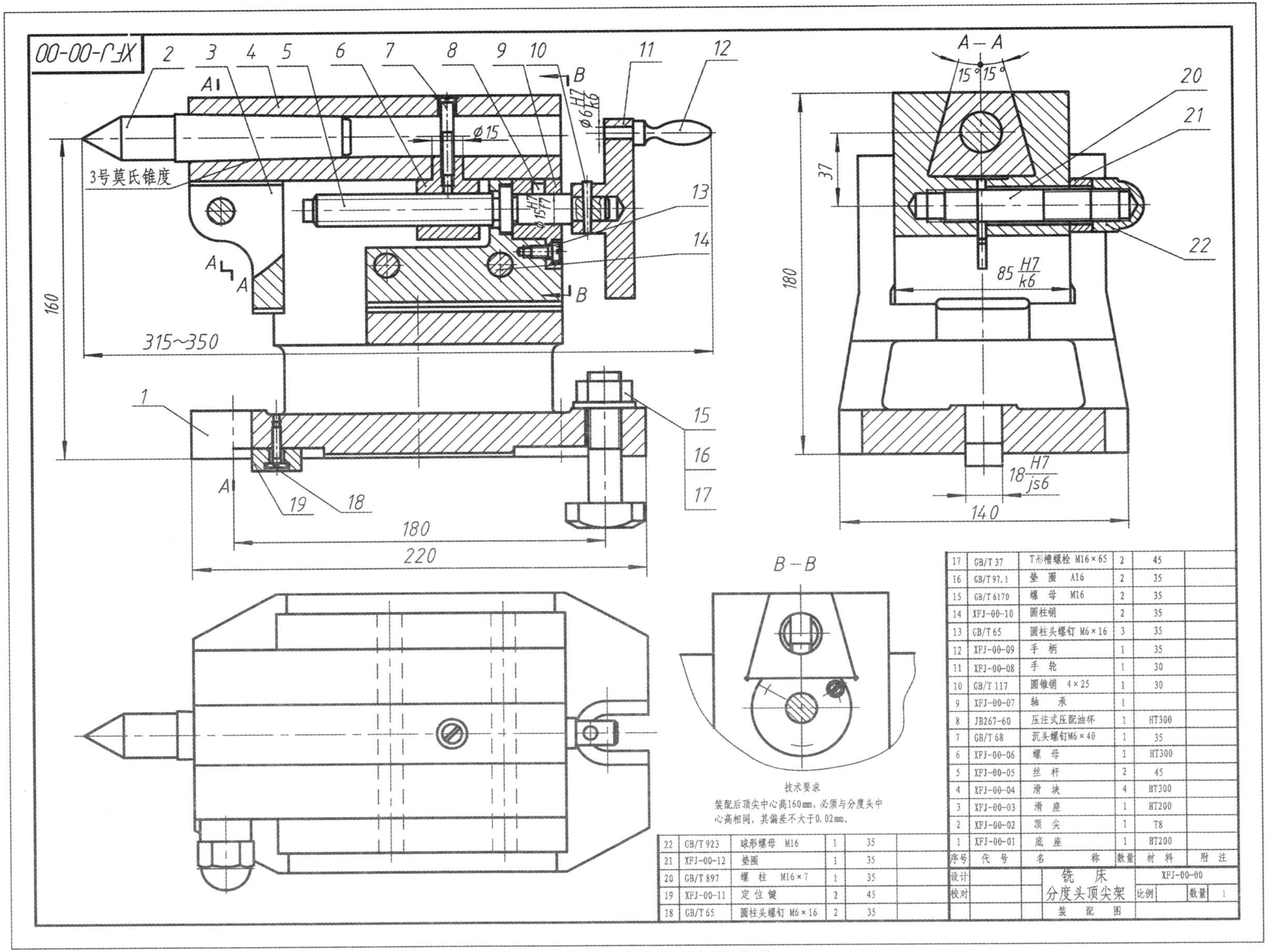

图7-30　铣床分度头顶尖架装配图

17	GB/T 37	T形槽螺栓 M16×65	2	45
16	GB/T 97.1	垫　圈　A16	2	35
15	GB/T 6170	螺　母　M16	2	35
14	XFJ-00-10	圆柱销	2	35
13	GB/T 65	圆柱头螺钉 M6×16	1	35
12	XFJ-00-09	手　柄	1	30
11	XFJ-00-08	手　轮	1	30
10	GB/T 117	圆锥销　4×25	1	
9	XFJ-00-07	轴　承	1	HT300
8	JB2675-60	压注式压配油杯	1	35
7	GB/T 68	沉头螺钉M6×40	2	HT300
6	XFJ-00-06	螺　母	1	45
5	XFJ-00-05	丝　杆	4	HT300
4	XFJ-00-04	滑　块	1	HT200
3	XFJ-00-03	滑　座	1	T8
2	XFJ-00-02	顶　尖	1	HT200
1	XFJ-00-01	底　座		
序号	代　号	名　称	数量	材　料

设计　　　　床　尾
校对　分度头顶尖架　比例　XFJ-00-00　数量　1
装　配　图

22	GB/T 923	球形螺母 M16	1	35
21	XFJ-00-12	垫　圈	1	35
20	GB/T 897	螺　柱 M16×7	1	35
19	XFJ-00-11	定位镜	2	45
18	GB/T 65	圆柱头螺钉 M6×16	2	35

技术要求
装配后顶尖中心应离160mm，必须与分度头顶尖中心靠相同，其高差不大于0.02mm。

XFJ-00-00

3号莫氏锥度

A—A

15°15°

85 H7/k6

18 js6

37

180

140

B—B

12

13

14

15

16

17

B

Ø6 H7/k6

Ø15 H7

Ø15 h7

Ø15

11 10 9 8 7 6 5 4 3 2

A

315~350

180

220

160

18

19

1

通过上述分析,便可对顶尖架有一个概括的认识。

2. 深入分析

这一步是整个读图过程的关键,主要是通过分析研究,详细了解整个部件的装配关系、工作原理以及主要零件的形状和结构。

对于比较复杂的装配图,可采用"化整为零"的方法,分成若干部分,逐个看懂。看图时,可以从部件的动力来源入手,一一弄清装配线上每个零件的作用和形状。分析零件形状时,往往需要涉及有关的相邻零件。因此,看图时不能只孤立地看一个零件,这是读装配图时应注意的问题。

例如,顶尖架的装配关系主要是在移动顶尖的一条装配线上,其工作零件是顶尖。这条装配线上各零件的轴测图和名称如图 7-29 所示,结合装配图可以清楚地看出顶尖架的工作情况如下:

转动手柄 12→手轮 11→丝杆 5→移动螺母 6→带动滑块 4→使顶尖 2 左右移动(伸进或后退)。

然后再分析这条主要装配线上各主要零件的使用,以及它们的连接情况:

顶尖 2——工作件。通过锥面配合,与滑块 4 连成一体。

滑块 4——移动件。它由螺母 6 带动,使其在滑座 3 内滑动,从而带动顶尖 2。滑块的锁紧(结合阅读 A—A 剖视图)是靠球形螺母 22、垫圈 21 和螺柱 20 来实现的。

螺母 6——移动件。通过螺钉 7 固定在滑块 4 的 $\phi15$ 孔内。当螺母移动时,必然带动滑块一起移动。

丝杆 5——转动件。其作用是将手轮 11 的旋转运动转化为螺母 6 的直线运动。这种转化的传递,是由圆锥销 10 来完成的。丝杆由轴承 9 支撑,并与滑座 3 配合,限制其轴向位置,而该轴承又是用 3 个圆柱头螺钉 13 紧固在滑座上(结合阅读 B—B 剖视图)的。

手柄 12——原动件。因为运动全靠操纵它才能实现。

主要装配关系看懂后,还应弄清图中每个细节的结构和作用。例如,轴承上的压注式压配油杯 8,是用以加注润滑丝杆旋转配合的润滑油而设的。该油杯为标准件,故在图上仅画外形。除此之外,在底座和滑座之间还有两个连接用的圆柱销 14。

前面已述及,当使用这台顶尖架时,可以用底座 1 上的两个 T 形槽螺栓 17(图中只画出一个,省略了重复投影),将其固定到铣床工作台上去,为了保证固定时相对位置的准确性,底座 1 的下方,设有两个定位键 19,以起定位作用。这两个定位键分别用一个螺钉 18固定在底座上。如果需要调节顶尖架在铣床工作台上的位置,则可以松开 T 形槽螺栓,将此部件推移到所需位置,然后再拧紧即可,这时,定位键又可起导向作用。由此可知,这台顶尖架在铣床工作台上的位置是可以在较大范围内进行调节的。

3. 归纳总结

在分别读懂部分装配关系之后,可通过总结归纳以下几个问题,以便全面地读懂装配图。

(1) 部件的工作原理;

(2) 装配图中各视图的作用;

(3) 零件间的配合、连接方式及零件的拆装顺序;

（4）装配图上每个尺寸所属的种类；

（5）各主要零件的形状。

7.9.3　根据装配图拆画零件工作图

在产品设计过程中，可先画出部件装配图，然后根据装配图拆画零件工作图。下面介绍拆画零件图时应考虑的几个问题。

1. 零件视图的选择

在某些情况下，有些零件的视图与装配图中该零件的视图表达方案基本一致。如图 7－31、图 7－32、图 7－35、图 7－37 和图 7－38 所示零件 1（底座）、零件 2（顶尖）、零件 5（丝杠）、零件 9（轴承）及零件 11（手轮）等就是如此。这是因为，在按照装配图（图 7－30 所示的视图表达方案）确定零件图的主视图时，多数零件在装配图上既表现了形状特征，又符合工作位置原则。因此在画这些零件时，只要补足被其他零件遮盖的投影线，甚至完全可以照抄零件在装配图上的图形，如图 7－32 所示顶尖的视图。

有一些零件，如滑块、滑座等，只须参照装配图稍加变动，即可画出零件图。例如，如图 7－33 所示滑块的零件图，只是将装配图上的剖切平面 A—A 改为从螺钉通过孔（$\phi 7$）处剖切，即可画出零件图。对于如图 7－34 所示的滑座零件图，可结合图 7－30 自行分析。

除了上述两种情况外，有些零件的视图与装配图比较，变动较大，这是因为，装配图的视图选择乃从整体出发，不可能兼顾所有零件，尤其是对于比较复杂的装配图更为突出。因此，在拆画零件图时，对这些零件视图的选择问题，就需要重新考虑。

2. 确定零件的未定形状

在拆画零件图时，有时需要确定零件的未定形状，这一问题具有零件结构设计的性质。下面举例说明一般的考虑方法。

在如图 7－30 所示中，螺母 6 在整个装配图上只有一个视图，因而其外部形状未表达清楚，画零件图时，必须增加视图（图 7－36），以确定其形状。已知螺母材料为铸铁，所以毛坯为铸件，因此，其左视图的外形一般可画成如图 7－39 所示的三种形式。但按螺母在部件中的作用，并且考虑到加工的方便，以选择第三方案［图 7－39（c）］为好。

又如图 7－30 所示的定位键（零件 19），尽管已有两个视图，但表达的形状像一个简单的四棱柱。如果进一步分析，就可知道它的下端应与铣床工作台面上的 T 形槽相配，所有的配合侧面均应磨削加工，故定位键的视图表面应如图 7－40 所示的形状。

拆画零件图时，除了应确定未表示清楚（不完整）的形状外，还要把画装配图时省略或简化了的一些结构要素（如倒角、倒圆、圆角、退刀槽及锪平结构……）一一画出。如画定位键的零件图，就应详尽地补画出倒角和退刀槽。

对于零件上某些特殊的结构要素，如齿型、螺纹牙型（一般是非标准），还应在零件图上画出局部放大图。

拆图时，如遇到标准件（如顶尖架中的球形螺母、T 形螺栓及双头螺柱……），或标准部件、组件（如压注油杯）时，不必画出零件图，因为标准零、组、部件可根据明细栏列出的清单外购或按有关标准生产。

技术要求
1. 加工前应进行时效处理;
2. 铸造圆角 R3~R5;
3. 不加工表面涂红色防锈漆;
4. 未注明之倒角 C1。

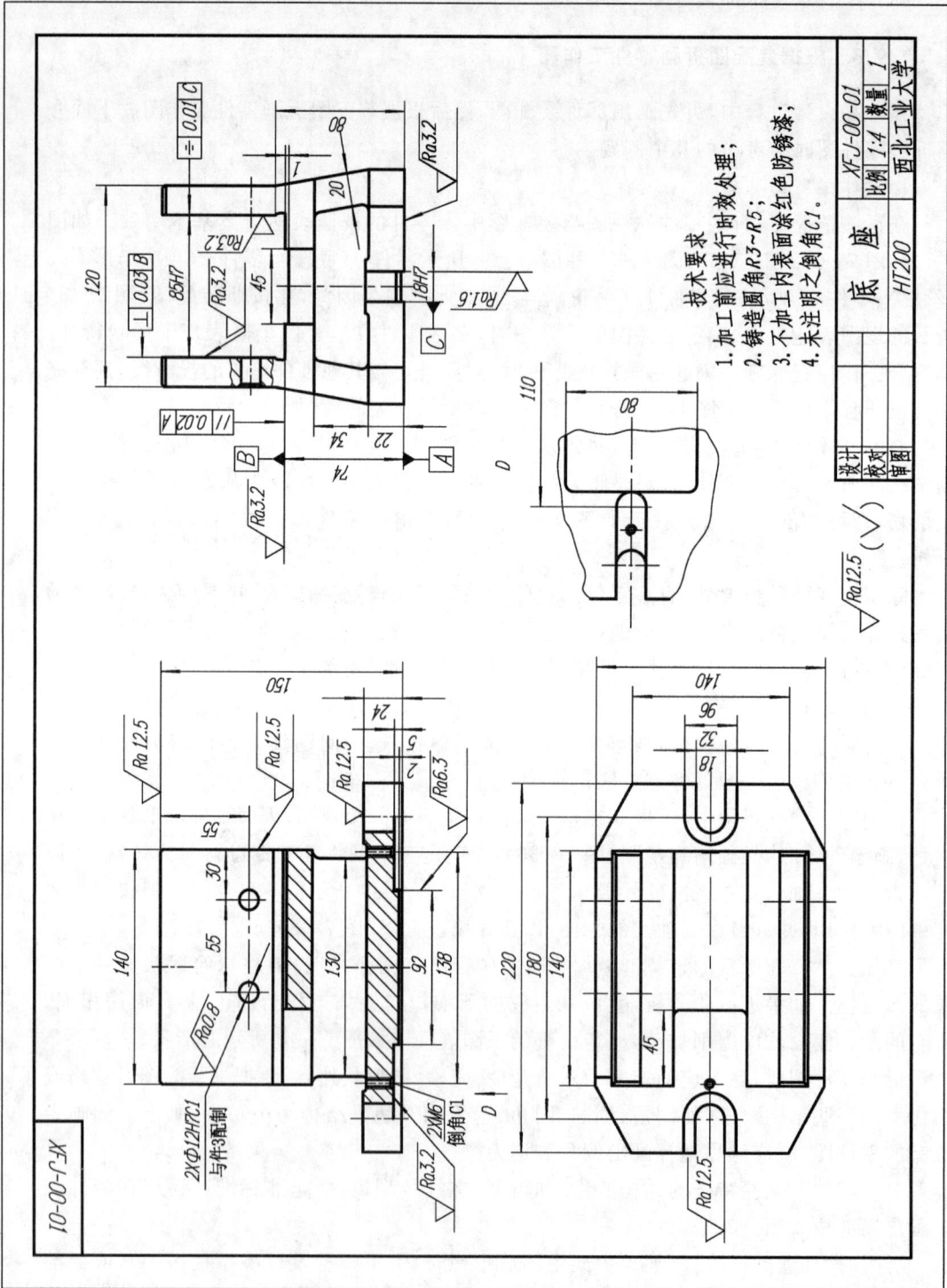

图 7-31　底座零件图

底　座		
HT200	XFJ-00-01	
比例 1:4	数量 1	西北工业大学

设计
校对
审图

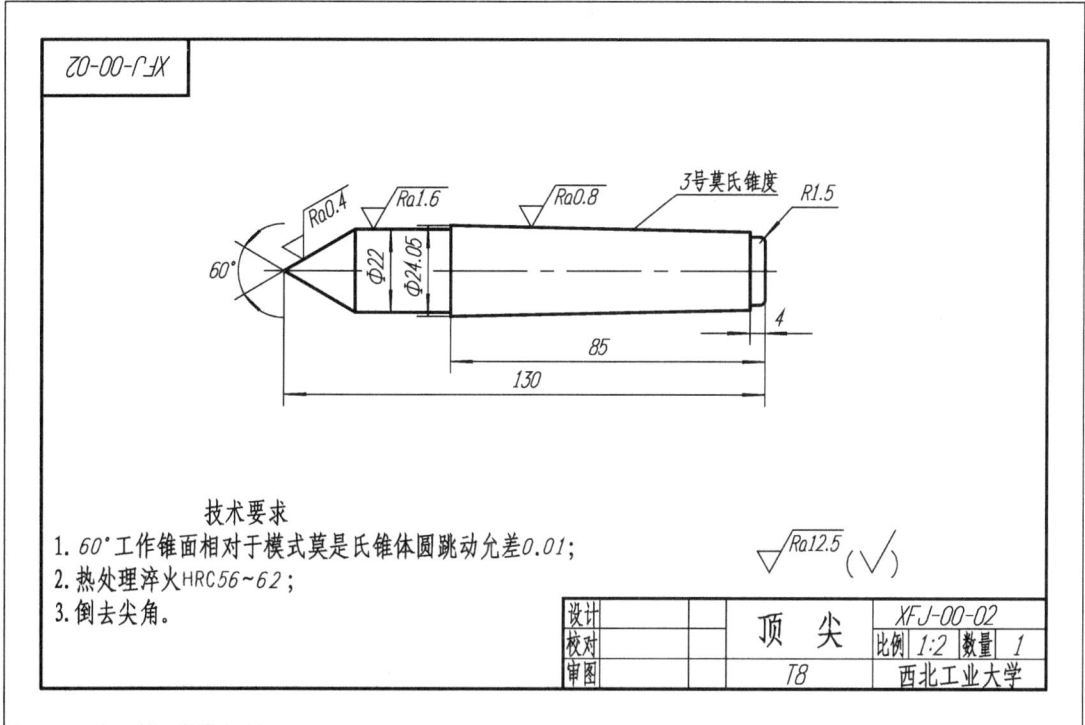

图 7 – 32　顶尖零件图

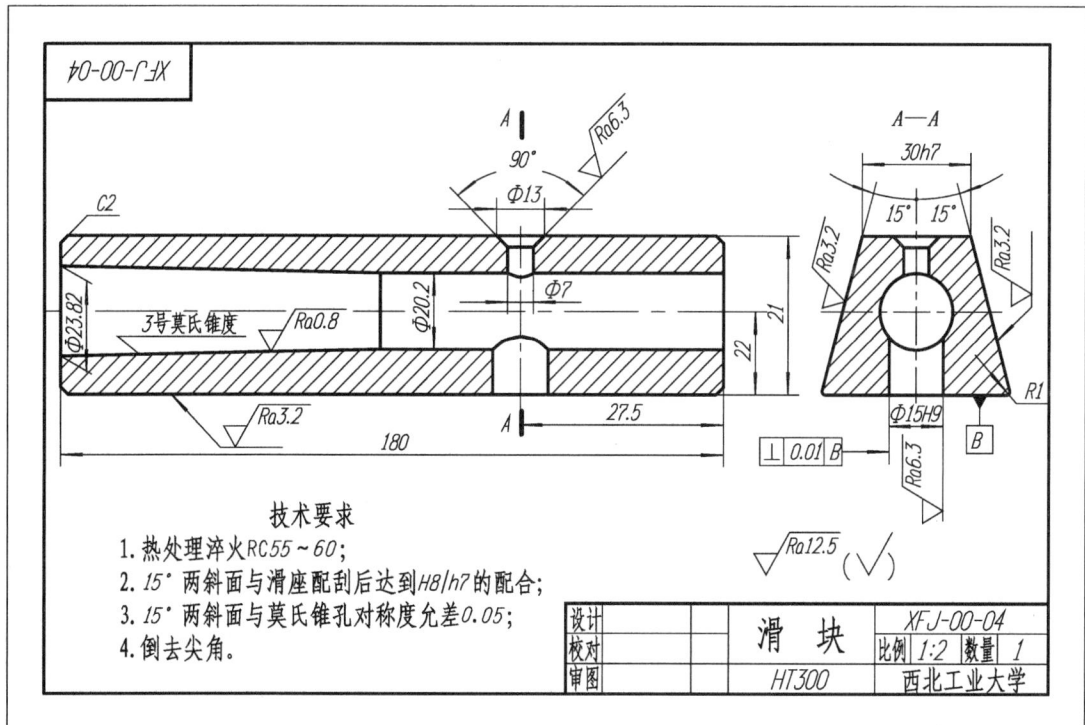

图 7 – 33　滑块零件图

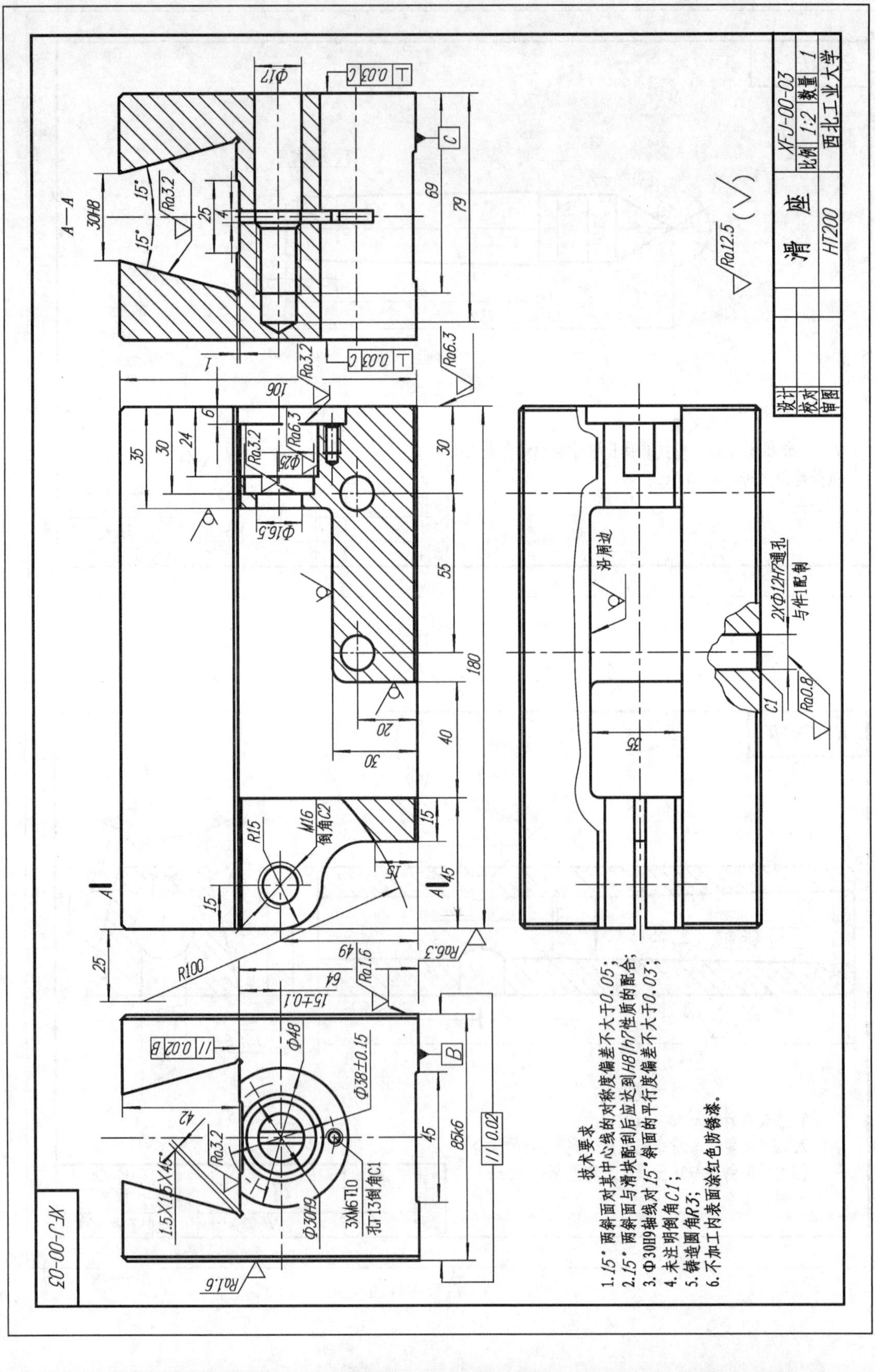
A—A
技术要求
1. 15°两斜面对其中心线的对称度偏差不大于0.05;
2. 15°两斜面与滑块配刮后应达到H8/h7性质的配合;
3. Φ30H9轴线对15°斜面的平行度偏差不大于0.03;
4. 未注明倒角C1;
5. 铸造圆角R3;
6. 不加工内表面涂红色防锈漆。
沿周边
2XΦ12H7通孔
与件1配制
3XM6T10
孔T13倒角C1
M16
倒角C2
XFJ-00-03
滑座
比例 1:2
数量 1
HT200
设计
校对
审图
西北工业大学

图7-34 滑座零件图

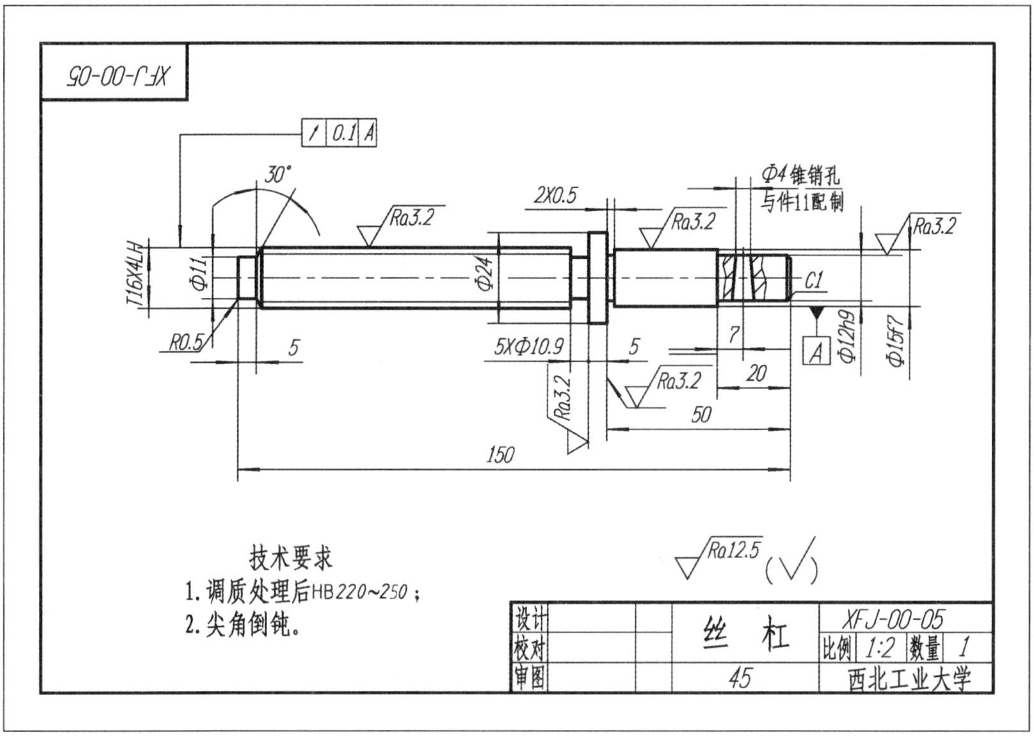

图 7-35　丝杆零件图

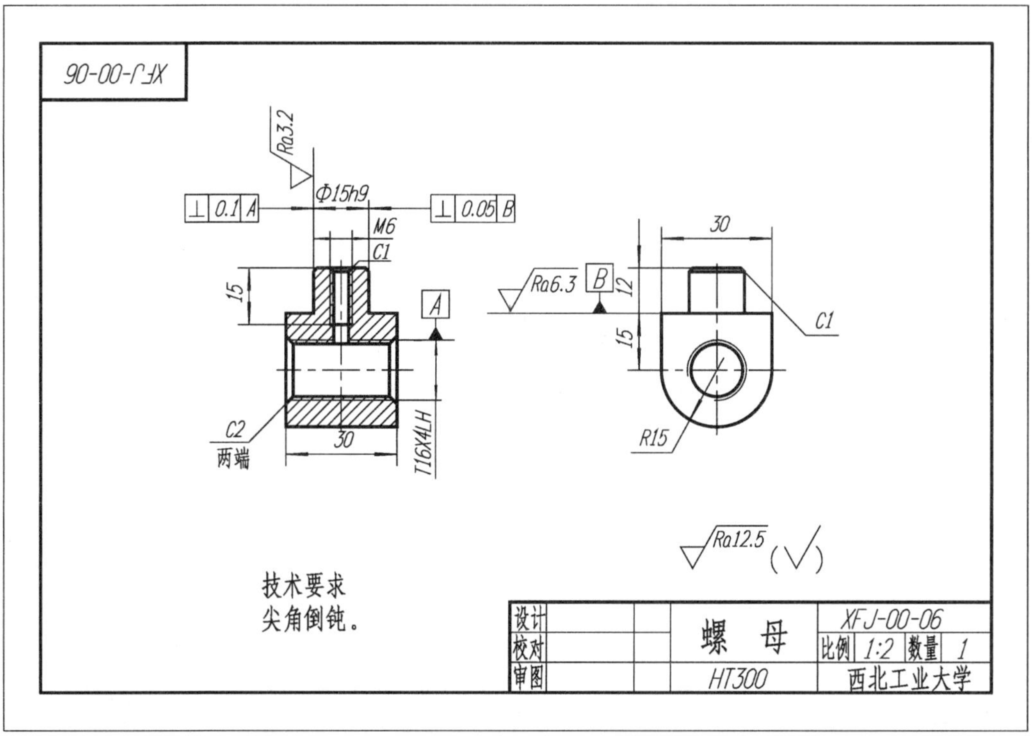

图 7-36　螺母零件图

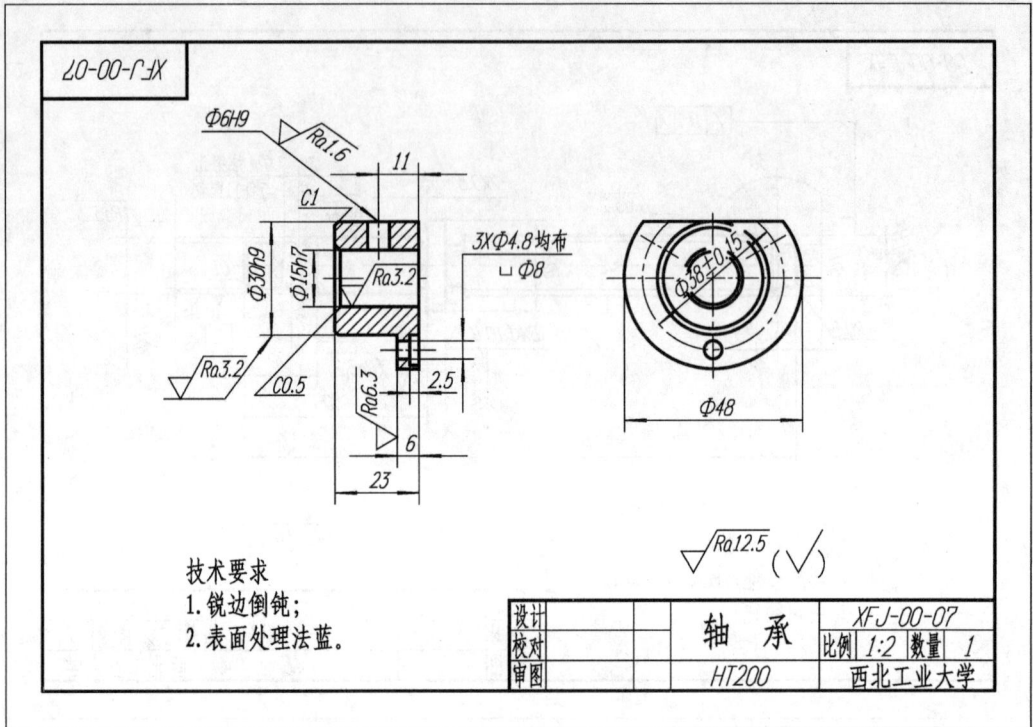

图 7 - 37　轴承零件图

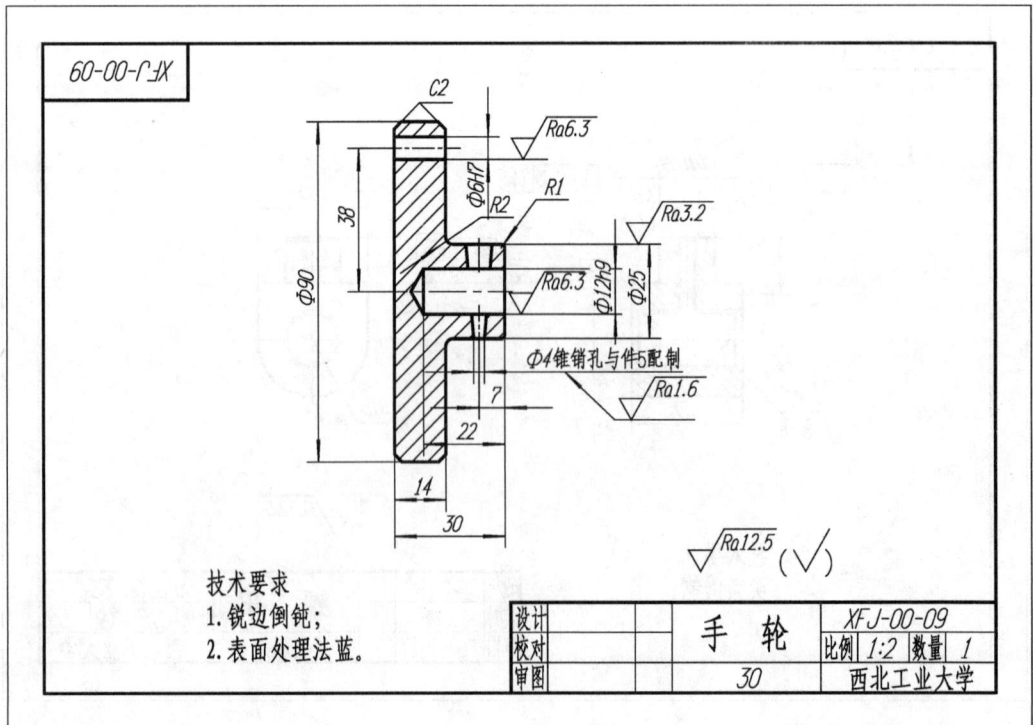

图 7 - 38　手轮零件图

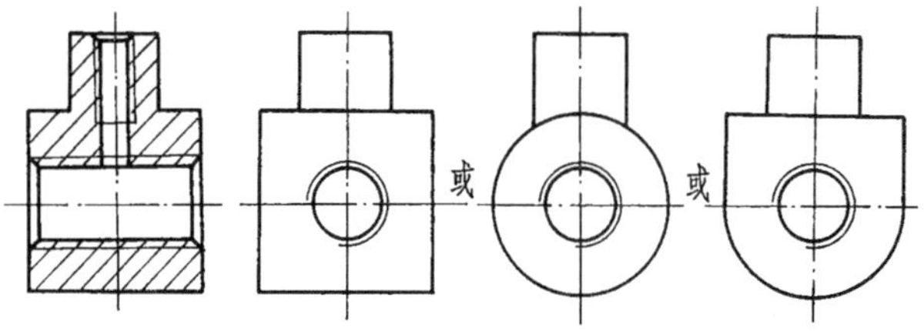

（a）　　　　　　　（b）　　　　　（c）

图 7 - 39　螺母的结构　　　　　　图 7 - 40　定位键的结构

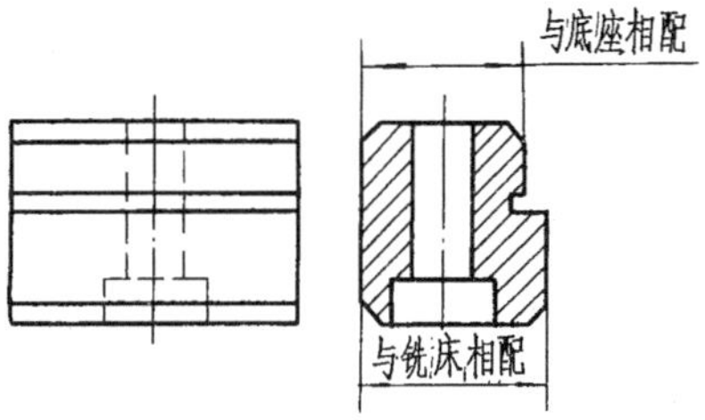

3.零件尺寸的确定

关于零件图的尺寸注法,已在第 4 章进行过讨论,这里仅介绍根据装配图确定零件尺寸数值的方法。

（1）装配图上已注明的尺寸,凡与所拆画的零件有直接关系的,均应按这些尺寸数值画图,并且照样注出,不允许作任何变动。如图 7 - 30 所示,底座与滑座的配合尺寸 85H7 和底座与定位键的配合尺寸 18H7 都应注出。此外,还须指出,装配图上给出的尺寸,往往与两个零件有关,在零件图上标注这些尺寸时,应注意它们之间的协调和一致。

（2）螺栓、螺母、销钉等各种标准件的尺寸,以及一些与标准件结合的有关结构尺寸,如通孔、沉孔、螺孔……的尺寸,一般应从相应的标准中查出。

（3）一些非标准件的有关尺寸,若在明细栏中已有数据,则应以明细栏中注写的数据为准,如有关弹簧的尺寸、垫片厚度等。

（4）对于齿轮分度圆、齿顶圆等尺寸,应按明细栏中所给的参数(如齿数、模数等)计算确定。

（5）其余多数尺寸,诸如零件的大小和定位尺寸,除前面已指出的几类外,还可按装配图的比例,直接在该图上量取,经圆整(纳入标准系列或化为整数)后,注在零件图上。

4.尺寸公差、几何公差、表面结构及其他技术要求的确定

在彻底读懂装配图及深入了解零件作用的基础上,结合前述有关各项技术要求的知识和规定,恰当地确定和标注尺寸公差、几何公差、表面结构及其他技术要求。

本 章 小 结

1.装配图的内容如下:

（1）一组视图。采用视图、剖视、断面图等,表示各组成件之间的装配关系、产品或部件的结构特点和工作原理。

（2）必要的尺寸。确定产品的实际大小,性能规格和适用范围。

（3）技术要求。说明对产品的装配、试验、验收、包装、运输以及使用等各方面的要求。

（4）编号、标题栏、明细栏和号签等。

　　2. 装配图的视图表达。在视图选择的原则和选择的步骤方面,装配图与零件图是一致的,而部件的装配关系和工作原理的分析是装配图视图选择的基础。在明确装配线的基础上,把握主要装配线用基本视图表达;其他结构用辅助视图表达的原则。还可采用特殊画法、规定画法和简化画法。

　　3. 装配图的画法。装配图的绘图步骤和方法可以归纳为先画定位线,后画结构形状,先画主体结构和形状轮廓,后画细节。画装配线上各零件时原则上按装配次序画。标注尺寸时要明确所标尺寸的类型和作用。

　　4. 读装配图和拆画零件图。读装配图的关键是区分零件,从装配图各视图中分离出所拆零件的相关线框、补上在装配图中被遮挡住的线条,并确定装配图上未表达完全和未确定的结构形状。

　　读图方法并非唯一,只要了解产品的结构、性能和工作原理,能尽快读懂即可,要注意灵活掌握。

思 考 题

　　1. 装配图的作用和零件图有何不同?

　　2. 选择装配图的主视图时要综合考虑哪些问题?

　　3. 试述绘制装配图的方法、步骤。

　　4. 装配图中常需标注哪几类尺寸?

第8章 机器测绘

本章导学

在生产实践中,对机器或设备进行测量,绘出草图,然后整理绘制出装配图和零件图的过程称为机器测绘或部件测绘。机器测绘是工程技术人员应该必备的一项技能。

8.1 概　　述

8.1.1 机器测绘的定义

测绘就是根据实物,通过测量绘制实物图样的过程。

机器测绘是以整台机器设备为研究对象,通过测量分析,绘制其全部零件图和装配图的过程。

测绘与设计是不相同的。设计是先有图纸,后有样机;测绘是先有实物,而后画出图纸。如果设计工作可以看成是构思实物的过程,则测绘工作就可以说是从认识实物到再现实物的过程。测绘工作属于产品研制范畴。

8.1.2 机器测绘的意义

1. 生产方面的意义

一般来说,通过对国内外先进产品的测绘,可以使企业在短期内迅速改变产品的性能或品种,提高产品质量和市场竞争能力。同时也可以通过测绘学习和研究先进的结构和技术,快速赶超国际水平,填补国内空白。测绘工作是一项起步高、见效快、改善和革新产品较为容易的具有实际意义和经济价值的工作。测绘仿制无论是对工业发达的国家或发展中国家都有着重要的意义。在此应注意,进行的测绘工作不能违反国际和国内的相关法规。

2. 教学方面的意义

通过对机器部件的测绘,可以使学生有效地将所学到的知识加以综合运用。在具备有关制图、金工等基础知识和工厂实习的基础上,通过实物测绘可以对部件的工作原理、零件作用和结构、图形表达、尺寸的圆整协调以及合理标注、极限与配合及表面结构的选择和标注等进行全面的、综合的认识和提高,并且对后续课程的学习也有所裨益。

8.1.3　机器测绘的种类、特点和要求

根据测绘对象的不同,机器测绘可分为整机测绘、部件测绘和零件测绘三种。根据测绘目的不同,机器测绘又可分为以下三种。

(1) 机修测绘:测绘是为了修配。多用于对原机的修复,测绘对象大多属于非标准件。

(2) 仿制测绘:测绘主要是为了仿制。测绘的对象大多是比较先进的设备,且多为整机测绘。

(3) 设计测绘:测绘是为了设计。在测绘的基础上进行部分或整体的重新设计,在学习掌握原机结构特点的基础上改进产品性能,提高产品质量和竞争能力。

机器测绘是一项复杂而细致的工作,其特点是时间短、任务重、头绪多、要求高。为了避免在工作中产生忙乱现象,测绘工作必须有组织、有秩序、有步骤地进行,并且在测绘过程中应始终保持忠实于实样,以便取得可靠的第一手资料。

8.1.4　机器测绘的步骤

机器测绘的目的不同,测绘的方法及程序亦有所不同。在实际测绘过程中,可采用如下几种方法和程序:

(1) 零件草图→装配图→零件工作图;

(2) 零件草图→零件工作图→装配图;

(3) 装配草图→零件工作图→装配图;

(4) 装配草图→零件草图→零件工作图→装配图。

以上几种方法各有利弊,究竟采用哪种方法,须按测绘的要求、客观条件以及测绘对象的复杂程度等来决定。本书采用方法(1)。

机器测绘的一般步骤如下:

(1) 分解前的准备工作。主要包括了解样机的工作原理、结构特点,收集消化有关资料,提出分解方案,准备各种工具和量具。同时还必须根据需要对样机进行各种性能试验。

(2)进行实样分解,并画出各种示意图(包括装配示意图、工作原理图、传动示意图、液压系统图、电器系统图、管路示意图等)和分解路线方框图。

(3)绘出零件和组件草图,并标注尺寸线和尺寸界线。

(4)进行尺寸测量,标注尺寸数值并进行尺寸圆整和协调,确定尺寸公差及表面结构等。必要时画出装配草图进行验证。

(5)根据样机及有关参考资料提出零件、组件的其他技术要求。

(6) 确定被测零件材料的种类、名称、处理方法及表面要求等。

(7)编制标准件、外协件明细表,注明规格要求。

(8)根据零件草图绘制装配图(包括各级部件图和总图),同时对发现的问题进行研究,并提出解决方案。

(9) 根据装配图和零件草图绘制零件工作图。

（10）对所有图纸和技术文件进行全面审查，写出测绘总结。

按照上述步骤进行测绘只是一个总体程序。在具体工作中往往需要反复交错进行，甚至跨组研究讨论，以得出满意的结论。总之，在测绘中应尽量将可能产生的问题解决在原机装配复原之前。以下各节将对测绘过程中的某些重要步骤进行进一步的说明和探讨。

8.2　机器测绘的准备工作

8.2.1 思想准备

国内外很多事例都可以证明，在组织测绘时，重视思想准备工作，事则兴；不重视，事则废。这就要求测绘领导者和组织者，最大限度地做好测绘前的思想准备工作。具体做法如下：

（1）约请任务下达者或主管部门、仿制生产单位或未来的用户，介绍测绘对象所属行业的现状及国内外的进展情况，使参加测绘的人员明确任务的重要性、迫切性及其现实意义。

（2）介绍测绘事例，以生动的事实和经验教训，特别是测绘中的失误，教育全体人员，引以为鉴。

（3）组织现场交流和参观有关科技展览等，以开阔眼界。

8.2.2　组织准备

机器测绘应根据测绘对象的复杂程度、所规定的测绘时间以及测绘场地等因素组织相关人员。测绘工作量越大或所给的测绘时间越短，需要的测绘人员就越多，反之就少。

因此，测绘前要预先估计测绘工作量的大小，配备适当的人员。由于实际工作中测绘者往往也是将来试制组的成员，所以各方人员均应统一考虑，如设计人员、工艺人员、机修技术人员、计量检测人员、有经验的工人、标准化技术人员等，还要组成专门的管理团队，对整个测绘过程进行管理和协调。

机器测绘是一项复杂而细致的工作，一定要有组织、有计划、有目的地安排工作，既有分工，又有合作。测绘过程中，科学地进行分组，有效地进行组织，是完成测绘任务的关键步骤之一。

8.2.3　技术准备

各测绘组应根据本组所承担的测绘任务尽力收集与其有关的资料。首先是收集测绘对象的原始资料，如使用说明书、翻修手册、维护手册、蓝图、维修配件目录等，其次是收集有关分解、测量、制图等方面的资料和标准等。对于进口产品的测绘还应组织人力翻译、复制该产品的有关图纸、标准和资料等。

另外，在进行测绘之前，必须对所收集到的资料进行深入的学习和研究。在充分学习资料、熟悉测绘对象、明确分解原则的基础上,进一步深入研究样机的分解路线,尽量编制出比较实用的分解计划,为下一阶段的分解工作做好准备。

8.2.4 物质准备

物质准备包含以下内容:

(1) 工作场地的准备。

(2) 拆卸工具(包括通用工具和专用工具)的准备。

(3) 拆卸用的工作台、测试用的各种仪表及机器的准备。

(4) 清洗和防腐蚀用油的准备。

(5) 用于测量尺寸及表面结构等量具及仪器的准备。

(6) 绘图器具的准备。

(7) 其他用具、设备及资料的准备。

8.3 机器实样的分解

机器是由许多部件、组件和零件装配而成的。在分解样机时,通常是按装配的相反顺序进行的。因此,在分解前和分解过程中要仔细研究并记录各种连接方式、装配方法、配合类别以及性能特点等,为准确的分解和测绘打好基础。

8.3.1 进行性能试验

1.明确测试目的和要求

在着手测绘前,应对样机或部件进行必要的测试,由于测绘对象不同,所以试验的要求也不同,需要预先拟出测试计划,列表确定试验的项目。常见的试验有气密性试验、压力试验、转速试验、升温和冷却试验、气动试验、灵敏度试验以及渗透试验等。这些项目基本上属于整机或部件的性能测试,其目的在于取得样机性能的原始数据。在将来试制和样机复原后的调试过程中,这些都是重要的技术指标。

此外,在分解过程中,还可能有一些组件或零件也要进行类似的试验,如静平衡试验、动平衡试验、容器的压力试验等,这些也应纳入试验计划,不可遗漏。

2.确定测试方法及试验设备

一部机器需要测量的参数很多,涉及面较广,有些参数可以用仪器直接测量得到,但有些参数很难用直接方法得到,必须经过测量系统,将参数互相转换后再进行测量。所以测量参数时,首先要确定测试方法及试验设备。

3.记录试验数据,填写试验报告

根据测试的目的和要求,工作人员必须记录必要的性能数据,填写试验报告。

8.3.2 研究机器的构造和连接方式

在测绘之前,阅读测绘机器的说明书等有关参考资料,并查阅与测绘机器相类似机器的有关资料,借以参考、了解测绘机器的构造。

　　机器的连接方式一般分为四种形式,即永久性连接、半永久性连接、活动连接和可拆连接。

8.3.3　制定分解方案

1. 制定分解路线

　　在比较深入了解机器结构特征及连接方式的基础上,确定拆卸的步骤是比较容易的,通常是从最后装配的那个零件开始。

　　(1) 画分解路线方框图:以如图 8-1 所示齿轮泵为例,其分解路线方框图如图 8-2 所示。

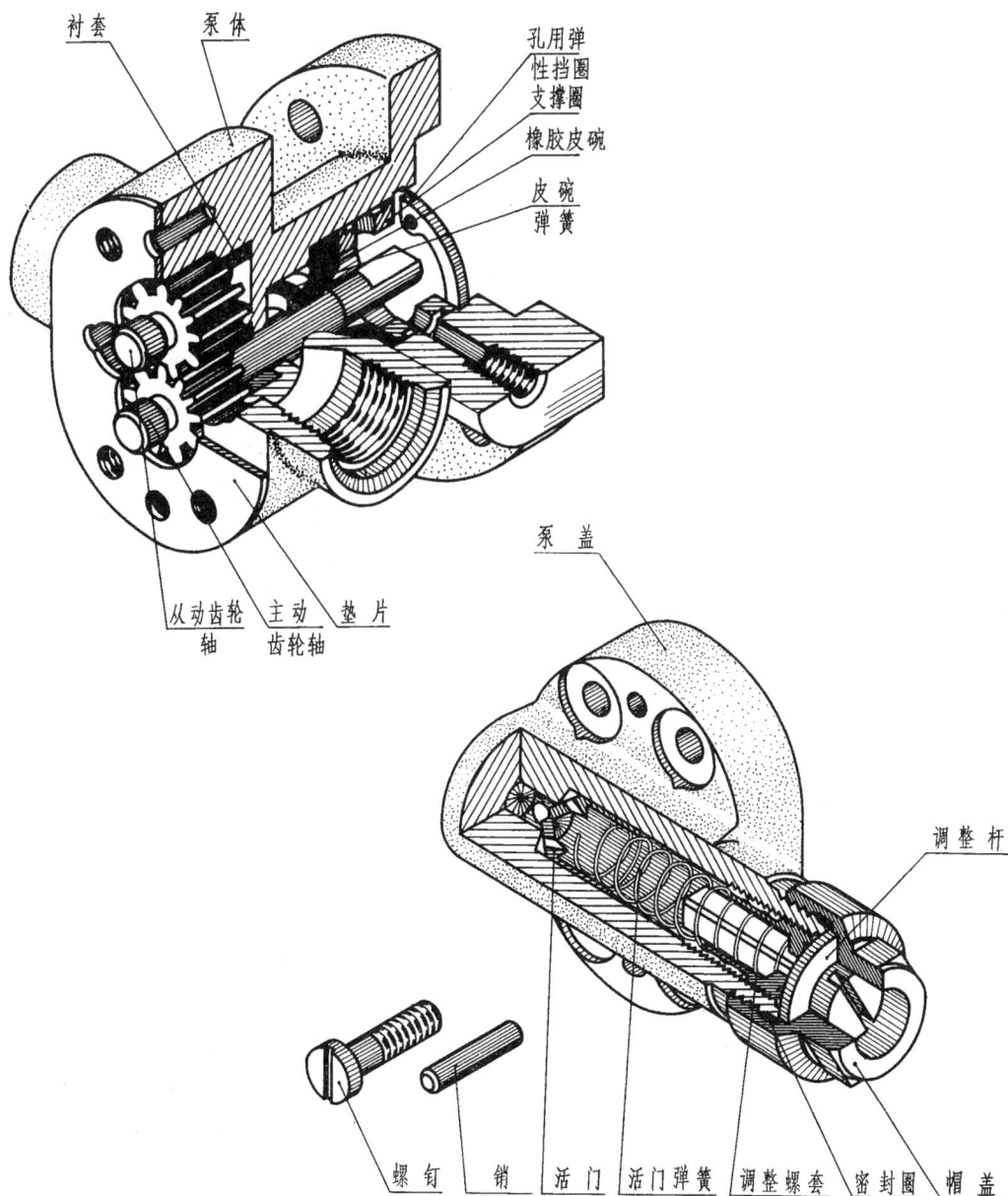

图 8-1　齿轮泵轴测装配图

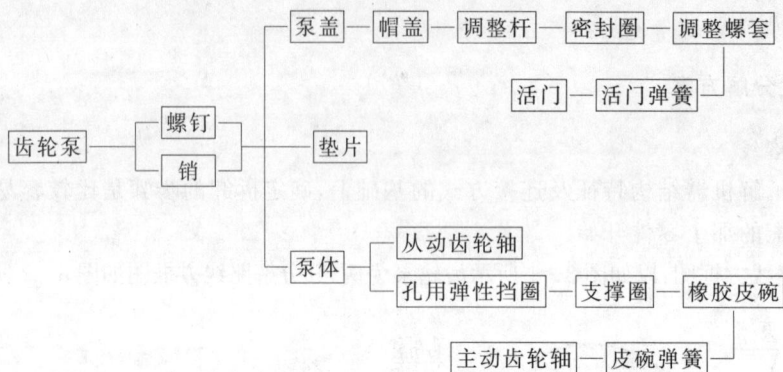

图 8-2　齿轮泵分解路线方框图

（2）画机器或部件的装配示意图：图 8-3 为图 8-1 齿轮泵的装配示意图。

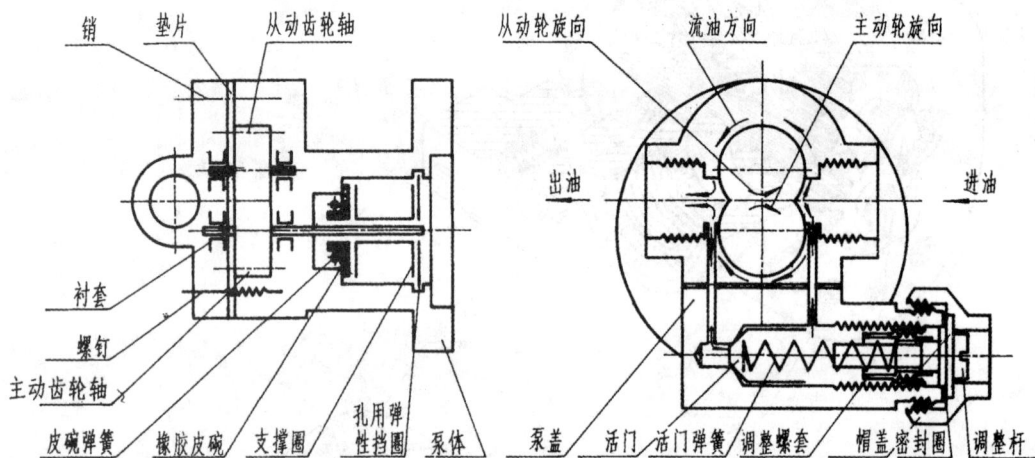

图 8-3　齿轮泵装配示意图

　　装配示意图是一种比较粗略的图样。虽然其画法仍是以正投影为基础，但它没有遵循严格的投影关系，所以其绘制方法无法明确规定。下面提供几点作为绘图时的参考。

　　1）画装配示意图时，把装配体设想为透明体，既要画出外部轮廓，又要画出内部构造，但它既不是外形图，也不是剖视图。

　　2）装配示意图是用规定代号及示意画法画出的图，各零件只画出大致轮廓，甚至可用单线条表示，但影响工作原理的重要结构则应表示清楚。

　　3）两接触面之间留有空隙，以便区分零件，这点是和画装配图的规定不相同的。

　　4）装配示意图主要表达零件间的相对位置及工作原理，一般只画一个视图，根据需要也可画成两个视图。

　　5）装配示意图允许运用涂色、加粗线条等手法，使其更形象化。

　　6）装配示意图上的内、外螺纹，均采用示意画法。内、外螺纹配合处，可将内、外螺纹全部画出,也可只按外螺纹画出。

2. 确定分解程度,划分部件、组件

分解程度是指将样机拆卸成最小单元的程度。由于各种机器设备的结构不同,连接方式不同,在确定分解程度时应慎重,特别是只有单台样机时更应注意。一般情况下应遵循下列原则:

(1) 分解到不可拆连接处为止(主要指永久性连接)。

(2) 可拆连接处,在拆卸后不易复原调整或影响精度的尽量不拆。

(3) 易损零件且无备件时,应尽量不拆。

(4) 若永久性连接及易损件必须拆卸时,一般应留待后期进行,必要时解剖后测量。

组件划分的原则如下:

(1) 按永久性连接划分组件。

(2) 按组合后加工的情况划分组件。

(3) 按装配分段划分组件,如将齿轮泵的卸压装置作为组件。

8.4　零件草图的绘制

8.4.1　零件草图的作用

在测绘时,因受时间及工作场所的限制,工程技术人员不用绘图仪器,对零件各部分大小凭借目测或用简单方法得出零件各部分比例关系,徒手在白纸或方格纸上画出零件的图样,称为零件草图。

零件草图虽然名为草图,但绝不是说可以潦草从事。零件草图应包括零件图上所要求的全部内容,不同之处仅仅是零件草图无须严格比例及不用仪器绘制。画草图的具体要求是:视图和尺寸完全、线型分明、字体清楚、画面整齐、技术要求齐备,必须有图框、标题栏、号签等全部内容。

零件草图在测绘过程中,有着重要的意义。零件草图是绘制装配图和零件工作图的原始资料和主要依据。草图若画得不好,就会给测绘后续工作带来很大困难,甚至无法进行。

8.4.2　绘制零件草图的一般步骤[图 8 - 4(a)～(d)]

1. 测绘前的准备工作

在着手画零件草图前,应对零件和有关资料进行详细分析。分析的内容如下:

(1) 了解该零件的名称、作用和用途。

(2) 鉴定该零件的材料,分析毛坯来源及加工情况,识别零件毛坯或机械加工中的缺陷及使用过程中的磨损和毁坏,以免将其反映到图样中。

(3) 分析形体,根据零件在部件中的作用,明确各组成部分的几何形状和相对位置,了解工艺要求,为选择视图方案和标注尺寸做准备。

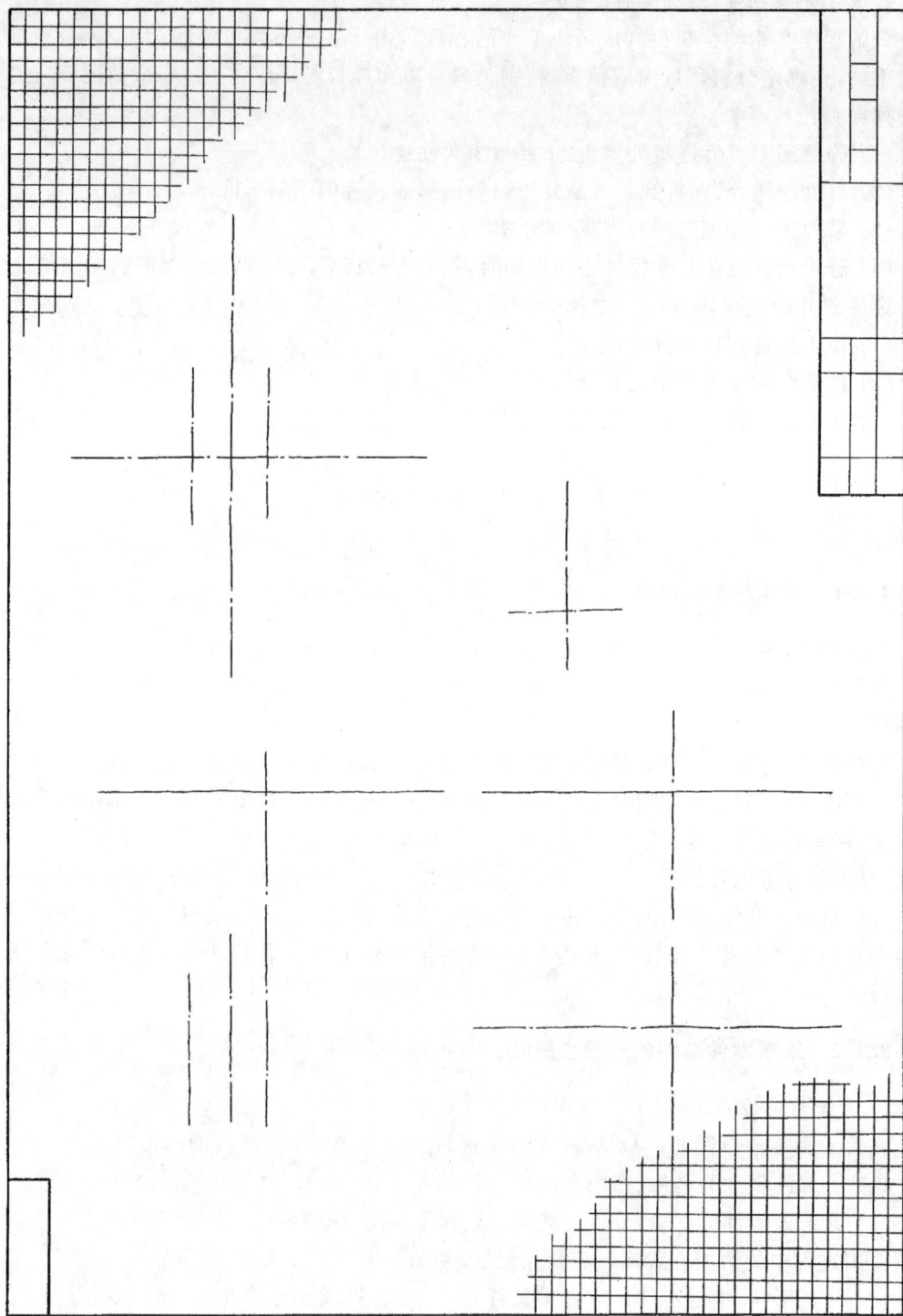

图 8-4(a) 零件草图的画图步骤（一）　第一步：画图框、标题框、号签；
画出各视图的基准线和中心线

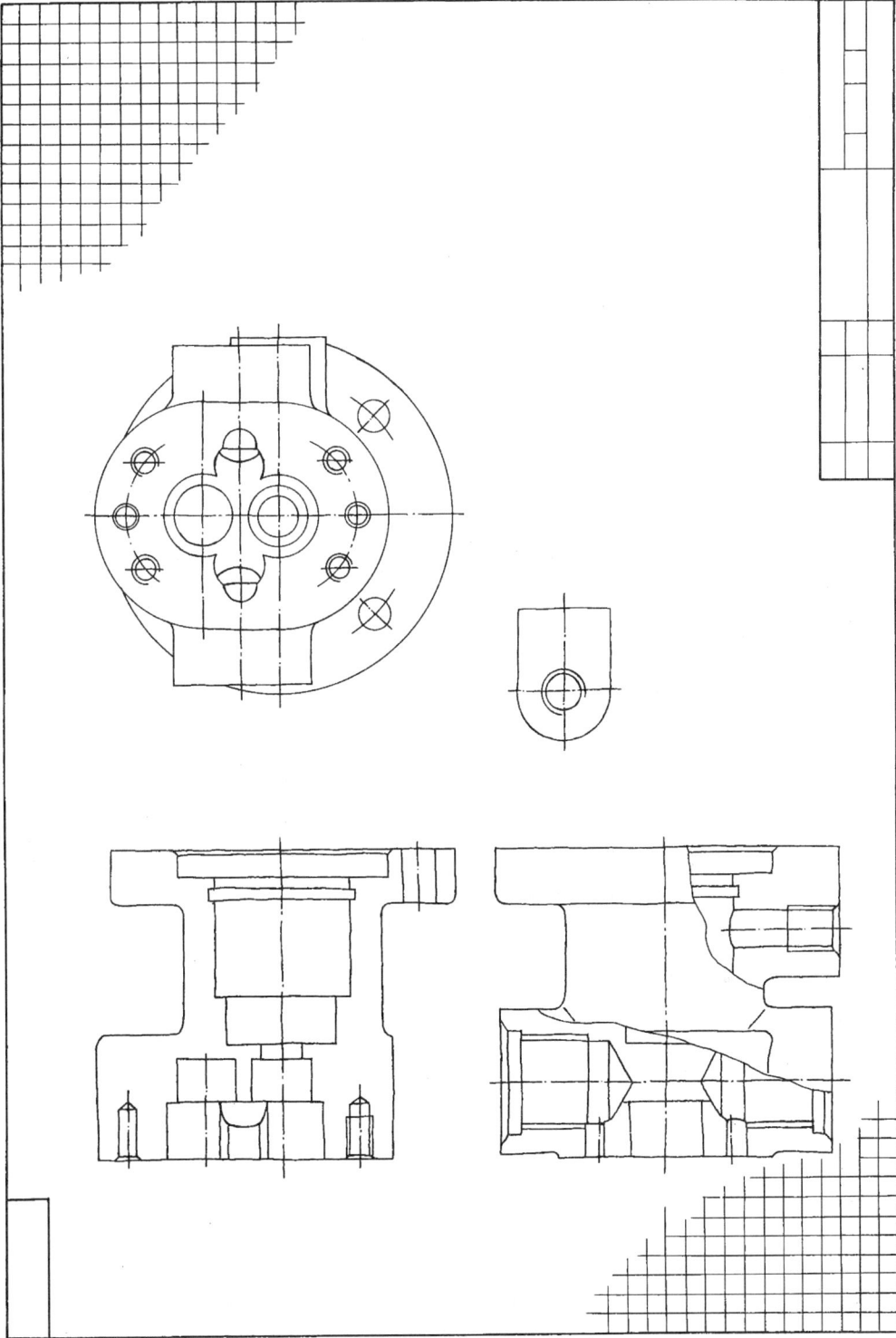

图 8-4(b)　零件草图的画图步骤（二）　第二步：用细实线画出表示零件的内、外形状和结构的视图、剖视、断面

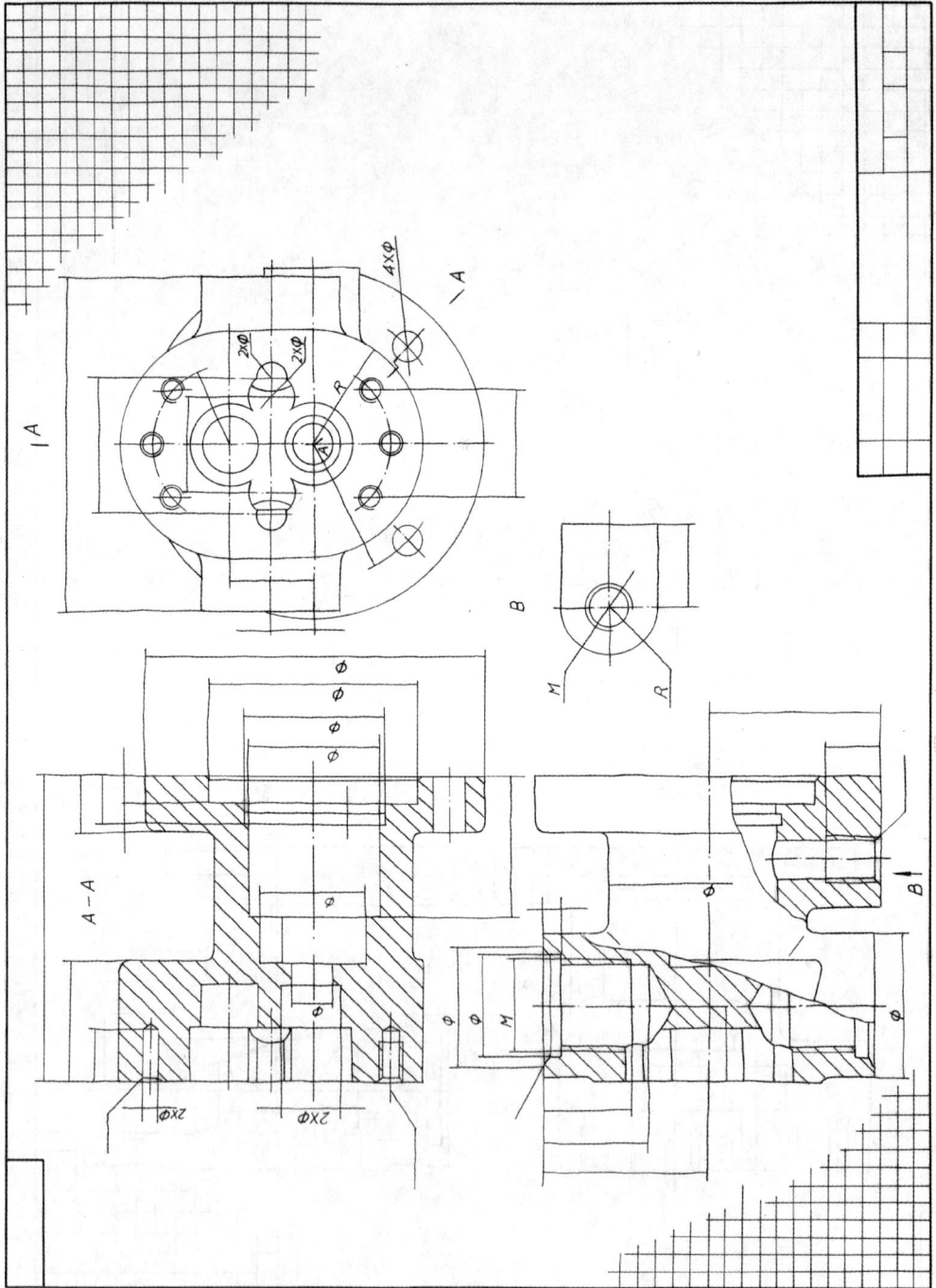

图 8-4(c)　零件草图的画图步骤（三）　第三步：画剖面线及尺寸线、尺寸界线等

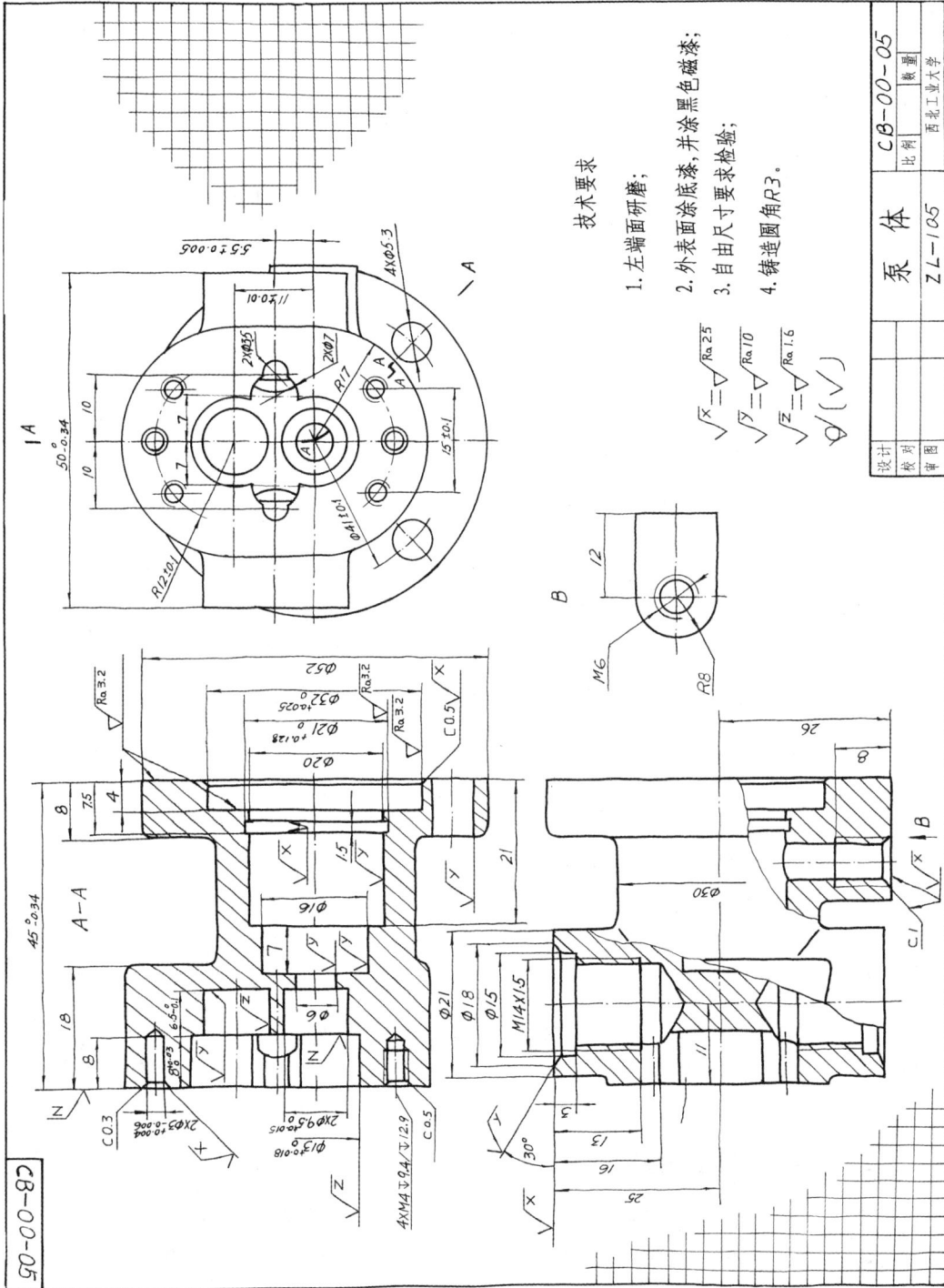

图 8-4(d)　零件草图的画图步骤（四）　第四步：检查，修正错误，加深草图；注写尺寸数字、技术要求，填写标题栏等

技术要求

1. 左端面研磨；
2. 外表面涂底漆，并涂黑色磁漆；
3. 自由尺寸要求检验；
4. 铸造圆角R3。

$\sqrt{X} = \sqrt{Ra\,2.5}$
$\sqrt{Y} = \sqrt{Ra\,10}$
$\sqrt{Z} = \sqrt{Ra\,1.6}$
$\sqrt[\Diamond]{(\sqrt{\,})}$

泵 体			CB-00-05
		比例	数量
		ZL-105	西北工业大学
设计			
校对			
审图			

（4）拟定该零件的表达方案，根据视图的选择原则和各种表达方法，结合被测零件的具体情况，选择恰当的视图表达方案。同时，确定图纸幅面的大小，并画出图框、标题栏和号签。

2.徒手绘制零件草图

（1）布置视图：布置视图时，首先目测零件长、宽、高之间的尺寸比例，估计出各视图应占的幅面，同时考虑各视图之间应留有适当距离，用以标注尺寸，然后画出各视图的基准线和中心线，如图 8-4(a)所示。

（2）绘制草图底稿：用细实线详细画出表示内、外形状和结构的视图、剖视和断面，如图 8-4(b)所示。应注意的是，各几何形体的投影在基本视图上应尽量同时绘制，保证正确的投影关系。

（3）绘制尺寸线、尺寸界线和尺寸箭头等：首先选定尺寸基准，画出尺寸线、尺寸界线及尺寸箭头，并加注直径、半径符号"ϕ""R"，并同时画出剖面线，如图 8-4(c)所示。

（4）标注表面结构符号。

3.标注尺寸、表面结构代号及其他

（1）测量并标注尺寸：在画零件草图时，应避免一边画图，一边进行尺寸数字的测量与标注，应在视图和尺寸线等画完后，集中测量各个尺寸，依次进行标注。测量尺寸时，应力求准确。

（2）标注表面结构代号及其他技术要求：完成零件草图之前，按零件各表面的作用和加工情况，标注各表面结构代号。根据零件的设计要求和作用，确定合理的尺寸公差与几何公差并标注。初学者可以参考同类型的或用途相近的零件图及有关资料来制定，若以文字形式说明有关技术要求，可注写在标题栏的上方。

4.检查加深草图

检查有无遗漏的投影线和尺寸，并按标准线型徒手加深。注意草图上的线型虽不按比例严格要求，但必须粗细分明，草图上的字体，也应书写工整、清楚，如图 8-4(d)所示。

8.5　零件尺寸的测量方法

8.5.1　常用测量工具

测量零件尺寸时，由于零件的复杂程度和精度要求的不同，需要使用多种不同的测量工具和仪器，才能比较准确地确定零件上各部分的尺寸。图 8-5 仅示出几种常见的测量工具供学习时参考。

8.5.2　常用测量尺寸的方法

在测绘零件时，正确测量零件上各部分的尺寸，对确定零件的形状大小是非常重要的。在实际工作中，使用的测量工具、仪器及测量方法很多，这里仅根据制图作业的需要介绍几种常用的方法。

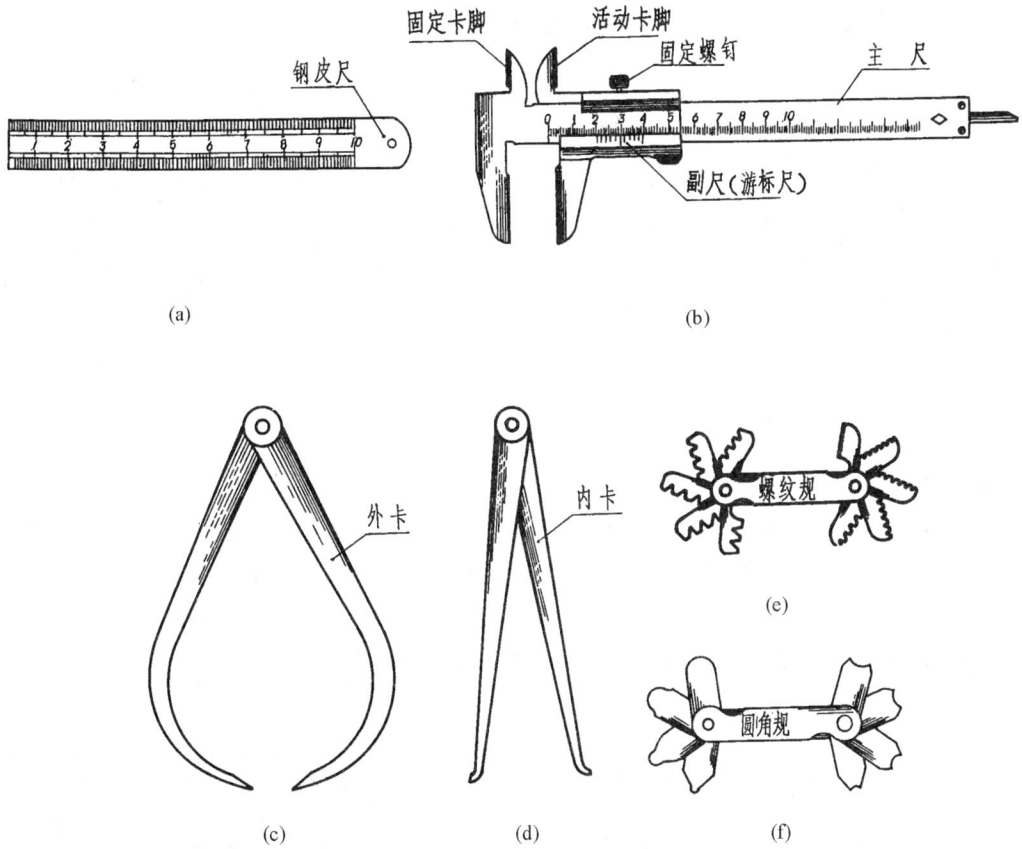

图 8-5　测量工具

（a）钢皮尺；　（b）游标卡尺；　（c）外卡；　（d）内卡；　（e）螺纹规；　（f）圆角规

1. 测量直线尺寸

对于直线尺寸，通常用钢皮尺或游标卡尺直接量取，如图 8-6 所示。也可用外卡和钢皮尺配合量取，如图 8-7 所示。如果直接测量有困难，可借助其他辅助工具间接测量，如图 8-8 所示。

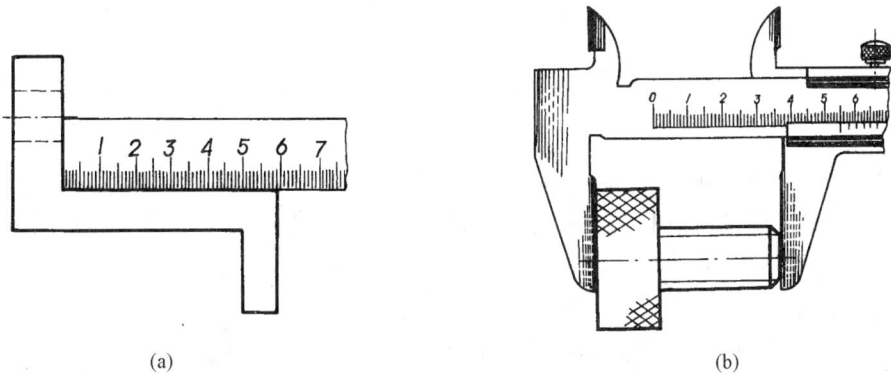

图 8-6　测量直线尺寸(1)

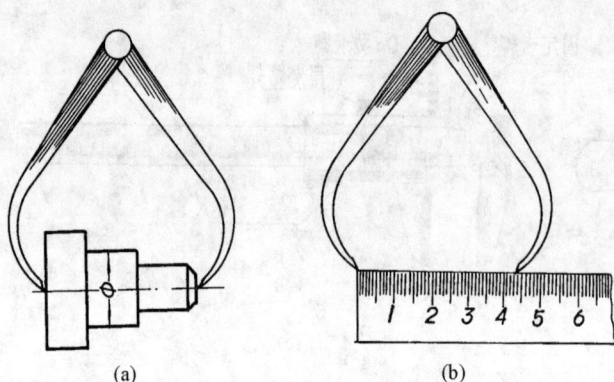

图 8-7　测量直线尺寸(2)

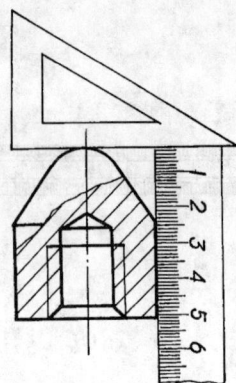

图 8-8　测量直线尺寸(3)

2.测量回转体的内、外直径

若用外卡测量零件回转体的外径时,外卡应与被测回转体的轴线垂直;若用内卡测量内径时,内卡应沿被测回转体的轴线方向放入,然后轻松转动,测量出最大的尺寸即为直径尺寸,如图 8-9 所示。用上述工具进行测量时,还需用钢皮尺量出其数值。若用游标卡尺测量内、外直径时,则可直接读出尺寸数值,如图 8-10 所示。

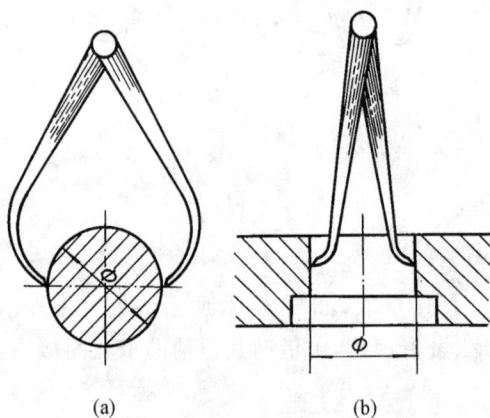

图 8-9　测量内、外直径尺寸(1)

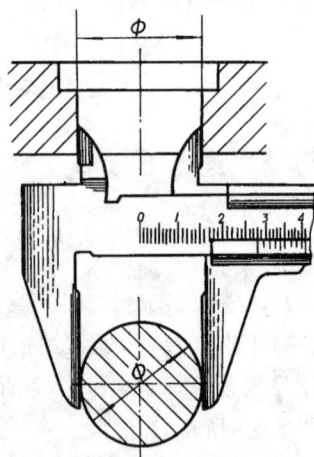

图 8-10　测量内、外直径尺寸(2)

3.测量壁厚

当被测零件的壁厚能直接量取时,可采用钢皮尺或游标卡尺测量;若不宜直接量取时,则可采用钢皮尺和外卡配合测量,如图 8-11 所示,也可用游标卡尺和垫块配合测量壁厚,如图 8-12 所示。

4.测量深度

测量深度尺寸时,可直接用钢皮尺,如图 8-13 所示;也可用游标卡尺的尾伸杆直接测量,如图 8-14 右端所示;还可用游标卡尺和垫块配合间接测量深度,如图 8-14 左端所示。

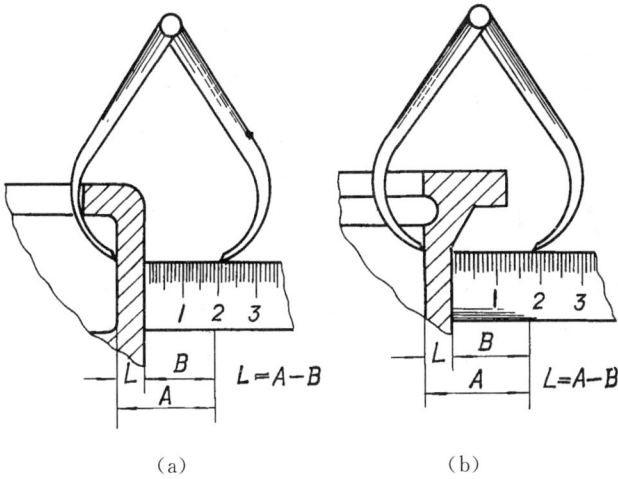

图 8-11　测量壁厚尺寸(1)　　　　　　　　　图 8-12　测量壁厚尺寸(2)

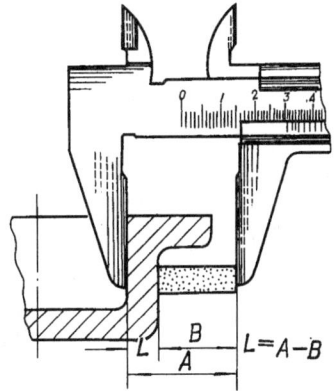

图 8-13　测量深度(1)　　　　　　　　　图 8-14　测量深度(2)

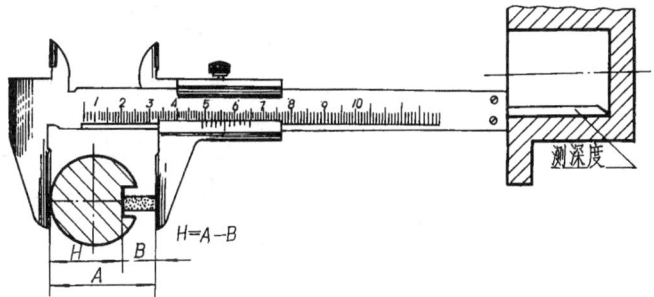

5.测量孔的中心距

当孔径相等时,可直接用钢皮尺测量,如图 8-15 所示,也可用游标卡尺按如图 8-16 所示的方式测量后计算得出;若孔径不相等时,则可按如图 8-17 所示的方式测量后计算得出。

6.测量孔的轴线到基准面的距离

一般可按如图 8-18 所示的方法测量后计算得出。

7.测量内、外圆角及螺纹的螺距

测量圆角时可运用圆角规。测量时找出圆角规上与被测圆角相吻合的样板,从中直接得出圆角半径的尺寸。测量螺纹的螺距时,若用螺纹规测量,找出螺纹规上与被测螺纹牙型相吻合的样板即可得出。测量外螺纹的螺距时,可用钢皮尺直接测量;也可将螺纹的牙尖拓印在纸上,再用钢皮尺测量印痕间的距离(即螺距)。

8.测量曲线轮廓或获取曲面半径

(1)铅丝法:将铅丝弯成与被测曲线或曲面部分的实形相吻合的形状,然后将铅丝放在纸上画出曲线,将曲线适当分段,用中垂线法求得各段圆弧的中心,最后量得半径,如图 8-19 所示。

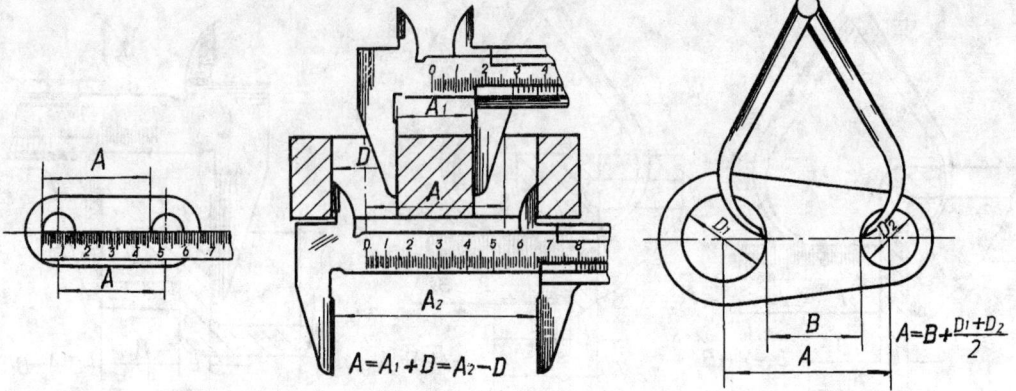

图 8-15　测量中心距(1)　　　图 8-16　测量中心距(2)　　　图 8-17　测量中心距(3)

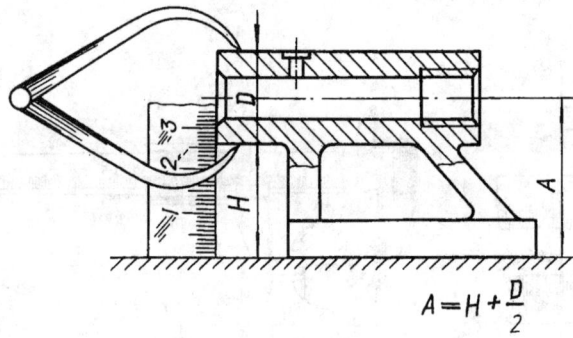

$$A = H + \frac{D}{2}$$

图 8-18　测量 A 尺寸

(2) 拓印法:在零件的被测部位覆盖一张白纸,用手轻压纸面,或用铅芯或用复写纸,在纸面上轻磨,即可印出曲面轮廓,得到真实的平面曲线,再求出各段圆弧的半径,如图8-20所示。

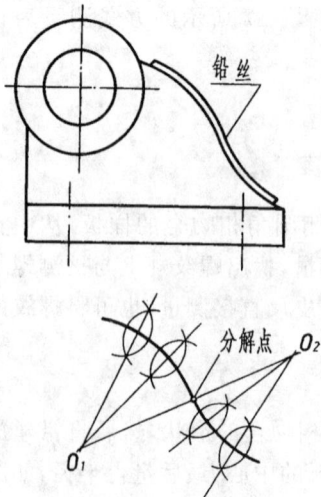

图 8-19　铅丝法

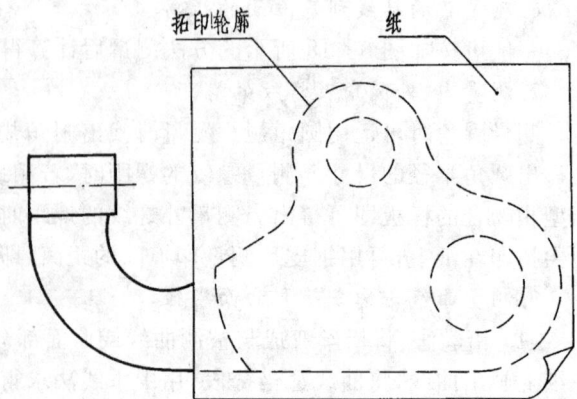

图 8-20　拓印法

8.6　尺寸圆整与协调

8.6.1　尺寸圆整

在测绘过程中,根据实测尺寸数据,分析、推断并确定其公称尺寸和公差,这一过程称为尺寸圆整。

1.尺寸圆整的意义

(1) 测绘中所测得的数据往往出现多位小数,特别是英制产品经测量换算后小数位更多,它不仅包括了尺寸的偏差值,而且包括了其他各种误差。

(2) 所测得的尺寸并非原设计尺寸,而且带着多位小数进行尺寸换算时非常烦琐,它给计算工作带来较大的困难。

(3) 尺寸上带有多位小数在当前的加工和测试水平上都不可能做到,而且实际上也没有必要。圆整后的尺寸则有利于加工、测量和组织生产。

(4) 未进行圆整的尺寸,往往不利于采用标准的量具、刀具和标准件,且使制造成本增加。

为此,根据各种不同部位的结构特点和要求,将实测的尺寸数据尽量按国家标准系列进行圆整,合理地确定其公称尺寸,这是测绘中一项非常细致而重要的工作。

2.尺寸圆整的原则和方法

对于以公制或英制为单位的测绘样机,所用尺寸圆整方法有所不同,下面将分别予以介绍。

(1) 公制样件中的尺寸圆整(以毫米为单位的尺寸):

1) 首先应注意影响性能的重要配合尺寸的圆整。圆整尺寸时要判别配合基准制,确定基准件。如果为基孔制,则孔的下极限偏差为零,就很容易确定出两配合件的公称尺寸。

2) 在测量时,不仅要测出实际尺寸,而且在很多情况下还要测出间隙值,因为间隙的大小往往是反映配合类别、精度等级的综合指标,也是反映配合性能的标志。根据间隙值可以参考有关或类似产品的资料及标准手册,选定公称尺寸及精度等级。

3) 当被测样件单台数量较多,或有多台样机可供测量时,则应对多个同样零件反复进行测量,然后在多件实测尺寸的分布区间,确定出公称尺寸的原设计值,这样一般比较准确。

4) 当被测样件只有一件时,可根据公制产品的设计特点进行圆整。多数公称尺寸均取整数,少数尺寸的尾数为一位小数(两位以上小数者较少),且尾数也有一定的规律,如0,2,4,5 和 8 等,基本符合标准系列。

5) 对于比较精密的尺寸,有时需要进行试验,经过对比才能确定。

6) 尺寸圆整要注意零件间不发生干扰或影响强度,这一点对小尺寸的圆整尤为重要,应根据具体的情况将尺寸向大的或小的方向圆整。

7) 确定公称尺寸时必须考虑通用标准刀具使用的可能性,这对于降低成本和顺利组织生产十分重要。

8) 确定公称尺寸还应考虑国内同系列产品中有关零件尺寸的一致性。

9）在确保质量的前提下,圆整的公称尺寸应尽量按国家标准尺寸系列选取。

10）对于零件中有特殊要求的尺寸,圆整时允许保留非标准尺寸系列。

（2）英制样件中的尺寸圆整（以英寸为单位的尺寸）:首先必须明确,公制产品测绘的尺寸圆整的基本方法和原则,在此仍然适用。不同的是英制样机以英寸为单位,所以基本尺寸大多不是整数,甚至有多达四位的小数。测绘时必须将其转化为公制尺寸,故从实测值去推断其原公称尺寸,再转换为公制的公称尺寸是比较困难的。因此,测绘英制样机应多方面搜集有关原机的技术资料,如零件图、间隙表册、更改通知、翻修资料等,可供确定公称尺寸和公差时查阅。

1）英制、公制尺寸换算:换算时取 1 in＝25.4 mm,将英制尺寸换算为小数点后有四位或五位的公制尺寸,也可借助有关工具书的英寸与毫米的换算表进行换算。

2）尺寸精确位数的确定:根据零、部件的要求高低来确定尺寸的精确位数,以满足设计的需要。即根据该尺寸公差大小而定。

3）尺寸圆整的程序:为了保证换算、圆整后尺寸的一致性,圆整应遵循国家标准规定的数字修约规则进行,即"四舍六入五单双法"。

修约规则示例:将下列数字进行圆整,精确位数为小数点后一位。

4.8419	4.8	（小于等于四舍）
14.3991	14.4	（大于等于六入）
4.6513	4.7	（五后非零则进一）
13.8507	13.8	（五后为零视奇偶,五前为偶应舍去）
27.7509	27.8	（五后为零视奇偶,五前为奇应进一）

根据上述换算圆整得出的尺寸,仍然是英制尺寸系列,只是用公制单位表示而已。因此还应在确保质量的前提下,尽可能按我国国家标准尺寸系列选取。

8.6.2　尺寸协调

1.尺寸协调的意义和组织工作

尺寸协调是指相互结合、连接、配合的零件或部件间的尺寸的合理调整。不仅这些相关尺寸的数值要相互协调,而且在尺寸的标注形式上也必须协调,即采用同样的尺寸注法。

在测绘过程中将草图转化为设计草图时,就应从全局出发,处理好零、部件相互的尺寸关系,如配合面的配合类别、长度尺寸链公差的分配、法兰盘上连接螺栓的位置分布、调整件的安排等。这些问题不仅要求各相关零件的主管设计人员之间进行协商,在设计组内专门负责汇总的装配设计人员更应起到中枢的作用。从原机分解开始,装配设计员就应理清该部件（或机器）内有多少对配合面、多少组连接螺栓、多少条长度尺寸链、多少处调整控制尺寸,而且应登记造册。在测量时,应及时记录实测数据,同时查阅参考资料,提出初步意见,协助设计员选定配合类别、进行公差分配等,这样就可保证尺寸协调工作的顺利完成。

2.尺寸协调时应考虑的一些问题

（1）对外安装尺寸的协调:对外安装的尺寸主要指被测绘的部件或机器与其他部件、

机器相互配合或连接的尺寸,如连接部位的形状、连接孔的大小和位置布置等。这些尺寸往往需要跨组或跨厂进行协调。如果与被测样机串接的是英制原机,此时安装尺寸则不应圆整为公制尺寸。

(2) 参与装配尺寸链的长度尺寸的协调:凡是测绘中重要的长度方向的装配线,一般应进行尺寸链验算。在验算过程中对各零件上参与尺寸链的重要尺寸进行协调,这样可以保证装配精度和部件的工作性能。

(3) 对内配合尺寸的协调:被测部件或机器内部各配合部位的尺寸(如孔、轴、槽等),应尽量做到同时测量、同时圆整、统一考虑,以保证尺寸的协调一致。

(4) 紧固件和标准件的尺寸协调:对于测绘中的紧固件和标准件(如销、键、轴承、挡圈等)应尽量使用我国标准,可能许多尺寸将发生变化,特别是测绘英制机器时,更是面目全非。因此不仅要改变紧固件和标准件,与它相匹配的壳体等零件也必须相应更改。此时主管标准件的设计员应深入设计组,配合做好统计和协调工作。

(5) 对标准刀具、量具的尺寸协调:考虑标准刀具、量具的使用,对顺利组织生产十分重要。例如加工弧形槽应注意在不影响功能的情况下,尽量与铣刀直径尺寸一致。

(6) 与国内同类系列产品有关尺寸的协调:对于为了填补或改善我国某一系列产品而进行的测绘,这一点尤为重要。如果有些零、部件或尺寸能与本厂系列产品中的零件取得一致,对于降低成本和提高互换性均有好处。

(7) 运动件活动范围尺寸的协调:被测原机中如果有运动件(圆周运动或移动),则应注意它与其他有关零件的位置协调,以防止出现碰撞或受阻情况。

(8) 结合面间外形尺寸的协调:很多结合面的外形,由于毛坯的制作并不十分规整,测绘时应在分析的基础上确定两零件结合面的外形尺寸,以保证结合处外形的统一。

8.6.3　尺寸的合理标注

由于在画草图时,允许在草图上出现重复尺寸、封闭尺寸和从不同表面标注尺寸等一些辅助尺寸,所以在对零件草图进行修改时,就必须根据零件结构,并结合工艺考虑,合理地标注尺寸。这是将零件草图转化成零件工作图时一项重要的技术工作。

合理标注尺寸,主要是指零件图上所标注的尺寸,应保证达到设计要求并便于加工和测量,也就是应满足设计要求和工艺要求。

通过对倒角、退刀槽、砂轮越程槽、键槽、锥度和斜度等常见结构尺寸标注的学习和应用,可以提高合理标注尺寸的能力。

8.7　技术条件的确定

8.7.1　极限与配合的选择和确定

在测绘的零件图上,在确定了公称尺寸之后,就需要进行尺寸精度的选择,即选择适当的极限与配合。

1. 选择极限与配合的意义及原则

零件上的尺寸公差,多数是先选定其配合代号再查表得到的。选择极限与配合的意义可以从以下两个方面来说明。

(1) 极限与配合的选择直接影响产品的性能,它是机械产品除结构设计和材料选择外,影响产品性能的主要因素。

(2) 极限与配合的选择影响机械产品的制造成本。对于相同的公称尺寸,公差等级越高则制造成本越高,废品率也相应增加。

选择极限与配合的原则是使产品的使用价值及制造成本经济效果最好。

2. 选择极限与配合的方法

选择极限与配合的方法一般有以下几种。

(1) 类比法:所谓类比法就是参照经过生产和使用验证的类似机器或零、部件的图纸资料,确定新设计或测绘的零、部件极限与配合的方法。为此,首先必须确切地掌握所测绘机器的性能与用途,零、部件的作用及要求,了解它们的加工方法和装配方法等,并与另外作用相同或相近的、使用性能良好的机器或部件实例进行分析、对比,从而得出合适的方案,并决定是完全沿用原有的极限与配合,或是按现有的生产条件进行适当的修正,而不应不加分析地照搬乱套。

类比法由于简单易行,可靠性高,因此在极限与配合选择中一直被广泛应用。

(2) 计算法:计算法就是按一定的理论和公式,通过计算来确定极限与配合的方法。计算的关键是按使用要求确定出所需的间隙或过盈。

计算法的优点是它比较科学。随着计算水平的提高或提出更加简单有效的新公式,计算法的应用将会逐渐增加。计算法的缺点是需要技术人员有较好的运算能力,能有较多的资料配合和适当的计算手段。如不能找到或选用适当的公式并找出全部已知条件,以及对配合的各种影响因素做出正确而恰当的分析,计算将难以进行或不能得出正确的结果。此方法常常比较复杂。另外,计算法运用的如果不是相当熟练,将比类比法费时间。

(3) 试验法:试验法是通过专门模拟试验或统计分析来确定所需的间隙或过盈的方法。

用试验法选取的配合最为可靠,但这种做法代价较高,要求试验设备齐全,故仅用于最重要的、关键性的配合选择。

同样,不论是用类比法还是用计算法选出的极限与配合,都还须经过实际使用的考验,才能判断所选极限与配合是否恰当。

3. 极限与配合的选择

测绘中通过对一台或有限台样机的测量,只能得到分布于公差带之内的实际尺寸,并不能直接测得尺寸公差,它们的正确选定仍须在所测尺寸的基础上,像设计新机器那样根据对产品性能的分析来选择适当的极限与配合。

极限与配合的选择应首先确定基准制,再选择公差等级,最后选择配合。若所选配合能满足使用功能要求,即可注在装配图上,同时注出零件图上相应部位的公差带代号及公差值,即可进行试生产;并从生产、装配、试运转中检查所选公差的加工难易,生产成本的高低,是否能保证使用性能,再进行必要的修正及调整,便可正式确定下来。

(1) 基准制的选择:

1) 优先选用基孔制,这是从工艺出发提出的要求。因为对于一定范围(中等尺寸)内的孔,常须定值刀具(钻头、铰刀、拉刀等)加工,用极限量规(塞规等)检验。为了减少刀具、量具的数量,应选用基孔制。对较大尺寸的孔或低精度的孔虽不采用定值刀具和量具,但孔的加工和测量仍然比轴的加工困难,故在多数情况下仍采用基孔制。

2) 在有些情况下必须选用基轴制。

情况一:在农业机械、纺织机械、仪器仪表中常采用冷拉钢材制成通轴,轴不必加工,与其相配合的各种孔则按基轴制选配。

情况二:与某些标准件相配合的孔与轴,必须以标准件为基准来选择,如与滚动轴承外圈相配合的孔须采用基轴制,如图 8-21 所示。

情况三:多件配合时,为了满足各件间配合的需要并有利于装配的需要,有时也要选用基轴制,如图 8-22 所示。

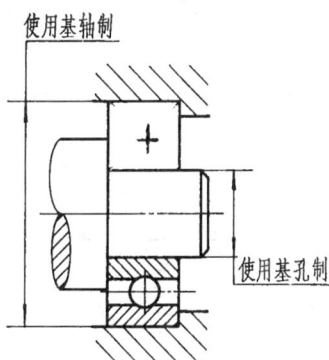

图 8-21　滚动轴承配合

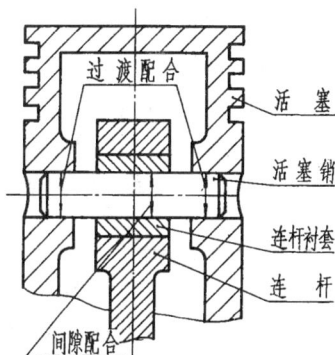

图 8-22　同直径轴上的不同配合

(2) 标准公差等级的选择:测绘中可以得到有若干位小数的实际尺寸。这个实际尺寸应位于一个公称尺寸的某一确定的公差带之内,但却不能指出是何种公差等级,所以首先必须区分出公称尺寸。如所测绘机件是按公制尺寸制造的,则选定公称尺寸一般并不困难,通常可按标准系列选取,或选整数尺寸,在特殊的情况下也可能带一两位小数作为公称尺寸。若所测绘机件是按英制尺寸制造的,则转化为公制公称尺寸较为困难,从而使所选公称尺寸带有多位小数(如四位或四位以上)。

实际尺寸与公称尺寸之间的误差应在所选公差等级的公差带之内,选何种公差等级合适,应通过分析用类比法决定。

选择公差等级时,要正确处理使用要求、制造工艺及生产成本之间的关系,应在满足使用要求的前提下,尽量选取较低的公差等级。

用类比法选用公差等级时,还应考虑以下问题:① 孔和轴的工艺等价性;② 与相配合零件的精度等级相适应;③ 与配合种类相适应;④ 加工成本。

(3)配合种类的选择:在测绘中对样机进行分解时,应及时记录所拆部分的配合是有间隙还是有过盈。从拆卸的顺利程度可以判断出间隙或过盈的大小,以确定属间隙配合还是过盈配合,当间隙或过盈较小时,结合使用要求还应考虑过渡配合的可能性。如果采

　　取适当措施,则还可进一步测出间隙配合的间隙值,测出过盈配合在压力机上的拆卸力。记录下这些资料对选定配合种类有较大参考价值,可使测绘图上所选择的配合尽可能与原设计相同或相近。如能收集到较多拆卸力的大小与过盈量关系的资料或进行模拟试验,则有助于对过盈配合种类的选用。

　　除上述实测与试验的手段外,理论分析仍是重要的或基本的方法。前两步已完成了基准制与公差等级的选择,下一步则主要是决定公差带的位置,即选择基本偏差代号。为此需要了解各种配合的特征及应用实例,结合对实际测绘对象功能的分析进行恰当的选用。

　　1) 各种配合的特征。

　　间隙配合:a～h(或 A～H)共十一种基本偏差,可与基准孔(或轴)形成间隙配合,选择 a(A)形成的间隙最大,选择 h(H)形成的间隙最小(可为零)。

　　过渡配合:js,j,k,m,n(或 JS,J,K,M,N)五种基本偏差与基准孔(或轴)形成过渡配合。选择 js(JS)形成较松配合,一般具有间隙,此后依次变紧。选择有些等级的 n(N)也可形成过盈配合,选择有些等级的 p(P)也可形成过渡配合。

　　过盈配合:p～zc(或 P～ZC)十二种基本偏差与基准孔(或轴)形成过盈配合,其中 p 过盈最小,zc 过盈最大。

　　2) 基本偏差与配合选用实例见表 8-1。

表 8-1　各种基本偏差的应用实例

配　合	基本偏差	特点及应用实例
间隙配合	a(A) b(B)	可得到特别大的间隙,应用很少。主要用于工作时温度高,热变形大的零件的配合,如发动机中活塞与缸套的配合为 H9/a9
	c(C)	可得到很大的间隙。一般用于工作条件较差(如农业机械),工作时受力变形大及装配工艺性不好的零件的配合,也适用于高温工作的动配合,如内燃机排气阀杆与导管的配合为 H8/c7
	d(D)	与 IT7～IT11 相对应,适用于较松的间隙配合(如滑轮、空转皮带轮与轴的配合),以及大尺寸滑动轴承与轴的配合(如涡轮机、球磨机等的滑动轴承)。活塞环与活塞环槽的配合可用 H9/d9
	e(E)	与 IT6～IT9 相对应,具有明显的间隙,用于大跨距及多支点的转轴与轴承的配合,以及高速、重载的大尺寸轴与轴承的配合,如大型电机、内燃机的主要轴承处的配合为 H7/e6
	f(F)	多与 IT6～IT8 相对应,用于一般转动的配合,受温度影响不大,采用普通润滑油的轴与滑动轴承的配合,如齿轮箱、小电机、泵等的转轴与滑动轴承的配合为 H7/f6
	g(G)	多与 IT5,IT6,IT7 相对应,形成配合的间隙较小,用于轻载精密装置中的转动配合,用于插销的定位配合,滑阀、连杆销等处的配合,钻套孔多用 G
	h(H)	多与 IT4～IT11 相对应,广泛用于相对转动的配合,一般的定位配合。若没有温度、变形的影响,也可用于精密滑动轴承,如车床尾座孔与滑动套筒的配合为 H6/h5

续　表

配　合	基本偏差	特点及应用实例
过渡配合	js(JS)	多用于 IT4～IT7 具有间隙的过渡配合,用于略有过盈的定位配合,如联轴节、齿圈与轮毂的配合,滚动轴承外圈与外壳孔的配合多用 JS7。一般用手或木槌装配
	k(K)	多用于 IT4～IT7 间隙接近零的配合,用于定位配合,如滚动轴承的内、外圈分别与轴颈、外壳孔的配合。用木槌装配
	m(M)	多用于 IT4～IT7 过盈较小的配合,用于精密定位的配合,如蜗轮的青铜轮缘与轮毂的配合为 H7/m6
	n(N)	多用于 IT4～IT7 过盈较大的配合,很少形成间隙。用于加键传递较大扭矩的配合,如冲床上齿轮与轴的配合。用槌子或压力机装配
过盈配合	p(P)	用于小过盈配合。与 H6 或 H7 的孔形成过盈配合,而与 H8 的孔形成过渡配合。碳钢和铸铁制零件形成的配合为标准压入配合,如卷扬机的绳轮与齿圈的配合为 H7/p6。合金钢制零件的配合需要小过盈时可用 p(或 P)
	r(R)	用于传递大扭矩或受冲击负荷而需要加键的配合,如蜗轮与轴的配合为 H7/r6。配合 H8/r7 在公称尺寸小于 100 mm 时,为过渡配合
	s(S)	用于钢和铸铁制零件的永久性和半永久性结合,可产生相当大的结合力,如套环压在轴、阀座上配合为 H7/s6
	t(T)	用于钢和铁制零件的永久性结合,不用键可传递扭矩,须用热套法或冷轴法装配,如连轴节与轴的配合为 H7/t6
	u(U)	用于大过盈配合,最大过盈需验算。用热套法进行装配。如火车轮毂和轴的配合为 H7/u6
	v(V) x(X) y(Y) z(Z)	用于特大过盈配合,目前使用的经验和资料很少,须经试验后才能应用。一般不推荐

优先配合的选用说明见表 8 - 2。

表 8−2 优先配合选用说明

优先配合		说　明
基孔制	基轴制	
H11/c11	C11/h11	间隙非常大。用于很松的、转动很慢的动配合；要求大公差与大间隙的外露组件；要求装配方便的很松的配合
H9/d9	D9/h9	间隙很大的自由转动配合，用于精度要求不高时。用于有大的温度变动、高转速或大的轴颈压力
H8/f7	F8/h7	间隙不大的转动配合。用于中等转速与中等轴颈压力的精确转动；也用于装配较易的中等定位配合
H7/g6	G7/h6	间隙很小的滑动配合。用于不希望自由旋转，但可自由移动和转动并精密定位时；也可用于要求明确的定位配合
H7/h6 H8/h7 H9/h9 H11/h11	H7/h6 H8/h7 H9/h9 H11/h11	均为间隙定位配合，零件可自由装拆，而工作时一般相对静止不动； 在最大实体条件下的间隙为零； 在最小实体条件下的间隙由公差等级决定
H7/k6	K7/h6	过渡配合，用于精密定位
H7/n6	N7/h6	过渡配合，允许有较大过盈的更精密定位
H7/p6	P7/h6	过盈定位配合，即小过盈配合。用于定位精度要求特别高时，能以最好的定位精度达到部件的刚性及对中性的要求，而对内孔承受压力无特殊要求。不依靠配合的紧固性传递摩擦负荷
H7/s6	S7/h6	中等压入配合，适用于一般钢件或用于薄壁件的冷缩配合；用于铸铁件可得到最紧的配合
H7/u6	U7/h6	压入配合，适用于可以承受高压力的零件或不宜承受大压力的冷缩配合

常用和一般配合的选择可参考其他有关书籍和手册。

（4）未注公差尺寸及其公差的确定：对于未注公差尺寸，不应将其理解为尺寸不受任何限制，可以任意变动。对此可参照国家标准《一般公差　线性尺寸的未注公差》（GB/T 1804—2000）的规定。

不同行业或不同产品对未注公差尺寸及其公差精度等级的选用各不相同，通常由企业做出具体规定，在企业内部实行，图纸上一般可不做说明；有时也可以由设计或测绘部门的技术人员提出更明确的要求，指明某机件应按几级精度控制自由尺寸公差，此时应在图纸上的技术条件中用文字注写清楚。航空和航天产品可选用 f 级；机床、仪表、汽车、拖拉机、冶金矿山机械、石油化工机械、电机、纺织机械、仪器仪表和医疗机械多采用 m 级；冲压件、铸造件和重型机械制造等可选用 m～c 级；电器产品外壳、手术器械一般外形尺寸、压延弯曲尺寸、塑料及自由锻件尺寸选用 c 级;塑料成型、冷轧、焊接用尺寸选用 v 级。

8.7.2　表面结构的判别

1. 测定表面结构的方法

(1) 比较法:把零件的被测表面与"粗糙度样块"进行对比,凭观察、触摸及耳听的方法判定被测表面与样块中哪一个等级相同或相近,即可获得表面结构等级。

比较法的优点是简单易行,便于在生产中或测绘现场进行,在操作人员有一定实践经验的基础上,所得结果基本准确。这种方法的缺点是不能准确得出表面结构的各参数值,所确定的表面结构存在一定的误差,误差的大小不仅与粗糙度样块有关,与操作人员技术水平有关,经试验还与加工方法本身及表面结构范围有关。用比较法所获得的表面结构一般是一个范围,适用范围是 $Ra > 0.08$。

(2) 仪器测量法:若要更准确地测定重要零件的表面结构,需要使用专门的测量仪器,并在计量室内由专业计量人员进行。测绘技术人员的任务,是提出哪些重要表面需准确测定表面结构值,以及测出表面结构各项参数中的哪几个参数,然后将测量要求填表并和零件一起送交计量室测试。有时零件较大或不允许拆下或其他原因无法送计量室时,则应要求计量人员携带小型仪器到现场进行测定。

(3) 印模法:零件上有许多不宜使用比较法或仪器测量的部位,如小孔、深孔、盲孔、凹槽和内螺纹等,常采用印模法进行间接测量。

印模法是利用一些无流动性和弹性的塑性材料,贴合在被测表面上,复制出被测表面的印模,再用比较法或使用仪器测量印模,即可得到所需的表面结构。

2. 表面结构的选择

(1) 对表面结构进行选择和分析的原因:在测绘的零件图上标注表面结构时并不能完全按实测结果照搬,还需要进行必要的理论分析并进行适当的选择。原因如下:

1) 仿制时原材料、加工方法和加工机械等方面因受各种条件限制,不一定能和样机生产过程完全相同,因此某些表面结构也应进行适当的变更。

2) 测绘人员须通过分析才能确定哪些零件需要提交计量室测量,以及测得的众多参数是否都有必要注写在图纸上。

3) 所测绘的机器即便是刚出厂的新机器,在出厂以前其重要部件或整机通常均须经过试运转,对性能进行检验、测定和调整,还要进行磨合,然后才能交付用户使用。因此,样机分解后的一部分零件的重要表面,以及那些有相对运动的表面,其表面结构已经发生了变化,通常是比刚制造出时更光滑,表面结构值比原设计图上的值小。

4) 某些过盈较大的配合,如果是采用加压拆卸,拆开后再对表面结构进行测量,也不能完全反映原设计所给定的数值。

5) 用比较法测量存在误差,即使用仪器测量也不能避免会产生一定的误差,用印模法测量也会带来误差。

6) 有些零件难以拆开或不允许拆开,或某些小孔、小槽等结构在不破坏零件时难以测得表面结构的数值。

7) 有时为修配某些损坏或严重磨损的零件而进行的测绘,也根本无法测得原设计所给表面结构的数值。

基于以上原因,测绘时还必须在实测基础上对表面结构进行适当的选择。

(2)选择表面结构的一般原则:

1)在满足零件的工作性能和使用要求的前提下,尽可能选用表面结构较大的值,这是最主要、最基本的一条原则。选择过小的值,不但会增加加工的难度并提高零件制造成本,有时还会导致设计失败。

2)间隙配合的表面结构,一般要比过盈配合的表面结构值小;滚动摩擦表面应比滑动摩擦表面结构值小;在间隙配合中,间隙越小的配合表面结构值应越小;在过盈配合中,配合强度要求越高,则两配合表面结构值应越小;对高精度、高转速和重载荷机械设备的零件,其表面结构值应比低精度、低转速和低载荷机械设备的零件选得小。

3)受交变载荷的钢制零件圆角及沟槽处,比受静载荷时应取较小的表面结构值,而铸铁等对应力集中不敏感的材料,其表面结构变化对强度影响较小。

4)表面结构的选择应与尺寸公差和几何公差相协调。配合性质相同且同一公差等级的零件,公称尺寸小的表面结构值小;孔与轴配合时,轴表面应比孔表面结构值小;同一零件上,工作面比非工作面表面结构值小;尺寸精度高的表面应比尺寸精度低的表面结构值小。如果按尺寸公差与按几何公差所决定的表面结构不协调时,则应以几何公差所要求的较小的表面结构值为准。

5)特殊情况下,为了使用、美观或防锈等目的,通常取较小的表面结构值,而与其尺寸、精度无关。

6)凡有关标准中已对表面结构做出规定的,如与滚动轴承配合的轴颈和外壳孔、与键配合的键槽等,均应按标准给定的表面结构值注写。

(3)选择表面结构的方法:

1)计算法:可根据尺寸公差计算。有资料提出 Rz 与尺寸公差 B 有如下关系:

$$Rz = (0.10 \sim 0.50)B$$

单位与 B 所用单位相同。

上式中,对于精密机械、仪器仪表和计量工具,系数取 0.10;对于普通精度机械和工具之类零件,系数取 0.25;对于一般通用机械,如矿山、化工及农业机械等,系数取 0.50。

此外,还可根据几何公差计算或根据配合要求计算。

2)类比法:将所测绘或设计的零件图参照一些工作条件相同的,使用中性能良好的机件的表面结构进行选注,即为类比法。这种方法简便易行,所以使用较广。

类比法不是盲目照搬,使用时要按具体条件进行适当修正,以求获得更佳的机械性能和经济效益。类比法需要技术人员积累较多的经验,收集更多的资料,逐渐提高选择的正确性。

3)试验法:新设计的重要机件,或在特殊条件下(如高温、低温、高压、宇宙航行等)工作的机件,或大批量生产的机件,均应用试验法来确定最佳的表面结构。

用计算法或类比法选出的表面结构,也往往需用试验法来进行验证。测绘中不管是直接测量得到的,或用其他方法选出的表面结构,对于重要部位,或生产量大的零件,同样应进行试验,以验证所选的表面结构是否适当,最后再确定并投入正式生产。

　　试验法是最可靠的方法,它能对许多疑而不决的问题做出最后的裁定。有时试验还能得到和原来设想或推理完全不同的结果。

　　试验法的缺点是需要反复进行和对比,比较费时费力,所以试验法必须有针对性地进行。

　　表 8 - 3 列出了表面结构特征及应用举例。

表 8 - 3　表面结构的表面特征、经济加工方式及应用举例

Ra	表面特征	重要加工方法	适用范围
50	明显可见刀痕	粗车、粗铣、粗刨、粗镗、钻、粗铰、锉刀和粗砂轮加工	为最粗糙的加工表面,一般很少应用
25	可见刀痕		
12.5	微见刀痕	粗车、刨、立铣、平铣、钻	不接触表面、不重要的接触面,如螺钉孔、倒角和机座底面等
6.3	可见加工痕迹	铰、镗、粗磨等	套筒要求紧贴的表面、键和键槽工作表面;相对运动速度不高的接触面,如支架孔、衬套、带轮轴孔的工作表面等
3.2	微见加工痕迹		
1.6	看不见加工痕迹		
0.80	可辨加工痕迹	精车、精铰、精拉、精镗、精摩等	要求精确定心的重要配合表面,如与滚动轴承配合的表面、锥销孔等;相对运动速度较高的接触面,如滑动轴承配合表面、齿轮轮齿的工作表面等
0.40	微辨加工痕迹		
0.20	不可辨加工痕迹		
0.10	暗光泽面	研磨、抛光、超级精细研磨等	高精度、高速运动零件的配合表面,精密量具的表面,极重要零件的摩擦面,如汽缸的内表面、精密机床的主轴颈、坐标镗床的主轴颈等;重要的装饰面
0.05	亮光泽面		
0.025	镜状光泽面		
0.012	雾状镜面		
0.006	镜　面		
	毛坯面	铸、锻、轧制等,经表面清理	无需进行加工的表面

本 章 小 结

　　机器测绘就是根据实物,通过测量绘制技术图纸的过程。测绘仿制在企业生产中有着重要的意义,通过机器测绘的实践,有助于对所学的相关知识进行综合的认识和提高。根据机器测绘的目的,可分为机修测绘、仿制测绘和设计测绘。机器测绘的步骤一般可分为分解前的准备工作、实样分解、绘制草图、测量尺寸、确定各种技术要求、编制标准件和外协件明细表、绘制装配图、绘制零件图及审查并撰写测绘总结。本章对上述大部分步骤都给出了较为详尽的说明。

思 考 题

1. 什么是机器测绘？
2. 机器测绘的意义？
3. 简述机器测绘的一般步骤。

第9章　计算机绘图

本 章 导 学

计算机绘图(Computer Graphics)是利用计算机以及图形输入、输出设备,在计算机上实现图形的绘制、显示、修改及输出的技术。它是一种高效率、高质量的绘图方法,克服了传统手工绘图效率低,精度差,周期长,不便修改、复制与保存的弊端。计算机绘图是计算机辅助设计(CAD)的重要基础和组成部分,也是计算机辅助制造(CAM)、计算机辅助工艺设计(CAPP)以及计算机集成制造系统(CIMS)的重要理论与技术基础。

计算机绘图有被动式(编程)绘图和交互式绘图两种方式。被动式绘图依靠程序编写与运行绘制出图形。而交互式绘图是指用户通过专用软件和交互输入设备进行图形绘制,实现图形的实时显示,并可以直接对图形进行修改,能够实现所见即所得的绘图效果,因此在工程设计中被广泛使用。

实体造型 (Solid Modeling)是利用计算机建立三维实体模型的技术,也称为三维建模。它由计算机生成具有真实感的、可视的、动态的三维图形,能够描述模型的三维几何信息以及相关属性。实体造型是计算机辅助设计技术向高端发展的产物,其表达形式符合设计者的思维规律,使设计师的空间构思直接通过三维模型来表现。不但可以用于计算机辅助设计和工程分析,也是由三维模型直接到零件制造这一先进生产方式的基础。

本章主要介绍计算机二维绘图和实体造型软件的基本概念、主要功能和命令使用,同时通过绘图和建模实例讲解它们的基本操作方法。

9.1　计算机二维绘图

计算机二维绘图就是在二维平面上绘制图形,其结果主要为投影图,图形多由直线、圆(圆弧)、椭圆、矩形、多边形、样条曲线以及文字等几何元素构成。二维绘图要使用专业的交互式绘图软件来实现,常用的此类软件包括 AutoCAD、CAXA、中望 CAD 和大雄CAD 等。这些二维绘图软件一般都具有以下功能:

(1)文件管理与数据格式交换;

(2)绘图坐标系与图幅设置;

(3)图层设置;

(4)二维图形绘制；

(5)图形修改；

(6)文字输入与编辑；

(7)各类标注工具；

(8)多种视图导航、缩放、平移工具；

(9)辅助绘图工具；

(10)提供各类图形或标准件库。

9.1.1　AutoCAD 简介

AutoCAD 是美国 Autodesk 公司开发的通用计算机辅助绘图与设计软件,用于二维绘图和初步的三维设计,是国际上使用范围最广的绘图工具。AutoCAD 具有完善的图形绘制功能、强大的图形修改能力以及友好的用户界面,通过交互菜单或命令行方式便可以进行各种操作,能够帮助用户绘制平面和三维图形、标注图形尺寸、渲染图形以及打印输出图纸。AutoCAD 易于掌握,使用便捷,而且可以采用多种方式进行二次开发或由用户定制。

AutoCAD 2019 的软件界面如图 9-1 所示。

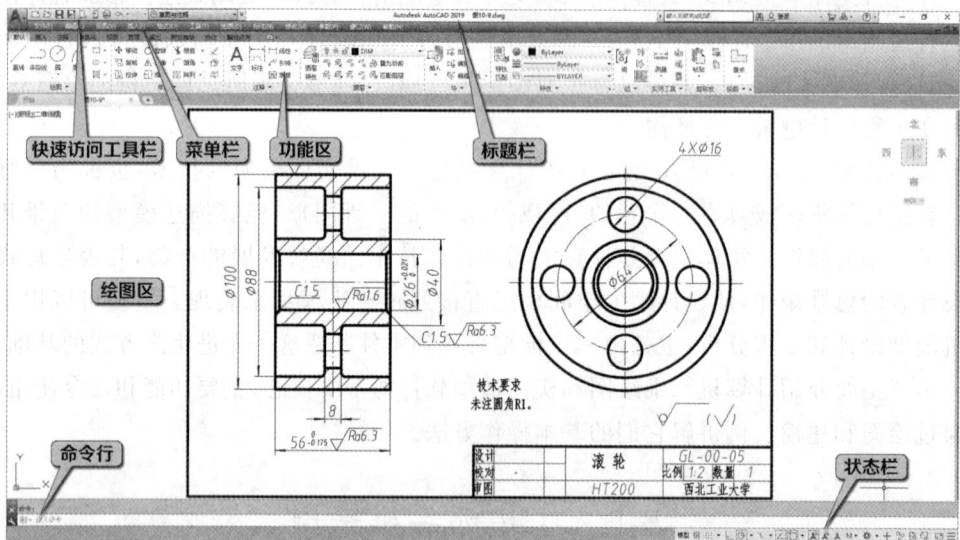

图 9-1　AutoCAD 2019 软件界面

1. AutoCAD 2019 软件界面简介

(1)快速访问工具栏:包含了常用的文档操作快捷按钮,可以快速选用工具,减少操作步骤。默认有 9 个快捷按钮,包括"新建""打开""保存""另存为"和"打印"等。

(2)标题栏:位于 AutoCAD 操作界面的最顶部,显示软件名称和当前打开的文件名。标题栏右侧包含帮助搜索框、用户名登录及窗口控制图标等。

(3)菜单栏:包含"文件""编辑"和"视图"等十二个主菜单,均为下拉式菜单,且主菜单下又包含若干子菜单。常用绘图、修改、标注以及其他管理编辑工具按类别排列于这些菜单中,用户可以通过点击主菜单按钮弹出下拉菜单,然后在其中选择需要的工具。

(4)功能区:由功能区选项卡、功能区面板及功能区显示控制图标三部分组成。默认功能区共有八个选项卡,每个选项卡下面都有与之对应的面板,面板中又包含了对应的命令按钮。直接点击功能区面板中的命令按钮,比通过下拉菜单调用命令更加便捷。

(5)绘图区:是用户进行各项操作的主要工作区域及图形显示区域,相当于绘图桌面或图纸幅面,所绘图形只能在绘图区中显示。绘图区是无限大的,用户可以根据需要通过缩放、平移等命令来观察图形。绘图区的左下角显示默认情况下的坐标系图标。

(6)命令行:是用户与 AutoCAD 进行交互操作的重要工具之一,主要用于以命令输入方式进行绘图、修改以及其他设置,同时能够提示和显示用户当前的操作。

(7)状态栏:主要由绘图辅助工具、注释工具、切换工作空间、图纸管理等图标组成。其中绘图辅助工具包括图形栅格、栅格捕捉、正交模式、等轴测草图、对象捕捉和显示线宽等。

AutoCAD 中执行的每一个功能被称为"命令",其操作一般有三种方式:① 直接选择功能区面板上的命令按钮,如  直线;② 在软件界面下方的命令行窗口用文字输入命令,如"键入命令:LINE";③ 通过菜单栏操作,如在"绘图"下拉菜单中选择"直线"命令。

2. AutoCAD 2019 功能简介

从功能上划分,AutoCAD 主要包括以下几个模块。

(1)二维图形绘制。这是二维绘图软件的核心功能,提供了直线、多段线、圆、圆弧、矩形、多边形、椭圆、椭圆弧、图案填充、样条曲线、点、螺旋线、圆环、云线以及文本输入等基本图形对象的绘图命令,其中多种图形对象可以用不同方式创建。"绘图"功能区面板如图 9-2 所示,其中常用的绘图命令说明见表 9-1。

表 9-1　常用绘图命令

绘图命令	基本操作说明	操作示例
命令:LINE(直线) 工具图标: 直线	选择"直线"工具,在绘图区首先选定直线段的起始点,再选定第二点作为此直线段的终点。 　如要画连续的折线,则可以继续选定下一点。 　如果想创建由直线段首尾相连的闭合图形,那么可以在命令行输入"C(即闭合)"。 　画已知长度和角度的直线可采用相对极坐标,格式为:@长度值＜角度值	命令:LINE; 指定第一个点:100,100 指定下一点或[放弃(U)]:130,100 指定下一点或[放弃(U)]:140,70 指定下一点或[闭合(C)/放弃(U)]:90,70 指定下一点或[闭合(C)/放弃(U)]:c 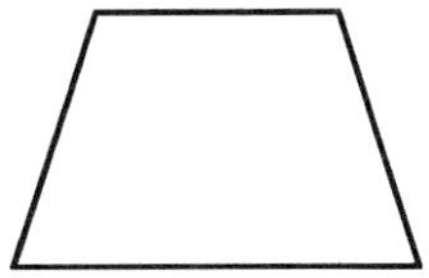

续 表

绘图命令	基本操作说明	操作示例
命令：CIRCLE（圆） 工具图标：圆	画圆的方式有多种。一般采用指定圆心和半径的方式，也可通过三点定圆，两点定圆或切点、切点、半径等方式定圆	命令：CIRCLE： 指定圆的圆心或［三点（3P）/两点（2P）/切点、切点、半径（T）]：（鼠标选择圆心） 指定圆的半径或［直径（D）]：15
命令：ARC（圆弧） 工具图标：圆弧	绘制圆弧的方式也比较多样。可以指定圆弧的起点，圆弧上的第二点和第三点画圆弧；或先指定圆心，然后确定起点和终点画圆弧。详细方式可点击"绘图"下拉菜单中的"圆弧"命令查看	命令：ARC： 指定圆弧的起点或［圆心（C）]：c 指定圆弧的圆心： 指定圆弧的起点： 指定圆弧的端点（按住 Ctrl 键以切换方向）或［角度（A）/弦长（L）]：
命令：RECTANG（矩形） 工具图标：矩形	矩形的绘制可通过定义对角线的两个端点来完成（鼠标点击或坐标输入）。在绘制矩形的过程中，可以指定长度、宽度、面积和旋转参数，还可以设置矩形顶点处的类型（圆角、倒角或直角）等	命令：RECTANG： 指定第一个角点或［倒角（C）/标高（E）/圆角（F）/厚度（T）/宽度（W）] 指定另一个角点或［面积（A）/尺寸（D）/旋转（R）]
命令：POLYGON（正多边形） 工具图标：多边形	正多边形工具可绘制的多边形边数范围为 3～1 024 条。画正多边形有三种方式： (1)设定内接圆半径（I）； (2)设定外切圆半径（C）； (3)设定边长（Edge）	命令：POLYGON： 输入侧面数 <4>：6 指定正多边形的中心点或［边（E）] 输入选项［内接于圆（I）/外切于圆（C）]<I>：i 指定圆的半径

续　表

绘图命令	基本操作说明	操作示例
命令:SPLINE (样条曲线) 工具图标:	AutoCAD 使用的样条曲线是一种称为非均匀有理 B 样条的特殊曲线。可以通过指定拟合点或控制点来创建样条曲线。 样条曲线一般用于绘制局部视图和局部剖视图中的波浪线	命令：SPLINE： 当前设置：方式＝拟合　　节点＝弦 指定第一个点或［方式(M)/节点(K)/对象(O)］ 输入下一个点或［起点切向(T)/公差(L)］ 输入下一个点或［端点相切(T)/公差(L)/放弃(U)］ 输入下一个点或［端点相切(T)/公差(L)/放弃(U)/闭合(C)］ 
命令:ELLIPSE (椭圆) 工具图标: 圆心	绘制椭圆有两种典型方法,一是指定中心点以及长、短轴创建椭圆。二是直接指定长、短轴画椭圆(根据两个端点定义椭圆的第一条轴,其角度确定了整个椭圆的角度。第一条轴既可定义椭圆的长轴也可作短轴,然后再确定另一条轴)	命令:ELLIPSE： 指定椭圆的轴端点或［圆弧(A)/中心点(C)］:_c 指定椭圆的中心点 指定轴的端点 指定另一条半轴长度或［旋转(R)］ 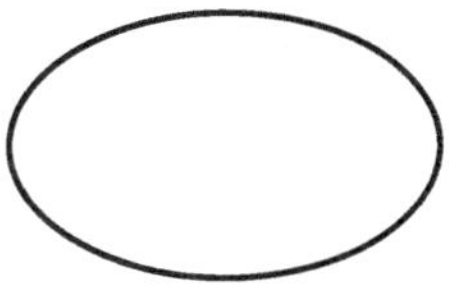
命令:HATCH (图案填充) 工具图标: 图案填充	用图案填充指定的区域,主要用来绘制图样中的剖面线。首先在"图案填充创建"面板中设置填充图案样式以及相关的填充参数。其次在被填充图形的内部点击或选择其封闭边界,完成图案填充	命令：HATCH： (图案选 ANSI31,填充比例为 1,设置角度 0°) 选择对象或［拾取内部点(K)/放弃(U)/设置(T)］:指定对角点：找到 6 个 选择对象或［拾取内部点(K)/放弃(U)/设置(T)］ 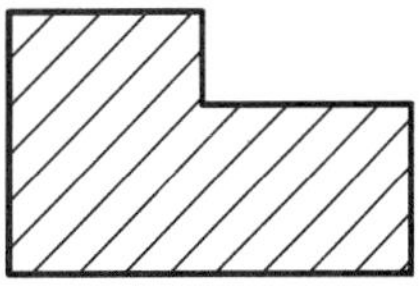

续 表

绘图命令	基本操作说明	操作示例
命令:TEXT(文字) 工具图标:文字 A	有"单行文字"和"多行文字"两种输入方式,分别适用于较少文字和多行文字的输入。一般需要指定文字的起点、角度、字高和文字样式等参数,然后输入文字	命令:TEXT: 当前文字样式:"Standard"文字高度:5.0000 注释性:否 对正:左 指定文字的起点 或[对正(J)/样式(S)] 指定文字的旋转角度＜0＞ *ABCDEFG123456* 技术要求 机械制图

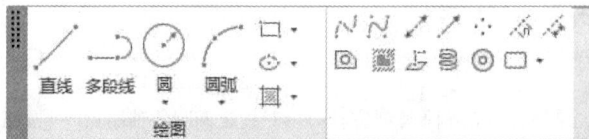

图 9 - 2 "绘图"功能区面板

(2) 图形修改。用于对已有图形进行修改编辑,提供了图形删除、移动、复制、拉伸、旋转、镜像、缩放、修剪、延伸、倒角、圆角、阵列、偏移和打断等命令。"修改"功能区面板如图 9 - 3 所示,其中常用修改命令说明见表 9 - 2。

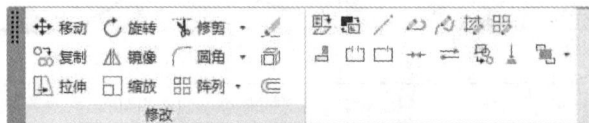

图 9 - 3 "修改"功能区面板

表 9 - 2 常用修改命令

修改命令	基本操作说明	操作示例
命令:ERASE(删除) 工具图标:	删除绘图区中的部分或全部图形(实体)。一般有两种选择被删除对象的方式:一是用鼠标直接点击图形,二是用窗口选取	
命令:COPY(复制) 工具图标:复制	复制是指将选定的一个或多个图形对象生成一个副本,并将该副本放置到指定位置,可多次复制对象	

续　表

修改命令	基本操作说明	操作示例
命令:MIRROR （镜像） 工具图标:△ 镜像	镜像功能是指将选定的图形对象相对于指定的对称轴生成一个对称图形,可以选择保留或删除原图形对象	
命令:MOVE(移动) 工具图标:✛ 移动	将图形对象移动到其他位置。操作时要指定基点和第二点以确定移动的距离	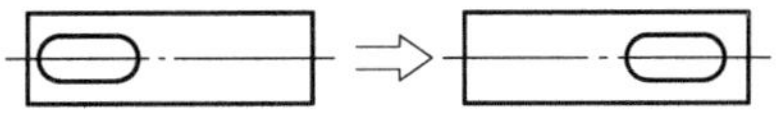
命令:ROTATE （旋转） 工具图标:⟳ 旋转	将选择的图形对象绕指定基点旋转一个所设定的角度。一般情况下,将旋转基点定在旋转图形的中心或者特殊点上。如果输入的角度为正,则向逆时针方向旋转	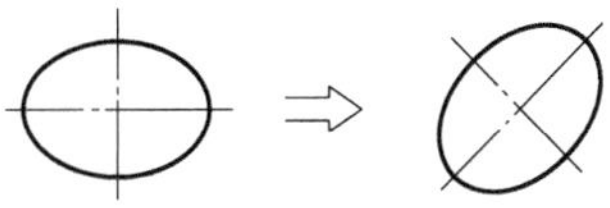
命令:SCALE(缩放) 工具图标:⬚ 缩放	将选择的图形对象按照设定的比例,相对于基点放大或缩小。一般将基点定在图形的中心或者特殊点上。设定的比例大于 1 时,就是放大图形	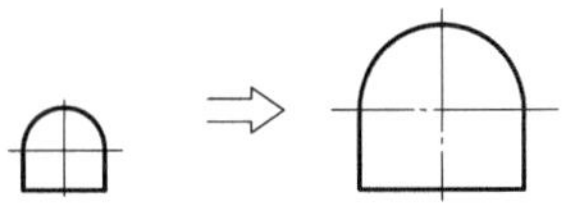
命令:TRIM(修剪) 工具图标:✂ 修剪	以图线为修剪边,剪切掉其他图形对象的一部分。修剪边可以是直线、圆弧、矩形、多边形、椭圆、样条曲线等。一般操作时先选择修剪边,再选择被修剪的图形对象要剪去的部分	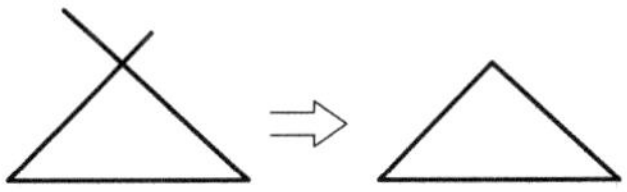
命令:EXTEND （延伸） 工具图标:⟶┤ 延伸	将图形对象延伸到指定的边界。操作时先指定延伸边界(可选多条),然后再选择要延伸的对象,注意要使用鼠标在欲延伸的一端拾取图形	
命令:CHAMFER （倒角） 工具图标: 倒角	可以在两条直线间做倒角或对一条多段线进行倒角操作	
命令:FILLET(圆角) 工具图标: 圆角	在两个图形对象间倒圆角,用光滑的圆弧把它们连接起来。倒圆命令的操作及选择项与倒角命令类似	

续 表

修改命令	基本操作说明	操作示例
命令:ARRAYRECT(阵列) 工具图标:阵列	阵列有三种类型:"矩形阵列""环形阵列"和"路径阵列"。它将选中的图形对象按矩形、圆形或沿某一路径的排列方式进行复制	
命令:BREAK(打断) 工具图标:	打断命令可以将一个图形对象断开为两个对象	

(3)图层设置。图层是用来有效管理图形对象的特殊工具,主要用于分类,便于图形绘制与修改。形象地说,图层可以看作是多层的透明的纸,每层纸上只用一种线型和一种颜色画图,将这些透明的纸重叠在一起,就形成了一幅完整的图样。图层的应用使AutoCAD中的图形对象实现了分层操作。

图层具有颜色、线型、线宽和透明度等属性。工程图中的图线有不同线宽以及不同线型,为了提高绘图效率,可以设置多个图层,把线型、线宽和颜色相同的图线放置在同一图层上绘制。当图形对象的这几种属性均设为"ByLayer(随层)"时,其图线属性与其所在图层的属性保持一致,并且可以随着图层属性的改变而改变。视绘图需要,图层可以被打开(关闭)、冻结(解冻)或锁定(解锁)。图层特性管理器界面如图9-4所示。

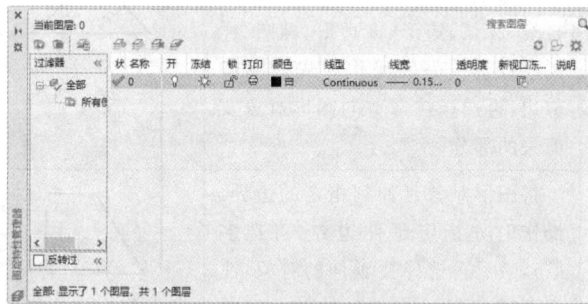

图9-4　图层特性管理器界面

(4)尺寸标注。用于给图形标注各种类型的尺寸或其他标记。主要有线性标注、对齐标注、弧长标注、坐标标注、半径标注、直径标注、折弯标注、角度标注、基线标注、连续标注、引线标注、公差标注、圆心标记、标注替代和标注更新等。一般在标注尺寸时首先要设定标注样式,这样就可以通过更改设置控制标注的外观,包括尺寸线、尺寸界线、箭头样式、文字样式与位置、尺寸公差等。

(5)辅助绘图工具。辅助绘图工具包括各类视图缩放工具,显示栅格、栅格捕捉、极轴捕捉、正交模式、指定角度限制、等轴测草图、对象捕捉、显示/隐藏线宽和注释工具等。这些工具在绘图时起重要的引导作用,能够保证作图的精确度。如使用"正交"模式,可以将光标限制在水平或垂直方向上,便于精确地创建和修改图形对象。

9.1.2　AutoCAD 绘图实例

使用 AutoCAD 2019 绘制如图 9 - 5 所示零件图。

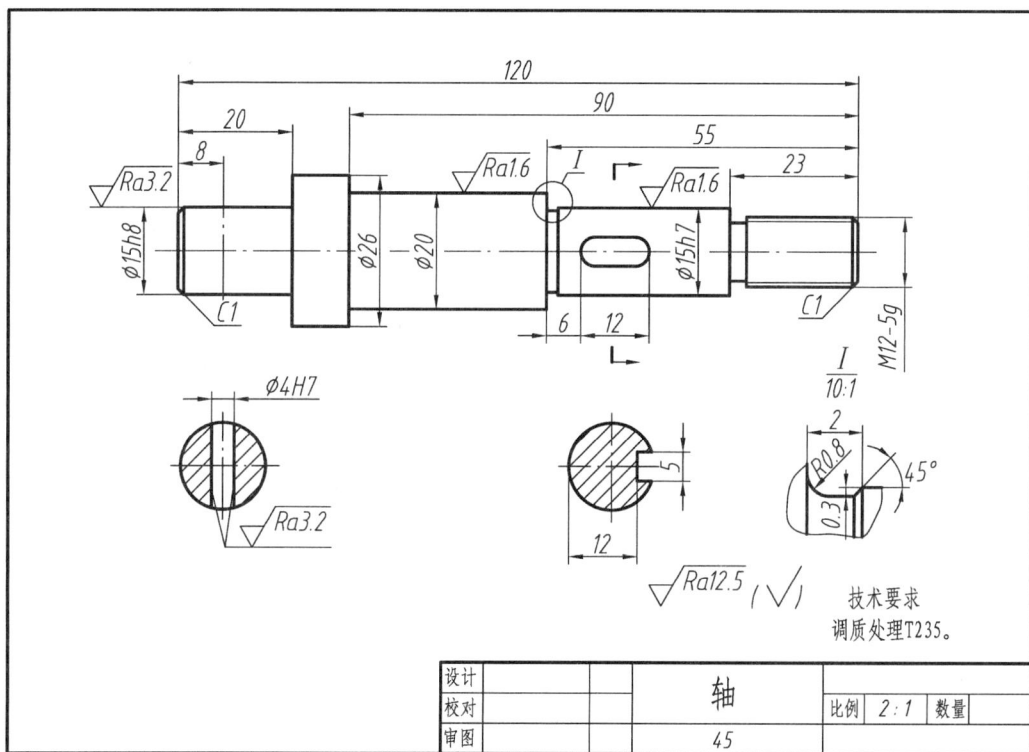

图 9 - 5　小轴零件图

1.设定图形界限为 A3 幅面

命令行操作如下:

命令:LIMITS↙

指定左下角点或[开(ON)/关(OFF)]＜0.0000,0.0000＞:↙

指定右上角点＜420.0000,297.0000＞:↙

2.设定绘图精度为整数毫米

命令:SNAP↙

指定捕捉间距或[打开(ON)/关闭(OFF)/纵横向间距(A)/传统(L)/样式(S)/类型(T)]＜10.0000＞:1↙

3.设置图层

点击"图层"功能面板中的"图层特性"图标,打开图层特性管理器。新建三个图层,分别命名为"粗线""点画线"和"细线",然后设置每个图层的颜色、线型及线宽属性,如图9 - 6所示。

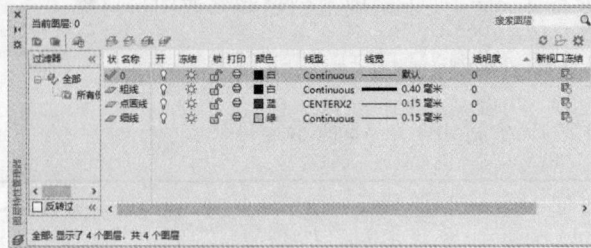

图 9-6　设置图层

4. 绘制图框线与标题栏

将"粗线"图层设置为当前图层。选择"直线"工具,通过命令行操作完成图框线。

命令:LINE:

指定第一点:0,0✓

指定下一点或 [放弃(U)]:@420＜0✓

指定下一点或 [放弃(U)]:@297＜90✓

指定下一点或 [闭合(C)/放弃(U)]:@420＜180✓

指定下一点或 [闭合(C)/放弃(U)]:c✓

用同样的方法完成标题栏,过程略。

5. 画中心线

将"点画线"图层设置为当前图层。用 F8 键打开正交方式,选择"直线"工具,完成各视图的中心线,如图 9-7 所示。

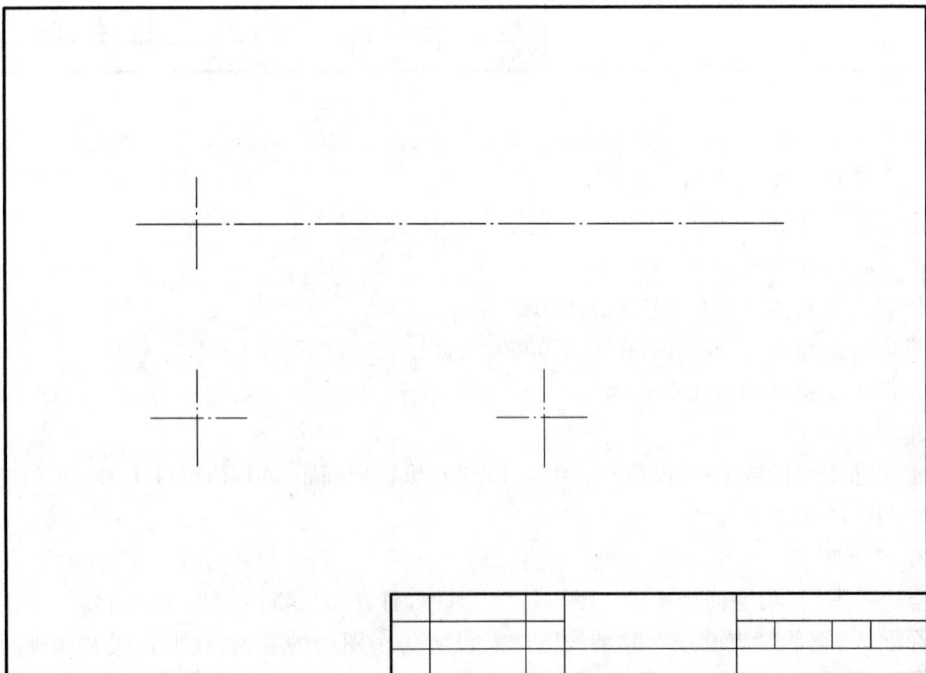

图 9-7　画中心线

6. 画主视图

由于零件的主视图上、下对称,因此可以先画出视图的一半,然后用"镜像"命令复制出另一半图形。具体过程:先选择"直线"工具,根据尺寸,采用相对极坐标方式(格式为:@线长＜角度)完成主视图的上半部分,再用"倒角"命令作两端面倒角,如图 9 - 8 所示。然后选择"镜像"命令,再选取已完成的视图,以主视图水平中心线为对称轴,镜像复制出另一半视图,最后补画键槽,如图 9 - 9 所示。

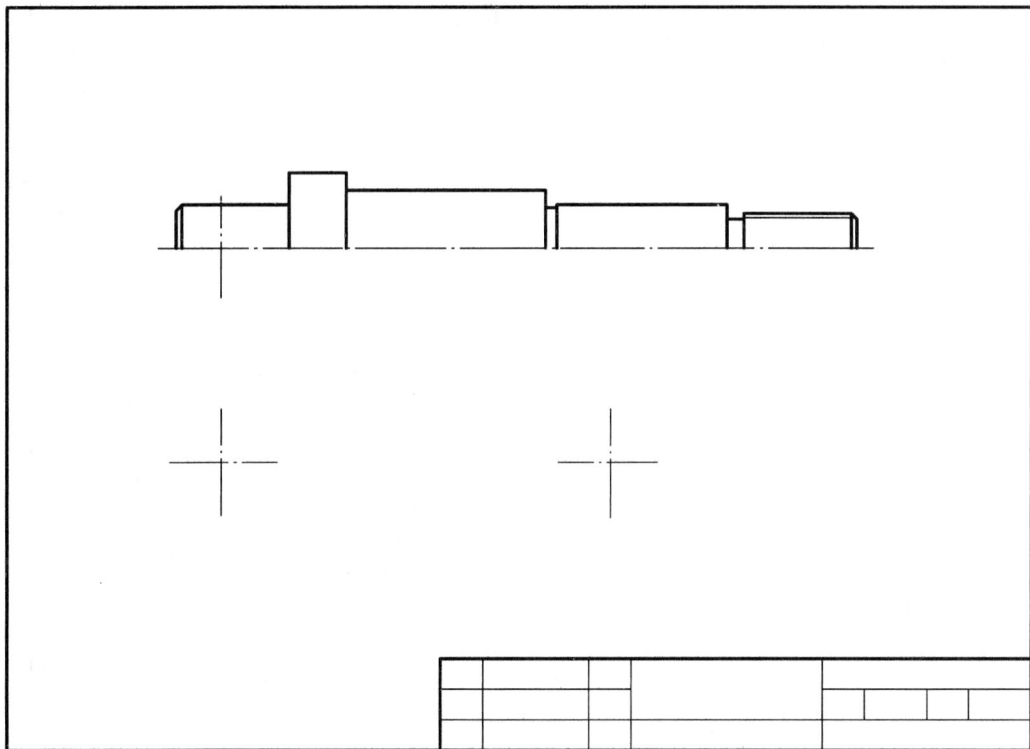

图 9 - 8 先画出主视图的一半

7. 画其他视图

使用"画圆""直线""样条曲线"和"图案填充"等绘图命令以及"圆角"等修改命令,完成零件的两个移出断面图和砂轮越程槽的局部放大图,如图 9 - 10 所示。

8. 尺寸标注

设置文字样式和标注样式。新建文字样式命名为"尺寸",字体选择 isocp. shx,其他参数如图 9 - 11(a)所示。

打开标注样式管理器,选择"ISO - 25"标注样式并置为当前,然后点击"修改"按钮对此标注样式进行修改,按照国家标准设定各项尺寸标注参数,其中文字样式选用"尺寸",如图 9 - 11(b)所示。

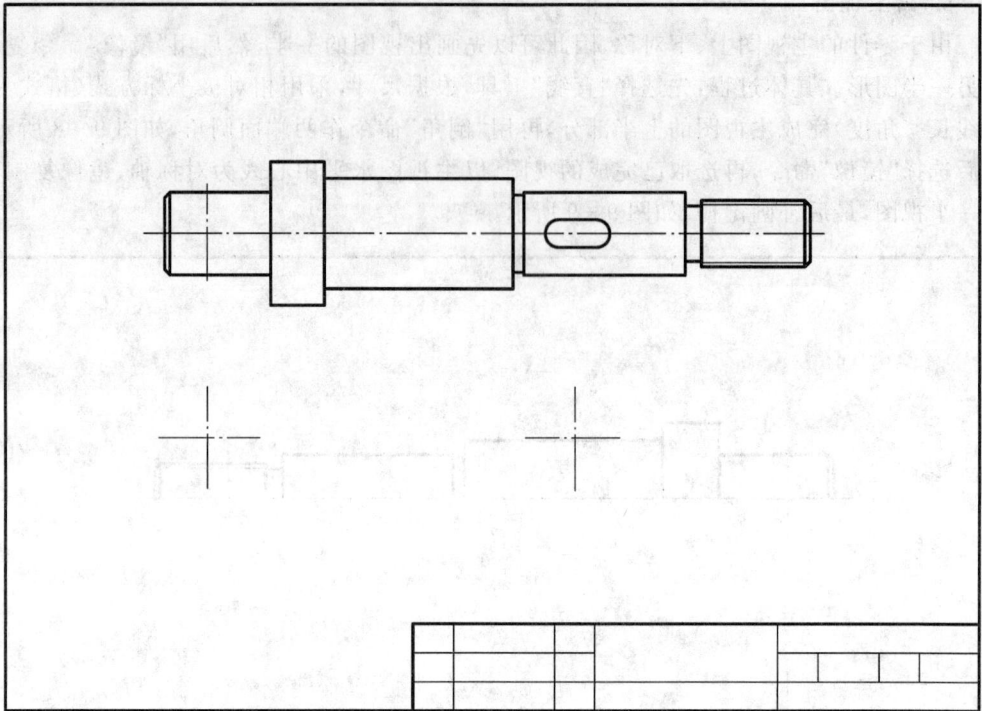

图 9 - 9　完成主视图

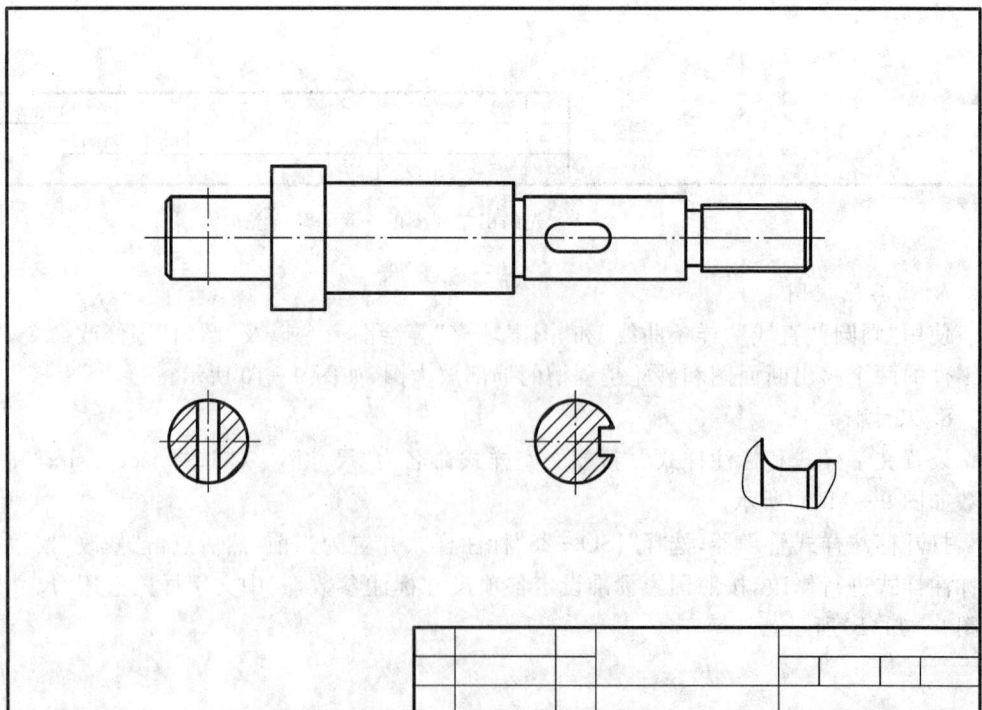

图 9 - 10　画其他视图

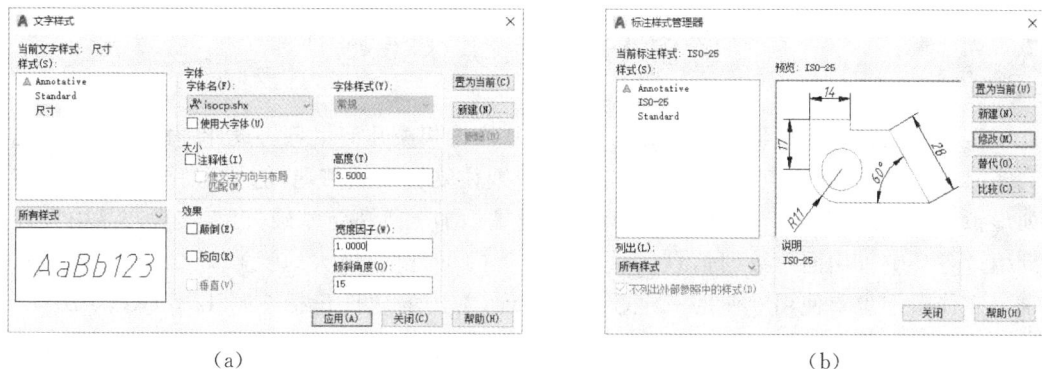

(a)　　　　　　　　　　　　　　　　　　　(b)

图 9-11　设置文字样式和标注样式

使用"线性""半径"和"角度"等尺寸标注命令标注视图尺寸,如图 9-12 所示。

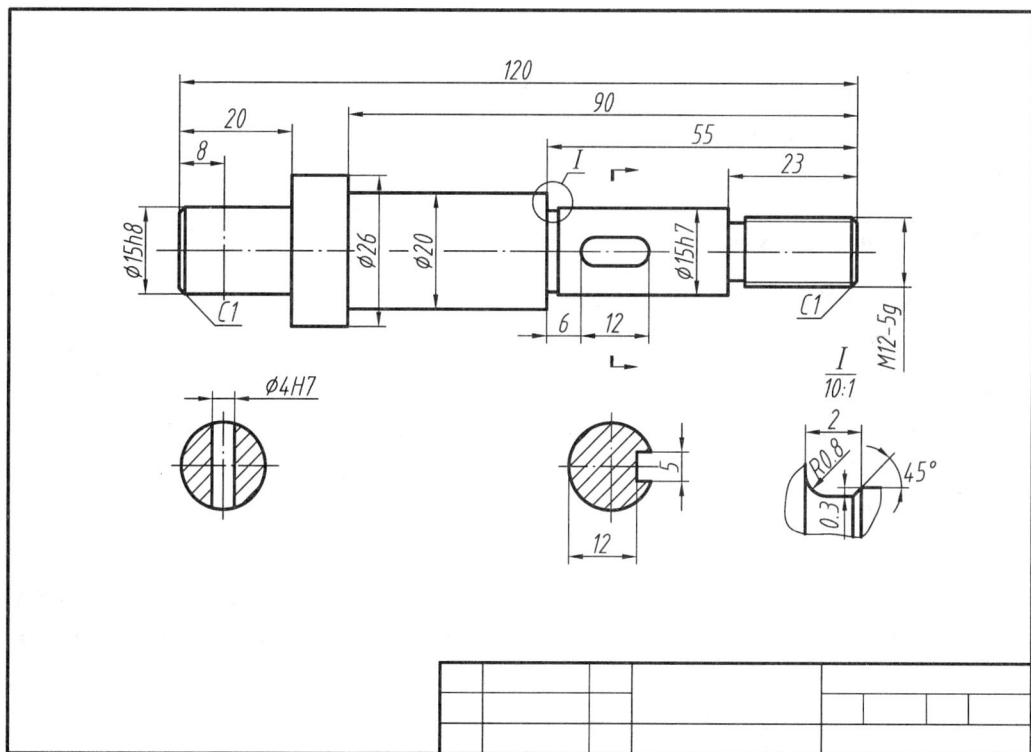

图 9-12　给视图标注尺寸

9. 标注表面结构,填写技术要求与标题栏

标注零件表面结构,完成砂轮越程槽局部放大图的视图标注与键槽的断面图标注。新建文字样式"汉字"并置为当前,选择字体为"仿宋",书写技术要求并填写标题栏。零件图完成,最终结果如图 9-5 所示。

9.2　计算机实体造型

实体造型是指直接建立对象的三维形体并描述相关几何信息。设计师能在屏幕上见到实时的三维模型,避免了三维构思与二维图纸往复转换的弊端,能够为后续 CAD 环节如虚拟装配、总体布局、干涉检验、仿真动画及虚拟加工等奠定基础,也为实现产品由设计到生产各环节采用同一数据信息提供了技术上的可行性,极大地提高了 CAD 技术的水平。实体造型也要使用专业的三维软件来实现,常用的软件包括 CATIA,UG,Pro/E,SolidWorks,SolidEdge 和 Inventor 等。

常用实体造型软件的基本功能如下:

(1)全面的实体零件建模;

(2)草图绘制;

(3)对零件进行装配体建模;

(4)从实体模型建立工程图以及工程图编辑;

(5)基于特征的参数化全相关设计;

(6)多种视图导航、缩放、平移工具;

(7)模型渲染。

9.2.1　SolidWorks 简介

SolidWorks 是目前使用非常广泛的三维 CAD 软件之一,也是一个较早的基于 Windows 平台开发的三维 CAD 系统,其功能强大、系统完善、设计过程简便、易学易用,技术也在不断创新。SolidWorks 是一套基于特征的、参数化的三维设计软件,具有全面的零件实体建模功能和变量化的草图轮廓绘图功能,能够自动进行动态约束检查,以及将三维实体模型转换成二维平面图等功能,同时支持当今市场上几乎所有 CAD 软件的输入/输出格式转换。

根据设计对象类型的不同,SolidWorks 提供了三种设计环境,分别是零件设计环境、装配体设计环境和工程图设计环境,需要在新建任务时选择。三种设计环境的用户界面在工具栏等内容上存在差别。如图 9 - 13 所示是 SolidWorks 2018 零件设计环境的用户界面。

1. SolidWorks 2018 的用户界面简介

(1)标题栏用于显示当前文件名和控制当前窗口大小。同一行还排列有帮助搜索、文件管理图标等。

(2)菜单栏包含了几乎所有的 SolidWorks 命令,一般情况下菜单栏是隐藏的,当光标移动到三角图标上时会自动弹出,它也是以下拉菜单的形式提供各种操作命令的。

(3)工具栏将工具按钮分类集中起来,它是启动命令的一种快捷方式。用户可以直接点击工具栏上的命令按钮来实现各种功能。工具栏包括标准主工具栏和自定义工具栏两部分。

(4)视图工具栏提供了多种显示工具,包括全屏显示、局部放大、剖面视图、视图定向、显示样式设置等功能,还可以在模型中编辑实体的外观和布景。

(5)绘图区是用户建立和修改零件、装配体或工程图的模型(图形)显示与操作区域。

(6)管理区域包括特征管理器设计树、属性管理器、配置管理器、标注专家管理器和外观管理器。其中特征管理器(Feature Manager)设计树提供了激活的零件、装配体或工程图的大纲视图,可以很方便地查看模型或装配体的构造情况,或者查看工程图中的不同图纸和视图。用户也可以随时选取其中一个特征进行修改。

(7)任务窗格包括 SolidWorks 资源、设计库、文件探索器等标签。通过任务窗格,用户可以查找和使用 SolidWorks 文件。

(8)状态栏提供关于当前正在窗口中编辑的内容的状态,以及指针位置坐标、草图状态等信息。

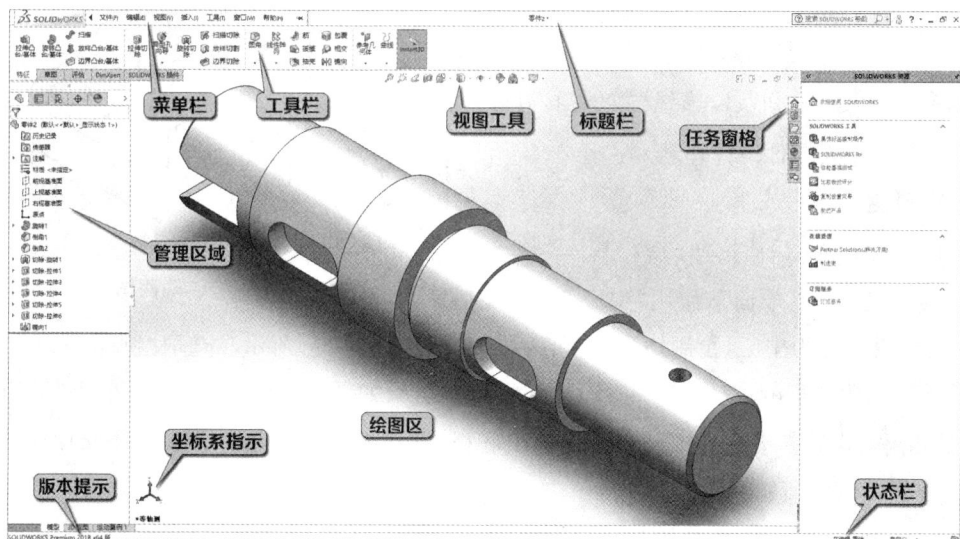

图 9 - 13　SolidWorks 2018 零件设计环境的用户界面

2.SolidWorks 主要功能模块

(1)零件特征建模。特征建模是 SolidWorks 中的基本组件,提供了基于特征的、参数化的实体建模功能,包括拉伸凸台/基体、旋转基体、扫描、放样基体、拉伸切除、旋转切除、扫描切除、放样切割、倒圆角、阵列、筋板、拔模、抽壳以及镜像等特征建模工具。建模后的零件,可以生成零件的工程图,还可以插入装配体中形成装配关系。

(2)装配体建模。装配模块中可以创建由许多零、部件所组成的复杂装配体,在 SolidWorks 中自上而下生成新零件时,要参考其他零件并保持这种参数关系,在装配环境里,可以方便地设计和修改零、部件。在自下而上的设计中,可利用已有的三维零件模型,将两个或者多个零件按照一定的约束关系进行组装,形成产品的虚拟装配,还可以进行运动分析、干涉检查等。零、部件中的更改会自动反映在装配体中。

(3)工程图。利用零件及装配实体模型,可以自动生成零件及装配体的工程图,只要指定模型的投影方向或者剖切位置等,就可以得到需要的图形,且工程图是全相关的,当修改图纸的尺寸时,零件模型,各个视图、装配体都会自动更新。

（4）草图绘制。草图是实体建模的基础，当创建一个新的零件时，一般首先需要做的是生成草图。草图模块就是让用户创建零件的二维截面图形或其他辅助线，其内容与二维绘图软件中的基本绘图命令相似。

（5）钣金设计。SolidWorks 提供了多种钣金设计途径，同时也设置有一些专门应用于钣金零件建模的特征，可以实现各种类型的钣金操作。

9.2.2　SolidWorks 建模实例

完成如图 9－14 所示组合体的零件模型，其投影图及尺寸见《工程制图基础习题集》（孙根正主编，高等教育出版社）11～20题。建模过程如下：

1. 进入 SolidWorks 系统

单击"新建"按钮 📄，选择"零件"按钮 🔳，确定后进入零件设计环境。

2. 创建底板

单击工具栏中的"拉伸凸台/基体" 🔲命令，选择"上视基准面"，使用"中心矩形"

图 9－14　组合体轴测图

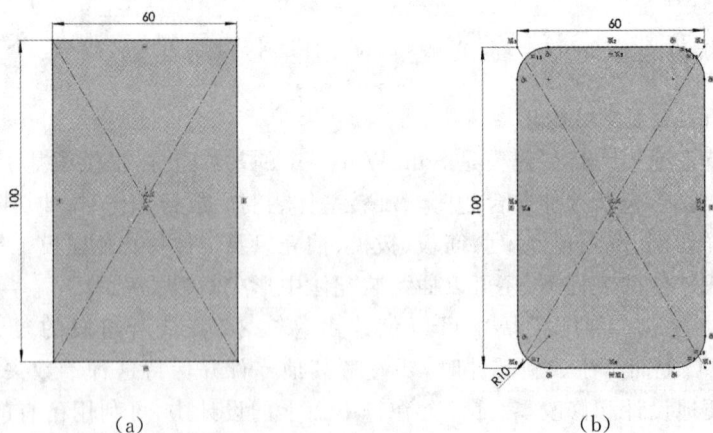

命令 🔲，以原点为中心，绘制矩形并标注尺寸，如图 9－15（a）所示。选取"圆角"命令 ◥，半径参数设为 10 mm，对矩形的四个角倒圆角，结果如图 9－15（b）所示。单击"退出草图"按钮 🔳，设置参数并确定后拉伸创建出底板，其属性参数设置如图 9－15（c）所示，结果如图 9－15（d）所示。

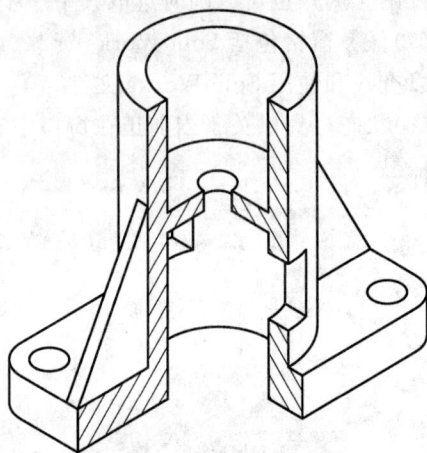

（a）

（b）

图 9－15　创建底板

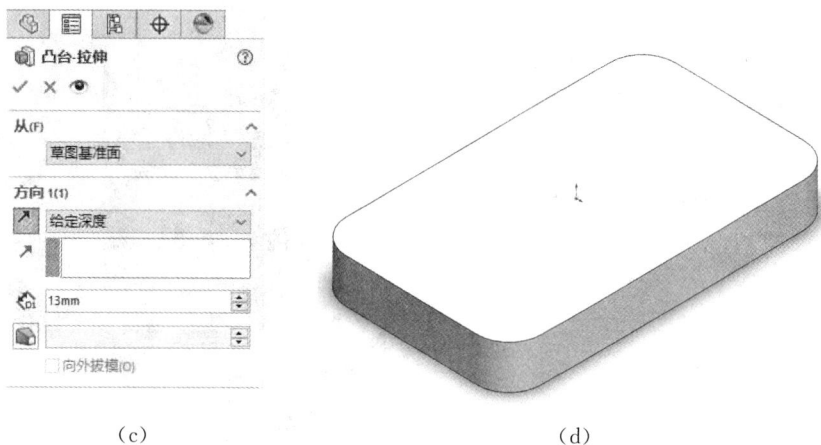

（c）　　　　　　　　　　　　　　（d）

续图 9-15　创建底板

3. 挖切出底板上均布小孔

选择"上视基准面"，按"Ctrl＋5"组合键，单击草图工具中的"画圆"命令 ⚙，完成四个与底板各圆角同心的圆，直径均设定为 10 mm，如图 9-16（a）所示。单击"退出草图"按钮，按"Ctrl＋7"组合键返回到等轴测视图，单击特征工具中的"拉伸切除"命令 ，再选择前面完成的草图，设置参数并确定后挖切出底板上均布的四个小孔。其属性参数设置如图 9-16（b）所示，结果如图 9-16（c）所示。

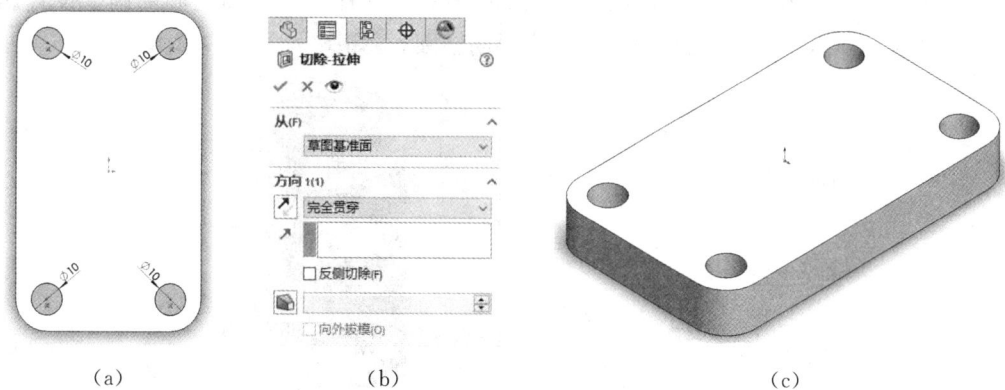

（a）　　　　　　　　　　　　（b）　　　　　　　　　　　　（c）

图 9-16　挖切出底板上均布小孔

4. 创建圆柱体

选择"上视基准面"，按"Ctrl＋5"组合键，单击草图工具中的"画圆"命令，以原点为圆心，绘制半径为 25 mm 的圆。退出草图，按"Ctrl＋7"组合键返回到等轴测视图，单击特征工具中的"拉伸凸台/基体"按钮，再选择草图，设置参数并确定后拉伸出主体圆柱，其属性参数设置与结果如图 9-17 所示。

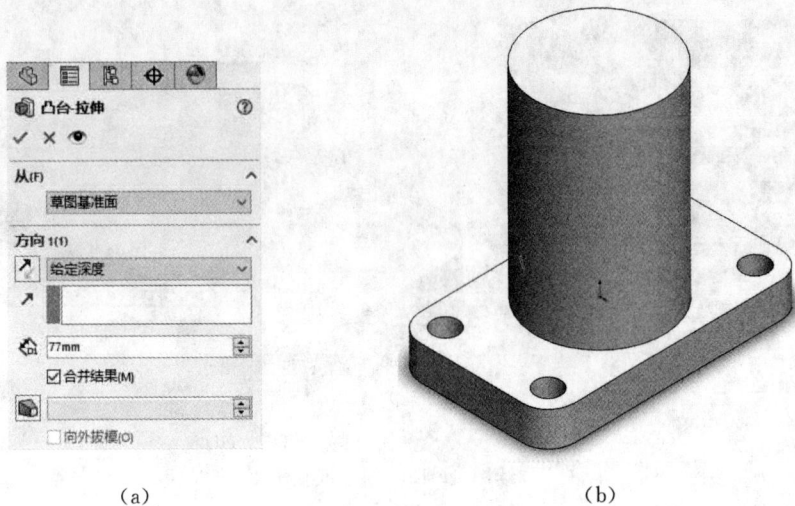

(a)　　　　　　　　　　　　　　　　　　　　　　(b)

图 9 - 17　创建圆柱体

5. 挖切出圆柱体同轴孔

　　单击特征工具中的"拉伸切除"命令,选择上一步所完成圆柱体的上底面为草图所在平面,按"Ctrl＋5"组合键,使用草图工具中的"画圆"命令,绘制半径 18 mm,且与圆柱体上底面同心的圆。退出草图,按"Ctrl＋7"组合键返回到等轴测视图,设置参数并确定后挖切完成上部圆孔,其属性参数设置与结果如图 9 - 18 所示。

　　重复使用"拉伸切除"命令,再次作半径 18 mm、与圆柱体上底面同心的圆。设置属性参数如图 9 - 19(a)所示,挖切出圆柱体底部同轴圆孔,如图 9 - 19(b)所示。

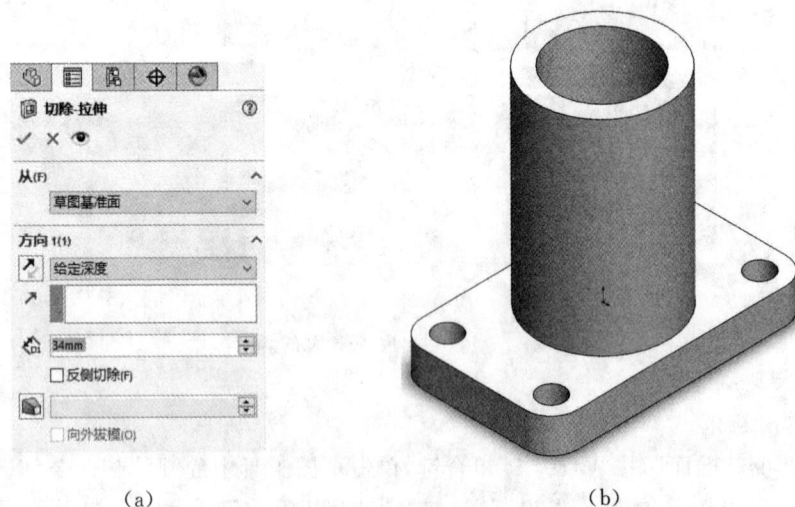

(a)　　　　　　　　　　　　　　　　　　　　　　(b)

图 9 - 18　挖切出圆柱体上部同轴孔

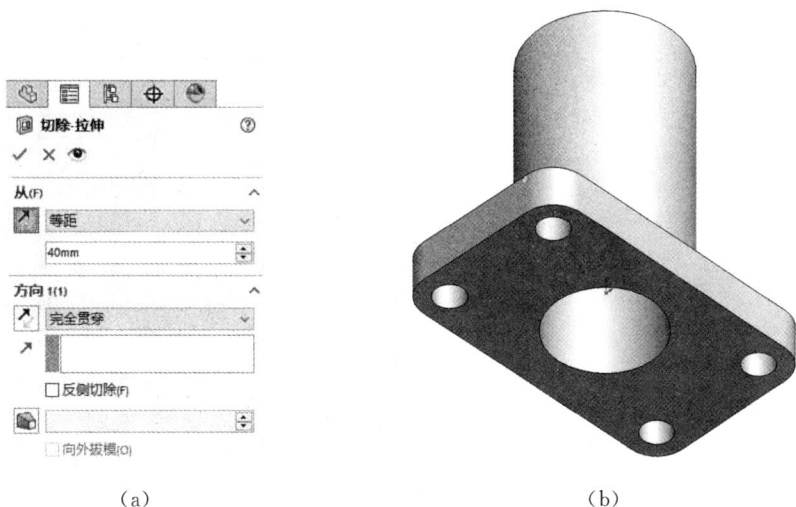

（a）   （b）

图 9 - 19 挖切出圆柱体底部同轴孔

6. 挖切出圆柱体内部隔板中心的 φ10 小孔

使用"拉伸切除"命令,选择圆柱体的上底面为草图所在平面,用"画圆"命令作直径为 10 mm、与圆柱体上底面同心的圆。退出草图,然后挖切出位于圆柱体内部隔板中心的圆孔,其属性参数设置与结果如图 9 - 20 所示。

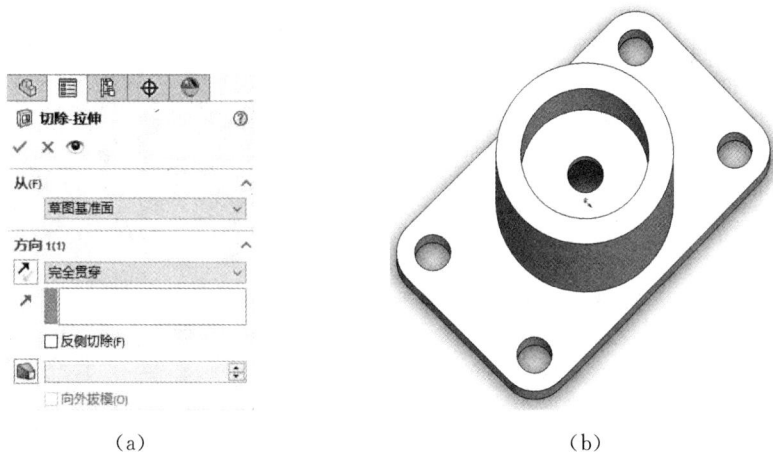

（a）   （b）

图 9 - 20 挖切出圆柱体内部隔板中心的 φ10 小孔

7. 创建左侧筋板

选择"右视基准面",按"Ctrl＋8"组合键,单击草图工具中的"直线"命令✐画一直线并标注尺寸,如图 9 - 21(a)所示。退出草图,按"Ctrl＋7"组合键,选择特征工具中的"筋"命令🦴筋,再点击直线草图,属性参数设置如图 9 - 21(b)所示,确定后完成左侧筋板,结果如图 9 - 21(c)所示。

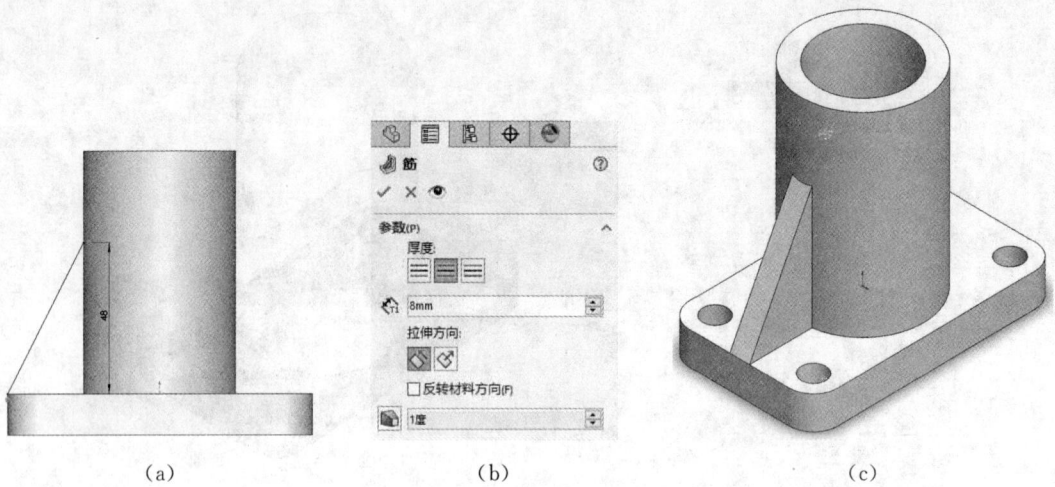

图 9 - 21　创建左侧筋板

8. 镜像出对侧筋板

选择"前视基准面",然后选择特征工具中的"镜向"命令 ⬚⬚ 镜向,最后点击模型中的筋板,确定后即完成右侧筋板建模,如图 9 - 22 所示。

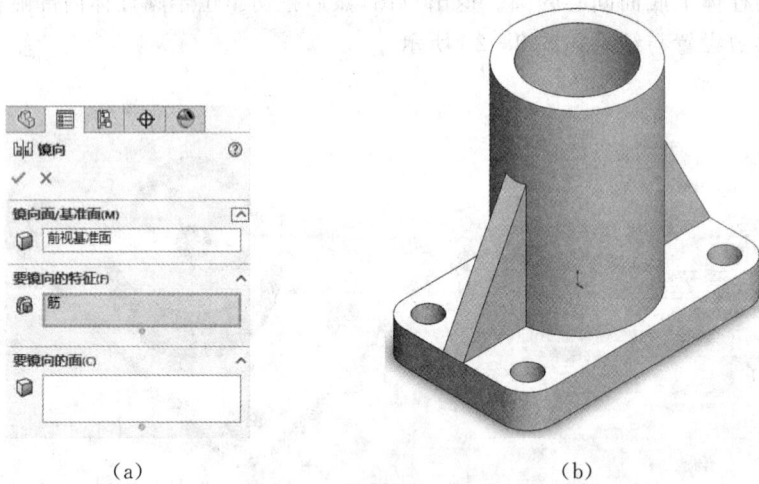

图 9 - 22　镜像出对侧筋板

9. 挖切出方孔

选择"右视基准面",按"Ctrl+8"组合键,单击草图工具中的"中心矩形"命令,画一矩形,其中心与原点竖直对齐(即位于前视基准面上),标注尺寸如图 9 - 23(a)所示。退出草图,按"Ctrl+7"组合键,选择"拉伸切除"命令,再选择草图,属性参数设置如图 9 - 23 (b)所示,确定后完成前后贯通的方孔,组合体模型完成。最终结果如图 9 - 24 所示。

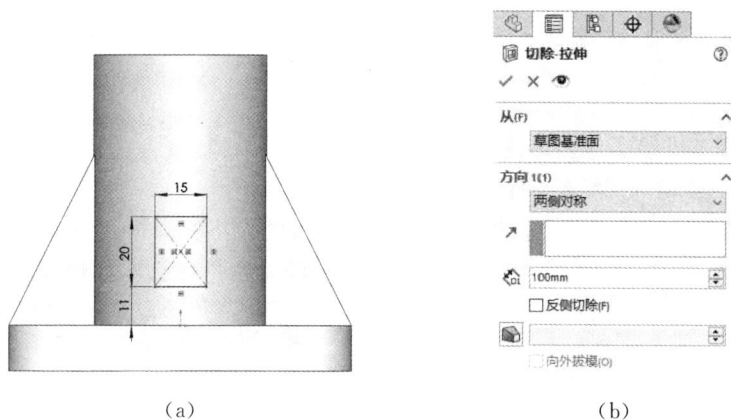

(a)　　　　　　　　　　　　　　　(b)

图 9 - 23　挖切出方孔

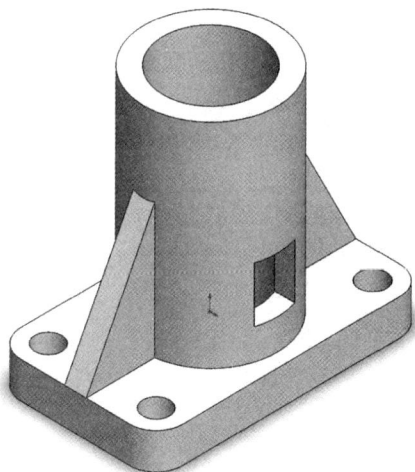

图 9 - 24　完成的组合体模型

本 章 小 结

本章介绍了计算机绘图的概念与意义,同时说明了被动式绘图和交互式绘图的区别。然后分别介绍了计算机二维绘图软件的功能与绘图实例,以及三维实体造型软件的功能与建模实例。

1. 计算机二维绘图。二维绘图即绘制平面图形,图形多由直线、圆(圆弧)、椭圆、矩形、多边形、样条曲线、文字等几何元素构成。各种二维绘图软件的基本功能类似。以AutoCAD 软件为例,介绍了其软件界面与功能模块,并且对其中的一些常用命令做了综合性的叙述。此外,通过绘制小轴零件图的实例,讲解了 AutoCAD 的绘图过程与技巧。

2. 计算机实体造型。实体造型即三维建模,专业的三维建模软件也都具有相似的功能模块。此部分内容以 SolidWorks 软件为例,首先介绍了软件界面与主要功能模块,然后通过组合体的建模实例,讲解了 SolidWorks 的使用方法与建模思路。

思 考 题

1. 计算机二维绘图与实体造型的区别是什么？
2. AutoCAD 中的主要绘图命令有哪些？
3. 如何在 AutoCAD 的"标注样式"中修改箭头的大小？
4. SolidWorks 软件中,"拉伸凸台/基体"命令的思路是什么？如何操作？

参 考 文 献

[1] 叶军,等.机械制图[M].5 版.西安:西北工业大学出版社,2018.

[2] 孙根正,王永平.工程制图基础[M].3 版.北京:高等教育出版社,2010.

[3] 谭建荣,等.图学基础教程[M].2 版.北京:高等教育出版社,2007.

[4] 窦忠强,等.工业产品设计与表达[M].3 版.北京:高等教育出版社,2016.

[5] 何铭新,钱可强.机械制图[M].7 版.北京:高等教育出版社,2016.

[6] 焦永和,张彤,张京英.工程制图[M].2 版.北京:高等教育出版社,2015.

[7] 全国技术产品文件标准化技术委员会.技术产品文件标准汇编 技术制图卷[S].3
版.北京:中国标准出版社,2012.

[8] 全国技术产品文件标准化技术委员会.技术产品文件标准汇编 机械制图卷[S].3
版.北京:中国标准出版社,2012.

[9] 赵罘,杨晓晋,赵楠.SolidWorks 2018 中文版机械设计从入门到精通[M].北京:人
民邮电出版社,2018.

[10] FREDERICK E GIESECKE. Engineering Graphics[M]. New Jersey:Prentice-
Hall, Inc. Upper Saddle River,2000.

21 世纪高等学校机械科学系列教材

机械制图习题集

（第 5 版）

机械类及近机类各专业适用

西北工业大学 编
刘援越 主编

西北工业大学出版社
西安

【内容简介】 本习题集内容包括标准件、常用件、零件图、零件图的尺寸标注、零件图上的技术要求、典型零件,以及装配图的绘制和阅读等。计算机绘图作业可适当选择绘制零件图、装配图或根据装配图拆画零件图、上机完成。

本习题集可供高等学校本科机械类和近机械类专业学生使用。

图书在版编目(CIP)数据

机械制图:含习题集:机类及近机类/刘援藏主编;

本习题集是国家工科机械基础系列教材之一,是参照"普通高等学校工程图学基本要求(2015版)"规定的内容和根据最新国家标准修订而成的。

西北工业大学编. —5版. —西安:西北工业大学出版社,2020.2

ISBN 978-7-5612-6787-5

Ⅰ.①机… Ⅱ.①刘…②西… Ⅲ.①机械制图—高等学校—教材 Ⅳ.①TH126

中国版本图书馆 CIP 数据核字(2020)第 024467 号

JIXIE ZHITU XITIJI
机械制图习题集

责任编辑:	雷 鹏	策划编辑:	雷 鹏
责任校对:	胡莉巾	装帧设计:	李 飞

出版发行:西北工业大学出版社

通信地址:西安市友谊西路 127 号　　邮编:710072

电　　话:(029)88491757,88493844

网　　址:www.nwpup.com

印刷者:陕西向阳印务有限公司

开　　本:787 mm×1 092 mm　1/16

印　　张:22.75　插页:6

字　　数:540 千字

版　　次:2020 年 2 月第 5 版　2020 年 2 月第 1 次印刷

定　　价:78.00 元(全两册)

如有印装问题请与出版社联系调换

第 5 版前言

本习题集编排顺序与教材一致，适用于高等学校本科机械类和近机械类专业学生使用。

本次修订主要按最新国家标准更新了习题集中相关的内容和图例。

参与本习题集修订的编者分工：雷蕾（第 2 章），刘援越和臧宏琦（第 3 章、第 4 章和第 6 章），叶军（第 3 章），刘援越（第 5 章），蔡旭鹏、刘援越和臧宏琦（第 7 章）。刘援越任主编。

本习题集在编写过程中，参考了其他版本机械制图习题集及相关文献资料，在此对其作者深表感谢。

本习题集虽经多次修订，但仍难免存在不足之处，恳请读者批评指正。

编　者

2019 年 7 月

第 1 版前言

本习题集是根据高等工业学校工程制图基础课教学基本要求（50～70 学时）规定的有关内容编写的，可与西北工业大学工程制图教研室编写的《机械制图》(非机类)教材配套使用，也可供其他有关专业参考。

本习题集在投影基础部分，有些内容题目数量较多，凡加 * 号的题目可以选作。

本习题集由西北工业大学工程制图教研室编写。参加编写的同志有李西秦（主编）、刘进书（副主编）、查瑞芳、李菊英、曲仕茹、王随凤和李俊凤。李俊凤同志还参加了全部描图工作。王民族教授和周维廉副教授对习题集进行了初审。西安交通大学李承绪教授最后进行了审稿。在整个编写过程中，得到了本室同行们的支持和帮助，谨表示感谢。

由于水平所限，错误和疏漏之处在所难免，恳请广大读者批评指正。

编 者

2001 年 11 月

目 录

第 2 章　标准件　常用件 …………………………………………………………………… 1

第 3 章　零件图 ……………………………………………………………………………… 13

第 4 章　零件图的尺寸标注 ………………………………………………………………… 18

第 5 章　零件图上的技术要求 ……………………………………………………………… 20

第 6 章　典型零件 …………………………………………………………………………… 25

第 7 章　装配图的绘制和阅读 ……………………………………………………………… 29

2-1 解释螺纹标记的含义，补全该螺纹的视图并标注螺纹的规定标记。

（1）外螺纹

M20-6g

表示＿＿＿＿＿螺纹；

大径 $d=$ ＿＿＿＿＿ mm；

中径 $d_2=$ ＿＿＿＿＿ mm；

小径 $d_1=$ ＿＿＿＿＿ mm；

螺距 $P=$ ＿＿＿＿＿ mm；

旋向＿＿＿＿＿旋；

公差带代号是 ＿＿＿＿＿。

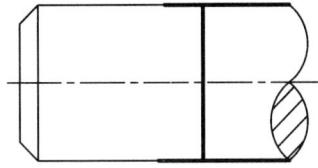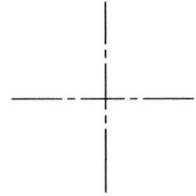

螺纹长度25mm

（2）内螺纹（主视图采用剖视画法）

M20×2-6H

表示＿＿＿＿＿螺纹；

大径 $D=$ ＿＿＿＿＿ mm；

中径 $D_2=$ ＿＿＿＿＿ mm；

小径 $D_1=$ ＿＿＿＿＿ mm；

螺距 $P=$ ＿＿＿＿＿ mm；

旋向＿＿＿＿＿旋；

公差带代号是 ＿＿＿＿＿。

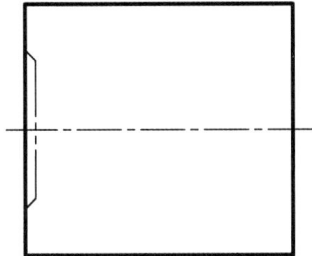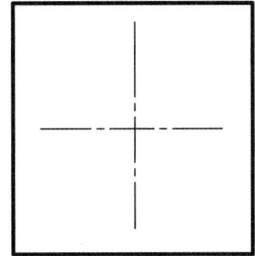

螺纹长度25mm

2-2 解释螺纹标记的含义，并在右边视图上标注螺纹的规定标记。

（1）Tr28×10（P5）LH-8e

表示＿＿＿＿＿螺纹；

大径 $d=$ ＿＿＿＿＿ mm；

中径 $d_2=$ ＿＿＿＿＿ mm；

小径 $d_1=$ ＿＿＿＿＿ mm；

螺距 $P=$ ＿＿＿＿＿ mm；

旋向＿＿＿＿＿旋；

中径公差带代号是＿＿＿＿＿。

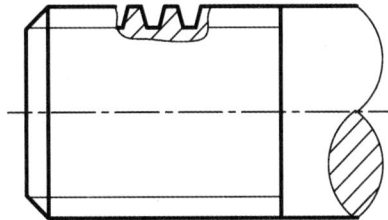

（2）G1/2A

表示＿＿＿＿＿螺纹；

尺寸代号为 ＿＿＿＿＿；

螺纹大径 $d=$ ＿＿＿＿＿ mm；

螺纹小径 $d_1=$ ＿＿＿＿＿ mm；

螺距 $P=$ ＿＿＿＿＿ mm；

每英寸＿＿＿＿＿牙；

公差等级＿＿＿＿＿。

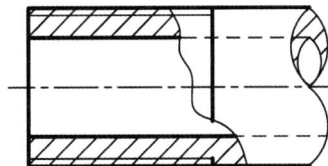

2-3　按照题给条件，画出内、外螺纹旋合后的视图。

（1）将外螺纹旋入内螺纹孔中，旋入深度18 mm。

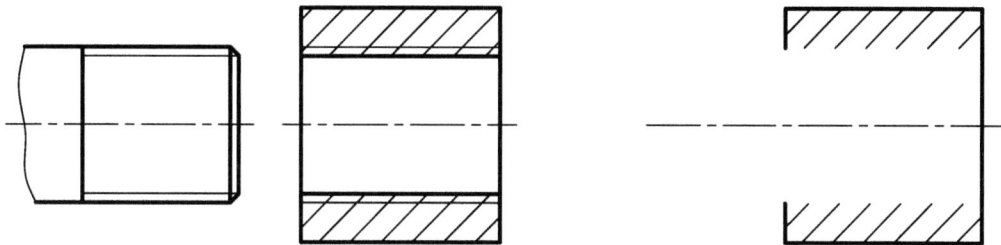

（2）将管子旋入管接头中，旋入深度22 mm，并画出 A-A 断面图。

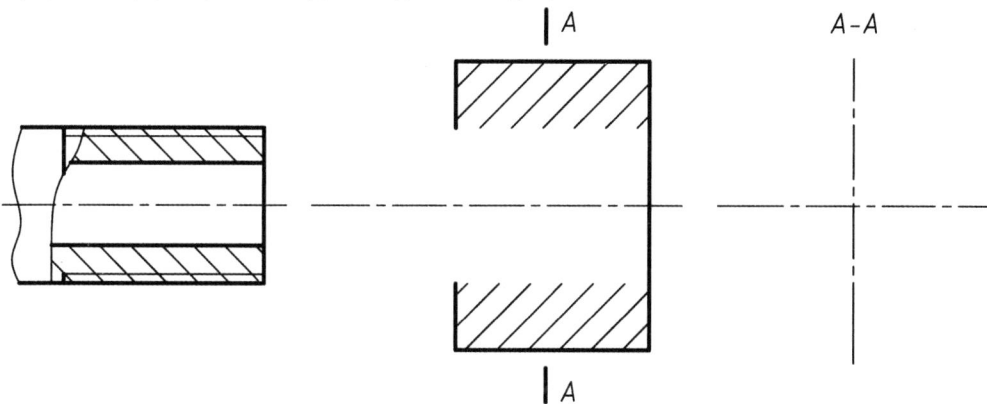

A

A-A

A

2-4　在图示钢制零件的中心线A处，画出M12的螺纹通孔；在中心线B处，画出M16的螺纹不通孔，并标注尺寸（*D*，*h*，*H*）。

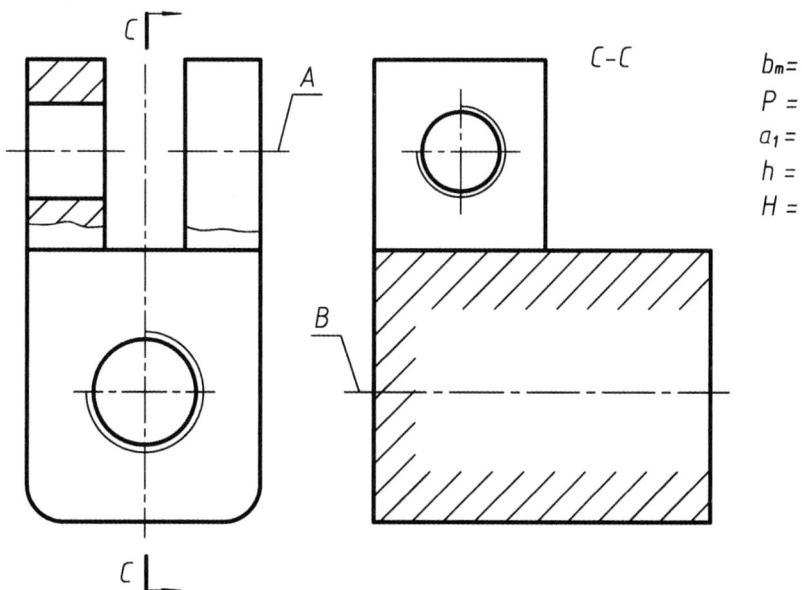

C

A

B

C

C-C

$b_m=$
$P =$
$a_1 =$
$h =$
$H =$

2-5 按题给的条件，查表注出下列螺纹紧固件的尺寸数值，并写出其规定标记。

（1）六角头螺栓（GB/T 5782），粗牙普通螺纹，公称直径16 mm，公称长度100 mm，性能8.8级，表面氧化，A 级。其规定标记为：_____。

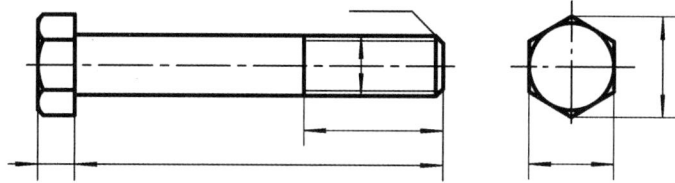

（2）双头螺柱（GB/T 898），两端均为粗牙普通螺纹，公称直径20 mm，公称长度50 mm，性能4.8级，表面不处理。其规定标记为：_____。

（3）螺钉（GB/T 67），粗牙普通螺纹，公称直径8 mm，公称长度30 mm，性能4.8级，表面不处理。其规定标记为：_____。

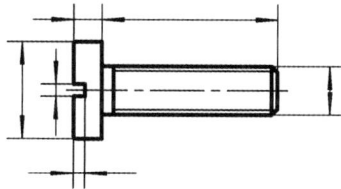

（4）六角螺母（GB/T 6170），粗牙普通螺纹，公称直径16 mm，性能10级，表面不处理，A 级。其规定标记为：_____。

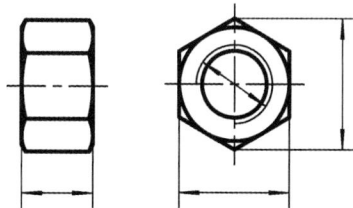

（5）平垫圈（GB/T 97.2），规格12 mm，性能HV 140，表面不处理，A 级。其规定标记为：_____。

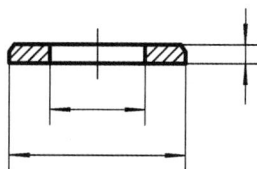

2-6　按题给的条件，画出螺栓连接的装配图。

用螺栓M16×*l* (GB/T 5782)、螺母M16(GB/T 6170)及垫圈16 (GB/T 97.1)，把厚度为45mm和30mm的两铸铁板连接起来。

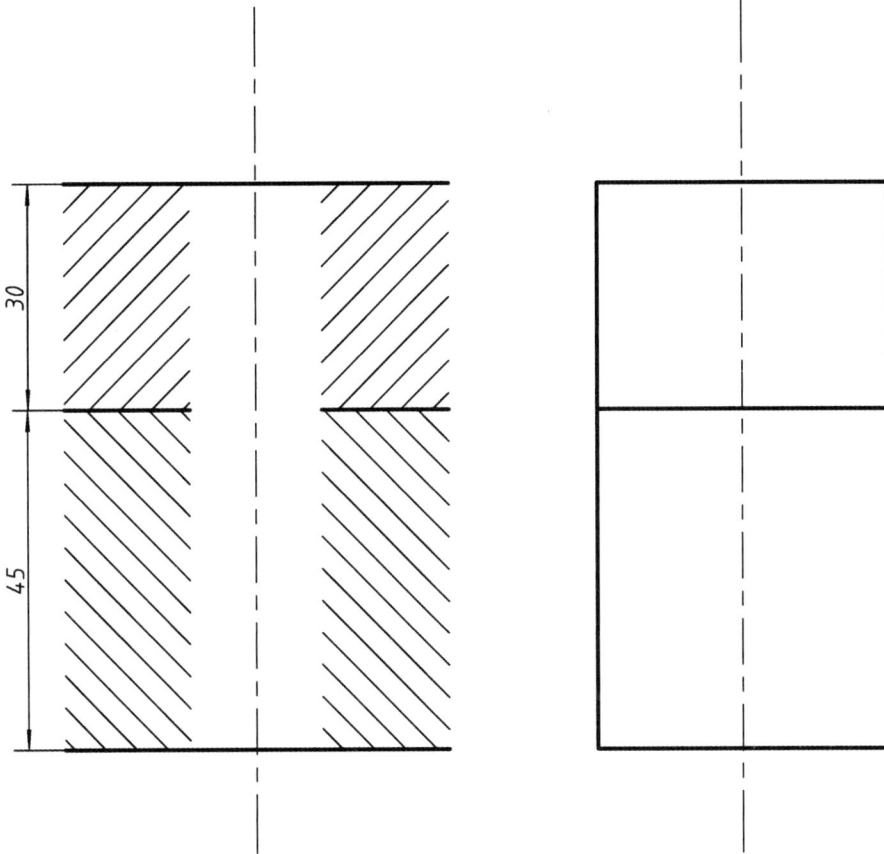

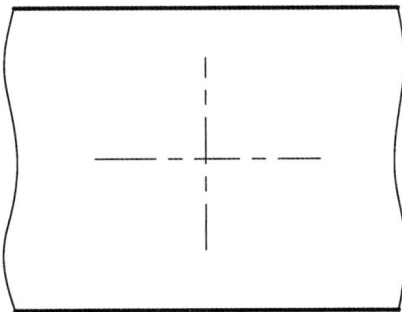

所选螺栓的标记：_____。

2-7   按题给的条件，画出双头螺柱连接的装配图。

用螺柱M12×l (GB/T 898)、螺母M12 (GB/T 6170) 及垫圈12 (GB/T 93)，把厚度为55 mm和20 mm的两铸铁板连接起来。

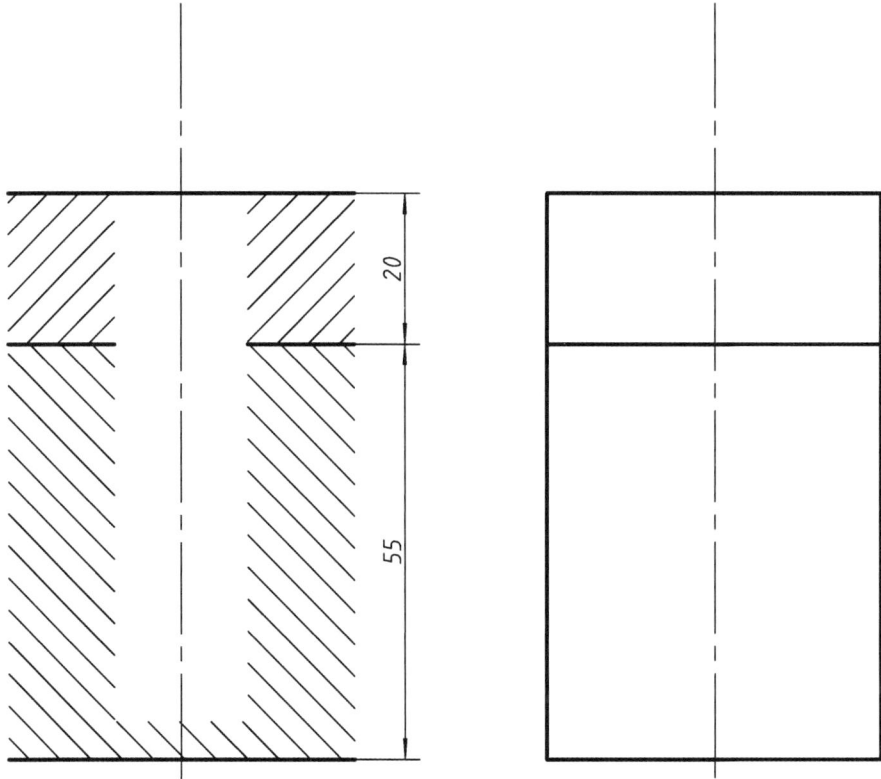

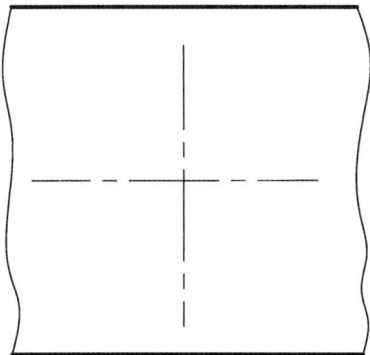

20

55

所选螺柱的标记：_____。

2-8　按题给的条件，按 2 : 1 的比例画出螺钉连接的装配图。

用螺钉 M8 × l (GB/T 67) 把厚度为 15 mm 和 28 mm 的两铸铝板连接起来（取 $b_m = 1.5d$）。

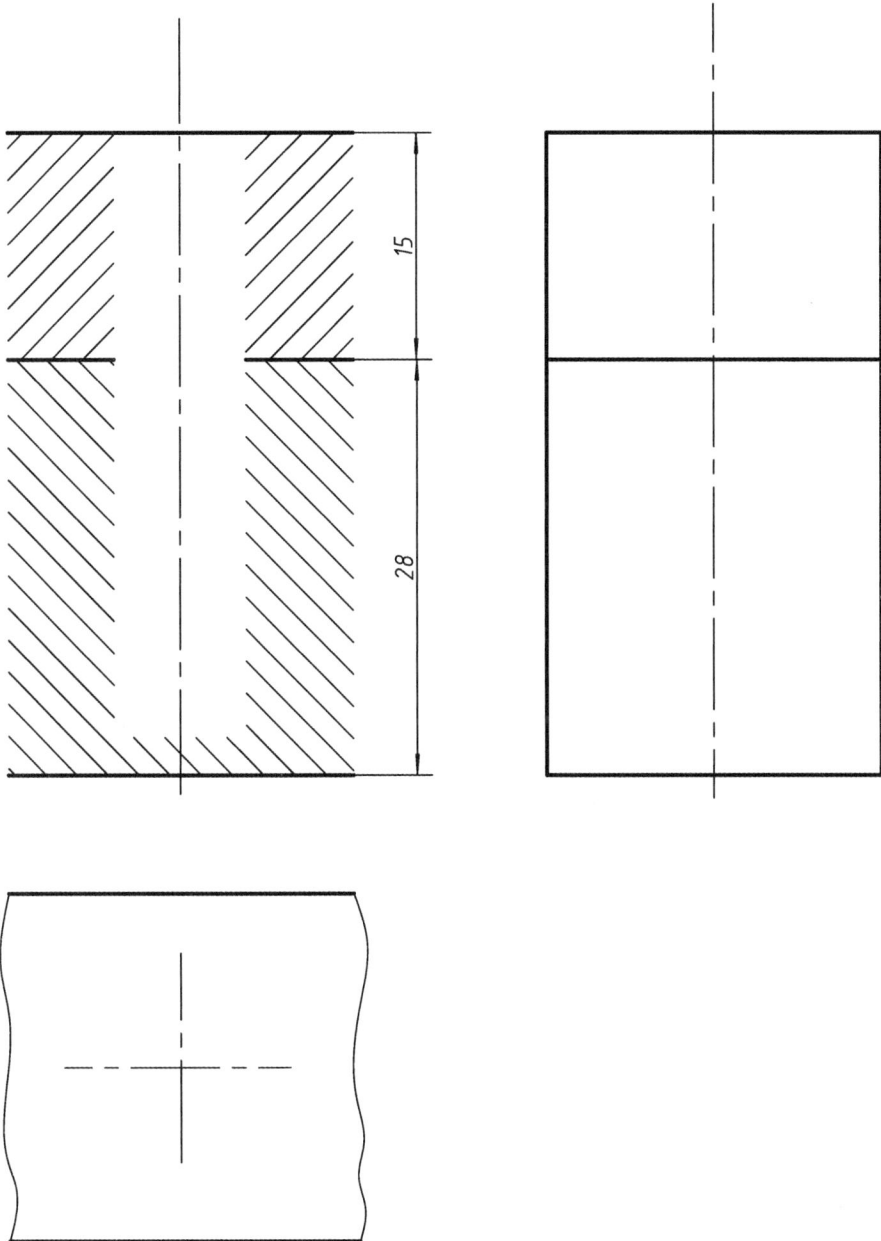

15

28

所选螺钉的标记：_____。

2-9　按题给的条件，补画零件图中的键槽并注出尺寸，再画出装配图。

（1）轴径 d=32 mm，选用A型普通平键，键长 L=25 mm，键槽距轴端部5 mm（轴上键槽尺寸注出 b，L，$d-t_1$；轮毂上键槽尺寸注出 b，$d+t_2$）。

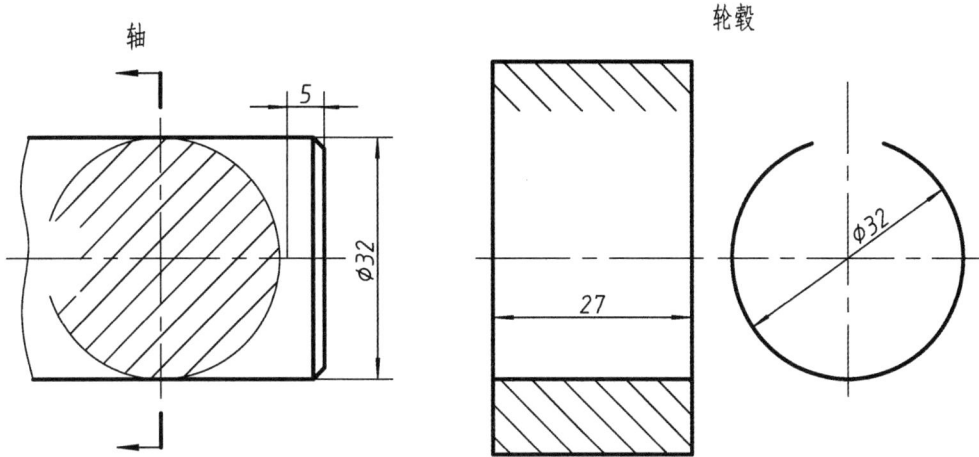

轴

轮毂

5

$\phi32$

27

$\phi32$

所选普通平键的标记：＿＿＿＿＿＿＿＿＿＿＿＿＿＿＿＿。

（2）应用上述条件，把轴、键及轮毂装配在一起。

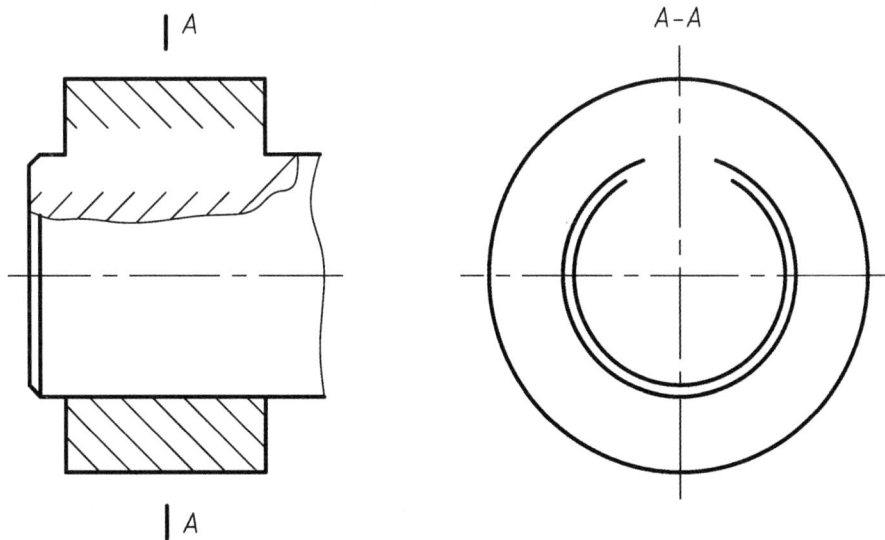

A

A-A

A

2-10 按题给的条件，画出销连接的装配图，补画零件图中的销孔并注出尺寸。

（1）在左图中心线处，用销GB/T 119.1 8m6×35连接两零件，装配后允许销露出5 mm；在零件2上加工出深度为20 mm 的盲孔，并将右方零件2的视图补画完整。

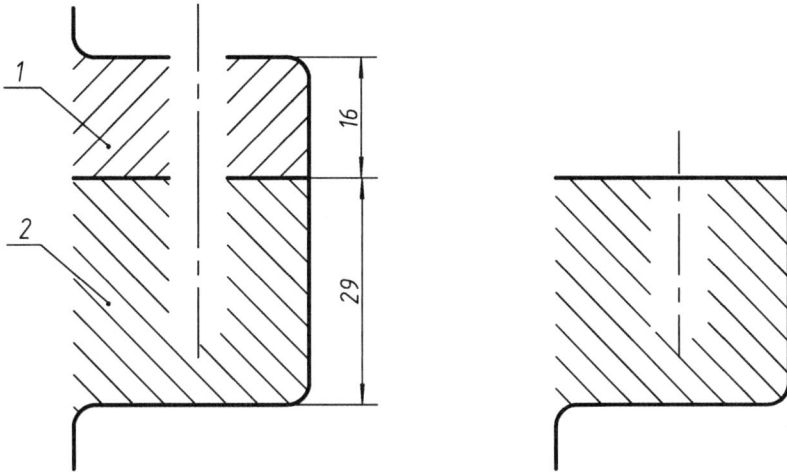

（2）在左图中心线处，用销GB/T 117 8×40连接两零件，装配后销两端露出的部分等长，并将右方零件1的视图补画完整。

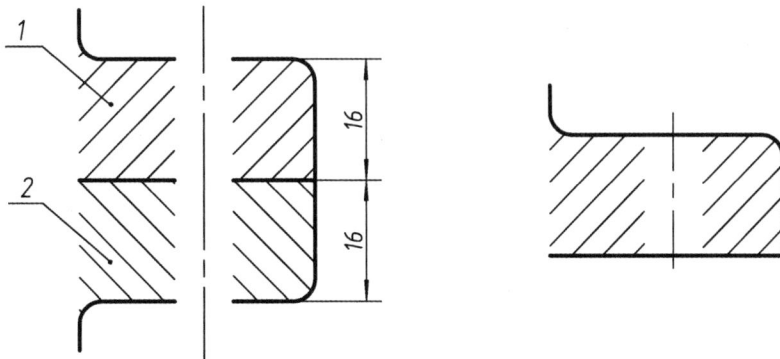

已知渐开线标准直齿圆柱齿轮的模数 $m = 2$，齿数 $Z = 48$，试计算该齿轮的分度圆、齿顶圆和齿根圆直径，用1:1的比例完成下列两视图并注全尺寸，填出基本参数。

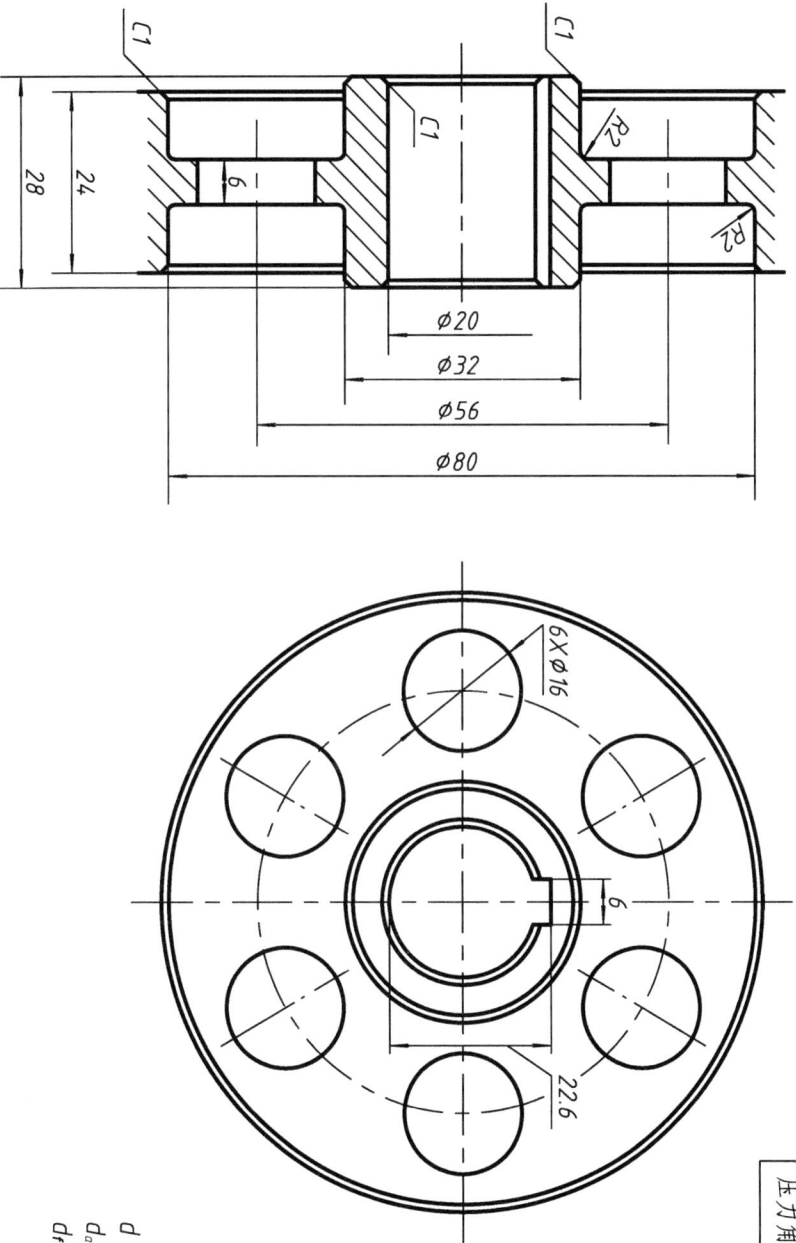

模 数	m	
齿 数	Z	
压力角	α	

$d =$ ————
$d_a =$ ————
$d_f =$ ————

第 2 章	标准件 常用件	班级	学号	姓名

已知一对渐开线标准直齿圆柱齿轮相啮合，模数 $m=2.5$，小齿轮的齿数 $Z_1=18$，中心距 $A=60$ mm。试计算两齿轮的分度圆（节圆），齿顶圆和齿根圆直径以及大齿轮的齿数和传动比，用 1:1 的比例完成下列两视图并填出基本参数。

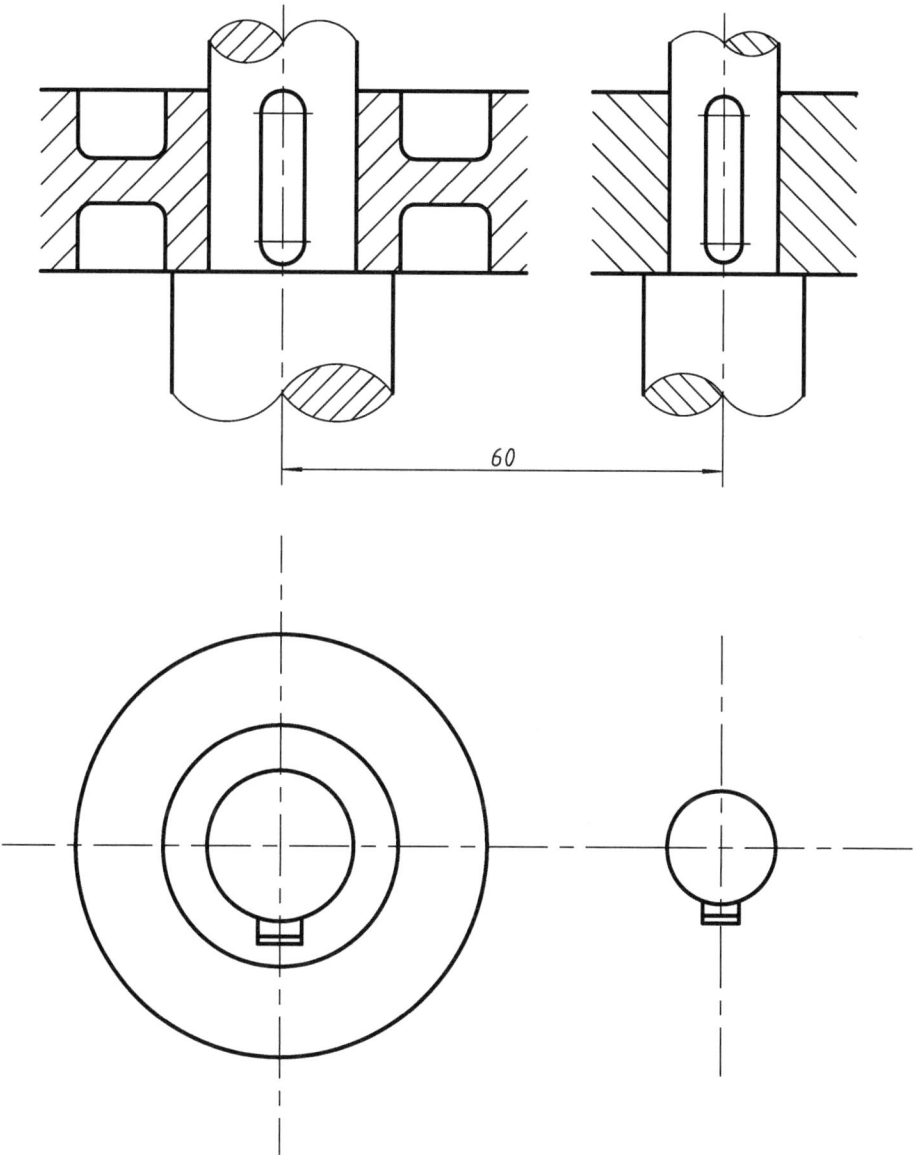

60

模数	m	
齿数	Z_1	Z_2
压力角	α	
中心距	A	
传动比	i	

$d_1 =$

$d_{o1} =$

$d_{r1} =$

$d_2 =$

$d_{o2} =$

$d_{r2} =$

第 2 章	标准件 常用件	班级	学号	姓名

已知圆柱螺旋压缩弹簧的标记为：YA 2.5 × 22 × 58 左 GB/T 2089。在下面的轴线处，用 2：1 的比例完成弹簧主视图的全剖视图，并填出基本参数。

旋向		
节距	t	
有效圈数	n	
展开长度	L	

第 2 章	标准件 常用件			
		班级	学号	姓名

2-14 已知滚动轴承61804 GB/T 276，分别用规定画法和特征画法，画出轴承装在轴颈上的视图（2：1），并填写轴承的代号及基本尺寸。

轴承代号		
基本尺寸	d	
	D	
	B	

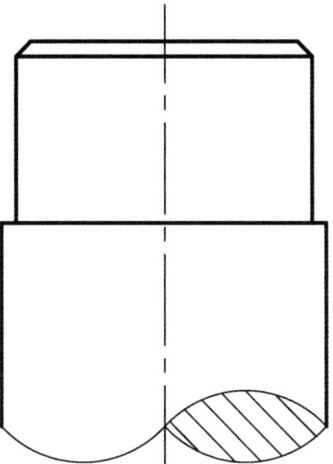

规定画法

特征画法

3-1 已知轴，材料45。画出零件图，标注零件图尺寸，并查表标注砂轮越程槽、键槽的尺寸。

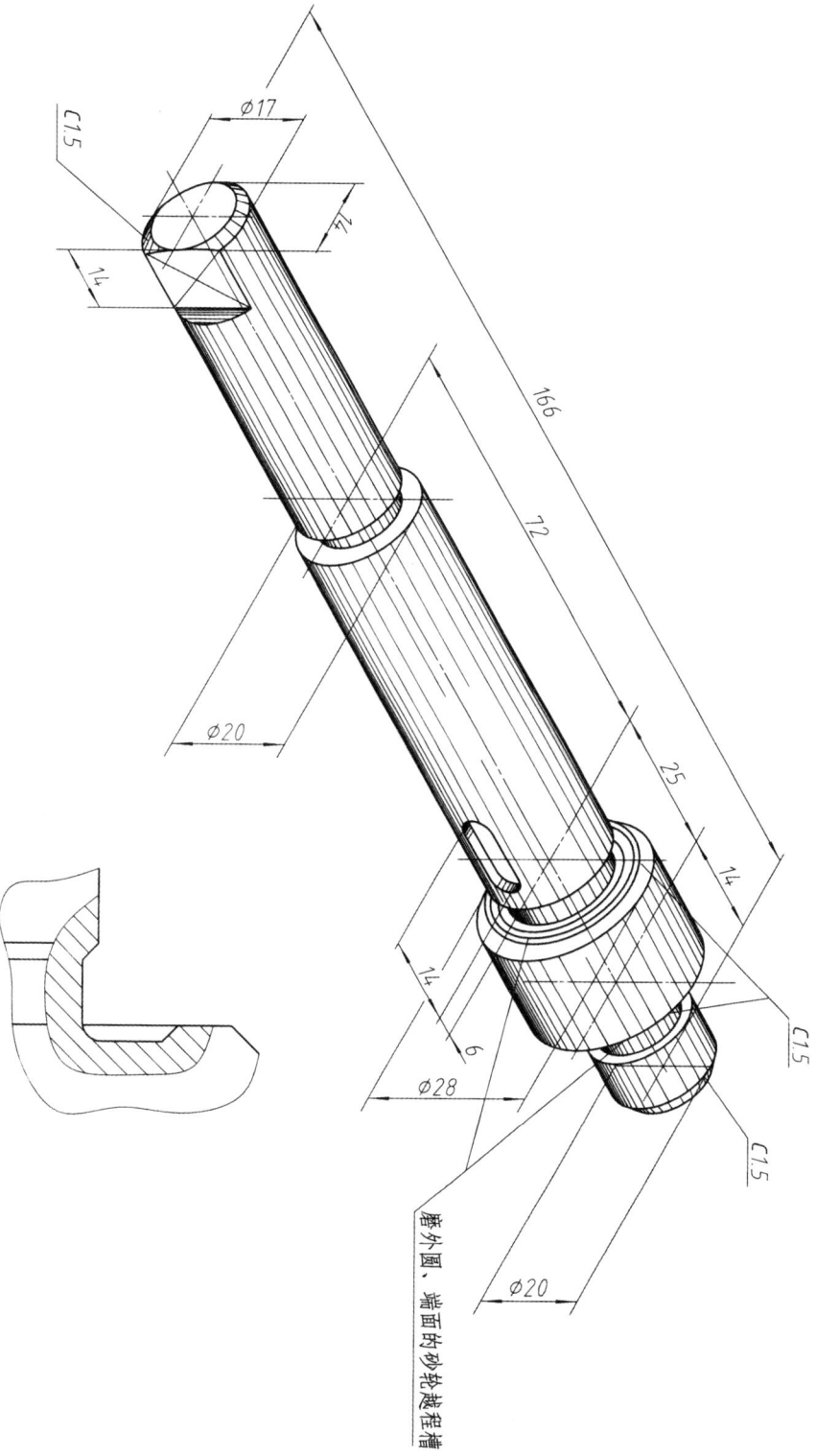

Ø17

C1.5

14

14

166

72

Ø20

25

14

14

6

Ø28

C1.5

C1.5

Ø20

磨外圆，端面的砂轮越程槽局部放大图

磨外圆，端面的砂轮越程槽

3-2　已知轴承，材料粗ZCuSn10Pb1。画出零件图，并标注尺寸。

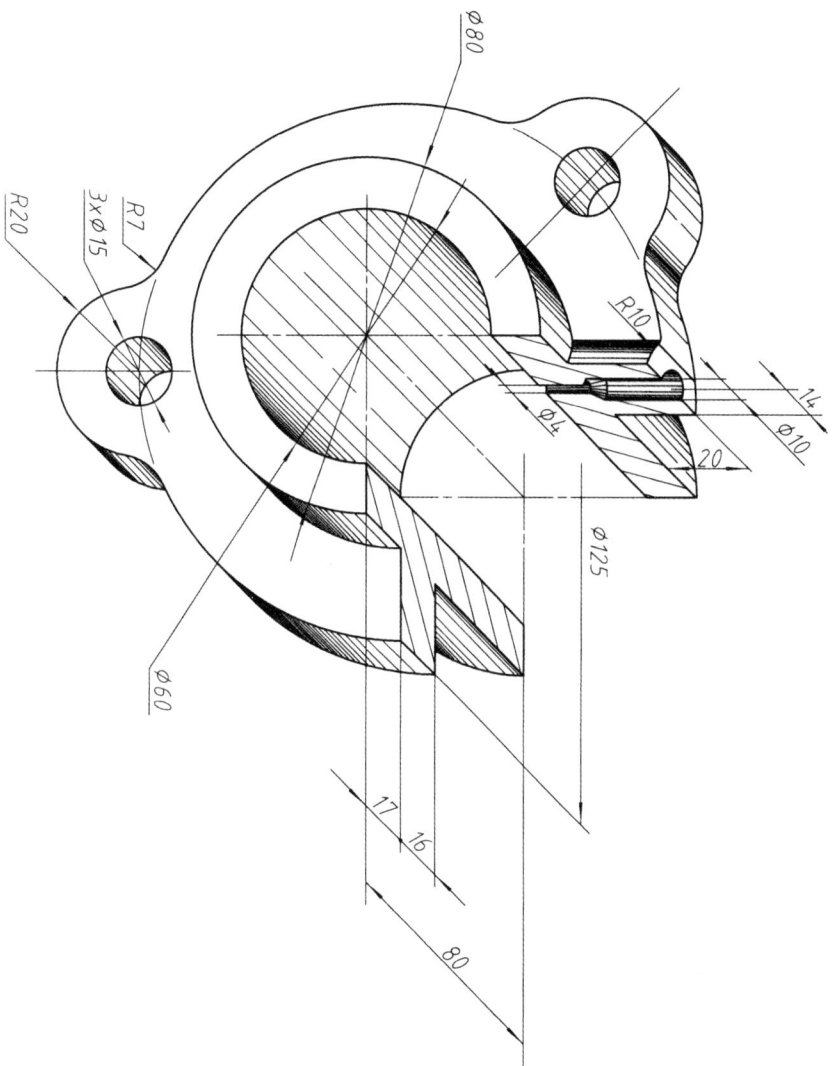

∅80

R7
3×∅15
R20

R10

14
∅10
20

∅4
∅125

∅60

17
16
80

3-3　已知机座，材料HT200。画出零件图，并标注零件图尺寸。

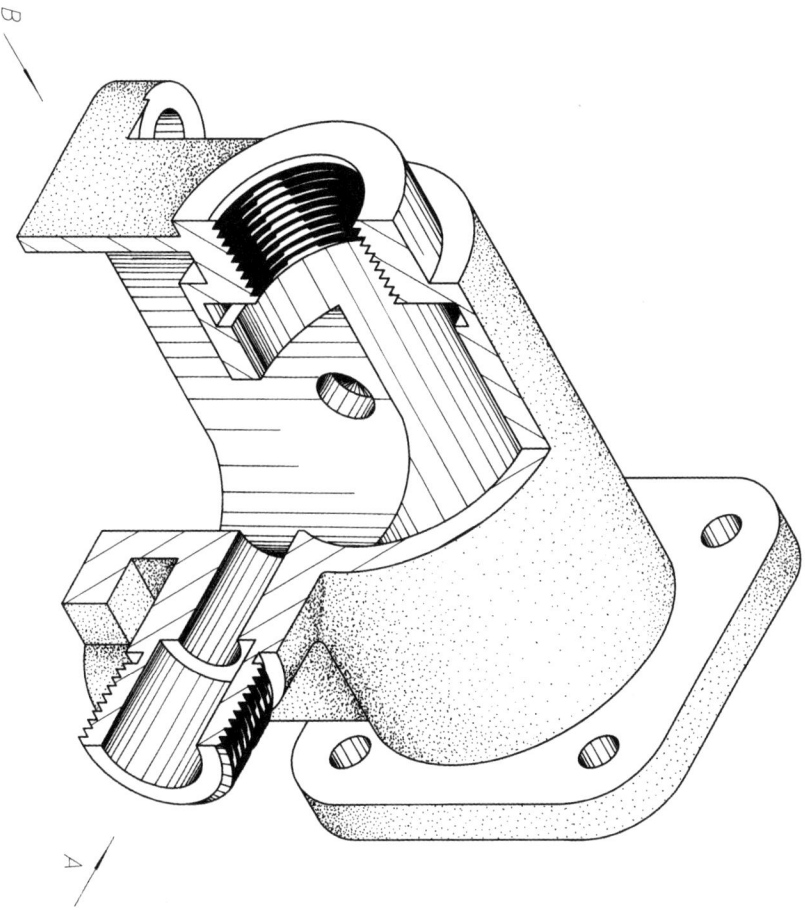

3-4 已知壳体，材料ZL102。按壳体零件的轴测图及沿箭头A和B所指方向给出的视图（下一页），确定主视图，并根据铸件的结构特点，完成零件图的绘制和尺寸标注。

壳体零件沿箭头A和B所指方向给出的视图。

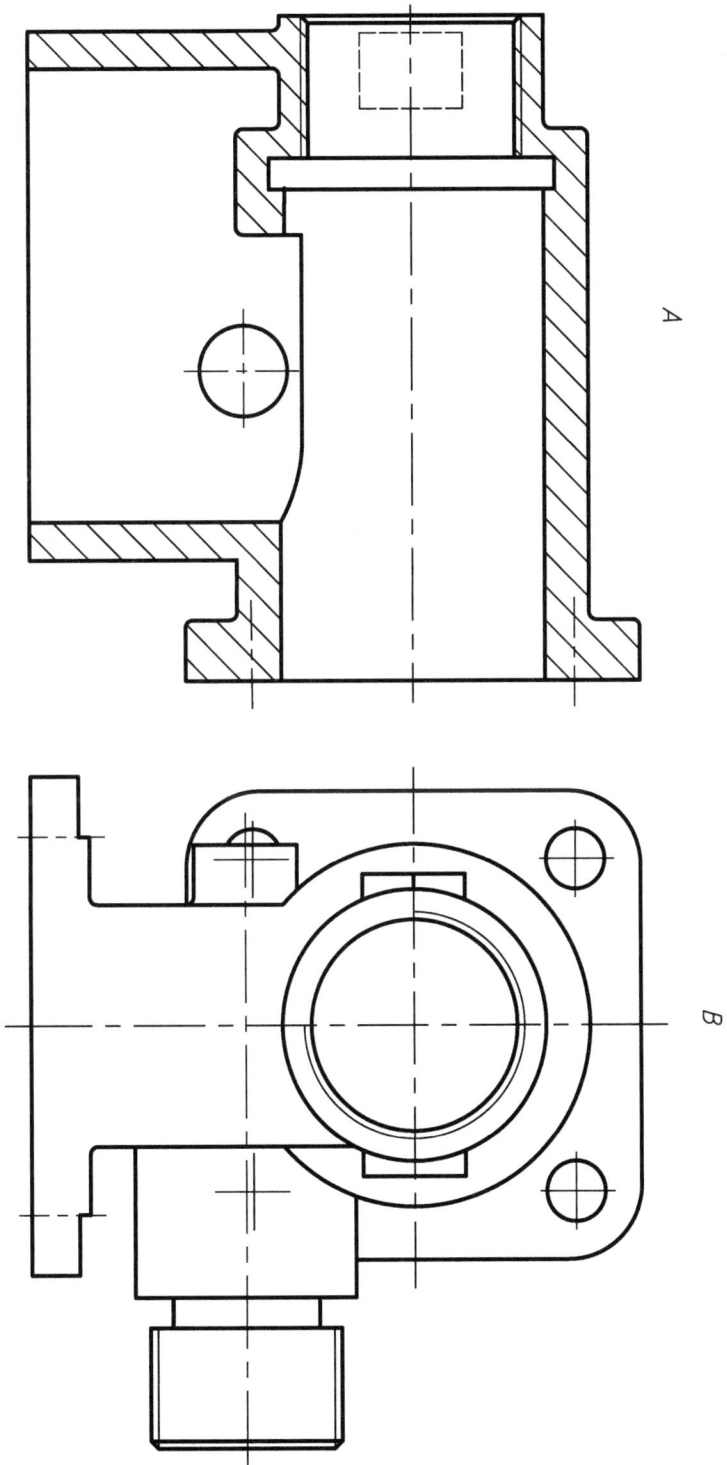

A

B

第 3 章 | 零件图 | 班级 | 学号 | 姓名

· 17 ·

看懂零件图并分析尺寸，标注C向及D向视图的尺寸。

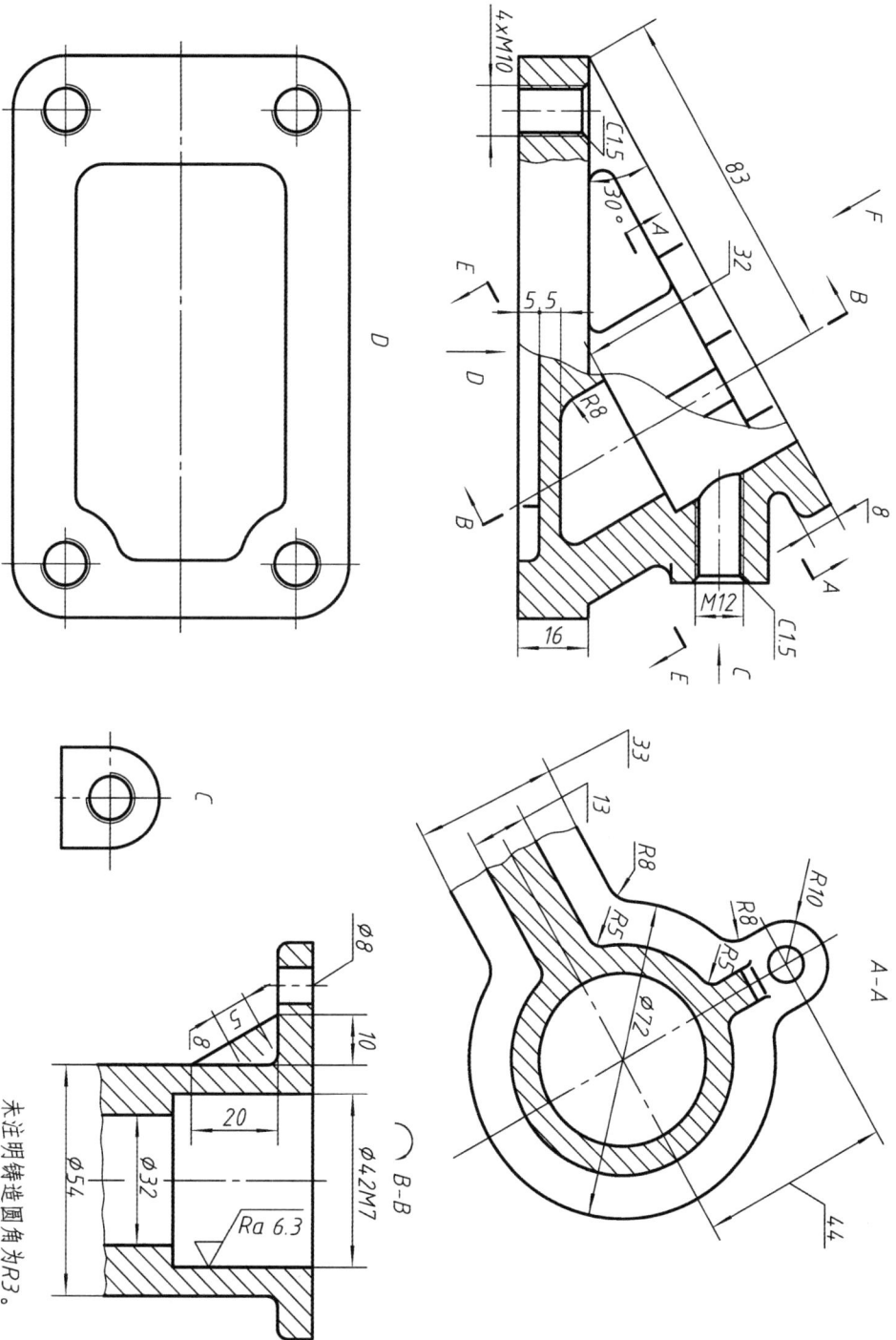

未注明铸造圆角为R3。

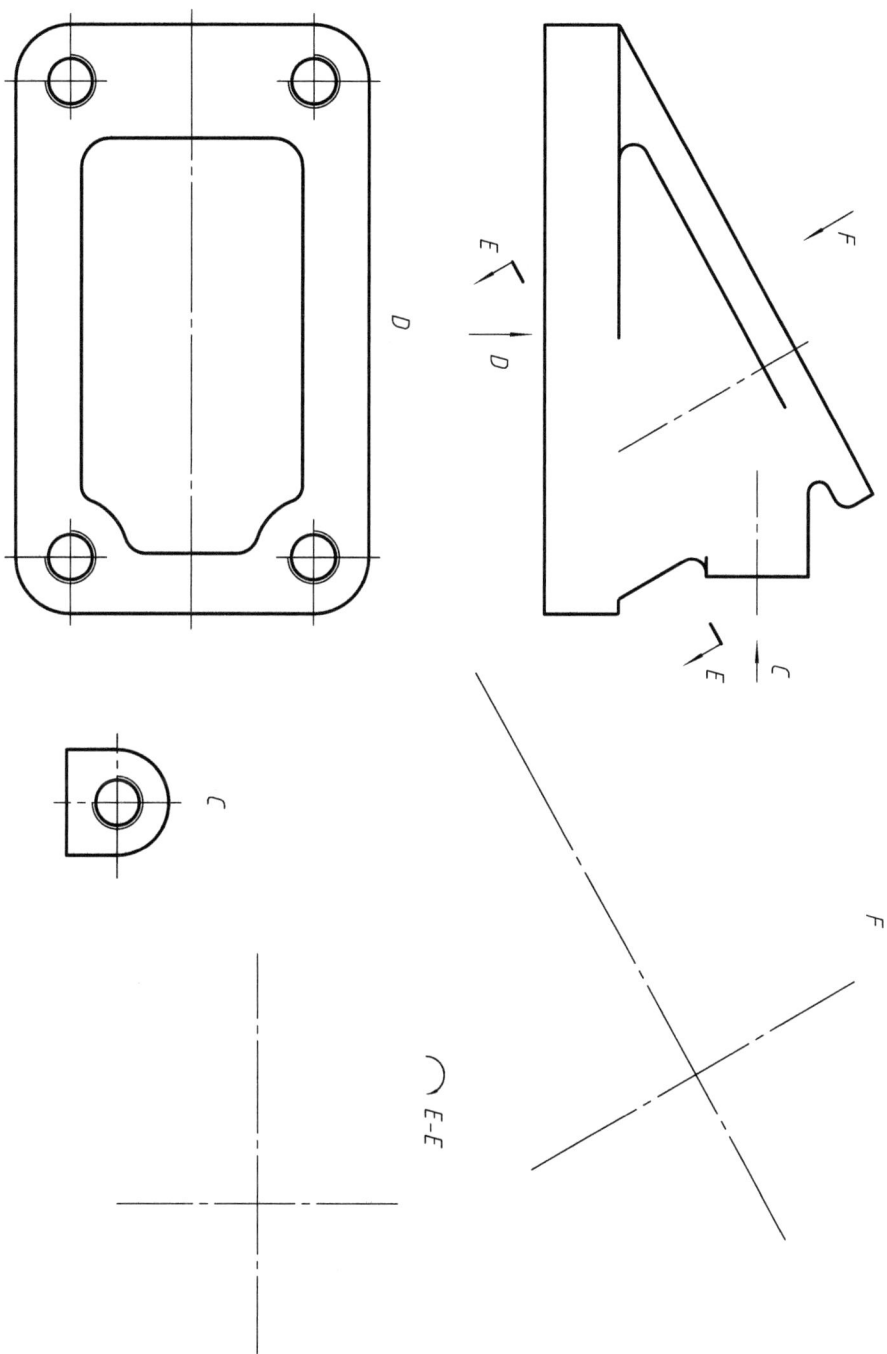

第4章 | 零件图的尺寸标注 | 班级 | 学号 | 姓名

5-1 已知公称尺寸和配合代号，请回答下列问题。

公称尺寸配合代号	基准制	配合种类	上、下极限偏差		公差带图
			孔	轴	
$\varnothing24\dfrac{H8}{e7}$					
$\varnothing30\dfrac{H7}{js6}$					
$\varnothing50\dfrac{P6}{h5}$					
$\varnothing100\dfrac{M8}{h7}$					

说明下列配合代号的意义，并在装配图中标注出代号，在零件图中标注极限偏差值。

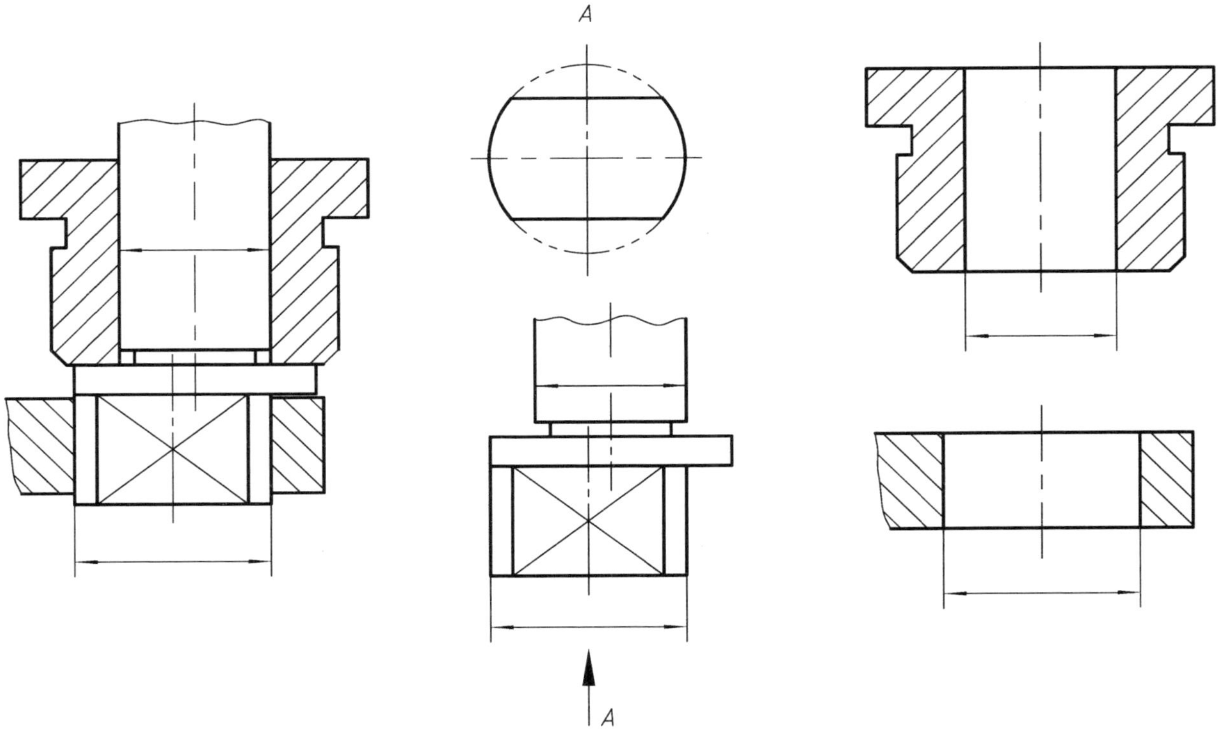

配合代号	公称尺寸	基准制度	配合种类	公差等级		孔极限偏差值		轴极限偏差值	
				孔：	孔：	上	下	上	下
				轴：	轴：				
$\varnothing 26\dfrac{K7}{h6}$									
$\varnothing 20\dfrac{H8}{f7}$									

第5章	零件图上的技术要求	班级	学号	姓名

说明下列配合代号的意义，并在装配图中标注出代号，在零件图中标注极限偏差值。

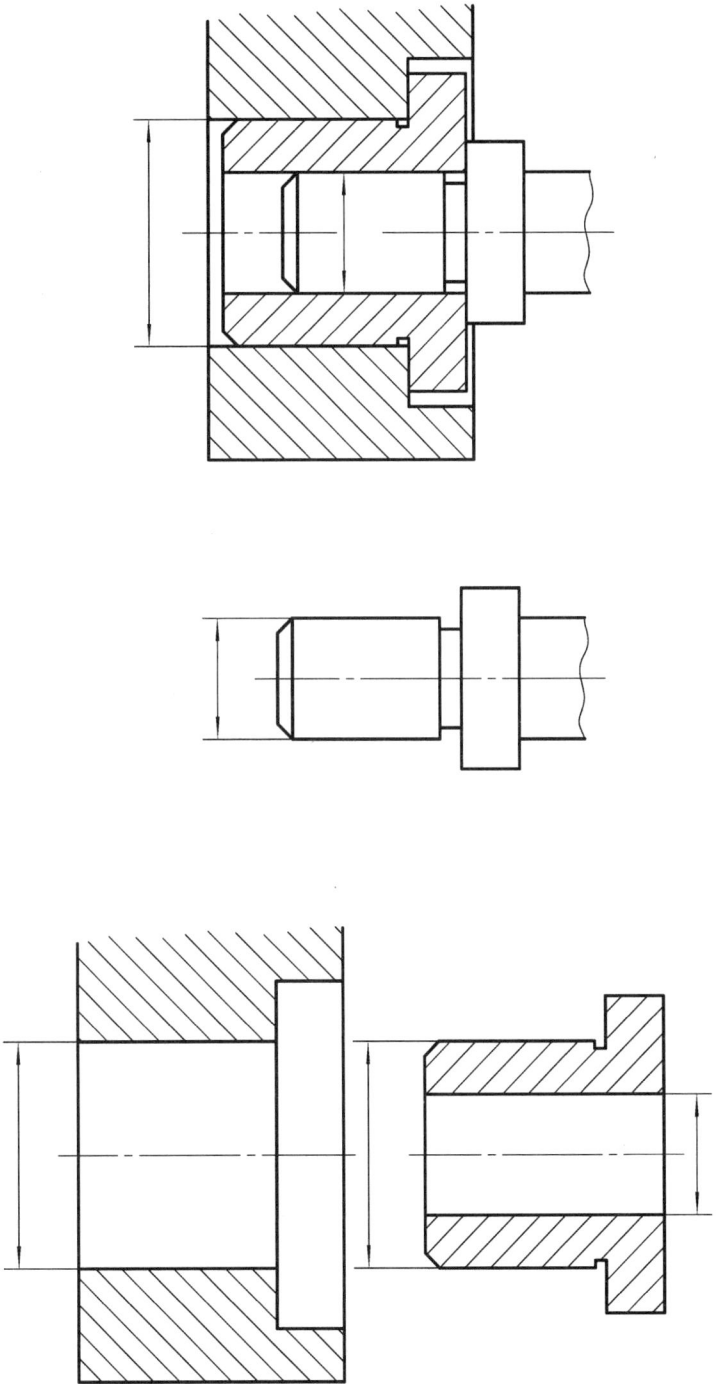

配合代号	公称尺寸	基准制度	配合种类	公差等级		孔极限偏差值		轴极限偏差值	
				孔	轴	上	下	上	下
$\varnothing 15\dfrac{H7}{s6}$									
$\varnothing 8\dfrac{H7}{h6}$									

第5章 零件图上的技术要求　　班级　　学号　　姓名

说明下列配合代号的意义，并在装配图中标注出代号，在零件图中标注极限偏差值。

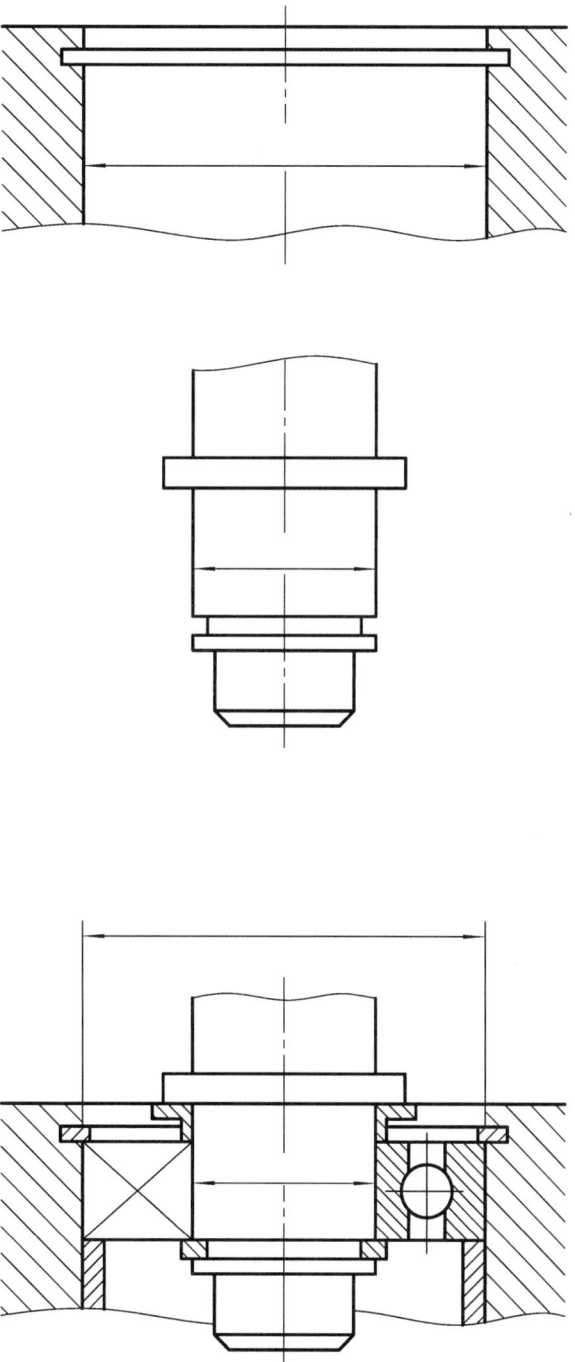

配合代号	公称尺寸	基准制度	配合种类	公差等级		孔极限偏差值		轴极限偏差值	
				孔	轴	上	下	上	下
Ø50k6									
Ø110N7									

第5章　零件图上的技术要求

班级	学号	姓名

5-5 已知零件表面加工要求，试标注表面结构符号。

(1) 小轴

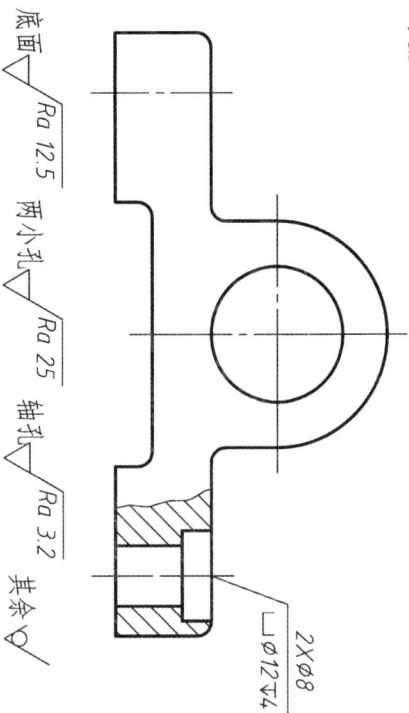

(2) 支座

Ø20 Ø30 圆柱表面 ◇Ra 3.2
120°内锥面 ◇Ra 1.6 右端面 ◇Ra 6.3
其余 ◇Ra 12.5

底面 ◇Ra 12.5 两小孔 ◇Ra 25 轴孔 ◇Ra 3.2
其余 ◇

⌴Ø12▽4
2XØ8

图2

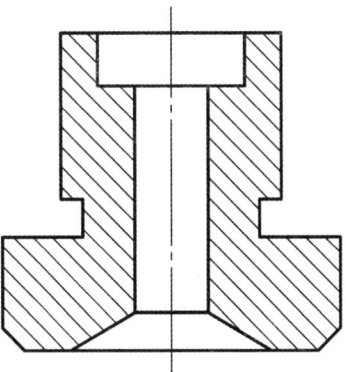

5-6 找出下面图1中表面结构符号在标注方面的错误，并在图2中作正确的标注。

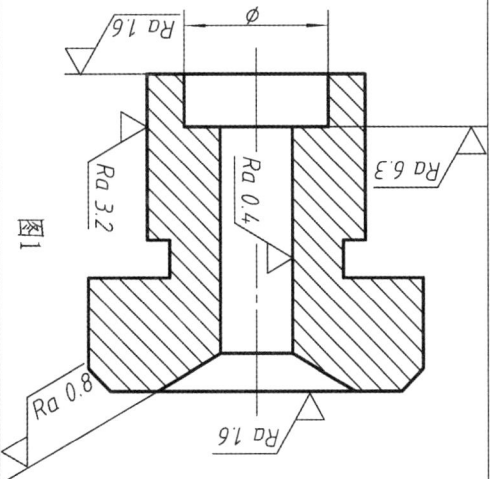

Ra 1.6
Ra 6.3
Ra 3.2
Ra 0.4
Ra 0.8
Ra 1.6

图1

6-1 看懂零件图。(1) 画出零件右端主视外形图;(2) 在放大图上查表注出螺纹退刀槽的尺寸;(3) 在B-B上查表注出键槽尺寸,并标注键槽轴向尺寸;
(4) 注出所有倒角尺寸。

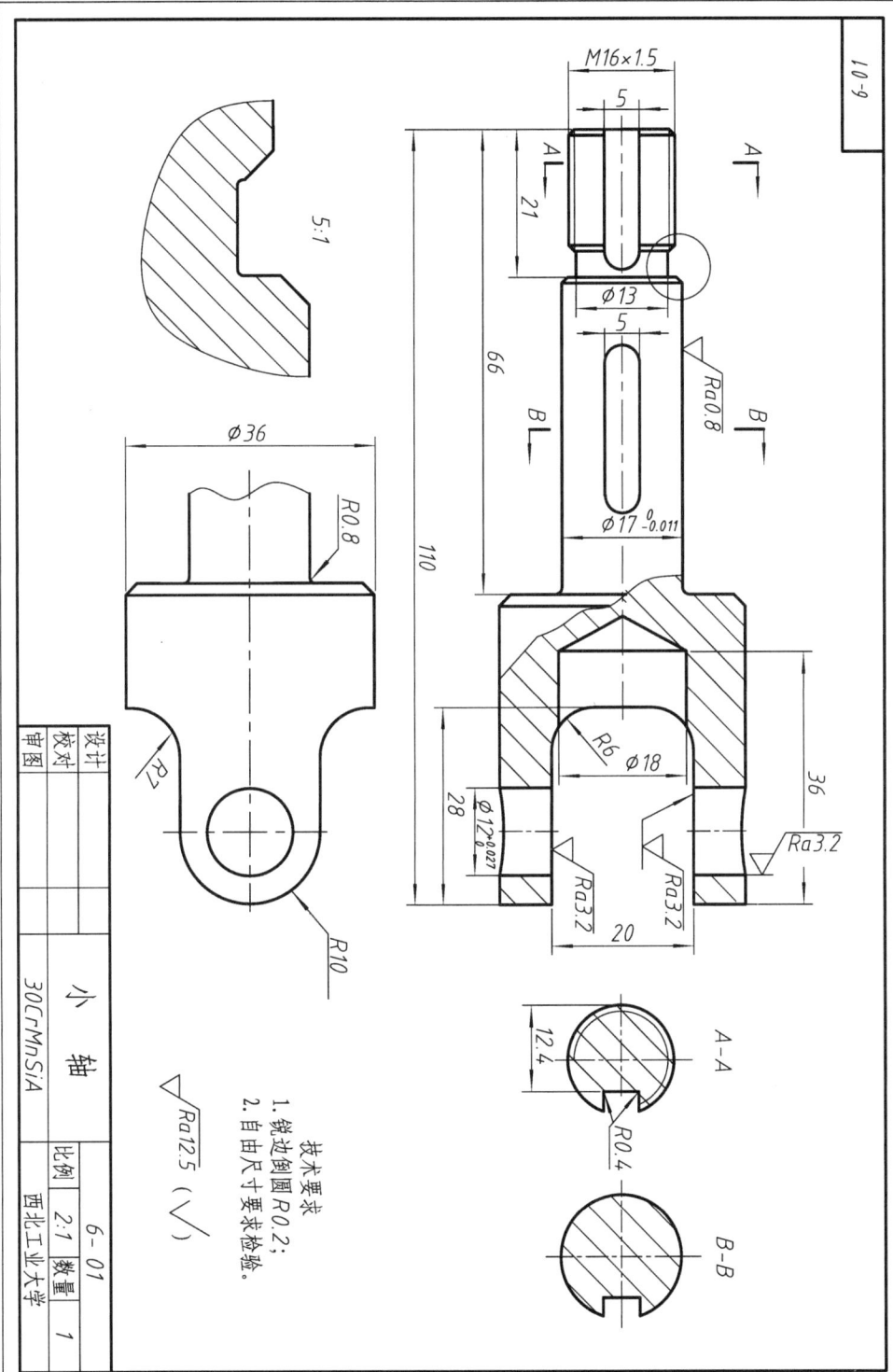

10-9

M16×1.5

5

A

A

21

B

B

φ13

5

Ra0.8

66

110

φ17 $^{0}_{-0.011}$

Ra0.8

5:1

R0.8

φ36

R2

R10

R6 φ18

28

φ12 $^{+0.027}_{0}$

36

Ra3.2

Ra3.2

Ra3.2

20

A-A

12.4

R0.4

B-B

R0.4

技术要求
1. 锐边倒圆R0.2;
2. 自由尺寸要求检验。

$\sqrt{Ra12.5}$ (√)

设计			小　轴	6-01	
校对				比例	2:1	数量
审图			30CrMnSiA	西北工业大学	1

6-02

$\sqrt{Ra12.5}$ （$\sqrt{}$）

技术要求

锐边倒角C1。

			端		6-02	
设计				比例		数量
校对			盖	1:1		1
审图			HT15-32	西北工业大学		

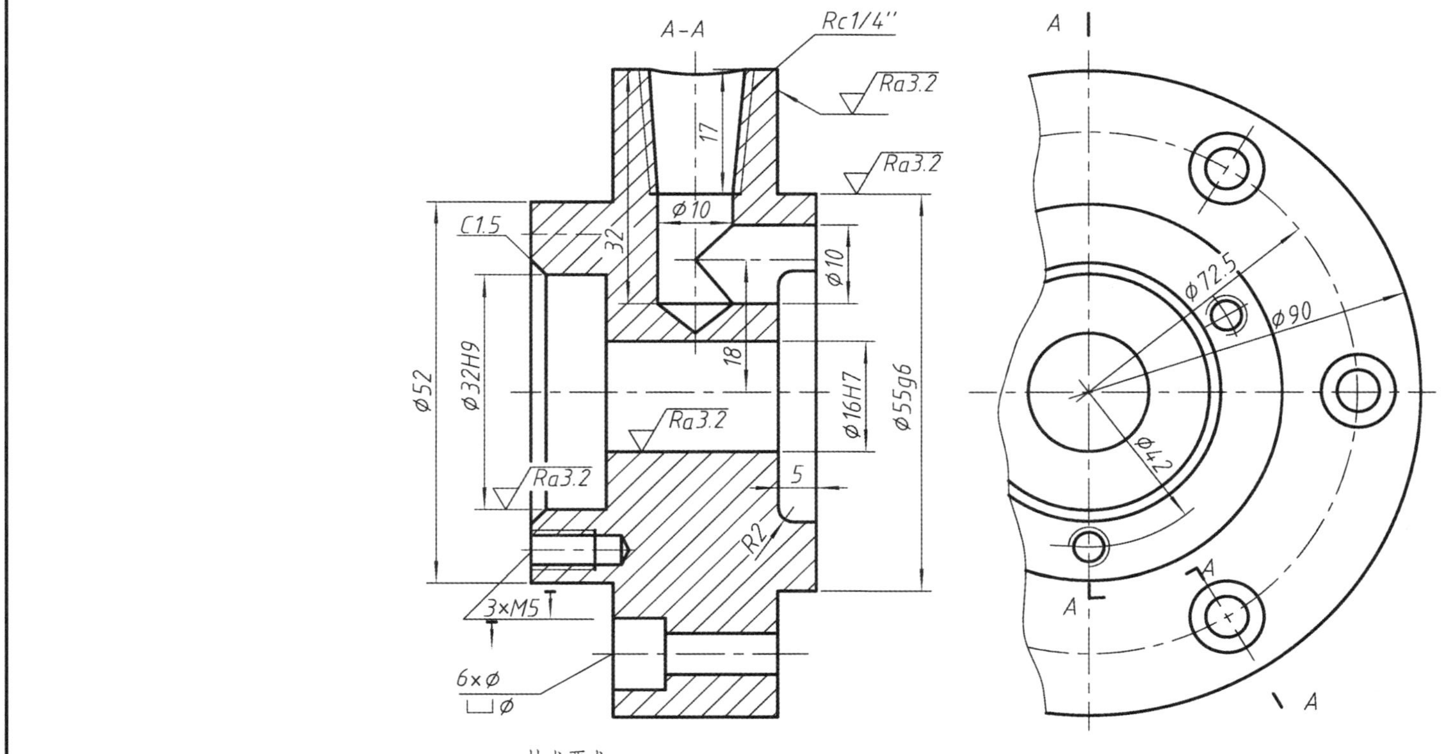

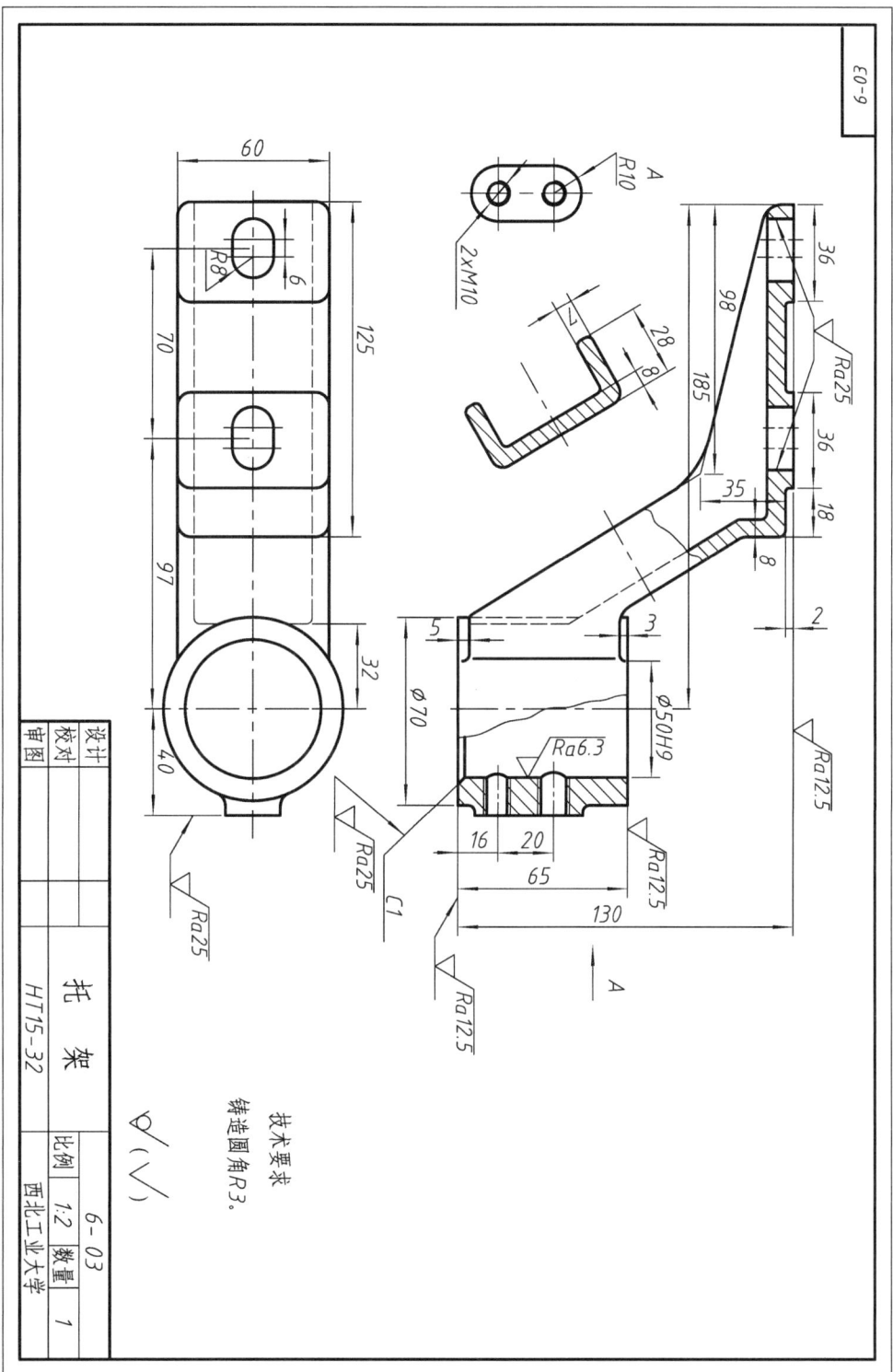

6-03

托 架

HT15-32

设计
校对
审图

比例 1:2
数量 1

6-03
西北工业大学

技术要求
铸造圆角R3。

∀(√)

R10
A
2×M10

60
R8
6
70
125
97
32
40

36
98
185
36
18
8
35
28
8
2
5
3
Ra25
Ra12.5
Ra6.3
Ø70
Ø50H9
16
20
65
130
C1
Ra25
Ra25
Ra12.5
Ra12.5
A
A

设计		轴 承 座		6-04	
校对				比例	数量
审图		HT32-56		1:1	1
				西北工业大学	

第 6 章 典型零件 | 班级 | 学号 | 姓名

7-1 安全阀零件测绘及拼画装配图。

一、目的要求
（1）了解和熟悉部件测绘的方法、步骤和部件的装拆顺序。
（2）进一步练习绘制零件图的方法。
（3）掌握装配图的视图选择和各种表达方法，重点学会绘制装配图上标注尺寸。
（4）练习在装配图上标注尺寸。

二、作业内容和安排
测绘安全阀部件并绘制其图。作业分零件测绘的视图选择和各种表达方法、重点学会绘制装配图上标注尺寸。
（1）安全阀的装配示意图如右图。
（2）安全阀组成零件的概况汇总于下页表内。
（3）工作原理及结构情况：安全阀是用于流体的压力管路中自动调节压力的部件，使管路中流体的压力在一定范围之内。工作时，流体沿阀体1下端的孔流入，从右孔流出，当压力超过额定值时，即将阀门12推开，流体经左孔流向回路，直至压力降到额定值时，阀门在弹簧3的作用下封闭回路。阀门的打开压力（即工作压力）可以用改变弹簧的压缩量来调节。调节方法是旋动螺杆11，通过弹簧托盘8，改变对弹簧的压力。经试验满足要求后，再用螺母12将对弹簧螺杆固定。

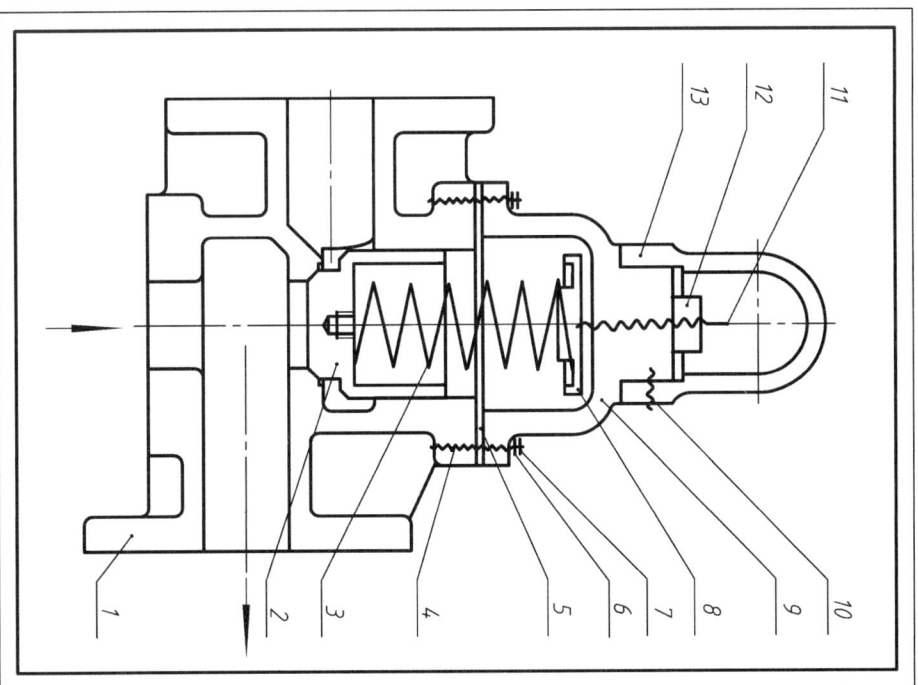

第7章　装配图的绘制和阅读

班级　　学号　　姓名

· 29 ·

阀体上部内腔中的4个槽和阀门侧面的2个小孔，均用来排泄潜入的流体与回路相通，以保证阀门正常开启。阀门中央的M6螺孔中，在研磨阀门与阀体上90°锥面时，用来安装操作螺杆之用。罩13用来保护调整好的零件11，12不受外界影响。

（4）作业安排：

1）根据学时安排可测绘阀体1，阀门12，阀盖9和罩13的零件图。

2）本习题集提供阀门12，垫片5，弹簧托盘8和螺杆11的零件图并提供主要零件的部分尺寸及装配关系于下面2页中。

3）标准件的形式和尺寸数值可以从有关标准中查出。

4）绘制装配图的比例由教师指定（2:1），图幅自定。

序号	代号	名称	数量	材料	附注
13	AF-08	罩	1	ZL101	
12	GB/T 6170	螺母M10	1	Q235-A	
11	AF-07	螺杆	1	Q235-A	
10	GB/T 75	紧固螺钉	1	Q235-A	
9	AF-06	阀盖	1	ZL101	
8	AF-05	弹簧托盘	1	H62	
7	GB/T 6170	螺母M5	4	Q235-A	
6	GB/T 97.1	垫圈	4	Q235-A	
5	AF-04	垫片	1	硬纸板	
4	GB/T 900	螺柱M5×16	4	Q235-A	
3	AF-03	弹簧	1	弹簧钢丝 钢丝C级	$d=2.5$ $D=25$左 $H_0=55.75$ $n=6.5$ $n_1=8.5$
2	AF-02	阀门	1	H62	
1	AF-01	阀体	1	ZL101	

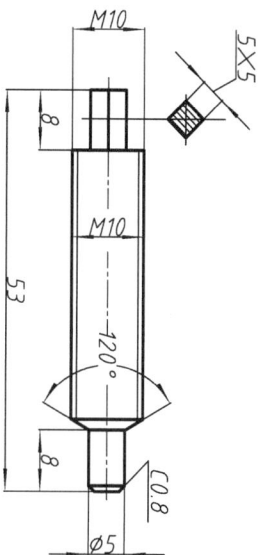

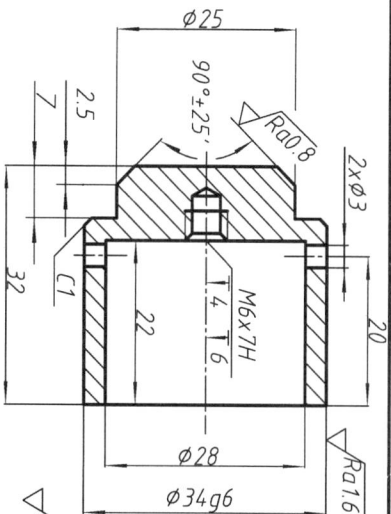

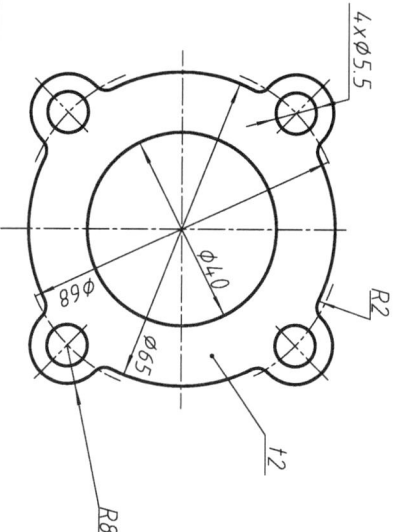

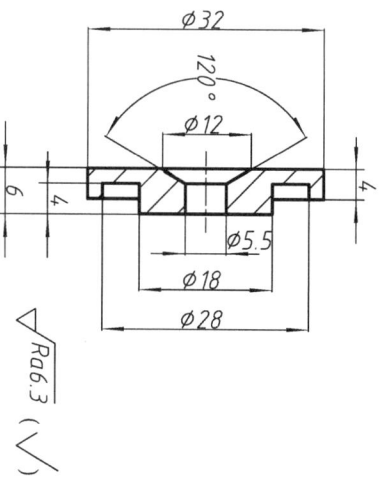

螺　杆

设计		比例		西
校对				北
审图	A3	数量	1	工

AF-07　西北工业大学

$\sqrt{Ra6.3}$ (√)

阀　门

设计		比例		
校对				
审图	HT62	数量	1	

AF-02　西北工业大学

$\sqrt{Ra32}$ (√)

垫　片

设计		比例		
校对				
审图	纸板	数量		

AF-04　西北工业大学

弹簧托盘

设计		比例		
校对				
审图	HT62	数量		

AF-05　西北工业大学

$\sqrt{Ra6.3}$ (√)

第7章　装配图的绘制和阅读　　班级　　学号　　姓名

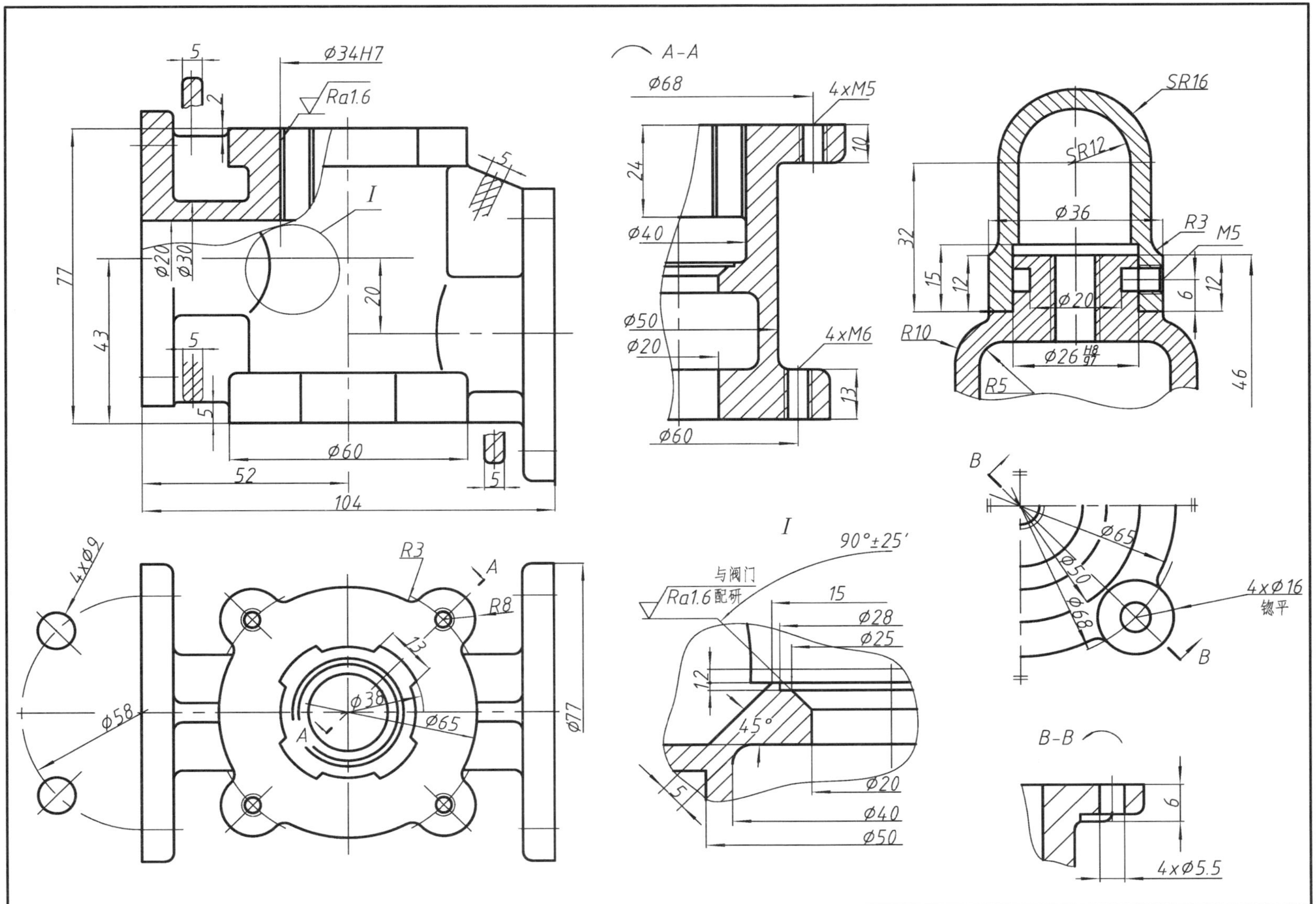

第7章	装配图的绘制和阅读	班级		学号		姓名	

(1) 溢流阀的装配示意图。

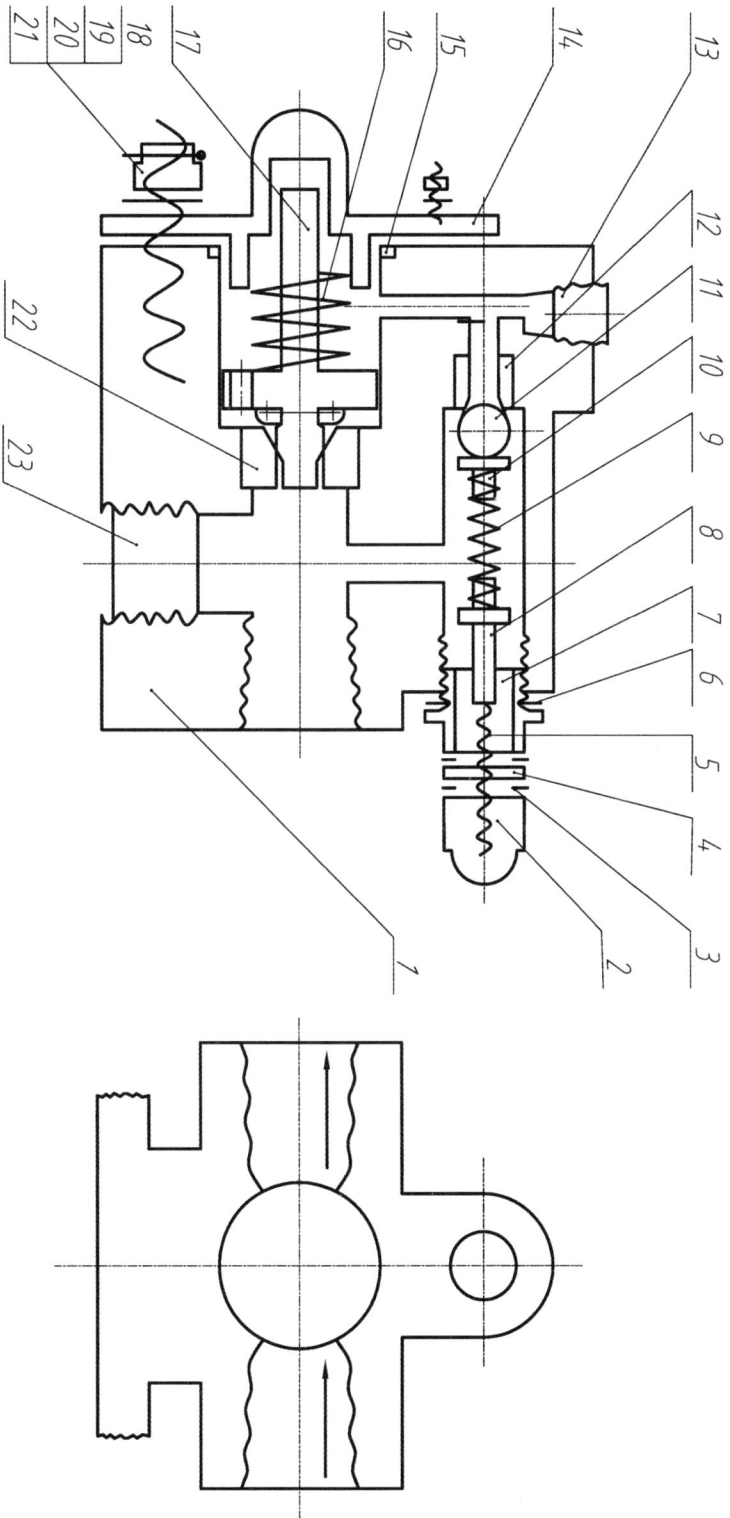

(2) 溢流阀各组成零件的概况汇总表。

序号	代号	名称	数量	材料	附注
1	YF-01	阀体	1	ZL101	
2	YF-02	盖形螺母	1	30	
3	GB/T 97.1	垫圈6	2	Q235-A	
4	GB/T 6170	螺母M6	1	35	
5	YF-03	调压螺钉	1	35	
6	YF-04	垫圈	1	Q235-A	
7	YF-05	调压螺母	1	35	
8	YF-06	顶杆	1	45	
9	YF-07	限压弹簧	1	65Mn	$d=2$, $D=10$, $n=6$, $n_1=8.5$, $H=22$
10	YF-08	活动球座	1	45	
11	YF-09	钢球	1	45	
12	YF-10	固定球座	1	45	
13	YF-11	螺塞（Rc1/8）	1	35	
14	YF-12	阀盖	1	ZL101	
15	YF-13	密封圈	1	橡胶	
16	YF-14	弹簧	1	65Mn	$d=1.5$, $D=1.75$, $n=3$, $n_1=5.5$, $H=18$
17	YF-15	阀门	1	2Cr13	
18	GB/T 6178	螺母M6	3	35	
19	GB/T 898	螺柱M6×16	3	35	
20	GB/T 97.1	垫圈6	3	Q235-A	
21	GB/T 91	开口销	3	15	
22	YF-16	阀门座	1	45	
23	YF-17	螺塞（Rc3/8）	1	35	

(3) 工作原理及结构概况：溢流阀是一种油压由自动调节器。阀体1上前，后有锥管螺纹（ZG3/8）的位置是后通油的进出口，压力油由前油口进入。通过阀体内压力腔由后油的进出口流出（见上页示意图）。阀门17活塞部分左、右两侧压力处于平衡状态。此时阀门紧压在固定阀门座12上。

当油压超过额定数值时，高压油即通过阀门座上的细长小孔（φ1）平稳地将钢球11也紧压在固定球座22上。

阀体上部调压腔内的钢球11，使左侧的压力逐渐升高，并经过待阀体左上方的直立孔9的压力作用于阀门活塞右上方的直立小孔，即将钢球顶开，当这个压力大于限压弹簧9的压力时，即将钢球顶开，经过固定球座至调压腔，由阀体右端的出口流向油箱。

当阀体右上方的直立孔9的压力降低，阀门活塞左侧的油压降低，左、右两边出现压差，阀门向左滑动，这时阀门座上的孔φ7的排出，阀门活塞向左滑动，这时阀门座上的孔φ7现压差，阀门向左滑动，这时阀门座上的孔φ7。

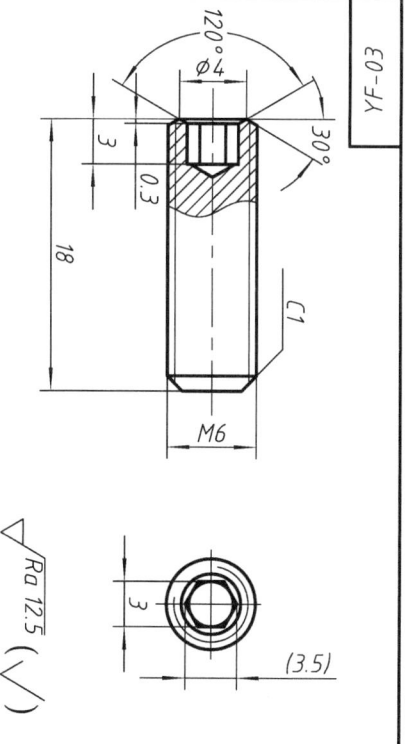
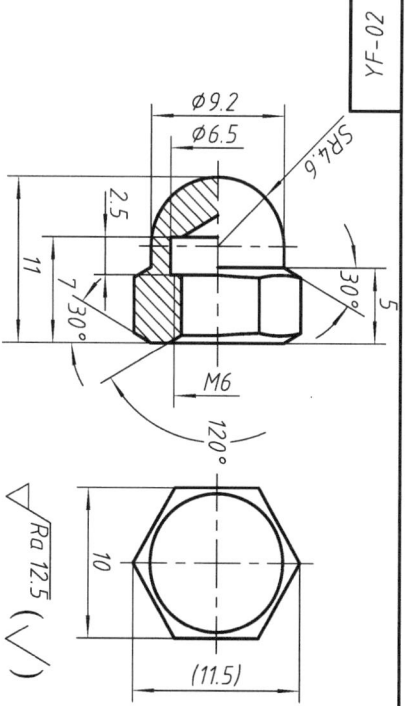

即被打开，压力油可直接从阀体右端的出口流回油箱，使阀体内腔油压迅速下降，从而使工作油的油压不致升高。当油压压降至额定数值时，钢球关闭固定球座，阀门活塞两边的压力关闭平衡，依靠阀门弹簧16的压力，阀门重新处于关闭。

为了调节调压螺母7，这个螺母内装有调压弹簧5，只要拧动调压螺母，即可改变限压弹簧9的弹力，因而改变钢球的打开压力，亦即改变了调压腔工作压力。压力调节好，用螺母4固定其立螺钉的位置。最后装上盖形螺母2。

阀体左上方和底面上装有螺塞13和23的两个螺孔均供工艺用加工孔，右两个直立的小孔。阀盖14用3套双头螺柱19，垫圈20及六角螺母18与阀体连接，并用开口销21防止其松动。

密封圈15是为了防止油从阀盖处渗漏而设计的。

（4）作业安排：

1）本习题集提供了零件1、2、5～17、22、23的零件图。

2）标准件的形式和尺寸数值可从有关标准中查出。

3）采用2：1的比例画装配图，图幅自定。

盖形螺母

	盖形螺母	YF-02	
设计		比例	2:1
校对		数量	1
审图		西北工业大学	

SR6.5　Ø9.2　Ø6.5　2.5　11　7°30′　30°　5　120°　M6　10　(11.5)

$\sqrt{Ra\ 12.5}$ (√)

调压螺钉

	调压螺钉	YF-03	
设计		比例	2:1
校对		数量	1
审图		西北工业大学	

120°　Ø4　30°　3　0.3　18　C1　M6　3　(3.5)

$\sqrt{Ra\ 12.5}$ (√)

班级　　　　学号　　　　姓名

技术要求
1. 未注圆角为R1.5；
2. 表面处理：阳极化；
3. 不允许有气孔、缩孔和杂质。

$\sqrt[y]{}$ ($\sqrt{}$)

$\sqrt[x]{} = \triangledown \quad Ra\ 12.5$
$\sqrt[y]{} = \triangledown \quad Ra\ 6.3$
$\sqrt[z]{} = \triangledown \quad Ra\ 3.2$

设计
校对
审图

阀体

ZL101

YF-01　　比例　数量
西北工业大学　　1

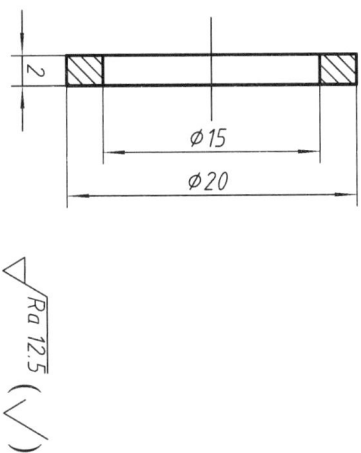

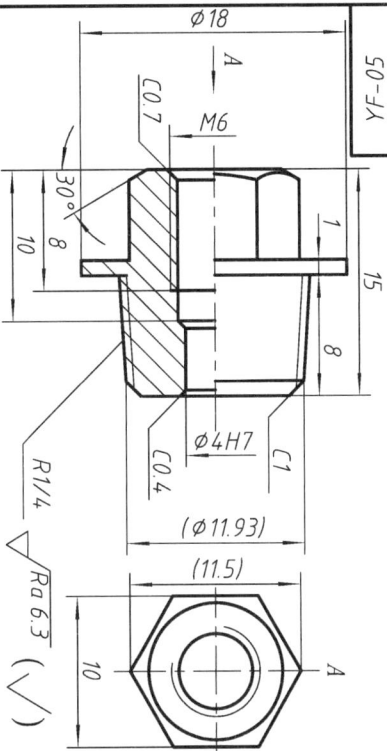

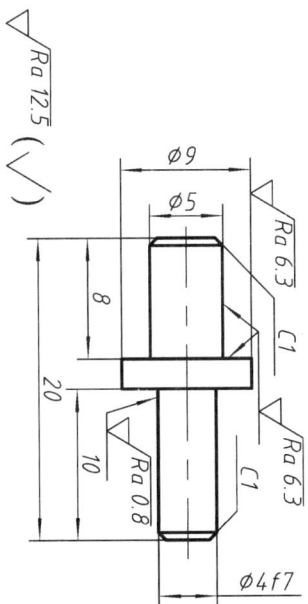

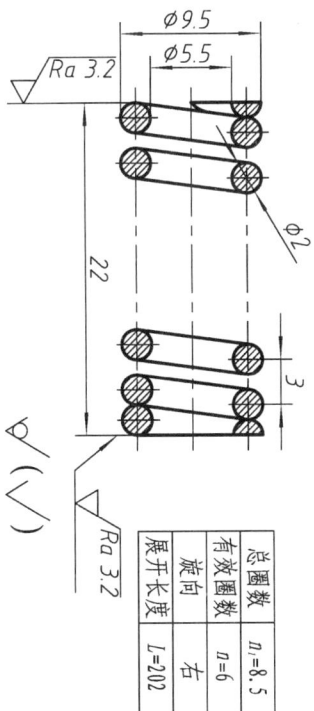

设计			垫圈			YF-04
校对				比例	2:1	数量　1
审图		A3		西北工业大学		

√Ra 12.5 (√)

设计			调压螺母			YF-05
校对				比例	2:1	数量　1
审图		A3		西北工业大学		

√Ra 6.3 (√)

设计			顶杆			YF-06
校对				比例	2:1	数量　1
审图		4.5		西北工业大学		

√Ra 12.5 (√)

设计			限压弹簧			YF-07
校对				比例	2:1	数量　1
审图		65Mn		西北工业大学		

总圈数	$n_1=8.5$
有效圈数	$n=6$
旋向	右
展开长度	$L=202$

√Ra 3.2

班级　　学号　　姓名

YF-08

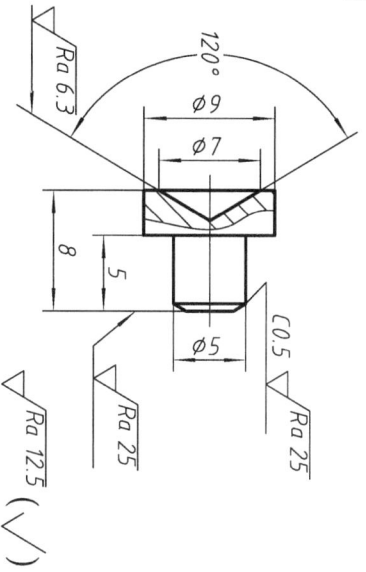

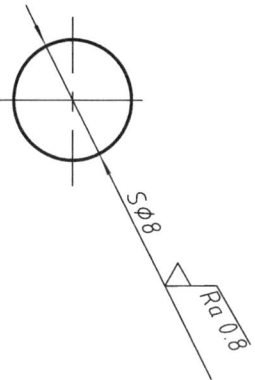

设计				活动球座			YF-08	
校对					比例	2:1	数量	1
审图				4.5			西北工业大学	

Ra 12.5 (√)

YF-10

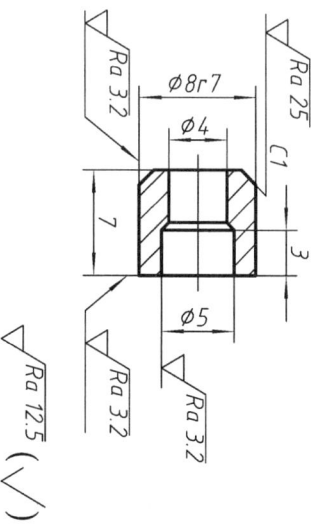

设计				固定球座			YF-10	
校对					比例	2:1	数量	1
审图				4.5			西北工业大学	

Ra 12.5 (√)

YF-09

设计				钢　球			YF-09	
校对					比例		数量	1
审图				4.5			西北工业大学	

YF-11

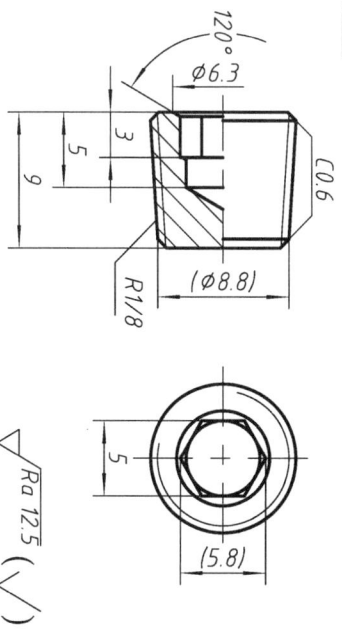

设计				螺　塞			YF-11	
校对					比例	2:1	数量	1
审图				35			西北工业大学	

Ra 12.5 (√)

第7章	装配图的绘制和阅读	班级	学号	姓名

· 38 ·

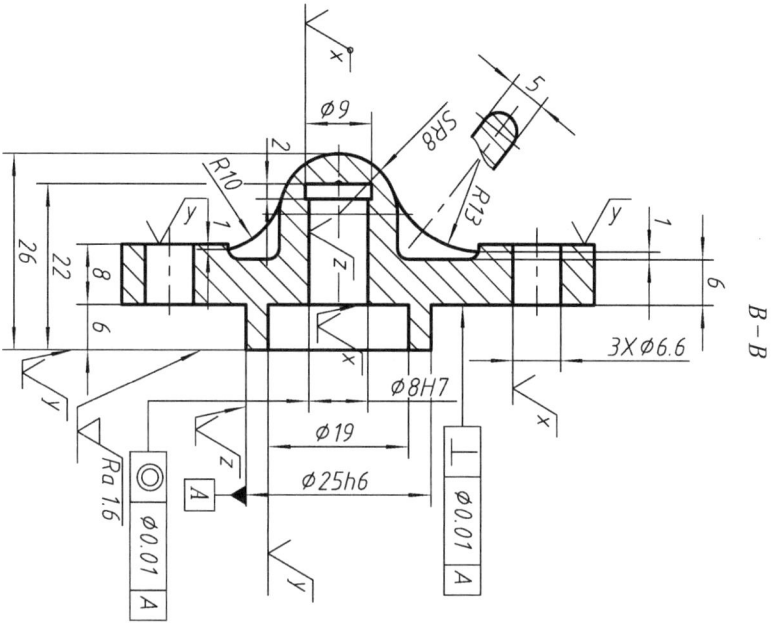

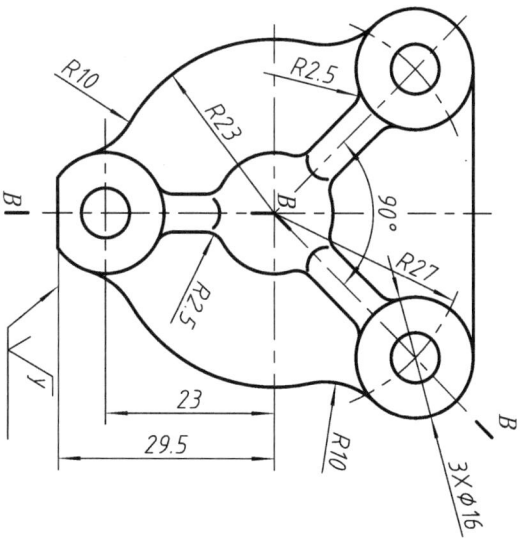

YF-12

B-B

Ø9

R10

2

SR8

R13

5

26

22

8

6

6

y

y

1

z

x

x

3X Ø6.6

Ø8H7

Ø19

Ø25h6

⊥ Ø0.01 A

◎ Ø0.01 A

z

Ra 1.6

y

y

$\sqrt{x} = \sqrt{}$ Ra 25

$\sqrt{y} = \sqrt{}$ Ra 12.5

$\sqrt{z} = \sqrt{}$ Ra 3.2

$\sqrt{}$ ($\sqrt{}$)

技术要求
未注圆角为R1.5。

R10

R2.5

R23

R27

R25

90°

R10

3X Ø16

23

29.5

B

B

y

设计			阀 盖	YF-12	
校对				比例	数量
审图				1:1	1
			ZL101	西北工业大学	

$\sqrt{Ra\ 25}$ (√)

技术要求
未注圆角为R0.5。

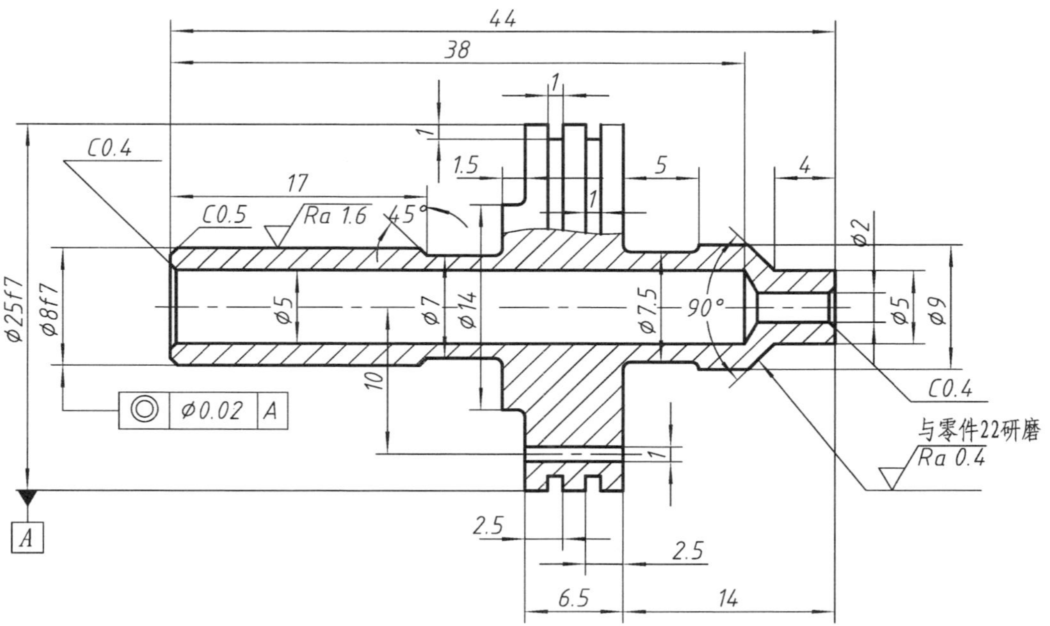

设计					YF-15	
校对			比例	2:1	数量	1
审图			阀 门			
			2Cr13			
			西北工业大学			

Ø25f7
Ø8f7

⌀ 0.02 A

C0.4
C0.5
Ra 1.6
45°
Ø5
17
10
Ø7
Ø14
1
1.5
38
44
2.5
6.5
2.5
14
1
Ø7.5
90°
1
1
5
4
Ø2
Ø5
Ø9
C0.4
与零件22研磨
Ra 0.4

A

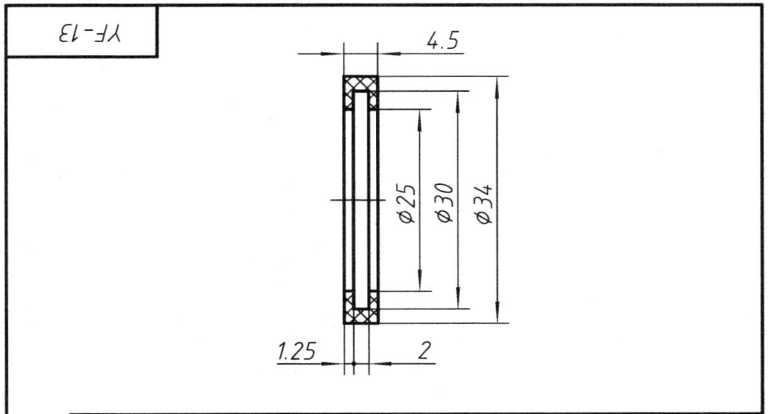

YF-13
4.5
ϕ25
ϕ30
ϕ34
1.25
2

设计		密 封 圈	YF-13			
校对			比例	1:1	数量	1
审图		橡 胶	西北工业大学			

YF-16
Ra 1.6
3
A
15°
90°
2
ϕ7
ϕ20s6
与零件17配研
Ra 0.4
C3
9
ϕ0.06 A
Ra 12.5 (√)

设计		阀 门 座	YF-16			
校对			比例	2:1	数量	1
审图		45	西北工业大学			

YF-14
ϕ1.5
5
ϕ17.5
ϕ14.5
Ra 3.2
Ra 3.2
18
(√)

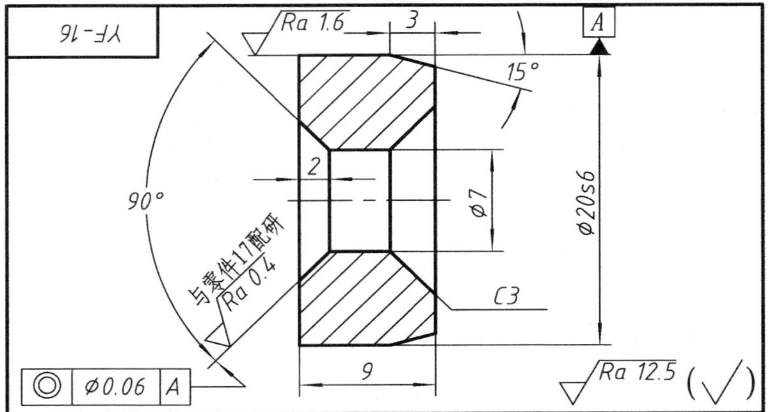

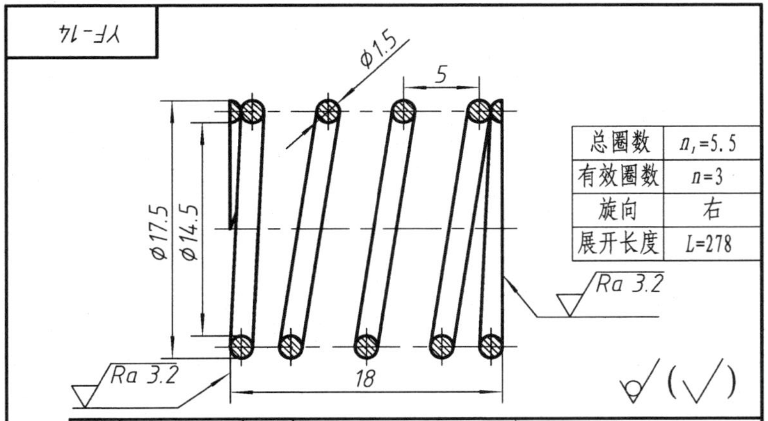

总圈数	n_1=5.5
有效圈数	n=3
旋向	右
展开长度	L=278

设计		弹 簧	YF-14			
校对			比例	2:1	数量	1
审图		65Mn	西北工业大学			

YF-17
C1
C1
120°
ϕ9.8
ϕ15.4
(9.2)
5
7
14
8
R3/8
Ra 12.5 (√)

设计		螺 塞	YF-17			
校对			比例	2:1	数量	1
审图		35	西北工业大学			

第7章	装配图的绘制和阅读	班级		学号		姓名	

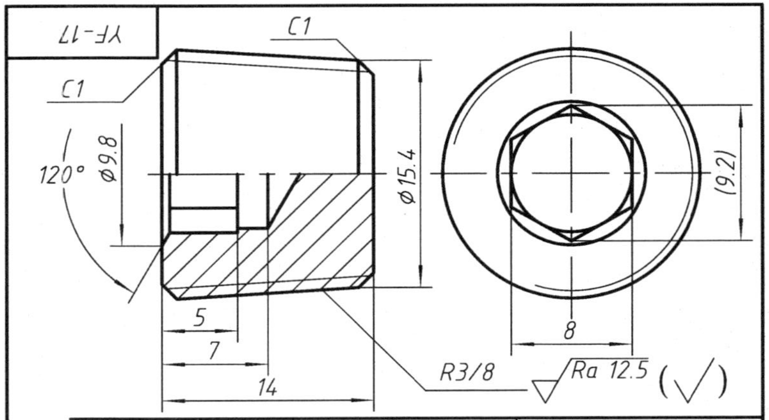

7-3　阅读装配图并拆画零件工作图。

一、目的要求

(1) 学习阅读装配图的方法。

(2) 掌握由装配图拆画零件工作图的方法和步骤。

二、作业内容和安排

1. 分度尾架（FDJ-00-00）（见附图1）

(1) 工作原理及结构概观：分度尾架是在铣床上加工零件时的支撑，被加工零件的顶尖在此部件的顶尖6上，另一端顶在铣床分度头的顶尖上或固定在所需的心轴上。

分度尾架的架座1的上部是一个宽为40 mm的长方形槽，用来装垫块2，它们之间的配合尺寸是 $40\frac{H8}{h7}$。架座上有调整顶块用的长圆形通槽，垫块可以用此形通槽，旋紧螺钉5使垫块2、从而固定顶针的前后位置，防止摆动。调整好顶针的高度后，靠转动螺杆4实现，因为螺杆下部有一轴肩插入顶块的切槽内，当转动螺杆时，顶针即随螺杆一起移动。顶针下部有一键槽，压入垫块中的圆柱销9插入其中，以便防止顶针在移动时发生转动。架座底部左、右两端的形槽是为了把本部件固定到铣床上而设的。

(2) 读图问题。

1) 试述分度尾架的用途及其装配关系。

2) 分度尾架装配图中的主视图表达了哪些工作原理和装配关系？

3) 在分度尾架的装配图中，采用了哪些表达方法补充表达工作原理和装配关系？

4) 指出分度尾架的装配尺寸、安装尺寸。

5) 本部件在高度方向上尺寸的调整范围是多少？

6) $40\frac{H8}{h7}$ 和 $\phi26\frac{H7}{g6}$ 各是何种配合制和配合种类？它们的极限偏差数值是多少？

7) 试画出架座1的零件图。

8) 试画出垫块2的零件图。

2. 控制阀（KF-00-00）（见附图2）

（1）工作原理及结构概况：控制阀是铸造车间所用造型机上的一个部件，它用压缩空气控制，以便操纵造型机工作。压缩空气（约0.6MPa）由左端进入阀盖2和阀体1，推动阀门12向右移动，直至阀门右端的锥面紧贴在阀体内的锥孔上（如图示位置），关闭右端的出口不再移动，在压缩空气的继续作用下滑盖克服弹簧的张力向下滑动，从而打开了阀门内部的空气通道（参阅阀门的B向视图）。压缩空气经阀门内腔，阀体的下支管及造型机的拖板上升（图中未表示）。当停止供气时，弹簧将滑盖向左推至原位，使阀门的锥面离开阀体的锥孔，关闭左边的通道，气即从此孔进入大气，造型机的拖板下降至原位。螺栓3和弹簧垫圈4用来连接阀盖和阀体。螺栓7和弹簧垫圈8用来连接盖板和阀门，用钢丝5防止螺栓因造型机的振动而松脱。

（2）读图问题。
1）试述压缩空气如何进入阀门内腔。
2）为什么压缩空气在进入控制阀后，左、右通道应予关闭？
3）试述控制阀的拆装顺序。
4）控制阀装配图中采用了哪些基本视图、剖视图、局部视图和特殊表达方法？其作用各是什么？
5）控制阀装配图上标注了哪些尺寸？它们各属于何种尺寸？
6）说明φ54 $\frac{H9}{f9}$ 是什么配合和配合种类。
7）试画出阀体1的零件图。
8）试画出阀门12的零件图。
9）试画出盖板6的零件图。

3. 齿轮油泵（CB-103-00）（见附图3）

（1）工作原理及结构概况：齿轮油泵是润滑系统中输送润滑油的部件。电动机通过皮带轮3传递动力，经齿轮轴12的转动，带动齿轮轴15运动。油从进口处进来，从出口处排送到所需要的管路中去。当油超过额定压力时，即把回油孔封闭处的油经泵盖14上的齿轮轴15上的水平回油孔（俯视图可看出来），顶开钢球22回到进口处，当恢复到额定压力时，即把回油孔封闭，油泵即恢复正常工作。

（2）读图问题。

1）了解齿轮油泵的拆装顺序及每个零件的作用。

2）齿轮油泵的装配图的主视图和俯视图分别表达了哪些装配关系和工作原理？

3）分析齿轮油泵装配图中所标注的尺寸中哪些是装配尺寸和安装尺寸。

4）查出图中 $\phi 28 \frac{H8}{k7}$ 和 $\phi 20 \frac{H9}{f9}$ 所表示的孔和轴的极限偏差数值。

5）用1:1的比例画出壁1的零件图。

6）画出齿轮轴12的零件图。

7）画出泵盖14的零件图。

4. 快速阀（KF-00-00）（见附图4）

（1）工作原理及结构概况：当逆时针旋转手柄11时，就带动齿轮轴10旋转，使套在齿轮轴10上的凸缘25上升，抬起内阀瓣3和外阀瓣20，于是阀门快速开启。手柄11的最大旋转角度由齿轮轴10的凸缘和上封盖7的凸台限制（参考C—C剖视图）。为防止沿齿轮轴10方向上的渗漏，设有密封结构。用螺柱14连接填料盖9与上封盖7时，通过压紧螺母（序号17），从而压紧填料15，达到密封目的。

（2）读图问题。

1）试分析各视图的作用。

2）拆画10号件的零件图。

3）拆画1号件的零件图。

5. 齿轮减速箱（JSX-00-00）（见附图5）

（1）工作原理及结构概况：齿轮减速箱是一种减低转速的装置。由于电动机的转速较高，经过齿轮轴14与齿轮8、齿轮轴29带动内，外摩擦片41、42、43和压套45、键40而得到的。内、外摩擦片，压套以及弹簧44、挡环46、压盘47等零件，组成了一套摩擦式安全联结装置。当轴39所受的负荷超过了这套安全联结装置的额定负荷时，摩擦片就发生打滑现象，不再传递扭矩，从而保护了电动机或其他部件不致损伤。

箱盖24与下箱49用若干螺栓、螺母连接。为了保证装配精度，用圆锥销3定位。箱盖上部的两个长方形孔为检查运转情况和向下箱内注润滑油而设的，润滑油面的高度可用油标30探测。下箱左下部的螺孔用来排除废油。单列向心球轴承2、6和33分别设有专用的加油孔。

机器所需的转速较低，所以需要用它将电动机（图中未画出）的转速降至机器的工作转速。

所以其转速就是所需要的工作转速了。轴39与齿轮轴14的转动是通过联轴节（图中未画出）由电动机传来的，所以其转速较高。电动机的转速一般为750～3 000 r/min，而很多

（2）读图问题。

1）试分析齿轮减速箱上每种零件的作用。

2）试述齿轮减速箱的装拆顺序。

3）计算出各齿轮的分度圆直径、齿顶圆直径、齿根圆直径及该减速箱的传动比。

4）试述齿轮减速箱装配图上各个视图、剖视图及其他表达方法的作用。

5）齿轮减速箱装配图上标注了哪几类尺寸？请举例说明。

6）查出齿轮减速箱装配图上2～3个配合尺寸的各项极限偏差数值。

7）试查出键40，开口销53，单列向心球轴承2的极限偏差数值，并画出其中2～3个零件的草图。

8）试画出下箱49（或箱盖24）的零件图。

9）试画出压套45的零件图。

10）试画出齿轮29的零件图。

| 第7章 | 装配图的绘制和阅读 | 班级 | 学号 | 姓名 |

6. 铣刀架 (XJ-00-00)（见附图6）

(1) 工作原理及结构概况：铣刀架是车床上的一个附件，利用它可以在车床上进行部分铣削加工。铣刀架由单独的电动机带动，电动机通过皮带轮4和键8，使蜗杆21旋转，蜗杆18旋转，蜗轮又通过键，将心轴19，铣刀架利用套筒（图中未示出）装在心轴左端（见左视图）的螺纹上，当心轴旋转时，铣刀就可进行铣削加工。由于电动机转速较高，通过蜗杆蜗轮即可将转速降低，所以铣刀架本身是一种减速装置。

为了支撑蜗杆21，装有两个双列向心球面轴承13，一个双向推力球轴承16及有关零件：圆螺母24，套环10，压轴衬9，15和22等。为了支撑蜗轮，装有推力轴承等。

蜗轮、蜗杆等主要传动件装在外壳3之内。盖子31用螺栓38与外壳连接。使用时首先从外壳顶上的螺孔加入润滑油。然后用塞子20封闭油孔。凡装有运动的球面的燕尾槽，以便铣刀架与车床密切配合。为了在水平方向变换心轴的位置，以适下鞍座2构成车床的下鞍上的燕尾槽，以便铣刀架与车床密切配合。为了在水平方向变换心轴的位置，以适

环14，15和22等。

轴衬9，15和22等。

下鞍座1和塞子20封闭油孔。凡装有运动的球面设有专用的加油孔加入润滑油。

应加工的需要，外壳可以在下鞍上传动。

(2) 读图问题。

1) 试述铣刀架的拆装顺序，并着重考虑如何拆卸零件26和27。

2) 试分析铣刀架上每个零件的作用。

3) 铣刀架装配图的主视图、左视图和俯视图分别表达了哪些装配关系和工作原理？

4) 试分析铣刀架装配图中所标注的尺寸中哪些是装配尺寸。

5) 查出图中 $\phi 25 \dfrac{H8}{k6}$ 和 $\phi 80 \dfrac{H7}{h7}$ 所表示的孔和轴的极限偏差数值。

6) 试用1：2的比例画出下鞍座1的零件图。

7) 试画出蜗轮18的零件图。

8) 试画出外壳3的零件图并补画主视图及左视图。

00-00-IGH

C—C

15

100

140

110

190

32

40

A

A—A

B

B

60°

5

5

120—150

1 2 3 4 5 6 7 8

125

78

9

Ø13 H9/f9

Ø26 H7/g6

40 H8/h7

A—A

B—B

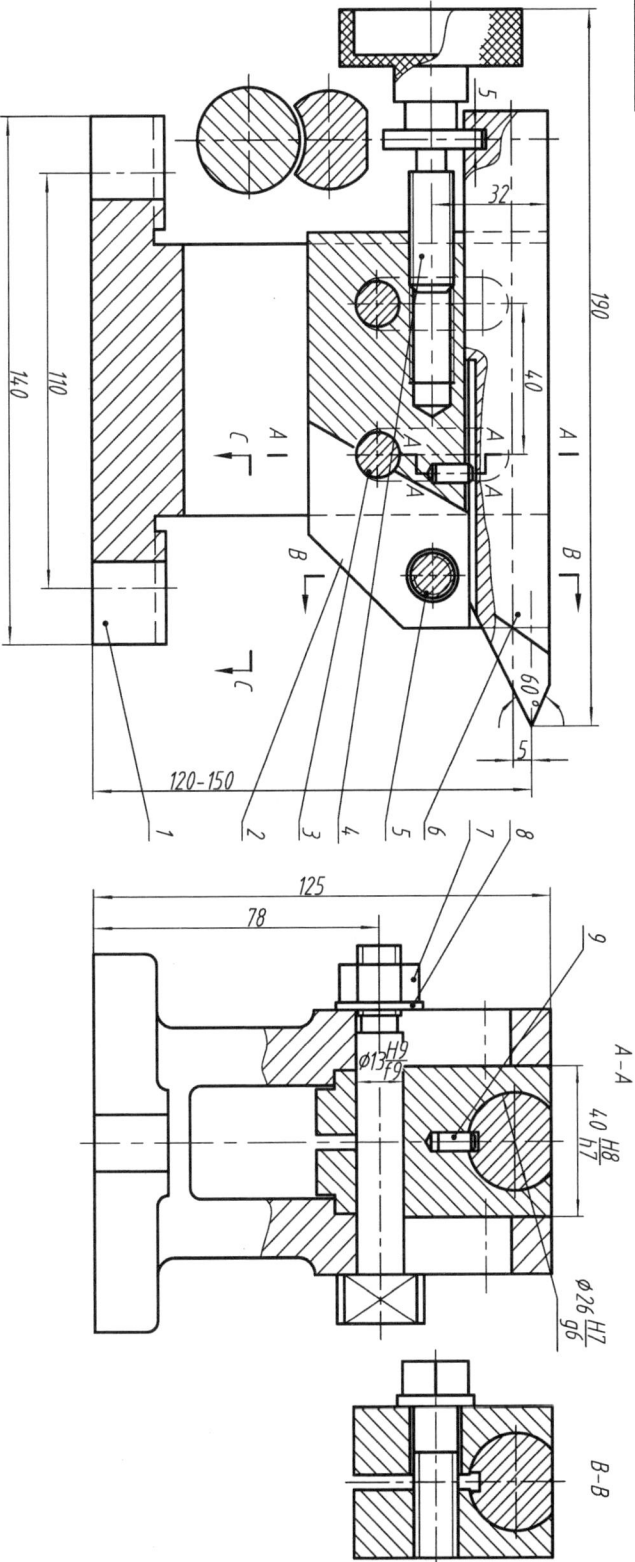

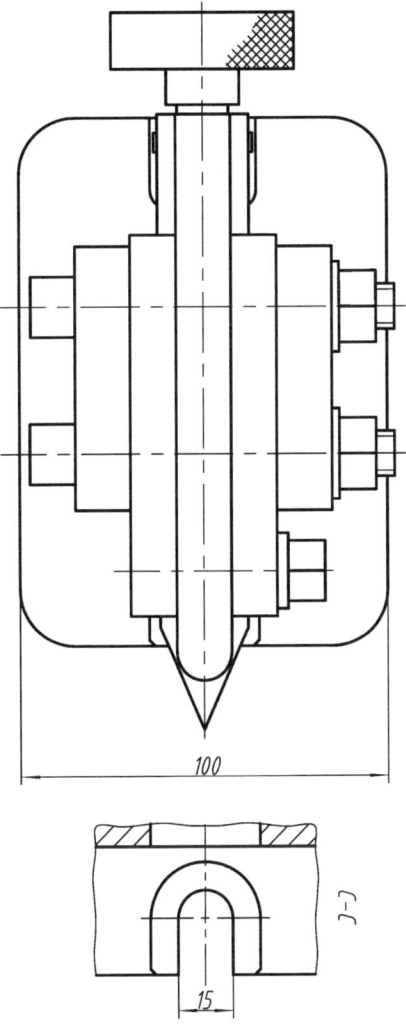

序号	代号	名称	数量	材料	附注
9	GB/T119.1	圆柱销 5×10	1	35	
8	GB/T97.1	垫圈 12	4	35	
7	GB/T6170	螺母 M12	2	35	
6	FDJ-00-06	顶针	1	45	
5	FDJ-00-05	螺钉 M12×40	1	25	
4	FDJ-00-04	螺杆 M12	1	30	
3	FDJ-00-03	螺柱 M12×90	2	35	
2	FDJ-00-02	垫块	1	45	
1	FDJ-00-01	架座	1	HT250	

分度尾架

装配图

制图

校核

审核

比例 1:2

FDJ-00-00

数量

西北工业大学

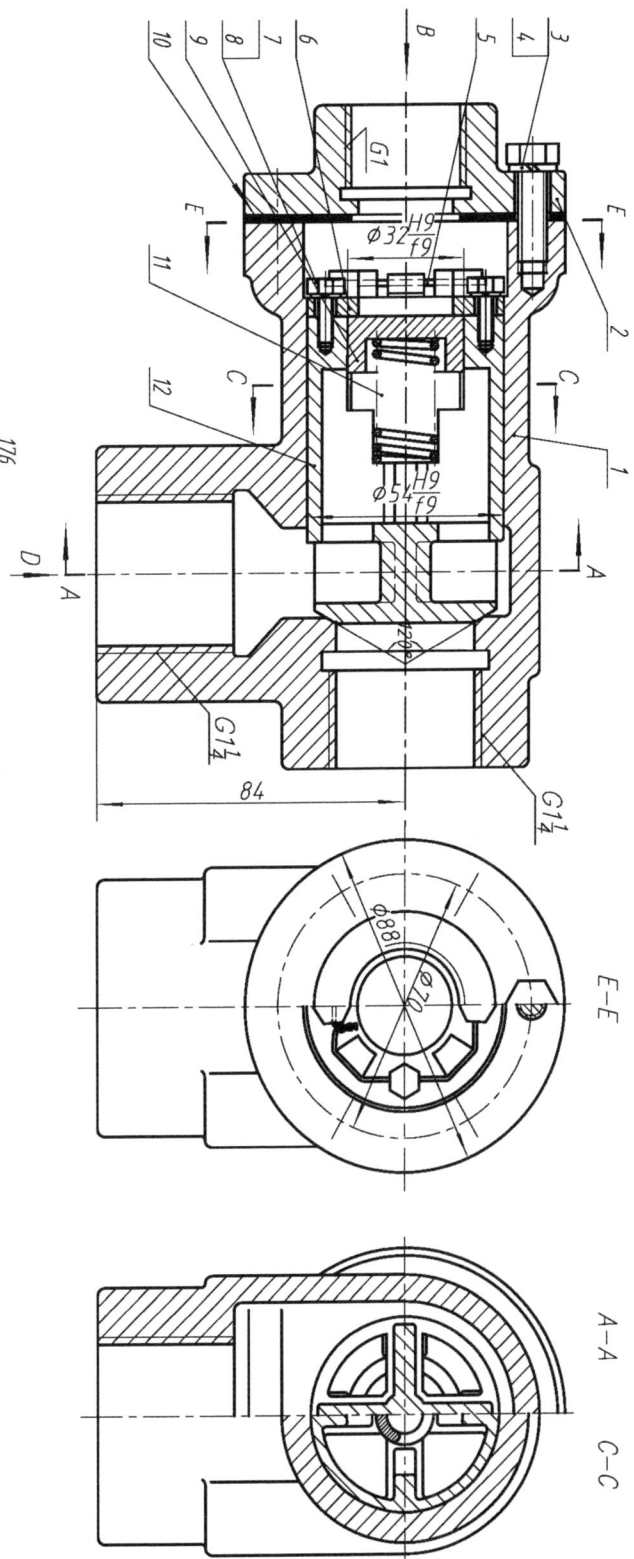

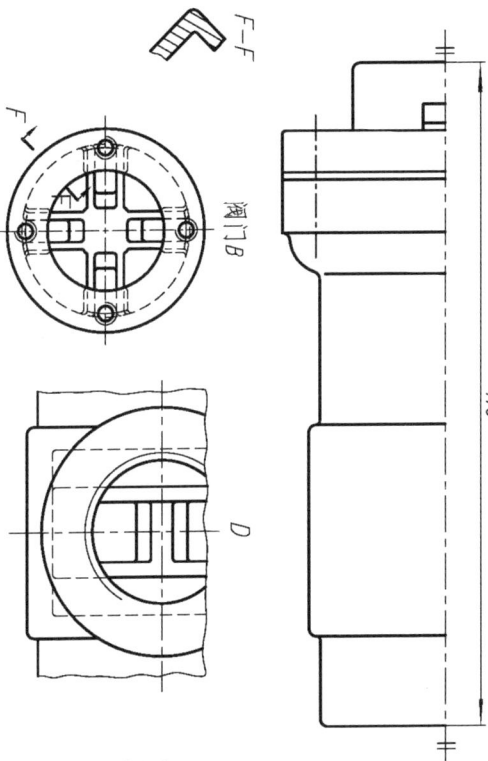

F—F

阀门B

E—E

A—A

C—C

技术要求

1. 120°锥面处应进行研磨；
2. 所有紧固件应对称拧紧，不准有松动现象。

序号	代号	名称	数量	材料	附注
12	KF-00-07	阀门	1	ZCuSn10Pb1	
11	KF-00-06	弹簧	1	55SiMn	d=2.5,D=20 n=7.5,t=6
10	KF-00-05	衬垫	1	橡胶石棉板	
9	KF-00-04	滑套	1	Q235-A	
8	GB/T93	弹簧垫圈 5	4	65Mn	
7	GB/T93	螺栓 M5X14	4	35	
6	KF-00-03	盖板	1	Q235-A	
5		钢丝	1	65Mn	
4	GB/T93	弹簧垫圈 8	6	65Mn	
3	GB/T5782	螺栓 M8X25	6	35	
2	KF-00-02	阀盖	1	HT200	
1	KF-00-01	阀体	1	HT200	

设计
校核
描图
审核

控制阀
装配图

KF-00-00

比例 1:2

数量

西北工业大学

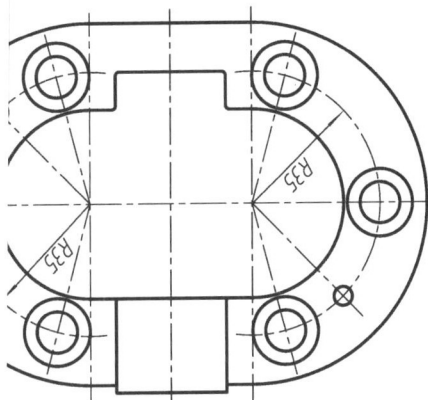

附图 3

BJ-01-00

零件 14 B

R35

R35

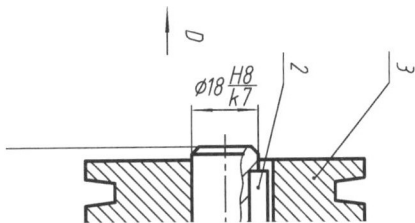

D

Ø18 $\frac{H8}{k7}$

2

3

零件1 B-B

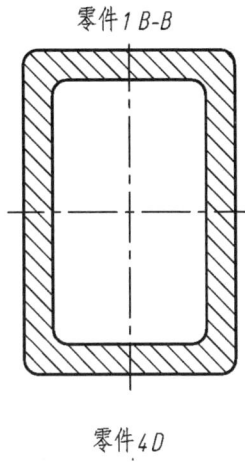

零件4 D

零件 34 A 1:10

零件 42 B 1:10

零件 24 C

零件 43 B 1:10